智能制造领域高素质技术技能人才培养系列教材

机电一体化技术与实训

知识技能模块化学习手册

主　编　赵云伟　刘元永
副主编　王　震　刘　娜　郭金亮
参　编　张君慧　曲延昌　苑国强
主　审　侯志强

机械工业出版社

本书是山东省省级精品资源共享课程“机电一体化技术与实训”配套教材，综合机电一体化技术领域新技术、新工艺、新规范和课程团队多年教学改革经验，采用项目驱动的方式和学习项目模块的方式组织教材内容，满足模块化项目教学和自主学习改革需要。

全书分为知识技能模块化学习手册和技能训练活页式工作手册两部分，两部分内容相辅相成。**知识技能模块化学习手册**以项目模块方式组织教学内容，主要包括机电一体化构成要素及相关技术、机电一体化机械技术、机电一体化控制与接口技术、机电一体化传感与检测技术、机电一体化伺服驱动技术、典型机电一体化技术应用6个学习项目，每个学习项目设计了项目导学、思维导图、项目知识、项目实训、能力测试等，实时插入“讨论思考”“拓展阅读”和知识点视频等内容，辅助学生自主学习。**技能训练活页式工作手册**采取项目方式组织教学内容，主要以亚龙YL－335B型自动化生产线实训考核装备和智能工厂实训装备为载体，设计了8个基础训练项目和6个综合训练项目，每个项目紧紧围绕项目要求，以学习成果为导向，基于实际工作流程、技术规范，配置工作表单和技能点视频，引导学生开展项目学习。

本书可作为职业院校自动化类专业的教材，也可作为相关工程技术人员的参考用书。

为方便教学，本书配有免费电子课件、知识点视频、技能点视频、能力测试答案、模拟试卷及答案等，供教师参考。凡选用本书作为授课教材的老师，均可登录机械工业出版社教育服务网（www.cmpedu.com）网站，注册后免费下载，或来电（010-88379564）索取。

图书在版编目（CIP）数据

机电一体化技术与实训/赵云伟，刘元永主编. —北京：机械工业出版社，2021.7（2025.2重印）
智能制造领域高素质技术技能人才培养系列教材
ISBN 978-7-111-68858-7

Ⅰ. ①机… Ⅱ. ①赵… ②刘… Ⅲ. ①机电一体化-高等职业教育-教材
Ⅳ. ①TH－39

中国版本图书馆CIP数据核字（2021）第155324号

机械工业出版社（北京市百万庄大街22号 邮政编码100037）
策划编辑：冯睿娟 责任编辑：冯睿娟 章承林
责任校对：梁 静 封面设计：鞠 杨
责任印制：刘 媛
涿州市般润文化传播有限公司印刷
2025年2月第1版第6次印刷
184mm×260mm · 20印张 · 504千字
标准书号：ISBN 978-7-111-68858-7
定价：59.90元

电话服务	网络服务
客服电话：010-88361066	机 工 官 网：www.cmpbook.com
010-88379833	机 工 官 博：weibo.com/cmp1952
010-68326294	金 书 网：www.golden-book.com
封底无防伪标均为盗版	机工教育服务网：www.cmpedu.com

前　言

本书贯彻党的二十大精神，加强教材建设和管理，落实《国家职业教育改革实施方案》“三教”改革的任务，统筹规划教师、教材、教法综合改革。为适应技术发展带来的学习内容、学习方式及教学方式的变化，本书在4版校本教材的基础上，更新内容，完善形态，正式出版。

本书具备以下特点：

（1）采用项目、活页式编写模式。本书分为知识技能模块化学习手册和技能训练活页式工作手册两部分，技能训练活页式工作手册以项目为单位组织教学，每个项目又分为项目要求、项目分析与讨论、制定计划、确定计划、实施计划、检查与记录、改进与提交等任务环节，以活页的形式将每个项目、任务贯穿起来，适用于以学生为中心的教学模式。

（2）注重学生综合素质培养。技能训练活页式工作手册突出实际生产工作流程、质量、环保和安全内容，将职业素养培养融于学生学习和实践中；知识技能模块化学习手册以拓展阅读形式将与内容紧密相关的工匠事迹、爱国故事等元素融于教材内，有利于学生思想政治素养的提高。

（3）引入新技术、新工艺、新规范，校企合作双元编写。本书对接国家高等职业学校专业教学标准，根据装备制造产业发展要求，与歌尔股份有限公司、山信软件股份有限公司等知名企业协同开发本书项目内容，将最新的工业网络技术、智能工厂技术及职业技能等级标准等引入教材。

（4）配套教学资源丰富。本书是省级精品资源共享课程“机电一体化技术与实训”配套教材，拥有完善的教学设计、电子课件、微课视频、自我测试及答案等教学资源，满足学习者和教师需要。课程在学银在线运行，若选修此课程，请前往学银官网首页搜索。

本书由山东工业职业学院赵云伟、刘元永任主编，参加本书编写的有山东工业职业学院王震、刘娜、郭金亮、张君慧、曲延昌，歌尔股份有限公司苑国强。其中，张君慧编写了学习项目1，刘娜和苑国强编写了学习项目2，刘元永、郭金亮编写了学习项目3和5，赵云伟编写了学习项目4，王震、曲延昌编写了学习项目6，赵云伟、王震、刘元永编写了技能训练活页式工作手册。赵云伟、刘元永对全书进行了统稿，徐州工程机械集团有限公司侯志强博士任主审，对书稿进行了审阅。

本书在编写过程中，参考了有关资料和文献，在此向相关作者表示衷心感谢。由于编者水平有限，书中难免存在不足，恳请广大读者提出宝贵意见。

编　者

二维码索引

（续）

名称	二维码	页码	名称	二维码	页码
单作用气缸		159	供料单元简介		168
双作用气缸		160	加工单元简介		168
摆动气缸		160	装配单元简介		169
气源处理装置		163	分拣单元简介		169
YL－335B 型自动化生产线		167	输送单元简介		170

目　录

学习项目1

机电一体化构成要素及相关技术

1

项目导学

从系统的角度认识机电一体化系统构成要素及各要素之间关系，能够描述某一具体的机电一体化系统的组成结构及各类信号的传递过程，为从事机电一体化设备整机组装、调试及维修岗位的工作打下基础。

思维导图

学习项目 1 思维导图如图 1-1 所示。

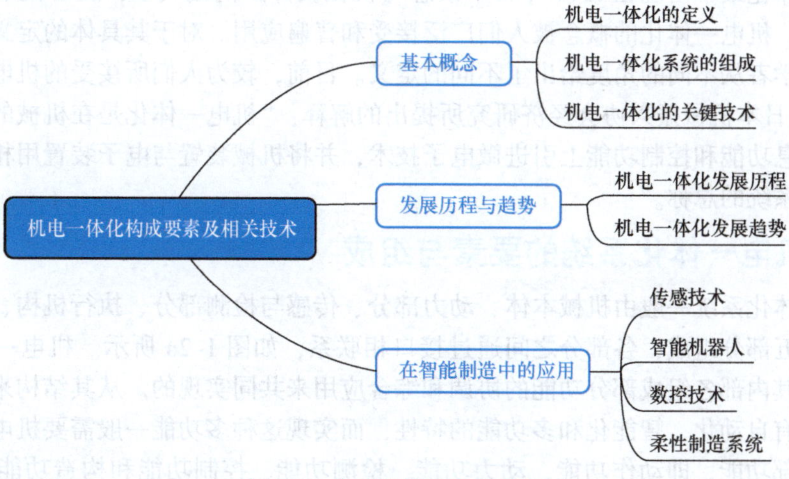

图 1-1　学习项目 1 思维导图

项目知识

1.1　学习机电一体化基本概念

学习指南

知识点

① 机电一体化的定义。

② 机电一体化系统的要素与组成。

③ 机电一体化的关键技术。

④ 机电一体化的特点。

技能点

认识典型的机电一体化系统。

建议与指导

① 难点：机电一体化的关键技术。

② 重点：机电一体化系统的要素与组成。

③ 建议：无论是从事机电一体化设备的组装、调试、维修岗位的工作，还是从事机电产品的销售岗位的工作，都需要从系统的角度，了解机电一体化系统的组成结构及各组成要素之间的关系。建议去工厂、实训室等通过观察典型的机电一体化设备或观看相关视频学习相关知识。

1.1.1 机电一体化的定义

机电一体化最早出现在 1971 年日本杂志《机械设计》的副刊上，随着机电一体化技术的快速发展，机电一体化的概念被人们广泛接受和普遍应用。对于其具体的定义，不同组织机构、专家学者从不同的角度给出了不同的定义。目前，较为人们所接受的机电一体化的定义是 1981 年日本机械振兴协会经济研究所提出的解释："机电一体化是在机械的主功能、动力功能、信息功能和控制功能上引进微电子技术，并将机械装置与电子装置用相关软件有机结合而构成系统的总称。"

1.1.2 机电一体化系统的要素与组成

机电一体化系统一般由机械本体、动力部分、传感与检测部分、执行机构、控制与信息处理部分共五部分组成，各部分之间通过接口相联系，如图 1-2a 所示。机电一体化系统的功能是通过其内部各组成部分功能的协调和综合应用来共同实现的。从其结构来看，机电一体化产品具有自动化、智能化和多功能的特性，而实现这种多功能一般需要机电一体化系统具有五种内部功能，即动作功能、动力功能、检测功能、控制功能和构造功能，如图 1-2b 所示。从机电一体化系统的功能来看，人体是机电一体化系统理想的参照物。机电一体化系统对应着人体的五大要素：大脑、感官、四肢、心脏和躯干。心脏提供人体所需的能量（动力），维持人体活动；大脑处理各种信息并对其他要素实施控制；感官获取外界信息；四肢执行动作；躯干的功能是把人体各要素有机地联系在一起。机电一体化系统内部的五大功能与人体上述功能几乎是一样的。

1. 机械本体

机电一体化系统的机械本体包括机身、框架、机械传动和连接等。机械本体相当于人体的躯干，使系统的各子系统、零部件按照一定空间和时间关系安置在一定位置上，并保持特定的关系。由于机电一体化产品技术性能、水平和功能的提高，机械本体要在机械结构、材料、加工工艺性以及几何尺寸等方面适应产品高效率、多功能、高可靠性和节能、小型、轻量、美观等要求。

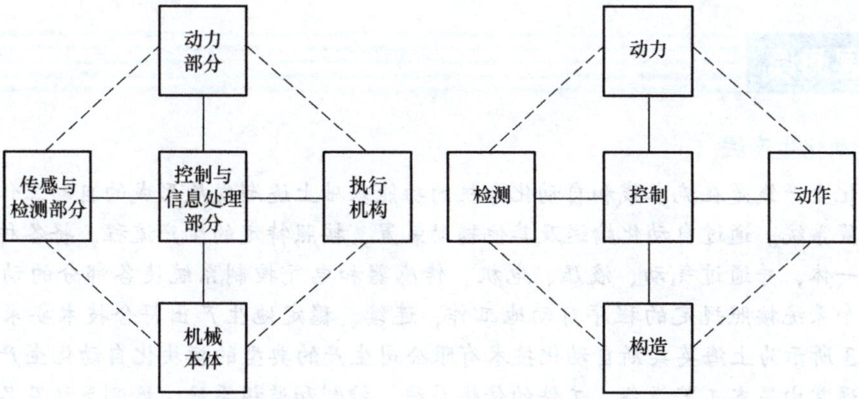

a) 机电一体化系统的组成要素　　b) 机电一体化系统的功能

图 1-2　机电一体化系统的组成要素及功能

2. 动力部分

动力部分相当于人体的心脏，按照系统控制要求，为系统提供能量和动力，去驱动执行机构工作以完成预定的主功能。动力系统包括电、液、气等多种动力源。用尽可能小的动力输入获得尽可能大的功能输出，是机电一体化产品的显著特征之一。

3. 传感与检测部分

传感与检测部分相当于人体的感官，对系统运行中所需要的本身和外界环境的各种参数及状态进行检测，变成可识别信号，传输到信息处理单元，经过分析、处理后产生相应的控制信息。其功能一般由专门的传感器及转换电路完成。

4. 执行机构

执行机构相当于人体的四肢，驱动运动部件在控制信息的作用下完成要求的动作，实现产品的主功能。执行机构是将输入的各种形式的能量转换为机械能，一般采用机械、电磁、电液等机构。根据机电一体化系统的匹配性要求，需要考虑改善系统的动、静态性能，如提高刚性、减小质量和适当的阻尼，应尽量考虑组件化、标准化和系列化，提高系统整体可靠性等。

5. 控制与信息处理部分

控制与信息处理部分相当于人体大脑，将来自各传感器的检测信息和外部输入命令进行集中、储存、分析、加工，根据信息处理结果，按照一定的程序和节奏发出相应的指令，控制整个系统有目的地运行。该部分一般由计算机、可编程序控制器（PLC）、数控装置以及逻辑电路、A/D（模/数）与 D/A（数/模）转换、I/O（输入/输出）接口和计算机外部设备等组成。机电一体化系统对控制和信息处理部分的基本要求是：提高信息处理速度，提高可靠性，增强抗干扰能力以及完善系统自诊断功能，实现信息处理智能化。

以上五部分通常称为机电一体化的五大组成要素。机电一体化系统中的这些单元和它们各自内部各环节之间都遵循接口耦合、运动传递、信息控制、能量转换的原则。

TIP

讨论一下你熟悉的机电一体化设备由哪几部分组成，每一部分在系统中的作用以及各部分之间的联系。

拓展阅读

1. 自动化生产线

自动化生产线是在流水线和自动化专机的功能基础上逐渐发展形成的自动工作的机电一体化的装置系统。通过自动化输送及其他辅助装置，按照特定的生产流程，将各种自动化专机连接成一体，并通过气动、液压、电机、传感器和电气控制系统使各部分的动作联系起来，使整个系统按照规定的程序自动地工作，连续、稳定地生产出符合技术要求的特定产品。图 1-3 所示为上海英集斯自动化技术有限公司生产的典型的模块化自动化生产线。自动化生产线通常由基本工艺设备、工件的传输系统、控制和监视系统、检测系统及各种辅助装置等组成。

2. 数控机床

数字控制技术是指采用数字化信息进行控制的技术。用数字信息对机床的运动及其加工过程进行控制的机床，称为数控机床。

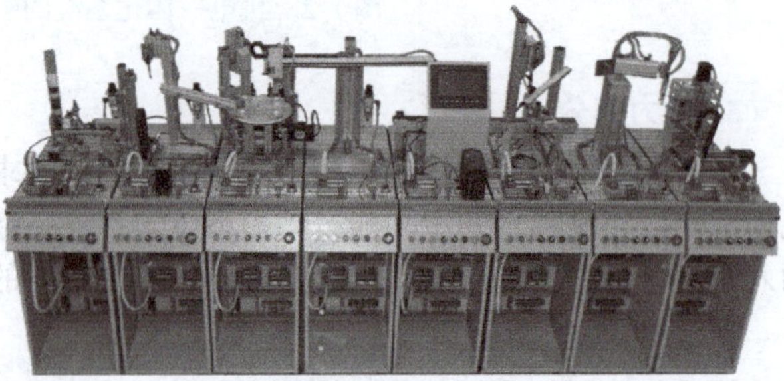

图 1-3　上海英集斯自动化技术有限公司生产的典型的模块化自动化生产线

数控机床是典型的机电一体化产品，一般由数控装置、人机交互设备、主轴伺服控制系统、进给伺服驱动系统、辅助控制装置、机床本体和检测反馈装置等组成。数控机床是集现代机械制造技术、自动控制技术、检测技术、计算机信息技术于一体的高效率、高精度、高柔性和高自动化的现代机械加工设备。它同其他的机电一体化产品一样，也是由机械本体、动力系统、传感与检测部分、执行机构和控制与信息处理部分组成。

在普通机床上加工零件，是由操作者根据零件图样的要求，不断改变刀具与工件之间的相互运动轨迹，由刀具对工件进行切削而加工出要求的零件。而在数控机床上加工零件时，则是将被加工零件的加工顺序、工艺参数和机床运动要求用数控语言编写加工程序，然后输入到 CNC 装置，CNC 装置对加工程序进行一系列处理后，向伺服系统发出执行指令，由伺服系统驱动机床移动部件运动，从而自动完成零件的加工。

图 1-4　海信集团电冰箱生产线上的搬运机器人

3. 工业机器人

工业机器人是一种可编程和多功能的，用来搬运材料、零件、工具的操作机；或是为了执行不同的任务而具有可改变和可编程动作的专门系统。图 1-4 所示为海信集团电冰箱生产线上的搬运机器人。机器人由机械部分、传感部分和控制部分三大部分组成。这三大部分可分成驱动系统、机械结构系统、感受系统、机器人-环境交互系统、人机交互系统、控制系统六个子系统。

机器人技术是综合了计算机、控制理论、机构学、信息和传感技术、人工智能等多学科而形成的高新技术，是目前国际研究的热点之一，其应用情况是衡量一个国家工业自动化水平高低的重要标志。据统计，我国已经超过日本成为机器人应用最多的国家，但是在我国投入使用的大量高端的机器人多为国外进口，我国正加大机器人的研发生产。

1.1.3　机电一体化的关键技术

机电一体化技术是微电子技术、计算机技术、控制技术、光学技术与机械技术的相互交叉与融合，是诸多高新技术产业和高新技术装备的基础。机电一体化技术的关键技术主要有机械技术、传感与检测技术、伺服驱动技术、计算机与信息处理技术、自动控制技术、接口技术和系统总体技术等。

1. 机械技术

机械技术是机电一体化的基础。随着高新技术引入机械行业，机械技术面临着挑战和变革。在机电一体化产品中，它不再是单一地完成系统间的连接，而是要优化设计系统结构、质量、体积、刚性和寿命等参数对机电一体化系统的综合影响。机械技术的着眼点在于如何与机电一体化的技术相适应，利用其他高新技术来更新概念，实现结构上、材料上、性能上以及功能上的变更，满足减小质量、缩小体积、提高精度、提高刚度、改善性能和增加功能的要求。尤其那些关键零部件，如导轨、滚珠丝杠、轴承、传动部件等的材料、精度对机电一体化产品的性能、控制精度影响很大。

2. 传感与检测技术

传感与检测装置是系统的感受器官，它与信息系统的输入端相连并将检测到的信息输送到信息处理部分。传感与检测是实现自动控制、自动调节的关键环节，它的功能越强，系统的自动化程度就越高。传感与检测技术的关键元件是传感器。

3. 伺服驱动技术

伺服系统是实现电信号到机械动作的转换装置或部件，对系统的动态性能、控制质量和功能具有决定性的影响。伺服驱动技术主要是指机电一体化产品中的执行元件和驱动装置设计中的技术问题，它涉及设备执行操作的技术，对所加工产品的质量具有直接的影响。

4. 计算机与信息处理技术

计算机技术包括计算机的软件技术和硬件技术、网络与通信技术、数据技术等。机电一体化系统中主要采用工业控制计算机（包括单片机、可编程序控制器等）进行信息处理。人工智能技术、专家系统技术、神经网络技术等都属于计算机信息处理技术。信息处理技术包括信息的交换、存取、运算、判断和决策，实现信息处理的工具大都采用计算机，因此计算机技术与信息处理技术是密切相关的。

在机电一体化系统中，计算机信息处理部分指挥整个系统的运行。信息处理是否正确、及时，直接影响系统工作的质量和效率。因此，计算机及信息处理技术已成为促进机电一体化技术发展和变革的最活跃的因素。

5. 自动控制技术

自动控制技术范围很广，机电一体化的系统设计是在基本控制理论指导下，对具体控制装置或控制系统进行设计；对设计后的系统进行仿真，现场调试；最后使研制的系统可靠地投入运行。由于控制对象种类繁多，因此控制技术的内容极其丰富，例如高精度定位控制、速度控制、自适应控制、自诊断、校正、补偿、再现、检索等。

6. 接口技术

机电一体化系统是将机械、电子、信息等性能各异的技术融为一体的综合系统，其构成要素和子系统之间的接口极其重要，主要有电气接口、机械接口、人机接口等。电气接口实现系统间信号联系；机械接口则完成机械与机械部件、机械与电气装置的连接；人机接口提供人与系统间的交互界面。接口技术是机电一体化系统设计的关键环节。

7. 系统总体技术

系统总体技术是一种从整体目标出发，用系统的观点和全局角度，将总体分解成相互有机联系的若干单元，找出能完成各个功能的技术方案，再把功能和技术方案组成方案组进行分析、评价和优选的综合应用技术。系统总体技术解决的是系统的性能优化问题和组成要素之间的有机联系问题，即使各个组成要素的性能和可靠性很好，如果整个系统不能很好协调，系统也很难保证正常运行。

1.1.4 机电一体化的特点

机电一体化具有以下特点：

1）体积小，重量轻。由于半导体、集成电路技术和液晶技术的发展，使得控制装置可以做成原来重量和体积的几分之一甚至几十分之一，迅速向轻型化和小型化发展。

2）速度快、精度高。随着半导体和集成电路的飞速发展，出现了大规模集成电路和超大规模集成电路。在电路集成度提高的同时，处理速度和响应速度也迅速提高，这样机电一体化装置总的处理速度就能够充分满足实际应用的需要。同时，由于机电一体化技术的应用，推动了超精密加工技术的进步，使其与高精度加工和精密运动控制相适应。

3）可靠性高。由于激光和电磁应用技术的发展，传感器和驱动控制器等装置已采用非接触式代替接触式，避免了原来机械式存在的注油、磨损、断裂等问题，使可靠性得到大幅度的提高。

4）柔性好。从 CNC 机床和机器人的例子可以知道，通过计算机软件就可以任意确定动作。例如，只要改变程序就可以实现最佳运动；同样也可以很容易地增加新的运动，具有很强的可扩展性。因为不需要变更硬件就能够调整运动，所以很容易地适应多样化的用途，在应用上非常方便。

机电一体化的上述特点，使得其产品具有节能、高质、低成本的共性。

1.2 学习机电一体化技术的发展

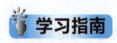

学习指南

知识点

① 了解机电一体化技术发展历程。

② 了解机电一体化技术发展趋势。

技能点

能够描述机电一体化技术发展历程和趋势。

建议与指导

① 难点：机电一体化技术发展历程。

② 重点：机电一体化技术发展趋势。

③ 建议：技术的发展与社会的发展、产业的变革紧密相关，学习了解机电一体化发展趋势，了解其过去、现在与未来，领悟技术发展规律具有重要意义。建议通过听课、网络学习、讨论等方式来了解机电一体化的发展历程。

1.2.1 机电一体化技术发展历程

机电一体化技术的发展大体上可分为以下三个阶段：

20世纪60年代以前为第一阶段，这一阶段称为初期阶段。特别是在第二次世界大战期间，战争刺激了机械产品与电子技术的结合，这些机电结合的军用技术，战后转为民用，对战后经济的恢复起到了积极的作用。

20世纪70～80年代为第二阶段，可称为蓬勃发展阶段。这一时期，计算机技术、控制技术、通信技术的发展，为机电一体化技术的发展奠定了技术基础。

20世纪90年代后期，开始了机电一体化技术向智能化方向迈进的新阶段。人工智能技术、神经网络技术及光纤通信技术等领域取得的巨大进步，为机电一体化技术开辟了发展的广阔天地。

1.2.2 机电一体化技术发展趋势

机电一体化是机械、电子、光学、控制、计算机、信息等多学科的交叉融合，它的发展和进步有赖于相关技术的发展和进步，其主要发展方向有数字化、智能化、模块化、网络化、微型化、集成化、人格化和绿色化。

1. 数字化

微处理器和微控制器的发展奠定了单机数字化的基础，如不断发展的数控机床和机器人；而计算机网络的迅速崛起，为数字化制造铺平了道路，如计算机集成制造。数字化要求机电一体化产品的软件具有高可靠性、可维护性以及自诊断能力，其人机界面对用户更加友好，更易于使用，并且用户能根据需要参与改进。数字化的实现将便于远程操作、诊断和修复。

2. 智能化

智能化是21世纪机电一体化技术发展的主要方向。赋予机电一体化产品一定的智能，使它模拟人类智能，具有人的判断推理、逻辑思维、自主决策等能力，以求得到更高的控制目标。随着人工智能技术、神经网络技术及光纤通信技术等领域取得的巨大进步，大量智能化的机电一体化产品不断涌现。现在，“模糊控制”技术已经相当普遍，甚至还出现了“混沌控制”的产品。

3. 模块化

由于机电一体化产品种类和生产厂家繁多，研制和开发具有标准机械接口、动力接口、环境接口的机电一体化产品单元是一项十分复杂和有前途的事情。利用标准单元迅速开发出新的产品，缩短开发周期，扩大生产规模，将给企业带来巨大的经济效益和美好的发展前景。

机电一体化水平的提高，使纺织机械的分部传动得以实现，这也使模块化设计成为可能。不仅机械部分，就是电气控制部分也采用模块化的设计思想，各功能单元都采用插槽式的结构，不同功能模块的组合，就能满足千变万化的用户需求。模块化的产品设计，是今后技术发展的必然趋势。

4. 网络化

20 世纪 90 年代，计算机技术的突出成就就是网络技术。各种网络将全球经济、生产连成一片，企业间的竞争也全球化。由于网络的普及和进步，基于网络的各种远程控制和状态监视技术方兴未艾，而远程控制的终端设备就是机电一体化产品。随着网络技术的发展和广泛运用，更高的管理信息系统层次企业资源计划（Enterprise Resource Planning，ERP）在制造企业广泛应用。

5. 微型化

微型化指的是机电一体化向微型化和微观领域发展的趋势。微型化是精密加工技术发展的必然，也是提高效率的需要。微机电一体化发展的瓶颈在于微机械技术，微机电一体化产品的加工采用精细加工技术，即超精密技术，它包括光刻技术和蚀刻技术两类。

6. 集成化

集成化既包含各种技术的相互渗透、相互融合，又包含在生产过程中同时处理加工、装配、检测、管理等多种工序。为了实现多品种、小批量生产的自动化与高效率，应使系统具有更广泛的柔性。如德国特吕茨勒集团的新型梳棉机就集成了一体化并条机（Integrated Draw Frame，IDF），可节省机台、简化工序、增加柔性、提高效率。

7. 人格化

机电一体化产品的最终使用对象是人，如何在机电一体化产品里赋予人的智能、情感和人性显得越来越重要，特别是以人为本的思想已深入人心的今天，机电一体化产品除了完善的性能外，还要求在色彩、造型等方面都与环境相协调，柔和一体，小巧玲珑，使用这些产品，对人来说还是一种艺术享受，如家用机器人的最高境界就是人机一体化。

8. 绿色化

机电一体化产品的绿色化主要是指使用时不污染生态环境。21 世纪的主题词是“环境保护”，绿色化是时代的趋势。绿色产品在其设计、制造、使用和销毁的过程中，要符合特定的环境保护和人类健康的要求，对生态环境无害或危害极小，资源利用率最高。

拓展阅读

智能制造（Intelligent Manufacturing，IM）是一种由智能机器和人类专家共同组成的人机一体化智能系统，它在制造过程中能进行智能活动，诸如分析、推理、判断、构思和决策等。通过人与智能机器的合作共事，去扩大、延伸和部分地取代人类专家在制造过程中的脑力劳动。机电一体化技术在智能制造中得到了广泛应用，如数控技术、机器人技术、传感器技术等，对于推动智能制造发展具有重要作用。

世界很多重要国家提出了智能制造发展战略。美国提出了先进制造业伙伴计划

(AMP)，重振制造业，要夺回制造业的领先优势。德国提出了工业4.0，发挥德国在制造技术和制造装备的传统优势，将制造业和互联网等技术融合，形成工业互联网，以保持德国在世界上的领先地位。我国也于2015年提出了"中国制造2025"，强调了信息技术和制造技术的深度融合，坚持创新驱动、智能转型、强化基础、绿色发展，加快从制造大国转向制造强国。

1.3 机电一体化技术在智能制造中的应用

学习指南

知识点

① 了解机电一体化技术在智能制造中的应用。

② 了解机电一体化技术在智能制造中的发展趋势。

技能点

能够描述机电一体化技术在智能制造中的应用与发展趋势。

建议与指导

机电一体化技术的发展，为智能制造的实现创造了条件。机电一体化技术整合了传感技术、自动控制技术等先进的技术，不仅可以保障产品质量，还可以提升制造业的运行效率。建议通过听课、网络学习等方式了解机电一体化技术在智能制造中的应用。

1.3.1　传感技术

智能制造的核心是传感技术。智能制造在应用机电一体化技术时，要发挥传感技术的作用。由于信息技术的发展，传感器实现了智能化的特点，光纤传感的信号获取实现了智能化，信号可以实现自动获取、存储和传输。智能化传感系统已应用于前沿领域，如感知环境、检测声波发射等。智能化光纤传感系统可以对区域环境加以感知并进行智能分析，体现出自适应性、自动识别、自动诊断的特点，在发生问题后还具有自修复性，广泛应用于汽车、航天、医疗、安防等领域。传统模式下生产制造无法实现动态化获取信息，系统中潜在的细小问题难以被及时发现，生产过程不能实时控制。应用传感技术可以有效解决上述问题。如光纤传感器可用于测量压力、温度、位移、速度等多个物理量，能测量出化学量、生物量的变化。光纤传感技术还可以实现远程测控，建立大区域、动态化监测网。

1.3.2　智能机器人

智能机器人的应用是机电一体化技术的最高层次，该技术融合了机电技术、控制技术、仿生学等。当前，针对智能机器人技术的研究变得更加丰富，已成为机电一体化技术发展的重要方向。智能机器人技术在发展中还整合了传感技术、控制技术和信息技术，可以模仿人的思维模式，在智能系统的支撑下，可以对信息加以识别、分析和判断，可以模仿人的思维与行为习惯，完成对生产操作的控制。机器人应用于智能制造中，可以降低操作人员的工作量与劳动强度，还可以保证工作的持续性，对于提升产品质量和效率发挥着重要的作用。智能机器人可以推动产品制造过程更加规范化，防止由于人工操作发生失误引发的质量和精度难以保证的问题。智能机器人可以消除恶劣环境对生产制造的影响，对于制造生产的安全性发挥了重要作用。

1.3.3 数控技术

数控技术为智能制造发展提供了保障。智能制造系统对于数控加工有着较高的要求，除了对生产环节加以控制和管理外，还要对各类信息予以处理。如数控车床是机、电、液、气结合的产物，也是现代机加工中重要的设备，在产品制造中起着多方面的作用，使机加工中外形复杂、产品精密要求高、批量化生产等多种问题得以解决，加工质量可以保证，还可以提升加工效率。企业面对激烈的市场竞争要实现持续发展，需要用最短的时间生产质优、价低的产品，加工出满足市场需要的、性能可靠的产品，而产品的加工质量、加工周期、加工成本会受到加工设备的影响。数控机床的应用具有多种优势，不仅可以保证加工质量，还可以提升效率，降低加工成本，已成为加工技术发展的方向。

1.3.4 柔性制造系统

柔性制造系统需要解决数字控制、信息控制、物料储运等多方面的问题。应用于实践中可以结合加工对象变化自动转换调整。柔性制造系统应用于智能制造中，在结合产品多样化需要的背景下，使加工设备、物料、工具等实现合理匹配，在计算机作用下实现系统化、自动化控制。制造业引入柔性系统，可以满足不同工件高效生产的需求，还可以对市场需求进行系统化分析，依据分析结果对产品生产过程加以调整与优化，以实现生产资源的高效利用，有利于提升生产效益。柔性制造系统应用于制造行业实现了各项数据信息的整合、处理与分析，将设备按层级加以控制。

拓展阅读

2020年，一场突如其来的由新型冠状病毒引发的肺炎席卷全球。口罩作为重要的防疫物资，迅速成为紧缺资源。伴随着企业复工、学校开学，一次性口罩的需求量不断增长。上海洞泾镇的科大智能科技股份有限公司，研发出了目前全球速度最快的平面口罩生产设备，每分钟生产口罩可达1000片。传统的口罩生产线每分钟为80片，需要人工更换材料。该公司研发的快速口罩生产设备采用了自动纠偏、自动换接料、自动剔废等新技术，可极大提升产能和成品率。企业实测，每天产能为120多万片，成品率高达99.6%。

疫情暴发后，仅仅一个月时间，我国的口罩日产量就从800万支增加到1.16亿支，不仅满足了我国日常防疫的需要，还为世界疫情防控做出了巨大贡献，不仅彰显了我国制度的优越性和强大的制造能力，还向世界展示了我国作为负责任大国的担当。

项目实训

完成技能训练活页式工作手册“项目1 机电一体化产品介绍与分析”。

能力测试

一、填空题

1. 机电一体化系统一般由__________、__________、__________、__________、__________五大部分组成。

2. 机电一体化关键技术有__________、__________、__________、__________、__________、__________和__________。

二、简答题

1. 机电一体化的基本组成要素有哪些？
2. 机电一体化的关键技术有哪些？
3. 简述机电一体化在智能制造中的应用。
4. 选择自己熟悉的一种机电一体化产品，简述其结构组成、作用及每部分之间的联系。

学习项目2

机电一体化机械技术

项目导学

机械技术是机电一体化的基础。机电一体化系统的机械本体主要包括机械传动装置和机械结构装置。机电一体化系统的机械系统是由计算机协调控制的，与一般的机械系统相比，除要求具有较高的定位精度之外，还应该具有良好的动态响应特性，就是说响应要快、稳定性要好。在机电一体化设备的安装、调试、维修与改造设计岗位上，都可能会进行机械传动机构、支承机构和执行机构的安装、调试与维修，不同的机构在装配时的注意事项和要求是不同的，这就要求操作者熟悉各种传动机构、支承机构、执行机构的特点和相关知识，并通过实训熟练掌握各类机构的装调技能。

思维导图

学习项目2思维导图如图2-1所示。

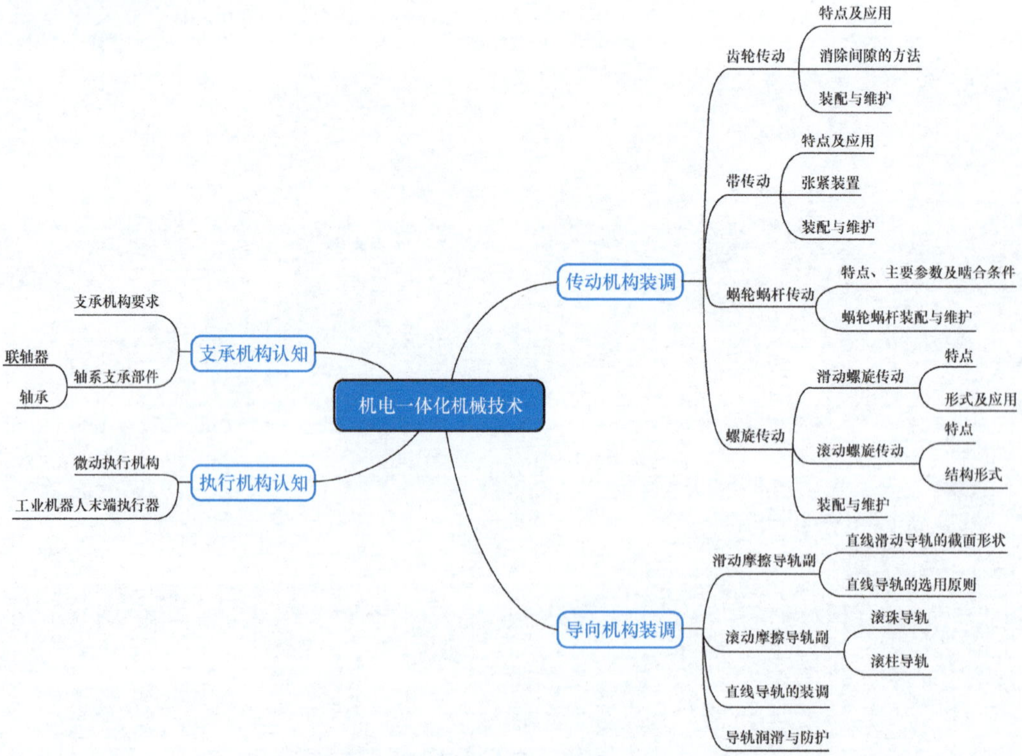

图2-1 学习项目2思维导图

项目知识

2.1 机械传动机构装调

学习指南

知识点

① 机电一体化机械系统的组成。
② 齿轮传动的特点及应用场景。
③ 带传动的特点、分类、张紧装置及应用场景。
④ 蜗杆传动的特点、常见故障分析及应用场景。
⑤ 螺旋传动的特点、类型、间隙调整方式及应用场景。

技能点

① 齿轮传动机构的装配。
② 带传动机构的装配。
③ 蜗杆传动机构的装配。
④ 螺旋传动机构的装配。

建议与指导

① 难点：齿轮传动、带传动、蜗杆传动、螺旋传动的特点及应用。
② 重点：机械传动机构的装配。
③ 建议：通过听课、在线学习、讨论等方式突破难点；通过实践训练习得重要技能点。机械传动部分理论上主要学习机械传动机构的特点和应用场景，技能则以装配为主，因此学习过程中要注意装配的具体要求。

2.1.1 机电一体化机械系统的组成

机电一体化机械系统应主要包括传动机构、导向机构、执行机构和支承机构等。

1. 传动机构

机电一体化机械系统中的传动机构不仅仅是转速和转矩的变换器，而且已成为伺服系统的一部分，它要根据伺服控制的要求进行选择设计，以满足整个机械系统良好的伺服性能。因此，传动机构除了要满足传动精度的要求，还要满足小型、轻量、高速、低噪声和高可靠性的要求。

常用的机械传动部件有齿轮传动、带传动、链传动、螺旋传动以及各种非线性传动部件等。其主要功能是传递转矩和转速，它实质上是一种转矩、转速变换器。

2. 导向及支承机构

导向及支承机构的作用是导向和支承，为机械系统中各运动装置能安全、准确地完成其特定方向的运动提供保障，一般指导轨、轴承等。

3. 执行机构

执行机构是用以完成操作任务的直接装置。执行机构根据操作指令的要求在动力源的带动下，完成预定的操作。一般要求它具有较高的灵敏度、精确度，良好的重复性和可靠性。由于计算机的强大功能，使传统的作为动力源的电动机发展为了具有动力、变速与执行等多重功能的伺服电动机，从而大大地简化了传动和执行机构。

除以上几部分外，机电一体化系统的机械部分通常还包括机座、支架、壳体等。机电一体化除了满足较高的制造精度外，还应具有良好的动态响应特性。

2.1.2 齿轮传动

齿轮传动

三相交流减速电动机通过减速器将高转速、小转矩的电动机输出，改变为低转速、大转矩的执行件的输出，减速器的工作原理是齿轮传动。齿轮传动通过主动齿轮和从动齿轮的齿廓之间的啮合实现直接接触传递运动和动力。这种传动方法的传动比精确、传动功率大，具体优缺点见表 2-1。常用的齿轮传动类型有圆柱齿轮传动、斜齿轮传动、锥齿轮传动、齿轮齿条传动等。

表 2-1 齿轮传动的优缺点

类 型	优 点	缺 点
齿轮传动	1. 瞬时传动比恒定 2. 适用的圆周速度和传动功率范围较大 3. 传动效率较高、寿命较长 4. 可实现平行、相交、交错轴间的传动 5. 蜗杆传动的传动比大，具有自锁能力	1. 制造和安装精度要求较高 2. 生产使用成本高 3. 不适用于距离较远的传动 4. 蜗杆传动效率低，磨损较大

齿轮传动机构是现代机械中应用最为广泛的一种传动机构，齿轮传动机构在减速器、汽车变速器中得到了广泛应用。各种机床中传动装置几乎都离不开齿轮传动。例如，在数控机床伺服进给系统中就采用了齿轮传动装置，其目的主要有两个：一是将高转速、小转矩的电动机（如步进电动机、直流或交流伺服电动机等）的输出，改变为低转速、大转矩的执行件的输出；二是使滚珠丝杠和工作台的转动惯量在系统中占有较小的比例。此外，在开环系统中齿轮传动还可以保证所要求的精度。

TIP 讨论一下生产、生活中您见到过哪些产品用到了齿轮传动。它们属于哪种类型？

1. 齿轮传动间隙的调整

在数控设备的进给驱动系统中，考虑惯量、转矩或脉冲当量的要求，有时要在电动机到丝杠之间使用齿轮传动副，而齿轮等传动副存在间隙，会使进给系统反向滞后于指令信号，降低传动的精度和稳定性。消除齿轮间隙的主要结构形式有如下几种。

（1）圆柱齿轮传动

1）偏心套（轴）调整法。如图 2-2 所示，将相互啮合的一对齿轮中的小齿轮 4 装在电动机输出轴上，并将电动机 2 安装在偏心套 1（或偏心轴）上，通过转动偏心套（偏心轴）

的转角，就可调节两啮合齿轮的中心距，从而消除圆柱齿轮正、反转时的齿侧间隙。

2）锥度齿轮调整法。如图2-3所示，齿轮1和2相啮合，其分度圆弧齿厚沿轴向略有锥度，这样就可以用垫片3使齿轮2沿轴向移动，从而消除两齿轮的齿侧间隙。装配时垫片3的厚度应使得齿轮1和2之间既齿侧间隙小，又运转灵活。

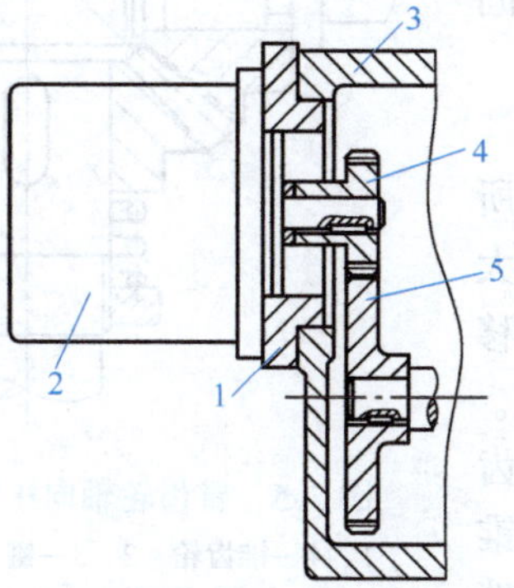

图2-2　偏心套式消除间隙结构

1—偏心套　2—电动机　3—减速器箱体　4—小齿轮　5—大齿轮

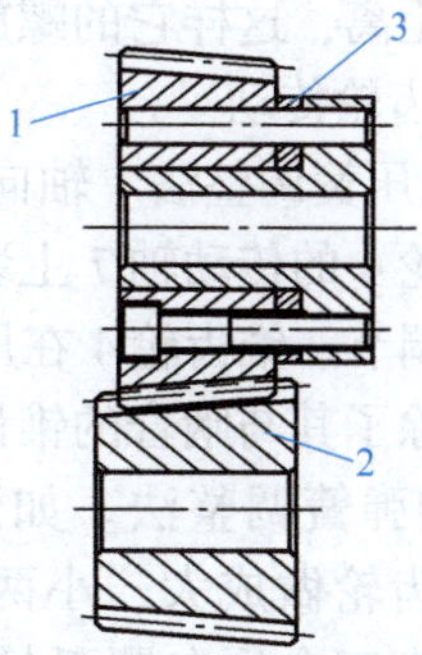

图2-3　锥度齿轮消除间隙结构

1、2—齿轮　3—垫片

以上两种方法的特点是结构简单，能传递较大转矩，传动刚度较好，但齿轮间隙调整后不能自动补偿，也称刚性调整法。

3）双向薄齿轮错齿调整法。采用这种消除齿侧隙的一对啮合齿轮，其中一个做成宽齿轮，另一个用两片薄齿轮组成，可相对回转。采取措施使一个薄齿轮的左齿侧和另一个薄齿轮的右齿侧分别紧贴在宽齿轮齿槽的左、右两侧，以消除齿侧间隙，反向时不会出现死区，圆柱薄片齿轮可调拉簧错齿调整结构如图2-4所示。

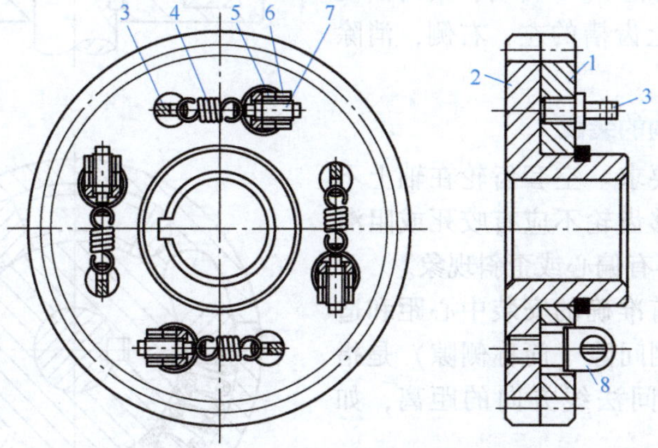

图2-4　圆柱薄片齿轮可调拉簧错齿调整结构

1、2—薄片齿轮　3、8—凸耳　4—弹簧　5、6—螺母　7—调整螺钉

在两个薄片齿轮1和2的端面均匀分布着四个螺孔，分别装上凸耳3和8。齿轮1的端面还有另外四个通孔，凸耳8可以在其中穿过。弹簧4的两端分别钩在凸耳3和调整螺钉7上，通过螺母5调节弹簧4的拉力，调节完毕用螺母6锁紧。弹簧的拉力使薄片齿轮错位，

即两个薄片齿轮的左右齿面分别紧贴在宽齿轮齿槽的左右齿面上，从而消除了齿侧间隙。

（2）斜齿轮传动　斜齿轮传动齿侧间隙的消除方法基本上与上述错齿调整法相同，也是用两个薄片齿轮和一个宽齿轮啮合，只是在两个薄片斜齿轮的中间隔开一小段距离，这样它的螺旋线便错开了。

（3）锥齿轮传动

1）轴向压簧调整法。轴向压簧调整法如图 2-5 所示，在锥齿轮 4 的传动轴 7 上装有压簧 5，其轴向力大小由螺母 6 调节。锥齿轮 4 在压簧 5 的作用下可轴向移动，从而消除了其与啮合的锥齿轮 1 之间的齿侧间隙。

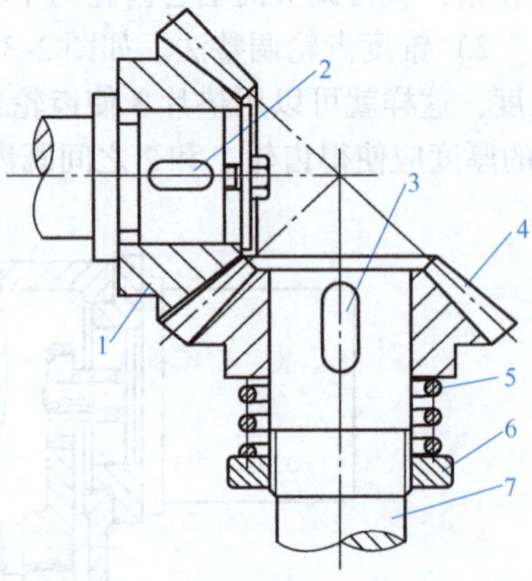

图 2-5　锥齿轮轴向压簧调整法

1、4—锥齿轮　2、3—键　5—压簧　6—螺母　7—传动轴

2）周向弹簧调整法。如图 2-6 所示，将与锥齿轮 3 啮合的齿轮做成大、小两片（1、2），在大片锥齿轮 1 上制有三个周向圆弧槽 8，小片锥齿轮 2 的端面制有三个可伸入圆弧槽 8 的凸爪 7。弹簧 5 装在圆弧槽 8 中，一端顶在凸爪 7 上，另一端顶在镶在圆弧槽 8 中的镶块 4 上。止动螺钉 6 在装配时用，安装完毕将其卸下，则大、小片锥齿轮 1、2 在弹簧力作用下错齿，从而达到消除间隙的目的。

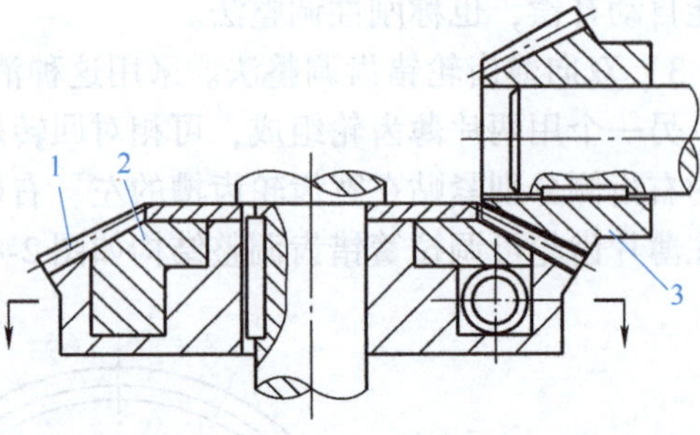

（4）齿轮齿条传动　齿轮齿条传动常用于行程较大的机电设备，易于实现高速直线运动。齿轮齿条一般采用双齿轮调整法消隙，如图 2-7 所示。通过预载装置 4 向齿轮 3 上预加负载，使大齿轮 2、5 同时向两个相反方向转动，从而带动小齿轮 1、6 转动，其齿面便分别紧贴在齿条 7 上齿槽的左、右侧，消除了齿侧间隙。

2. 齿轮传动机构的装配

（1）装配技术要求　空套齿轮在轴上不得有晃动现象；滑移齿轮不应有咬死或阻滞现象；固定齿轮不得有偏心或歪斜现象。

（2）保证齿轮有准确的安装中心距和适当的齿侧间隙　齿侧间隙（简称侧隙）是指齿轮副非工作表面间法线方向的距离，如图 2-8所示。

（3）保证齿面接触正确　齿面应有正确的接触位置和足够的接触面积。

（4）进行必要的平衡试验　对转速高、直径大的齿轮，装配前应进行动平衡检查，以免工作时产生过大的振动。

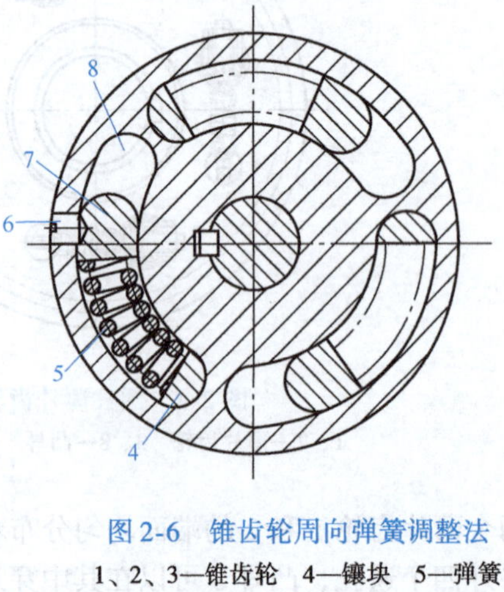

图 2-6　锥齿轮周向弹簧调整法

1、2、3—锥齿轮　4—镶块　5—弹簧　6—止动螺钉　7—凸爪　8—圆弧槽

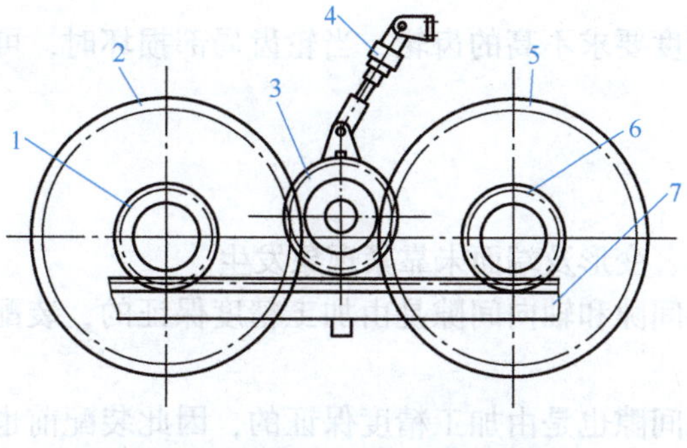

图 2-7　齿轮齿条的双齿轮调隙机构

1、2、3、5、6—齿轮　4—预载装置　7—齿条

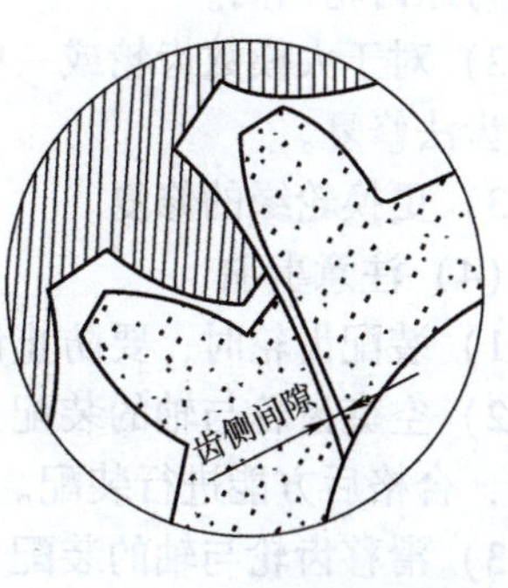

图 2-8　齿侧间隙示意图

3. 圆柱齿轮传动机构的装配与维护

（1）齿轮与轴的装配　齿轮与轴的连接形式有固定连接、空套连接和滑动连接三种形式。固定连接主要有键连接、螺栓法兰盘连接和固定铆接等；滑动连接主要采用的是花键连接（传递转矩较小时也可采用滑键连接）。

1）齿轮与轴的装配步骤如下：

① 清除齿轮与轴配合面上的污物和毛刺。

② 对于采用固定键连接的，应根据键槽尺寸，认真锉配键，使之达到键连接要求。

③ 清洗并擦干净配合面，涂润滑油后将齿轮装配到轴上。

当齿轮和轴是滑移连接时，装配后的齿轮在轴上不得有晃动现象，滑移时不应有阻滞和卡死现象；滑移量及定位要准确，齿轮啮合错位量不得超过规定值。

2）装配过程中应注意以下问题：

① 对于过盈量不大或过渡配合的齿轮与轴的装配，可采用锤击法或专用工具压入法将齿轮装配到轴上。

② 对于过盈量较大的齿轮固定连接的装配，应采用温差法，即通过加热齿轮（或冷却轴颈）的方法，将齿轮装配到规定的位置。

③ 当齿轮用法兰盘和轴固定连接时，装配齿轮和法兰盘后，必须将螺钉紧固；采用固定铆接方法时，齿轮装配后必须用铆钉铆接牢固。

④ 对于精度要求较高的齿轮与轴的装配，齿轮装配后必须对其装配精度进行严格检查，检查方法有：直接观察法检查；齿轮径向圆跳动检查；齿轮轴向圆跳动检查。

（2）将齿轮轴组件装入箱体

1）装配前对箱体孔精度的检查，主要包括以下五点：①孔距的检查；②孔系平行度的检查；③孔系同轴度的检查；④孔端面与孔中心线垂直度的检查；⑤孔中心线与基面的尺寸精度和平行度的检查。

2）装配轴承。

3）将齿轮轴组件装入箱体。

4）检查齿轮的啮合质量，主要检查齿侧间隙和接触精度。

（3）齿轮的维护

1）齿轮严重磨损或轮齿断裂时，一般都应更换新的齿轮。当一个大齿轮和一个小齿轮啮合时，因小齿轮磨损较快，应先更换小齿轮。更换齿轮时，新齿轮的齿数、模数、齿形角必须与原齿轮相同。

2）对于大模数齿轮或一些传动精度要求不高的齿轮，当轮齿局部损坏时，可采用焊补或镶齿法修复。

3）更换轮缘的修复。

（4）注意事项

1）装配齿轮时，要防止齿轮歪斜、变形及端面未靠紧现象发生。

2）空套齿轮与轴的装配，其径向间隙和轴向间隙是由加工精度保证的，装配前应严格检查，合格后方能进行装配。

3）滑移齿轮与轴的装配，其径向间隙也是由加工精度保证的，因此装配前也应进行严格检查。

4）在齿轮轴组件装入箱体的过程中，不得将污物、杂物掉落在箱体内。

5）齿轮轴组件的装配必须到位，需要靠紧的必须靠紧。

6）装配后的齿轮轴组件经过调整应达到装配技术要求。

7）装配和修理过程中要注意安全，避免事故的发生。

2.1.3 带传动

带传动

带传动利用张紧在带轮上的带，靠它们之间的摩擦或啮合，在两轴（或多轴）间传递运动或动力。根据传动原理不同，带传动可分为摩擦型带传动和啮合型带传动两大类，如图 2-9 所示。亚龙 YL-335B 型自动化生产线实训装备带传送检测单元通过一条传输带和两只滚轮将物料传送至搬运机械手的下方，带传送单元选用的传输带属于摩擦型，物料传送仓储单元用到的同步带属于啮合型。

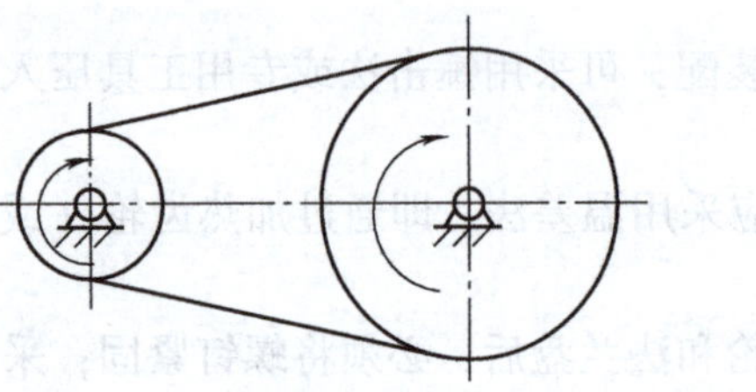

a) 摩擦型带传动

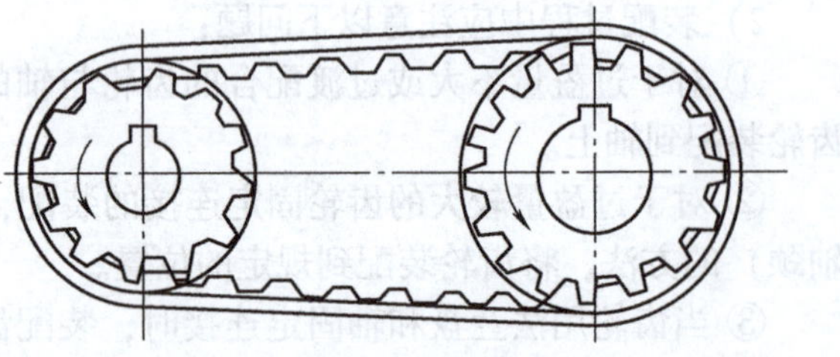

b) 啮合型带传动

图 2-9 带传动的形式

1. 摩擦型带传动

摩擦型带传动根据带的截面形状分为平带、V 带、多楔带和圆带等，其优缺点见表 2-2。

表 2-2 摩擦型带传动的优缺点

类型	优点	缺点
摩擦型带传动	1. 由于带是弹性体，因此能缓和载荷冲击，运行平稳无噪声 2. 过载时引起带在带轮上打滑，可防止其他零件损坏 3. 制造和安装精度不像啮合传动那样严格 4. 可增加带长以适应中心距较大（可达 15m）的工作条件	1. 带与带轮的弹性滑动使传动比不准确，效率较低，寿命较短 2. 传递同样大的圆周力时，外廓尺寸和轴上的压力都比啮合传动大 3. 不宜用于高温、易燃等场合

由于传动带的材料不是完全的弹性体，因此带在工作一段时间后会伸长而松弛，张紧力降低。因此，带传动应设置张紧装置，以保持正常工作。常用的张紧装置有以下三种。

(1) 定期张紧装置　调节中心距使带重新张紧。这种装置适合于两轴处于水平或倾斜不大的传动，以及竖直的传动或接近竖直的传动。

(2) 自动张紧装置　常用于中小功率的传动。一般利用电动机、摆架等的重量，自动保持张紧力。

(3) 使用张紧轮的张紧装置　当中心距不能调节时，可使用张紧轮把带张紧，张紧轮一般应安装在松边内侧，使带只受单向弯曲，以减少寿命的损失；同时张紧轮还应尽量靠近大带轮，以减少对包角的影响。张紧轮的使用会降低带轮的传动能力，在设计时应适当考虑。

2. 同步带传动

同步带传动利用同步带的齿形与带轮的轮齿依次相啮合传递运动和动力，因而兼有带传动、齿轮传动及链传动的优点，即无相对滑动，平均传动比准确，传动精度高，而且同步带的强度高、厚度小、质量轻，故可用于高速传动；同步带无需特别张紧，故作用在轴和轴承等上的载荷小，传动效率高。

同步带传动机构在机电设备中主要用于传递电动机转矩或提供牵引力使其他机构在一定程度范围内往复运动（直线运动或摆动运动）等。目前，同步带传动广泛应用在各种自动化装配专机、自动化装配生产线、机械手及工业机器人等自动化生产机械中，同时还广泛应用于包装机械、仪器仪表、办公设备及汽车等行业。图2-10所示为同步带传动机构在梳棉机上的应用情况。图2-11所示为同步带传动机构在汽车发动机中的应用情况。

图2-10　同步带在梳棉机中的应用

图2-11　同步带在发动机中的应用

3. 带传动机构的装配与维护

(1) 带轮的装配　带轮的装配步骤如下：

1）清除带轮孔、轮缘、轮槽表面上的污物和毛刺。

2）检验带轮孔径的径向圆跳动和轴向圆跳动误差。具体检验方法：将检验棒插入带轮孔中，用两顶尖支顶检验棒；将百分表测头置于带轮圆柱面和带轮端面靠近轮缘处；旋转带轮一周，百分表在圆柱面上的最大示值差，即为带轮径向圆跳动误差；百分表在端面上的最大示值差为带轮轴向圆跳动误差。

3）锉配键连接，保证键连接的各项技术要求。

4）把带轮孔、轴颈清洗干净，涂上润滑油。

5）装配带轮时，使带轮键槽与轴颈上的键对准，当孔与轴的轴线同轴后，用铜棒敲击带轮靠近孔端面处，将带轮装配到轴颈上。

6）检查两带轮的相互位置精度。当两带轮的中心距较小时，可用较长的钢直尺紧贴一个带轮的端面，观察另一个带轮端面是否与该带轮端面平行或在同一平面内。若检验结果不符合技术要求，可通过调整电动机的位置来解决。当两带轮的中心距较大无法用钢直尺来检验时，可用拉线法检查。使拉线紧贴一个带轮的端面，以此为射线延长至另一个带轮端面，观察两带轮端面是否平行或在同一平面内。

（2）V 带的型号与安装

1）V 带的型号。根据 GB/T 11544—2012，我国生产的 V 带共分为 Y、Z、A、B、C、D、E 七种型号。而线绳结构的 V 带，目前主要生产的有 Y、Z、A、B 四种型号。Y 型 V 带的节宽、顶宽和高度尺寸最小（即截面面积最小），E 型 V 带的节宽、顶宽和高度尺寸最大（即截面面积最大）。生产中使用最多的 V 带是 Z、A、B 三种型号。

2）V 带的安装。V 带安装步骤如下：

① 将 V 带套入小带轮最外端的第一个轮槽中。

② 将 V 带套入大带轮轮槽，左手按住大带轮上的 V 带，右手握住 V 带往上拉，在拉力作用下，V 带沿着转动的方向即可全部进入大带轮的轮槽内。

③ 用一字槽螺钉旋具撬起大带轮（或小带轮）上的 V 带，旋转带轮，即可使 V 带进入大带轮（或小带轮）的第二个轮槽内。

④ 重复步骤③，即可将第一根 V 带逐步拨到两个带轮的最后一个轮槽中。

⑤ 检查 V 带装入轮槽中的位置是否正确。

（3）带传动张紧力的检查与调整　带传动张紧力的检查与调整主要包括带传动张紧力的检查和张紧力的调整。

（4）平带接头的连接　平带接头的连接主要有粘接法连接、缝合法连接和金属搭扣铆合法连接三种方法。

（5）带传动机构的修理

1）带轮轴颈弯曲的修理。

① 先将带轮从弯曲的轴颈上卸下来，然后将带轮轴从机体中取出。

② 将带轮轴放在 V 形架上，百分表测量头放在弯曲轴颈端部的外圆处，转动带轮轴一周，在轴颈上标记百分表最大示值和最小示值处，百分表的最大示值差即为轴颈的弯曲量。

③ 当带轮轴颈弯曲量较小时，可进行矫正修复；当弯曲量较大时，应更换新轴。

2）带轮孔与轴配合松动的修复。

① 带轮孔与轴的磨损量较小时，可先将带轮孔在车床上修光，保证其自身的形状精度合格，然后将轴颈修光（保证形状精度合格），根据孔径实际尺寸进行镀铬修复。

② 带轮孔与带轮轴的磨损量均较大时，可先将轴颈在车床或磨床上修光，并保证其自身的几何精度合格，然后将带轮孔镗大、镶套，并用骑缝螺钉固定的方法修复。

3）带轮轮槽磨损的修复。将带轮从轮轴上卸下来，在车床上将原带轮槽车深，同时修整带轮的轮缘，保证轮槽尺寸、形状符合要求。

4）带打滑的修复。在正常情况下因带被拉长而打滑时，可通过调整张紧装置解决。若因超出正常范围的拉长而引起打滑，则应整组更换 V 带。

2.1.4 蜗杆传动

蜗轮蜗杆传动

蜗杆传动机构常用来传递两交错轴之间的运动和动力。蜗轮与蜗杆在其中间平面内相当于齿轮与齿条，蜗杆又与螺杆形状相似。蜗轮及蜗杆机构常被用于两轴交错、传动比大、传动功率不大或间歇工作的场合，蜗轮与蜗杆的结构如图2-12所示。

1. 主要参数

蜗轮及蜗杆的主要参数有模数 m、压力角、蜗杆直径系数 q、导程角、蜗杆头数、蜗轮齿数、齿顶高系数（取1）及顶隙系数（取0.2）。其中，模数 m 和压力角是指蜗杆轴面的模数和压力角，亦即蜗轮端面的模数和压力角，且均为标准值；蜗杆直径系数 q 为蜗杆分度圆直径与其模数 m 的比值。

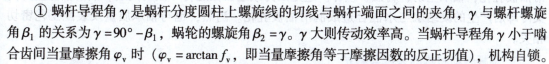

图2-12 蜗轮及蜗杆结构示意图

2. 蜗轮和蜗杆的啮合条件和注意问题

1）蜗轮的端面模数等于蜗杆的轴向模数且为标准值，蜗轮的端面压力角应等于蜗杆的轴向压力角且为标准值。

2）当蜗轮和蜗杆的交错角为90°时，还需保证蜗杆的导程角等于蜗轮的螺旋角，而且蜗轮与蜗杆螺旋线旋向必须相同。

蜗轮蜗杆减速器的几何尺寸计算与圆柱齿轮基本相同，需注意的几个问题如下：

① 蜗杆导程角 γ 是蜗杆分度圆柱上螺旋线的切线与蜗杆端面之间的夹角，γ 与螺杆螺旋角 β_1 的关系为 $\gamma=90°-\beta_1$，蜗轮的螺旋角 $\beta_2=\gamma$。γ 大则传动效率高。当蜗杆导程角 γ 小于啮合齿间当量摩擦角 φ_v 时（$\varphi_v=\arctan f_v$，即当量摩擦角等于摩擦因数的反正切值），机构自锁。

② 引入蜗杆直径系数 q 是为了限制蜗轮滚刀的数目，使蜗杆分度圆直径进行了标准化。当 m 一定时，q 大则蜗杆直径增大，蜗杆轴的刚度及强度相应增大；蜗杆头数一定时，q 小则蜗杆导程角增大，传动效率相应提高。

③ 蜗杆头数推荐值为1、2、4、6，当取小值时，其传动比大，且具有自锁性；当取大值时，传动效率高。与圆柱齿轮传动不同，蜗杆传动机构的传动比不等于蜗轮分度圆直径与蜗杆分度圆直径的比值，而是蜗轮齿数与蜗杆头数之比。

④ 在蜗轮蜗杆传动中，蜗轮转向的判定方法：当蜗杆为右旋时，用右手（蜗杆为左旋时，用左手）半握拳，四指顺着蜗杆旋转方向，大拇指指的反方向为靠近蜗杆的半边蜗轮的旋转方向。

3. 蜗杆传动机构的特点

1）可以得到很大的传动比，比交错轴斜齿轮机构紧凑。

2）两轮啮合齿面间为线接触，其承载能力大大高于交错轴斜齿轮机构。

3）蜗杆传动相当于螺旋传动，为多齿啮合传动，故传动平稳、噪声很小。

4）具有自锁性。当蜗杆的导程角小于啮合轮齿间的当量摩擦角时，机构具有自锁性，可实现反向自锁，即只能由蜗杆带动蜗轮，而不能由蜗轮带动蜗杆。如在起重机械中使用的自锁蜗杆机构，其反向自锁性可起安全保护作用。

5）传动效率较低，磨损较严重。蜗轮蜗杆啮合传动时，啮合轮齿间的相对滑动速度大，故摩擦损耗大、效率低。另外，相对滑动速度大使齿面磨损严重、发热严重，为了散热和减小磨损，常采用价格较为昂贵的减摩性与抗磨性较好的材料及良好的润滑装置，因而成本较高。

6）蜗杆轴向力较大。

4. 常见故障及其原因

（1）减速器发热和漏油　为了提高效率，蜗杆减速器一般均采用有色金属制作蜗轮，蜗杆则采用较硬的钢材。由于是滑动摩擦传动，运行中会产生较多的热量，使减速器各零件和密封之间热膨胀产生差异，从而在各配合面形成间隙，润滑油由于温度的升高变稀，易造成泄漏。造成这种情况的原因主要有：①材质的搭配不合理；②啮合摩擦面表面的质量差；③润滑油添加量的选择不正确；④装配质量和使用环境差。

（2）蜗轮磨损　蜗轮一般采用锡青铜，配对的蜗杆材料用45钢淬硬至45～55HRC，或用40Cr淬硬至50～55HRC后经蜗杆磨床磨削至表面粗糙度$Ra0.8\mu m$。减速器正常运行时磨损很慢，某些减速器可以使用10年以上。如果磨损速度较快，就要考虑选型是否正确，是否超负荷运行，以及蜗轮蜗杆的材质、装配质量或使用环境等原因。

蜗轮磨损一般发生在立式安装的减速器上，主要与润滑油的添加量和油品种有关。立式安装时，很容易造成润滑油量不足，减速器停止运转时，蜗轮和蜗杆间润滑油流失，蜗轮得不到应有的润滑保护。减速器起动时，蜗轮由于得不到有效润滑导致机械磨损甚至损坏。

（3）蜗杆轴承损坏　发生故障时，即使减速器密封良好，还是经常发现减速器内的润滑油被乳化，轴承生锈、腐蚀、损坏。这是因为减速器在运行一段时间后，润滑油温度升高又冷却后产生的凝结水与水混合造成润滑油被乳化。当然，也与轴承质量及装配工艺密切相关。

5. 蜗杆传动机构的装配与维护

（1）蜗杆传动机构箱体装配前的检验　蜗杆传动机构箱体装配前的检验主要包括箱体孔中心线垂直度的检验和箱体孔中心距的检验。

（2）蜗杆传动机构的装配　蜗杆传动机构的装配顺序应根据具体结构而定，一般是先装配蜗轮轴，后将蜗杆轴装入箱体孔中，通常的装配顺序如下：

1）将蜗轮装配到蜗轮轴上，其方法和圆柱齿轮装配到轴上的方法相同。

2）将蜗轮轴组件装入箱体的安装孔内。

3）将蜗杆装入箱体安装孔内。调整蜗轮轴向位置，使蜗杆中心与蜗轮中心平面重合。

4）蜗杆传动机构啮合质量的检验，主要包括蜗轮轴向位置及接触斑点的检验、齿侧间隙的检验和灵活性的检验。

① 蜗轮轴向位置及接触斑点的检验。将显示剂红丹粉涂在蜗杆螺旋面上，转动蜗杆，使蜗轮齿面上获得印痕，根据蜗轮齿面上印痕的位置及大小来判断啮合质量。

② 齿侧间隙的检验。在蜗杆的端部固定一个专用的分度盘（或带有量角器的盘），将百分表的测头抵在蜗轮的齿面上，用手转动蜗杆。在百分表指针不动的条件下，根据分度盘相对于指针转过的最大空程角来计算出齿侧间隙的大小。对于要求不高的蜗杆传动机构，可用手转动蜗杆，根据蜗杆空程量的大小来判断齿侧间隙是否合格。

③ 灵活性的检验。用手转动蜗杆，蜗轮在任何位置上所用力矩相同，并无阻滞现象，

说明灵活性符合要求。

（3）蜗杆传动机构的维护

1）蜗杆传动机构装配前，应对箱体和零件进行检验，严禁盲目装配。

2）装配时要先进行试装（过盈配合除外），确认符合要求后再装配。

3）装配后，必须进行检验和调整。

4）注意安全，防止各类事故的发生。

2.1.5　螺旋传动

螺旋传动是机电一体化系统中常用的一种传动形式。根据螺旋传动的运动方式可以分为两大类：一类是滑动螺旋传动，它是将连接件的旋转运动转化为被执行机构的直线运动，如机床的丝杠和与工作台连接的螺母；另一类是滚动螺旋传动，它是将滑动摩擦转换为滚动摩擦，完成旋转运动，例如滚珠丝杠副。

1. 滑动螺旋传动

滑动螺旋传动

滑动螺旋传动是利用螺杆与螺母的相对运动，将旋转运动变为直线运动。

（1）滑动螺旋传动的特点

1）降速传动比大。螺杆（或螺母）转动一转，螺母（或螺杆）移动一个螺距（单线螺纹）。因为螺距一般很小，所以在转角很大的情况下，能获得很小的直线位移量，可以大大缩短机构的传动链，因而螺旋传动结构简单、紧凑，传动精度高，工作平稳。

2）具有增力作用。只要给主动件（螺杆）一个较小的输入转矩，从动件即能得到较大的轴向力输出，因此带负载能力较强。

3）能自锁。当螺旋线升角小于摩擦角时，螺旋传动具有自锁作用。

4）效率低、磨损快。由于螺旋工作面为滑动摩擦，致使其传动效率低（为 30% ~ 40%）、磨损快，因此不适于高速和大功率传动。

（2）滑动螺旋传动的形式　滑动螺旋传动主要有以下三种基本形式。

1）螺母固定，螺杆转动并移动。如图 2-13a 所示，这种传动形式的螺母本身就起着支承作用，从而简化了结构，消除了螺杆与轴承之间可能产生的轴向窜动，容易获得较高的传动精度。其缺点是所占轴向尺寸较大（螺杆行程的两倍加上螺母高度），刚性较差，因此仅适用于行程短的情况。

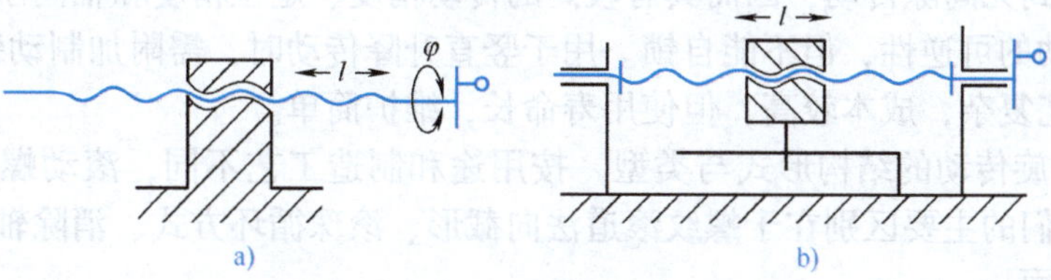

图 2-13　滑动螺旋传动的基本形式

2）螺杆转动，螺母移动。如图 2-13b 所示，这种传动形式的特点是结构紧凑（所占轴向尺寸取决于螺母高度及行程大小），刚度较大，适用于工作行程较长的情况。

3）差动螺旋传动。差动螺旋传动原理如图 2-14 所示，设螺杆 3 左、右两段螺纹的旋向相同，且导程分别为 P_{h1} 和 P_{h2}。当螺杆转动 φ 角时，可动螺母 2 的移动距离 l 为

$$l=\frac{\varphi}{2\pi}(P_{h1}-P_{h2})$$

如果 P_{h1} 与 P_{h2} 相差很小，则 l 很小。因此差动螺旋传动常用于各种微动装置中。

若螺杆 3 左、右两段螺纹的旋向相反，则当螺杆转动 φ 角时，可动螺母 2 的移动距离 l 为

$$l=\frac{\varphi}{2\pi}(P_{h1}+P_{h2})$$

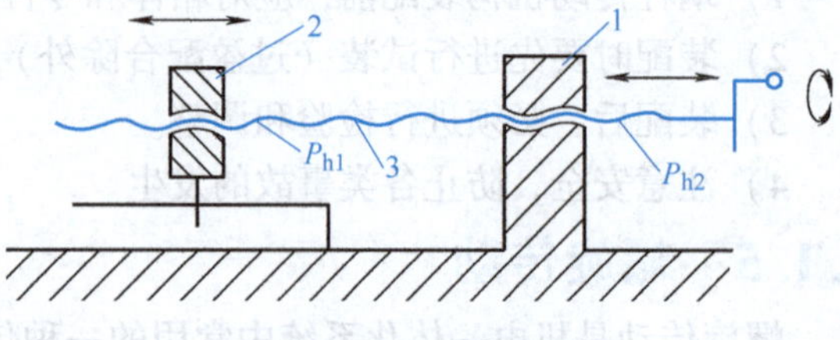

图 2-14 差动螺旋传动
1、2—螺母 3—螺杆

可见，此时差动螺旋变成快速移动螺旋，即螺母 2 相对螺母 1 快速趋近或离开。这种螺旋装置用于要求快速夹紧的夹具或锁紧装置中。

TIP 讨论一下台虎钳采用的螺旋传动形式。

滚动螺旋传动

2. 滚动螺旋传动

滚动螺旋传动的典型产品是滚珠丝杠副。它是一种新型的传动机构，其结构特点是具有螺旋槽的丝杠螺母间装有滚珠作为中间传动件，以减少摩擦。如图 2-15 所示，当螺杆转动时，滚珠沿螺纹滚道滚动。丝杠和螺母上都磨削有圆弧形的螺旋槽，这两个圆弧形槽对合起来就形成螺旋线滚道。

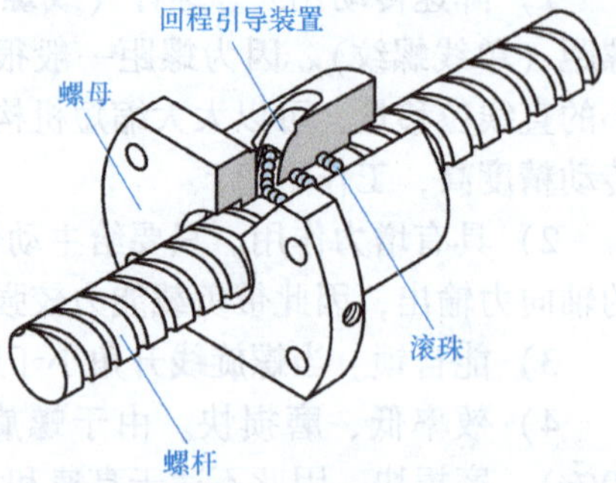

图 2-15 滚珠丝杠副

(1) 滚动螺旋传动的特点

1）运动效率高，一般可达 90% 以上，约为滑动螺旋传动效率的 3 倍。在伺服控制系统中采用滚动螺旋传动，不仅可以提高传动效率，而且可以减小起动力矩、振动及滞后时间。

2）运动精度高。由于其摩擦力小，工作时螺杆的热变形小，螺杆尺寸稳定，并且经调整预紧后，可得到无间隙传动，因而具有较高的传动精度、定位精度和轴向刚度。

3）具有传动的可逆性，但不能自锁。用于竖直升降传动时，需附加制动装置。

4）制造工艺复杂，成本较高，但使用寿命长，维护简单。

(2) 滚动螺旋传动的结构形式与类型 按用途和制造工艺不同，滚动螺旋传动的结构形式有多种，它们的主要区别在于螺纹滚道法向截形、滚珠循环方式、消除轴向间隙的调整预紧的方法三方面。

1）螺纹滚道法向截形。螺纹滚道法向截形是指通过滚珠中心且垂直于滚道螺旋面的平面和滚道表面交线的形状。常用的截形有两种：单圆弧形（图 2-16a）和双圆弧形（图 2-16b）。滚珠与滚道表面在接触点处的公法线与过滚珠中心的螺杆直径线间的夹角 α 称为接触角。理想接触角 $\alpha=45°$。

2）滚珠循环方式。按滚珠在整个循环过程中与螺杆表面的接触情况，可将滚珠的循环方式分为内循环和外循环两类。

① 内循环。滚珠在循环过程中始终与螺杆保持接触的循环称为内循环，如图 2-17 所示。

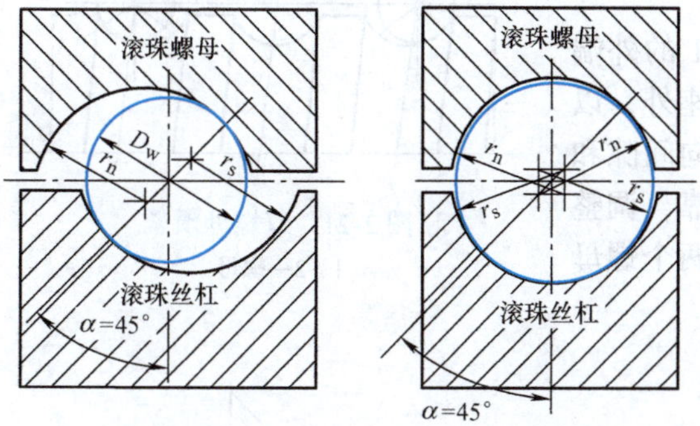

a) 单圆弧形　　b) 双圆弧形

图 2-16　螺纹滚道法向截形示意图

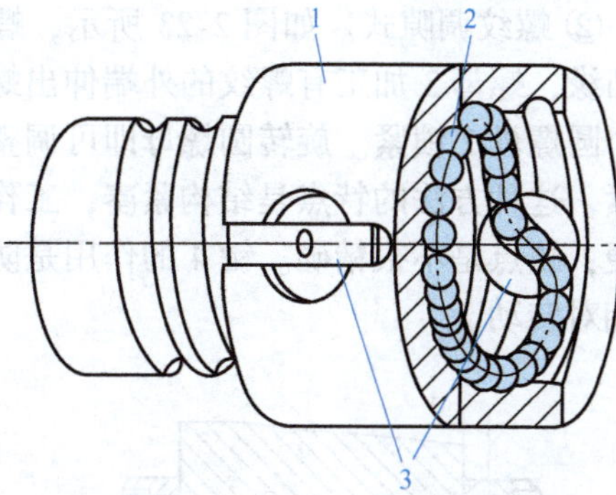

图 2-17　内循环

1—螺母　2—滚珠　3—滚珠返回沟槽

② 外循环。滚珠在返回时与螺杆脱离接触的循环称为外循环。按结构的不同，外循环可分为螺旋槽式、插管式、端盖式三种，分别如图 2-18、图 2-19 和图 2-20 所示。

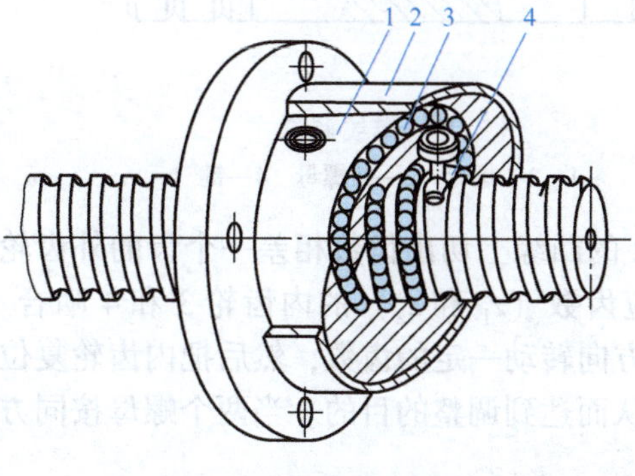

图 2-18　螺旋槽式外循环

1—螺母　2—套筒　3—滚珠　4—挡珠器

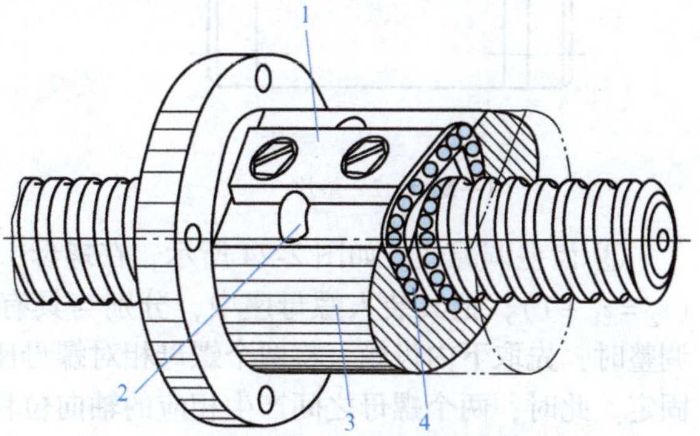

图 2-19　插管式外循环

1—外加压板　2—管　3—螺母　4—滚珠

3）消除轴向间隙的调整预紧方法。如果滚珠丝杠副中有轴向间隙或在载荷作用下滚珠与滚道接触处有弹性变形，则当螺杆反向转动时，将产生空回误差。如图 2-21 所示，为了消除空回误差，在螺杆上装配两个螺母 1 和 2，调整两个螺母的轴向位置，使两个螺母中的滚珠在承受载荷之前就以一定的压力分别压向螺杆螺纹滚道相反的侧面，使其产生一定的变形，从而消除了轴向间隙，同时提高了轴向刚度。常用的调整预紧方法有下列三种。

① 垫片调隙式。如图 2-22 所示，调整垫片 2 的厚度 Δ，可使螺母 1 产生轴向移动，以达到消除轴向间隙和预紧的目的。这种方法结构简单，可靠性高，刚性好。为了避免调整

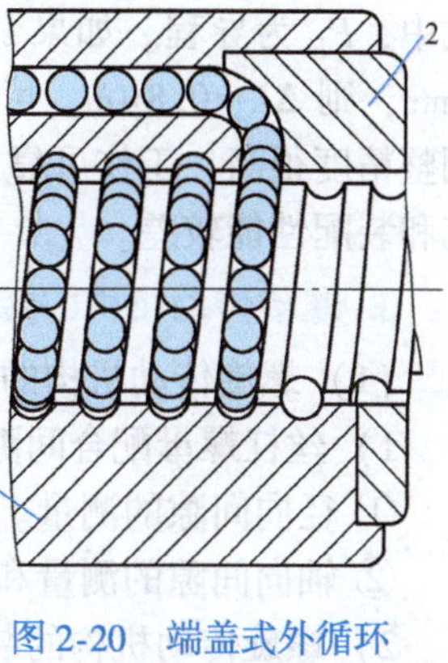

图 2-20　端盖式外循环

1—螺母　2—端盖

时拆卸螺母，垫片可制成剖分式。其缺点是精确调整比较困难，并且当滚道磨损时不能随意调整，除非更换垫圈，故适用于一般精度的传动机构。

② 螺纹调隙式。如图 2-23 所示，螺母 1 的外端有凸缘，螺母 3 加工有螺纹的外端伸出螺母座外，以两个圆螺母 2 锁紧。旋转圆螺母即可调整轴向间隙和预紧。这种方法的特点是结构紧凑，工作可靠，调整方便；缺点是不很精确。键 4 的作用是防止两个螺母的相对转动。

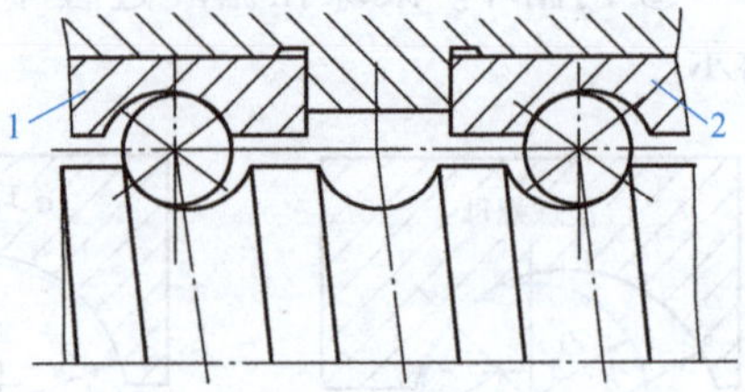

图 2-21　双螺母预紧

1、2—螺母

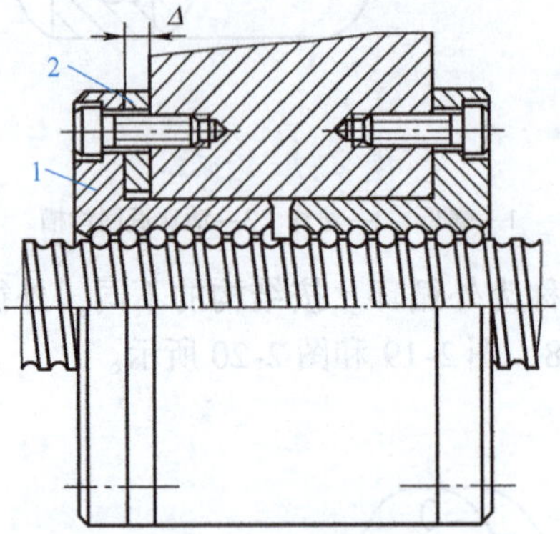

图 2-22　垫片调隙式

1—螺母　2—垫片

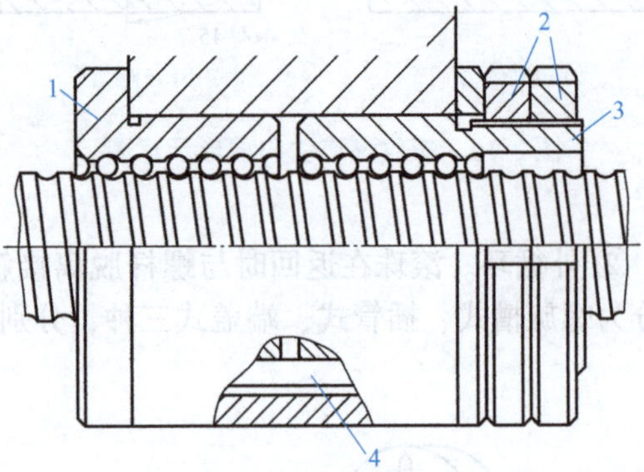

图 2-23　螺纹调隙式

1、3—螺母　2—圆螺母　4—键

③ 齿差调隙式。如图 2-24 所示，在螺母 1 和 2 的凸缘上切出齿数相差一个齿的外齿轮（$z_2 = z_1 + 1$），把其装入螺母座中，分别与具有相应齿数（z_1 和 z_2）的内齿轮 3 和 4 啮合。调整时，先取下内齿轮，将两个螺母相对螺母座同方向转动一定的齿数，然后把内齿轮复位固定。此时，两个螺母之间产生相应的轴向位移，从而达到调整的目的。当两个螺母按同方向转过一个齿时，其相对轴向位移为

$$\Delta L = \left(\frac{1}{z_1} - \frac{1}{z_2}\right)P_h = \frac{(z_2 - z_1)}{z_1 z_2}P_h = \frac{P_h}{z_1 z_2}$$

式中，P_h 为导程。如果 $z_1 = 99$，$z_2 = 100$，$P_h = 8\text{mm}$，则 $\Delta L \approx 0.8\mu\text{m}$。可见，这种方法的特点是调整精度很高，工作可靠；但结构复杂，加工工艺和装配性能较差。

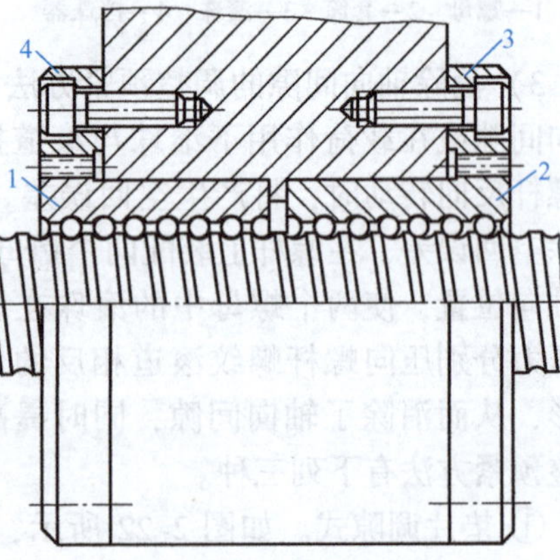

图 2-24　齿差调隙式

1、2—螺母　3、4—内齿轮

3. 螺旋传动机构的装配与维护

（1）螺旋传动机构的装配

1）丝杠螺母配合间隙的测量和调整。

① 径向间隙的测量。

② 轴向间隙的测量和调整。

2）螺旋传动机构的装配。

① 安装丝杠两端轴承支座。

② 找正安装螺母座。

3）丝杠螺母机构转动灵活性的调整。

4）丝杠回转精度的调整。

（2）螺旋传动机构的维护

1）丝杠螺纹磨损的修复。当梯形螺纹丝杠的磨损不超过齿厚的10%时，可用车削螺纹的方法进行修复。螺纹车削后，外径也需相应车小，以使螺纹达到标准深度。

对于磨损量过大的精密丝杠、矩形螺纹丝杠，一般不再进行修理，常采用更换丝杠的方法。

2）丝杠轴颈磨损的修复。丝杠轴颈磨损后可采用镀铬磨制的方法修复。磨削应与车削螺纹同时进行，以保证螺纹与轴颈的同轴度。

3）丝杠弯曲的矫直。螺母磨损后大都采用更换的方法修复。一种是与修复的丝杠配作螺母，另一种是重制造新螺母。

（3）注意事项

1）单螺母机构消除丝杠螺母之间间隙的消隙力，其方向必须与切削力的方向一致，以防止进给时产生爬行现象，影响进给精度。

2）注意安全，防止事故发生。

2.2 机械导向机构装调

学习指南

知识点

① 导轨的概念。

② 导轨的基本要求。

③ 常见的滑动摩擦导轨副及其特点。

④ 滚动摩擦导轨副的类型及应用场景。

技能点

直线导轨的装配。

建议与指导

① 难点：机械导向机构的装调。

② 重点：机械导向机构的装调。

③ 建议：通过听课、在线学习、讨论等方式突破难点；通过实践训练习得重要技能点。机械导向机构是机械系统的重要组成部分，技能则以装配为主，因此学习过程中要注意装配的步骤和装配标准。

2.2.1 导轨概述

机电系统的支承部件包括导向支承部件、旋转支承部件和机座机架。导向支承部件的作用是支承和限制运动部件按给定的运动要求和规定的运动方向运动，这样的支承部件称为导轨副，简称导轨。

导轨副主要由定导轨、动导轨、辅助导轨、间隙调整元件以及工作介质/元件等组成。导轨按运动方式可分为直线运动导轨和回转运动导轨，分别如图 2-25 和图 2-26 所示。导轨按接触表面的摩擦性质可分为滑动导轨、滚动导轨和流体介质摩擦导轨等。

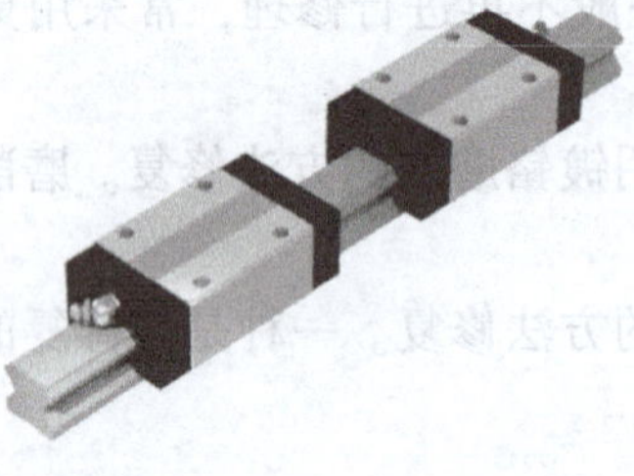

图 2-25 直线运动导轨

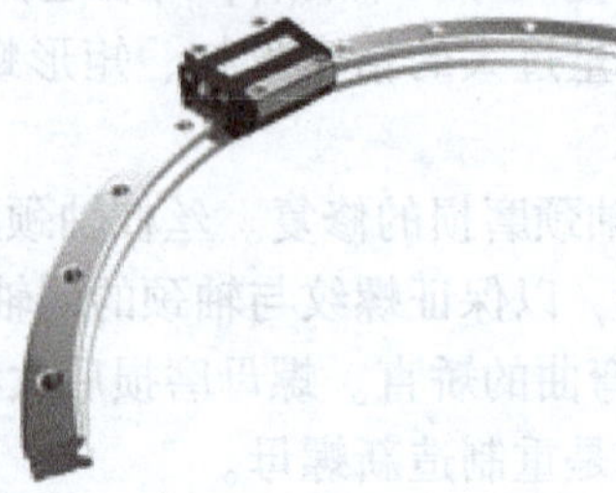

图 2-26 回转运动导轨

导轨的基本要求如下：

1）导向精度高。导向精度是指运动件按给定方向做直线运动的准确程度，它主要取决于导轨本身的几何精度及导轨配合间隙。影响导向精度的因素有导轨的结构、导轨的几何精度和接触精度、导轨的配合间隙、油膜厚度和油膜刚度（静压导轨）、导轨和基础件的刚度、热变形等。

2）运动轻便、平稳，低速时无爬行现象。导轨运动的不平稳性主要表现在低速运动时导轨速度的不均匀，使运动件出现时快时慢、时动时停的爬行现象。爬行现象主要取决于导轨副中摩擦力的大小及其稳定性。为此，设计时应合理选择导轨的类型、材料、配合间隙、配合表面的几何精度及润滑方式。

3）耐磨性好。导轨的初始精度由制造保证，而导轨在使用过程中的精度保持性则与导轨面的耐磨性密切相关。导轨的耐磨性主要取决于导轨的类型、材料、导轨表面的表面粗糙度及硬度、润滑状况和导轨表面压强的大小。

4）对温度的变化不敏感。即导轨在温度变化的情况下仍能正常工作。导轨对温度变化的不敏感性主要取决于导轨类型、材料及导轨配合间隙等。

5）足够的刚度。在载荷的作用下，导轨的变形不应超过允许值。刚度不足不仅会降低导向精度，还会加快导轨面的磨损。刚度主要与导轨的类型、尺寸以及导轨材料等有关。

6）结构工艺性好。导轨的结构应力求简单、便于制造、检验和调整，从而降低成本。

2.2.2 滑动摩擦导轨副

1. 直线滑动导轨的截面形状

常见的导轨截面形状有三角形、矩形、燕尾形及圆形四种，每种又分为凸形和凹形。常见滑动导轨的截面形状见表 2-3。凸形导轨不容易积存切屑等脏物，不容易储存润滑油，宜在低速下工作；凹形导轨则相反，可用于高速，但必须有良好的防护装置，以防切屑等脏物落入导轨。

表 2-3 常见滑动导轨的截面形状

截面形状	棱柱形				圆形
	对称三角形	非对称三角形	矩形	燕尾形	
凸形	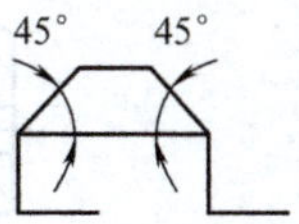	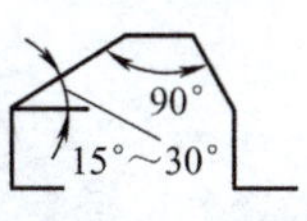	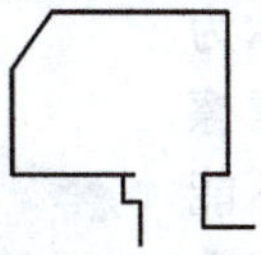	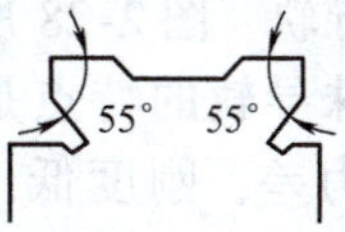	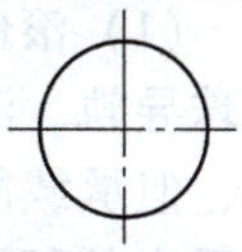
凹形	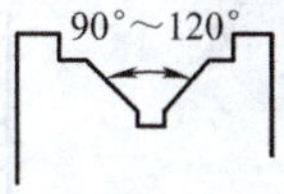	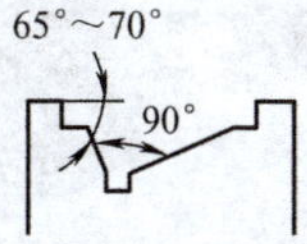	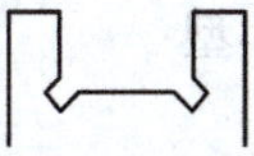	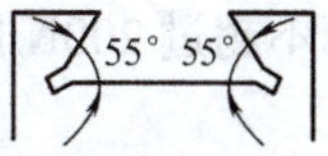	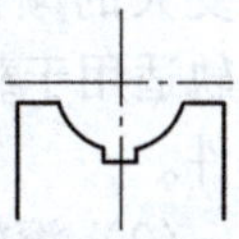

(1) 三角形导轨　三角形导轨分对称型三角形导轨和非对称型三角形导轨。三角形导轨在竖直载荷作用下，具有磨损量自动补偿功能，无间隙工作，导向精度高。为防止因振动或倾翻载荷引起两导向面较长时间脱离接触，应有辅助导向面并具备间隙调整能力。但存在导轨水平与竖直误差的相互影响，为保证高的导向精度（直线度），导轨面加工、检验、维修困难。对称型导轨随顶角增大，导轨承载能力增大，但导向精度降低；非对称导轨主要用在载荷不对称的时候，通过调整不对称角度，使导轨左右面水平分力相互抵消，提高导轨刚度。

(2) 矩形导轨　矩形导轨结构简单，制造、检验、维修方便，导轨面宽、承载能力大，刚度高，但无磨损量自动补偿功能。由于导轨在水平和竖直面位置互不影响，因而在水平和竖直两方向均需间隙调整装置，安装调整方便。

(3) 燕尾形导轨　此导轨无磨损量自动补偿功能，需间隙调整装置，燕尾起压板作用，镶条可调整水平、竖直两方向的间隙，可承受颠覆载荷，结构紧凑，但刚度差，摩擦阻力大，制造、检验、维修不方便。

(4) 圆形导轨　圆形导轨结构简单，制造、检验、配合方便，精度易于保证，但摩擦后很难调整，结构刚度较差。

2. 直线导轨的选用原则

在选择直线导轨时应遵循以下原则：

1）当要求导轨具有较大的刚度和承载能力时，用矩形导轨。

2）要求导向精度高的采用三角形导轨。

3）矩形导轨和圆形导轨工艺性好，制造和检验都较方便；三角形导轨和燕尾形导轨工艺性差。

4）要求结构紧凑、高度小、调整方便的机床采用燕尾形导轨。

2.2.3 滚动摩擦导轨副

滚动摩擦导轨副是在运动件和承导件之间放置滚动体（滚珠、滚柱、滚动轴承等），使导轨运动时处于滚动摩擦状态，如图 2-27 所示。滚动摩擦导轨副按滚动体的形状可分为滚珠导轨、滚柱导轨、滚动轴承导轨等。

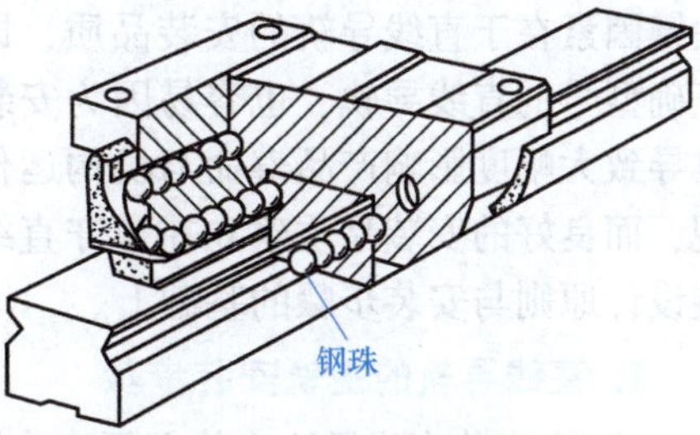

图 2-27　滚动摩擦导轨副结构示意图

TIP 观察、思考一下抽屉所用导轨的结构。

(1) 滚珠导轨　图2-28所示为滚珠导轨。滚珠导轨的特点是摩擦小，但承载能力差，刚度低，不能承受大的颠覆力矩和水平力。滚珠导轨适用于载荷不超过200N的小型部件。

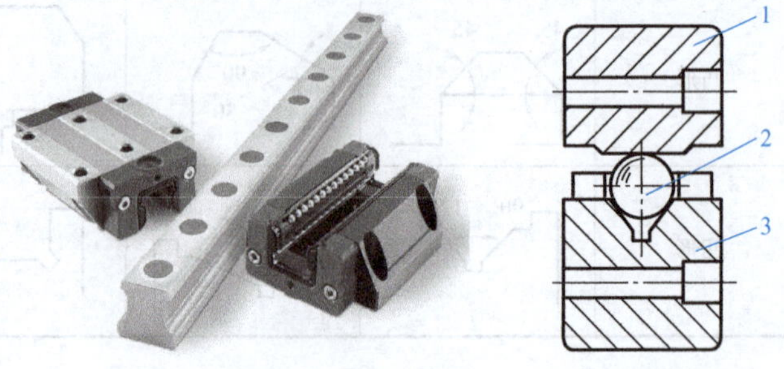

a) 实物图　　b) 结构图

图2-28　滚珠导轨

1—运动件　2—滚珠　3—承导件

(2) 滚柱导轨　图2-29所示为滚柱导轨。滚柱导轨的特点是承载能力和刚度比滚珠导轨要高，导向性能也更好，但对安装精度的要求较高。

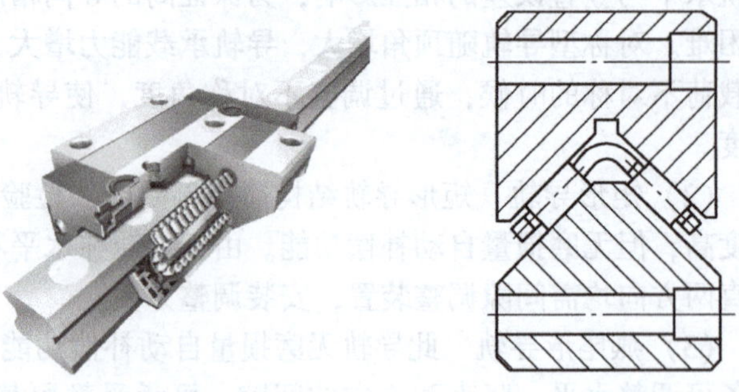

a) 实物图　　b) 结构图

图2-29　滚柱导轨

为了提高滚动导轨的承载能力和刚度，可采用滚柱导轨或滚动轴承导轨。这类导轨的结构尺寸较大，常用在比较大型的精密机械上。

与滑动摩擦导轨副比较，滚动摩擦导轨副的特点是：

1）摩擦因数小，并且静、动摩擦因数之差很小，故运动灵便，不易出现爬行现象。

2）定位精度高，一般滚动导轨的重复定位误差为0.1～0.2μm，而滑动导轨的定位误差一般为10～20μm。因此，当要求运动件产生精确微量的移动时，通常采用滚动导轨。

3）磨损较小，寿命长，润滑简便。

4）结构较为复杂，加工比较困难，成本较高。

5）对脏物及导轨面的误差比较敏感。

2.2.4　直线导轨的装调

要使直线导轨具有良好的使用品质，需要正确地选用规格型号，但影响使用品质的最后关键因素在于直线导轨的安装品质，即使选用正确型号的直线导轨，也容易因为安装品质不良导致大幅度影响产品寿命与机构运作上的表现，而良好的安装品质建立在遵守直线导轨安装设计原则与安装步骤的基础上。

1. 直线导轨的主轨安装步骤

1）在安装直线导轨之前必须清除机械安装面的毛边、污物及表面伤痕，如图2-30所示。

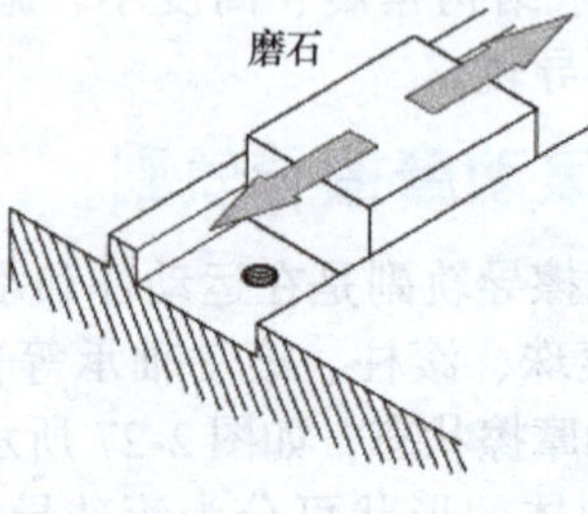

图2-30　清除机械毛边、污物及表面伤痕

2）将主轨轻轻安置在床台上，使用侧向固定螺钉或其他固定夹具使主轨与侧向安装面轻轻贴合，如图2-31所示。

3）安装使用前要确认螺钉孔是否吻合，假设底座加工孔不吻合又强行锁紧螺钉，会大大影响配合精度与使用品质，如图2-32所示。

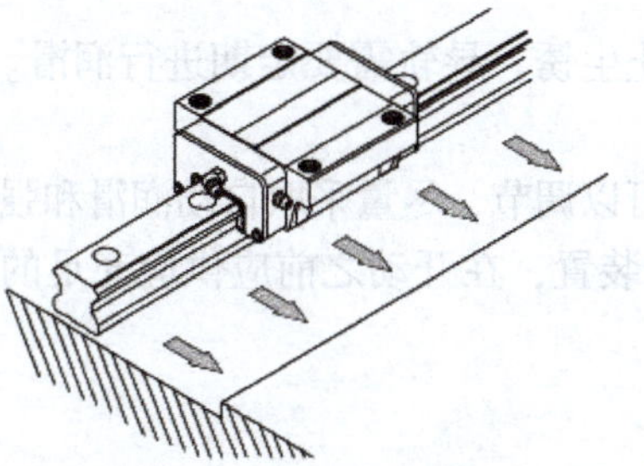

图2-31　主轨安装示意图

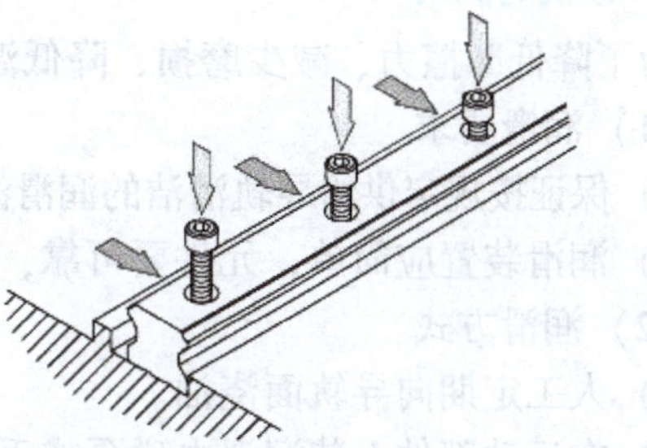

图2-32　螺钉的检查

4）由中央向两侧按顺序将主轨的定位螺钉稍微旋紧，使轨道与竖直安装面稍微贴合。顺序是由中央位置开始向两端压紧可以得到较稳定的精度。竖直基准面稍微旋紧后，加强侧向基准面的锁紧力，使主轨可以确实贴合侧向基准面，如图2-33所示。

5）依照各种材质选择锁紧扭矩，使用扭力扳手将主轨的定位螺钉慢慢旋紧，如图2-34所示。

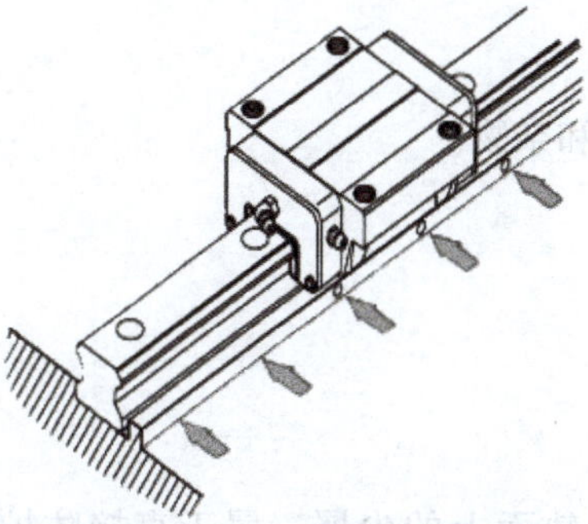

图2-33　主轨安装细节的检查

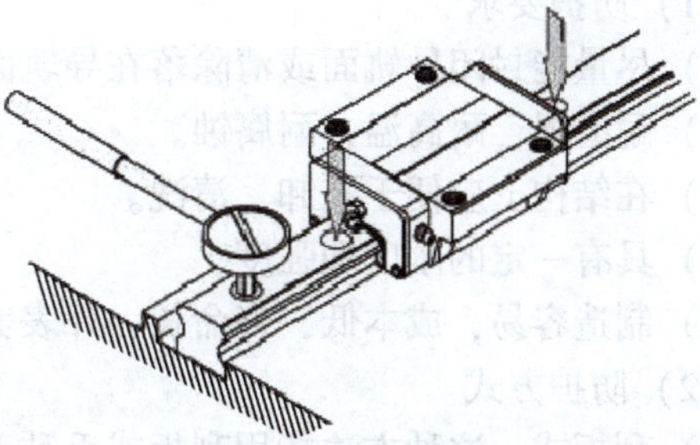

图2-34　主轨安装加固

6）使用相同安装方式安装副轨，且个别情况还需安装滑座至主轨与副轨上。注意滑座安装好后，后续许多附件由于安装空间有限无法安装，必须在此阶段将所需附件一并安装（附件可能为油嘴、油管接头或是防尘系统元件等）。

2. 直线导轨的滑块安装步骤

图2-35所示为滑块的安装图。

1）使用装配螺钉将承载平台大概固定于滑块上。

2）使用固定螺钉将滑块侧边基准面紧固

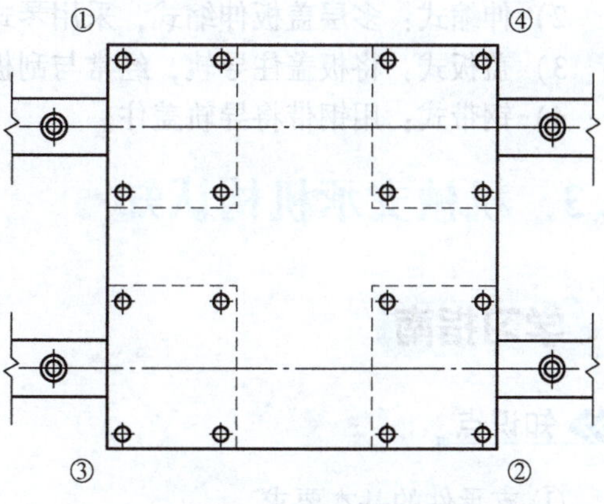

图2-35　滑块的安装图

于平台侧边装配面上，以确定滑块位置。

3）锁紧装配螺钉将承载平台按对角线顺序紧固于滑块上。

2.2.5 导轨的润滑与防护

1. 导轨的润滑

为了降低摩擦力、减少磨损、降低温度和防止生锈，导轨需要定期进行润滑。

（1）润滑要求

1）保证按规定供给导轨清洁的润滑油，油量可以调节，尽量采取自动润滑和强制润滑。

2）润滑装置应简单，元件要可靠，要有安全装置，在开动之前应供应充足的润滑油。

（2）润滑方式

1）人工定期向导轨面浇油。

2）在运动部件上装润滑电磁泵或手动润滑泵。

3）用专门的供油系统使压力油强制润滑。

（3）润滑剂的选择　导轨常用的润滑剂有润滑油和润滑脂，滑动导轨用润滑油，滚动导轨则两种都可用，多采用润滑脂润滑。高速低载荷可用黏度较低的润滑剂，反之则用黏度较高的润滑剂。

2. 导轨的防护

为防止切屑、灰尘、杂质、切削液进入导轨摩擦表面，以减少导轨的磨损，提高寿命，需要为导轨增加防护装置。

（1）防护要求

1）尽量能封闭导轨面或清除落在导轨面上的切屑和杂物。

2）耐磨损，耐高温，耐腐蚀。

3）在结构上应便于装卸、清洗。

4）具有一定的刚度和强度。

5）制造容易，成本低，寿命长，外表美观。

（2）防护方式

1）刮板式：这种方法能用刮板或毛毡刮除落在导轨面上的尘屑，属于直接防护装置。这种装置广泛地应用于外露导轨的防护，结构简单。

2）伸缩式：多层盖板伸缩式，采用琴式伸缩装置。

3）盖板式：将板盖住导轨，经常与刮板式组合使用。

4）钢带式：用钢带将导轨盖住。

2.3 机械支承机构认知

学习指南

知识点

① 支承件的基本要求。

② 支承件的材料。

③ 联轴器的类型及应用场景。

④ 轴承的类型及应用场景。

技能点

支承件的装配。

建议与指导

① 难点：机械支承机构的装调。

② 重点：机械支承机构的装调。

③ 建议：通过听课、在线学习、讨论等方式突破难点；通过实践训练习得重要技能点。机械支承机构是机械系统的重要组成部分，技能则以装配为主，因此学习过程中要注意装配的步骤和装配标准。

2.3.1 支承件

支承件是支承其他零部件的基础构件，如机床的床身、底座、立柱、工作台及箱体等。支承件既承受其他零部件的重量和工作载荷，又起保证各零部件相对位置的基准作用。支承件多采用铸件、焊接件或型材装配件。

1. 支承件应满足的基本要求

支承件的基本特点是尺寸较大、结构复杂、加工面多、几何精度和相对位置精度要求较高。在设计时，首先应对某些关键表面及其相对位置提出相应的精度要求，以保证产品总体精度；其次，支承件的变形和振动将直接影响产品的质量和正常运转，故应对其刚度、热变形和抗振性提出下列基本要求。

1）应有足够的刚度。支承件受力后的变形不得超过规定的数值，以保证各部件间的相对位置精度，也就是说支承件要有足够的静刚度。

2）应有足够的抗振性。当支承件受振源的影响而发生振动时，会使整机晃动，使各主要部件及其相互间产生弯曲或扭转振动，尤其当振源振动频率与整机固有频率重合时，将产生共振而严重影响系统的正常工作和使用寿命，因此支承件应有足够的抗振性。

动刚度是衡量抗振性的主要指标。提高支承件的抗振性可采取如下措施：

① 提高固有振动频率，以避免产生共振。提高固有振动频率的方法是提高静刚度与质量的比值，即在保证足够静刚度的前提下尽量减小质量。

② 增加阻尼，因为增加阻尼对提高动刚度的作用很大。

③ 采取隔振措施，如用减振橡胶垫、用空气弹簧隔板等。

3）应有较小的热变形。当支承件受热源的影响时，如果热量分布不均匀，散热性能不好，就会由于不同部位有温差而产生热变形，影响整机的精度。为了减小热变形，首先应控制热源；其次采用热平衡的办法，控制各处的温差，从而减小其相对变形。

4）稳定性好。支承件的稳定性是指能长时间地保持其几何尺寸和主要表面相对位置的精度，以防止产品原有精度的丧失。

5）工艺性好，成本低，符合人机工程方面的要求。

2. 支承件的材料

支承件的材料应根据其结构、工艺、成本、生产批量和生产周期等要求选择，常用的有如下几种。

（1）灰铸铁　灰铸铁的铸造性好，便于铸成复杂形状，内摩擦大，阻尼作用大，有良好的抗振性，价格便宜。采用铸件的缺点是要制造母模，成本高，周期长，只有在成批生产时才合算；铸造易出废品，如有时会出现缩孔、气泡、砂眼等缺陷；铸件的加工余量大，机械加工费用大。

（2）钢　用钢材焊成的支承件造型简单，对单件小批生产适应性强，其生产周期比铸件缩短30%～50%，所需制造设备简单，成本低；钢的弹性模量比铸铁的大，在同样的载荷下，壁厚可做得比铸铁的薄，质量小（比铸铁小20%～50%），使固有频率提高。但钢的阻尼作用比铸铁差；在结构上需采取防振措施，钳工工作量大；成批生产时，成本较高。

（3）其他材料　近年来，天然岩石已广泛作为各种高精度机电一体化系统的机座材料，如三坐标测量机的工作台、金刚石车床的床身等就采用了高精度的花岗岩材料。目前，国外还出现了采用陶瓷材料制作的支承件。天然岩石及陶瓷的优点很多，例如：经过长期的自然时效，残余应力极小，内部组织稳定，精度保持性好；阻尼系数比钢大约15倍，抗振性好；耐磨性比铸铁高5～10倍，耐磨性好；膨胀系数小，热稳定性好。其主要缺点是：脆性较大，抗冲击性差；油、水易渗入晶体中，使岩石产生变形。

天煌THJDQG-2型、星科光机电一体化实训设备和亚龙YL-335B型自动化生产线安装与实训装备的支承机构主要是铝合金型材，它具有轻便、安装方便、结构稳定牢固等优点。

2.3.2 轴系的支承部件

1. 联轴器

带传送检测单元的三相交流减速电动机带动的滚轮和编码器通过联轴器连接。将两旋转轴直接连接起来，并起到相互传递力矩作用的机械组件称为联轴器。联轴器可分为刚性联轴器、弹性联轴器和万向联轴器三类，实物图如图2-36所示。

a) 刚性联轴器　b) 弹性联轴器　c) 万向联轴器

图2-36　联轴器实物图

（1）刚性联轴器　联轴器半盘分别固定在两个轴端上，再用螺栓将两个法兰盘连接在一起形成固定的连接方式来传递转矩。

（2）弹性联轴器　当两轴的轴线对中比较困难时，可以采用弹性联轴器连接。凸缘弹性联轴器的结构与刚性联轴器相似，但其中一个法兰盘的螺栓孔中装有弹性套筒，可以起到调整中心的作用，图2-37所示为弹性联轴器连接电动机与减速器的实例。

（3）万向联轴器　当被连接的两轴相交成一定角度时，可以采用万向联轴器来传递运动和动力。图2-38所示为万向联轴器的应用实例，输入轴旋转时，经过一个十字形的旋转体带动中间轴旋转，中间轴再经过一个十字形的旋转体驱动输出轴旋转。

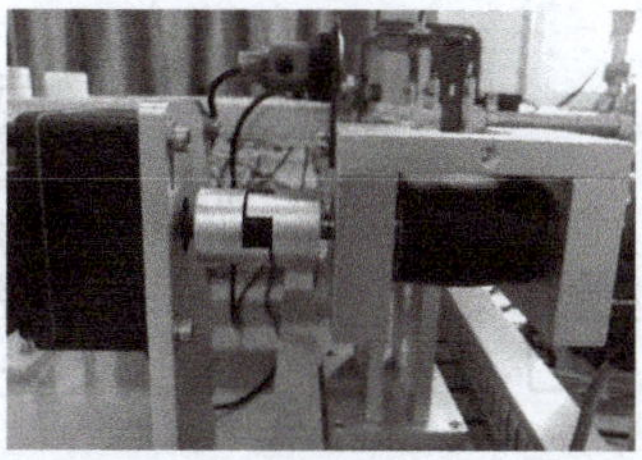

图 2-37　弹性联轴器连接电动机与减速器

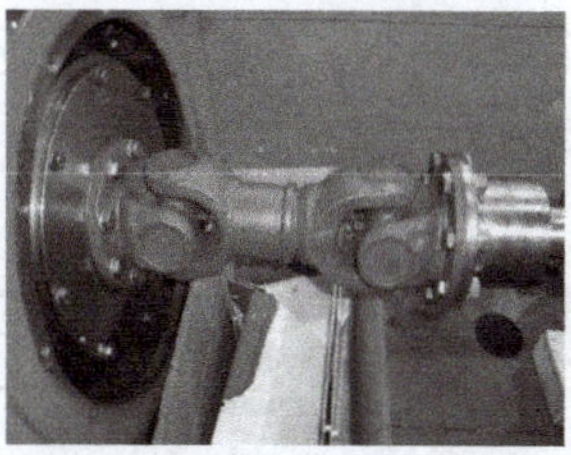

图 2-38　万向联轴器的应用实例

2. 轴承

轴承是当代机械设备中一种举足轻重的零部件。它的主要功能是支承机械旋转体，用以降低设备在传动过程中的机械载荷摩擦因数。按运动元件摩擦性质的不同，轴承可分为滚动轴承和滑动轴承两类。

（1）滚动轴承　标准滚动轴承的组成为外圈、内圈、滚动体（基本元件）及保持架，如图 2-39 所示。

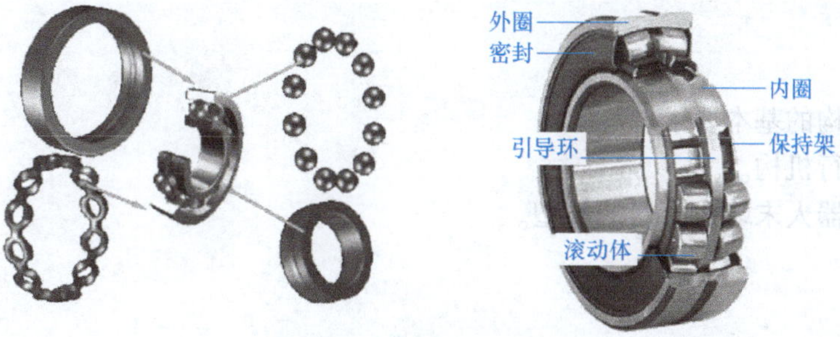

图 2-39　滚动轴承结构图

一般内圈装在轴颈上随轴一起回转，外圈装在轴承座孔内，一般不转动（也有相反），内、外圈上均有凹的滚道，滚道一方面限制滚动体的轴向移动，另一方面可降低滚动体与滚道间的接触应力。滚动体是滚动轴承的核心元件，常见的滚动体有球、圆柱（短圆柱、长圆柱）滚子、圆锥滚子、螺旋滚子、鼓形滚子及滚针。保持架将滚动体均匀隔开，以避免滚动体相互接触引起磨损与发热。滚动轴承由于是滚动摩擦，摩擦阻力小、发热量小、效率高，起动灵敏、维护方便，并且已标准化，便于选用与更换，因此使用十分广泛。

（2）滑动轴承　滑动轴承按润滑状态可分为非液体摩擦滑动轴承和液体摩擦滑动轴承。前者轴颈与轴瓦间的润滑油膜很薄，无法将摩擦表面完全隔开，局部金属直接接触，磨损严重；而后者的润滑油膜可将摩擦表面完全隔开，轴颈和轴瓦表面不会发生直接接触，磨损较小且油膜有一定的吸振能力。

滑动轴承根据其承载方式可分为径向滑动轴承和推力滑动轴承。径向滑动轴承如图 2-40a 所示，按其结构又可分为整体式（图 2-40b）和剖分式（图 2-40c）。

滚动轴承的不断发展，不仅在性能上基本满足使用要求，而且它由专业工厂大量生产，因此质量容易控制。但滑动轴承所具有的工作平稳和抗振性好的特点，是滚动轴承难以代替的。因此出现了各种多楔动压轴承及静压轴承，使滑动轴承的应用范围在不断扩大，尤其在一些精密机械设备上，各种新式的滑动轴承得到了广泛应用。

a) 径向滑动轴承实体图

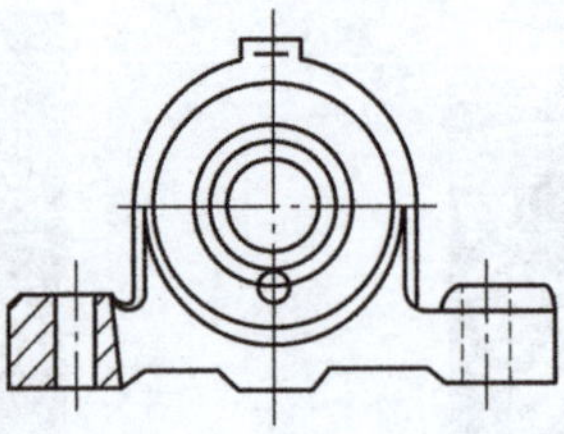

b) 整体式滑动轴承结构示意图

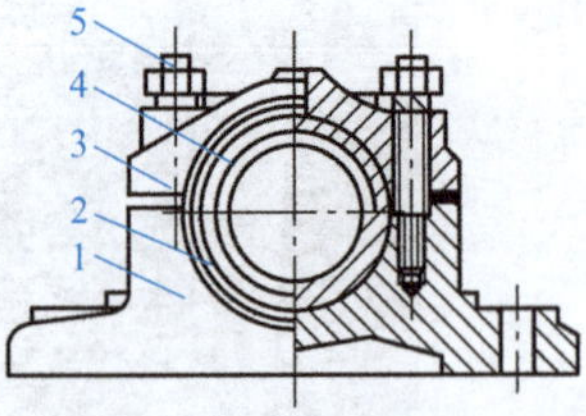

c) 剖分式滑动轴承结构示意图

图 2-40　径向滑动轴承

1—轴承座　2—下轴瓦　3—轴承盖　4—上轴瓦　5—双头螺柱

2.4　机械执行机构认知

学习指南

知识点

① 执行机构的基本要求。
② 微动执行机构。
③ 工业机器人末端执行器的类型。

技能点

拆装执行器的基本部件。

建议与指导

① 难点：工业机器人末端执行器的认知。
② 重点：气爪、各类夹持器的应用。
③ 建议：通过听课、在线学习、讨论等方式学习并了解执行器的类型及应用。

2.4.1　执行机构的基本要求

机电一体化产品的执行机构是实现其主功能的重要环节，它应能快速地完成预期的动作，并具有响应速度快、动态特性好、动静态精度高、动作灵敏度高等特点，另外为便于集中控制，它还能满足效率高、体积小、重量轻、自控性强、可靠性高等要求。

2.4.2　微动执行机构

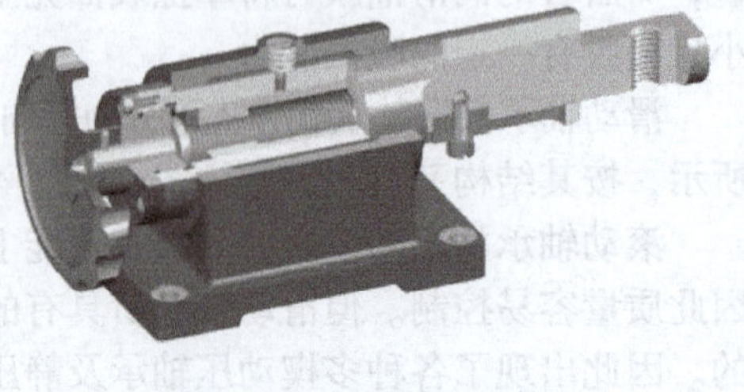

图 2-41　微动执行机构

微动执行机构是一种能在一定范围内精确、微量地移动到给定位置或实现特定的进给运动的机构。它一般用于精确、微量地调节某些部件的相对位置。微动执行机构是行程范围为毫米级、位移分辨力及定位精度达纳米级（甚至亚纳米级）的位移机构。图 2-41 所示的微动执行机构的工作原理为：转动手轮，可使导杆左右移动，进行微动调整。

微动执行机构有热变形式、磁致伸缩式等。热变形式利用电热元件通电后产生的热变形实现微小位移，磁致伸缩式利用磁致伸缩效应实现。

2.4.3 工业机器人末端执行器

工业机器人是一种自动控制、可重复编程、多功能、多自由度的操作机。工业机器人末端执行器在操作机手腕的前端（称为机械接口），用以直接执行工作任务。根据作业任务的不同，它可以是夹持器或专用工具等。

夹持器是具有夹持功能的装置，如吸盘、机械手爪、各类夹持器等，如图2-42a～d所示；专用工具是用以完成某项作业所需要的装置，如用于完成焊接作业的气焊枪、点焊钳等，如图2-42e、f所示。

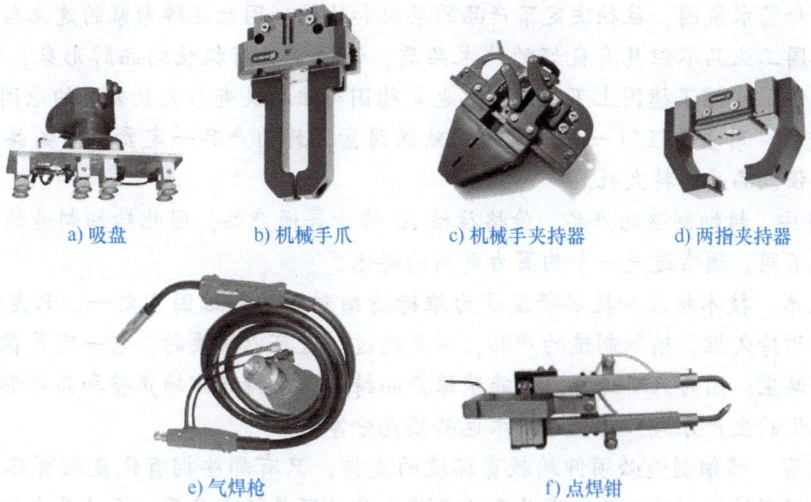

图2-42 工业机器人末端执行器

拓展阅读

中国制造业的未来只能仰赖精细制造

“精细制造”原本没有这个概念，是安邦咨询（ANBOUND）在研究德国工业样本的时候，引入“精细化工”的概念加以延伸而形成的，目的是为了强调和揭示我国制造业的未来发展之路。而精细制造的概念的提出是在2009年前后，那时我国的制造业已经遭遇到了困难，但还未出现大规模的产业转移。

与“互联网+”的概念和“工业4.0”的概念不同，安邦咨询的研究人员并未特别强调互联网在工业制造品方面的作用和价值，安邦咨询的智库学者始终认为，互联网作为一种效率工具会改变工业品的制造，但不会改变工业品本身，只要市场对工业品的需求没有发生根本的改变，则工业品的制造就会依然延续制造业规律，继续走一条由粗到精、由数量到品质、由产品到设备的发展道路。

精细制造究竟包含哪些元素内涵？

安邦咨询的首席分析员陈功曾经研究过这个问题，作为著名的智库学者，他认为精细制造主要包括以下七个方面的内涵：

(1) 文化 精细制造并非是在制造普通的、大众化的工业品，工业美学在精细制造的工业品领域具有极为重要的意义。好的工业品，总是具有美学特点，让工业品产生出一种艺术品的感觉，这是所有精细制造产品的共同特点。比如枪械，精细制造所生产出的枪械产品，往往都是世界名枪，仿若工艺品。

(2) 艺术 设计者的艺术品位决定了选择什么样的设计，而只有被市场肯定的设计，才会具有精细制造的产品特点。韩国索纳塔轿车，第一代是意大利设计的，但此后一代不如一代，不是技术差了，而是艺术品位差了，产品渐渐失去了特色，无法在市场继续保持竞争地位。

(3) 品牌 品牌形象的建立（广告）与精细制造的产品紧密相关，品牌广告所营造出的技术氛围和艺术氛围，往往决定了产品的层次和地位，因此品牌形象的建立与精细制造是一体的。德国工业品不但具有良好的技术品质，还通常具有极佳的品牌形象，这也是“大众柴油车事件”震惊了德国上下的原因，也是德国司法机关查抄大众公司的原因。

(4) 质量 质量是任何一个产品的基础性因素，好的产品一定要有好的品质，精细制造只是更为强调品质的持久性。

(5) 圈层 精细制造的产品，价格往往10倍于普通产品，因此精细制造的产品对应的市场圈层也不同，通常这是一个购买力更高的群体。

(6) 技术 技术特点和技术研发是为维持精细制造的基础因素之一，只是精细制造特别强调技术的持久性。精细制造的产品，不是通过引进可以解决的，它一定是在持续研发的基础上才能诞生。因为只有这样，才能确保产品持续地保持其市场声誉和品牌形象。即便是采取了全球化的生产方式，其核心技术也必须充分掌控。

(7) 教育 精细制造必须仰赖教育环境的支持，只有那些拥有优良教育环境的国家和地区，才能拥有精细制造工业。因为无论是艺术品位还是技术品质，无论是文化还是加工人员的素质，都与教育息息相关。

对于精细制造，总的来说，它大大超越了工业模仿的阶段。精细制造的产品，只能被盗窃，不能被模仿。如果要用一句话来概括和解释精细制造，那么这句话就是，将所有的产品都当奢侈品来制造！

我国制造业的未来，只能仰赖精细制造。

（摘自互联网）

项目实训

完成技能训练活页式工作手册“项目2 物料传送分拣系统机械结构安装与调试”。

能力测试

一、填空题

1. 常用的机械传动部件有__________、__________、链传动、__________及各种非线性传动部件等。

2. 根据传动原理不同，带传动可分为________和________两大类。

3. 机电一体化机械系统主要包括__________、__________、__________三大部分机构。

4. 消除齿轮传动中侧隙的措施主要有__________、__________、__________等方法。

5. 带传动常用的张紧装置有__________、__________、__________。

6. 蜗杆传动机构的特点有__________、__________、__________等。

7. 对直线导轨副的基本要求是__________、__________、__________、运动轻便、平稳，低速时无爬行现象、足够的刚度和结构工艺好。

8. 滚珠丝杠中滚珠的循环方式有__________、__________。

9. 常用的棱柱面导轨有__________、__________、__________以及它们的组合形式。

10. 滑动螺旋传动是利用螺杆与螺母的相对运动，将________运动变为________运动。

11. 机电系统的支承部件包括__________、__________、__________。导向支承部件的作用是____和____运动部件按给定的运动要求和规定的运动方向运动。

二、选择题

1. 带传动是依靠（　　）来传递运动和动力的。

A. 带与带轮接触面之间的正压力　　B. 带与带轮接触面之间的摩擦力

C. 带的紧边拉力　　D. 带的松边拉力

2. 下列不属于滚珠丝杠副中滚珠外循环方式的有（　　）。

A. 插管式　　B. 浮动式　　C. 螺旋槽式　　D. 端盖式

3. 下列不属于滚珠丝杠副特点的有（　　）。

A. 传动效率高　　B. 制造工艺复杂　　C. 运动具有可逆性　　D. 可以自锁

三、判断题

1. 摩擦型带传动依靠带与带轮间的摩擦力来传递运动和动力。（　　）

2. 啮合型带传动依靠内侧的齿与同步带带轮的摩擦来传递运动和动力。（　　）

3. 滚珠丝杠不能自锁。（　　）

4. 采用偏心轴套调整法对齿轮传动的侧隙进行调整，结构简单，且可以自动补偿侧隙。（　　）

5. 弹性联轴器具有缓冲、减振作用。（　　）

6. 滚珠丝杠只能将旋转运动转变为直线运动。（　　）

7. 蜗杆传动机构具有自锁性。（　　）

8. 三角形导轨具有磨损量自动补偿功能。（　　）

9. 直线运动导轨是用来支承和引导运动部件按给定的方向做往复直线运动。（　　）

四、分析题

设螺杆3左、右两段螺纹的旋向相同，且导程分别为 P_{h1} 和 P_{h2}，螺杆、螺母安装方式如图2-43所示，分析该差动螺旋传动的工作原理。

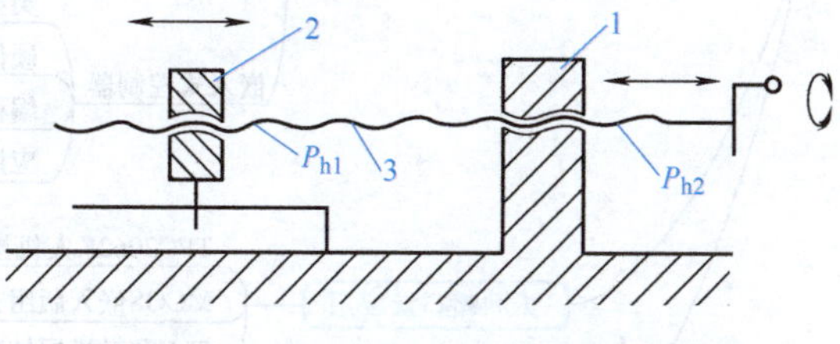

图2-43　某差动螺旋传动结构示意图

1、2—螺母　3—螺杆

学习项目3

机电一体化控制与接口技术

3

项目导学

现代社会要求制造业对市场需求做出迅速的反应，生产出小批量、多品种、多规格、低成本和高质量的产品。为了满足这一要求，机电一体化系统的控制系统必须具有极高的可靠性和灵活性。机电一体化系统的控制及信息处理单元相当于人体大脑，将来自各传感器的检测信息和外部输入命令进行集中、储存、分析、加工，根据信息处理结果，按照一定的程序和节奏发出相应的指令，控制整个设备有目的地运行。掌握机电一体化系统中控制及信息处理单元的相关知识和技能，对于将来从事机电一体化设备整机装调、维修与改造岗位具有重要作用。

思维导图

学习项目3思维导图如图3-1所示。

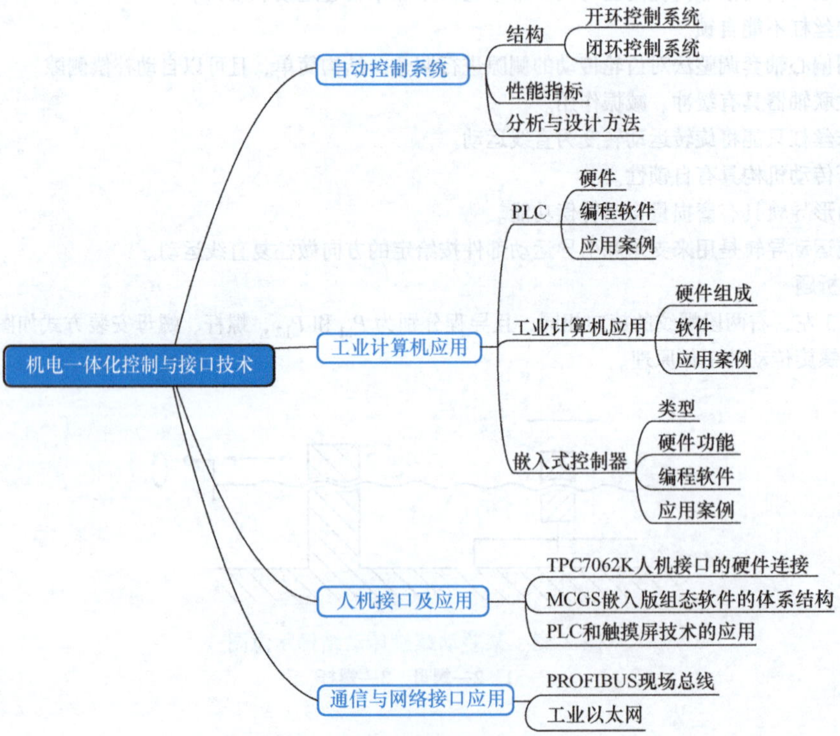

图3-1 学习项目3思维导图

项目知识

3.1 认识自动控制系统

学习指南

知识点

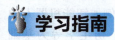

① 控制理论发展过程。
② 自动控制系统结构。
③ 自动控制系统分类：开环控制系统和闭环控制系统。
④ 自动控制系统的性能指标。
⑤ 自动控制系统的分析和设计。

技能点

① 分析控制系统的结构。
② 分析闭环控制系统的原理。
③ 自动控制系统的分析与设计。
④ 分析 PID 控制。

建议与指导

① 难点：闭环控制系统、PID 控制、自动控制系统的分析与设计。
② 重点：闭环控制系统、PID 控制。
③ 建议：通过听课、查阅资料、在线学习、讨论等方式掌握重点和突破难点。自动控制的理论和计算较为复杂，学习重点不是自动控制系统的设计，而是应用成熟的控制器实现一个自动控制系统，自动控制的计算和运算由控制器来处理，往往不需要具体计算，只需设置一些参数即可。例如，很多 PLC 和变频器自带 PID 指令和参数，实际应用只需要调试比例、积分系数、微分系数使系统的性能达到稳定、准确和快速。因此在学习本课程时不用过多关注自动控制的理论和计算，而是从宏观上理解自动控制的原理，能够应用具体的控制方法。

3.1.1 控制理论的发展过程和自动控制系统结构

1. 控制理论的发展过程

1945 年之前，属于控制理论的萌芽期。

1945 年，美国人伯德（Bode）的“网络分析与放大器的设计”奠定了控制理论的基础，至此进入经典控制理论时期，此时已形成完整的自动控制理论体系。经典控制理论的研究对象是单输入单输出系统，研究背景是军工技术，研究目标是反馈控制系统的稳定，采用的基本方法有传递函数、频率法、PID。

20 世纪 60 年代初，用于导弹、卫星和宇宙飞船上的“控制系统的一般理论”［卡尔曼（Kalman）理论］奠定了现代控制理论的基础。现代控制理论主要研究多输入-多输出、多参数系统，以及高精度复杂系统的控制问题，研究背景是空间技术和计算机技术，研究目标是最优控制，主要采用的方法是以状态空间模型为基础的状态方程。

20 世纪 70 年代以后，各学科相互渗透，要分析的系统越来越大，越来越复杂，自动控制理论继续发展，进入了大系统和智能控制时期。主要的研究对象有专家系统、模糊控制、神经网络，当前的热点研究对象：大系统理论、鲁棒控制、非线性控制。例如智能机器人的出现［如 AlphaGo（阿尔法狗）］，就是以人工智能、神经网络、信息论、仿生学等为基础的自动控制取得的很大进展。

2. 自动控制系统结构

下面以水箱恒水位控制系统为例，说明自动控制系统的结构，如图 3-2 所示。

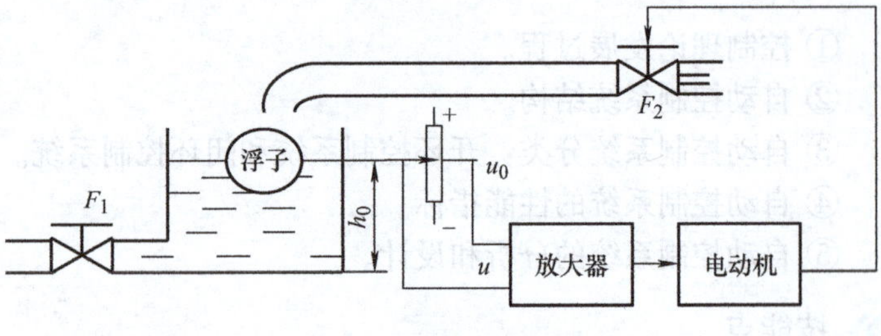

图 3-2 水箱恒水位控制系统

被控对象：水箱，其中水箱液位是被控对象中的被控量。

检测及转换装置：浮子及电位器，它将水箱实际液位高度转换为电压。

比较环节：浮子位置转换为的实际电压与给定电压（对应要求的液位高度）通过差动放大器比较产生偏差。

控制装置：根据偏差的大小、极性，通过放大器和电动机产生控制信号作用在进水阀上。

执行机构：进水阀根据控制信号产生动作，改变水箱液位高度，从而自动控制水箱液位，使其满足给定值的要求。

3.1.2 自动控制系统的分类、性能指标

1. 自动控制系统的分类

自动控制系统按照不同的标准有多种分类方法，按照系统环节连接形式可分为开环控制系统和闭环控制系统。

（1）开环控制系统 系统的输出量不被引回来对系统的控制部分产生影响，系统的被控量只受控于控制量，即输出量与输入量间不存在反馈的通道，如图 3-3 所示。这种系统既不需要对输出量进行测量，也不需要将输出量反馈到系统输入端与输入量进行比较。控制装置与被控对象之间只有顺向作用，没有反向联系。例如，一般洗衣机就是一个开环控制系统，其浸湿、洗涤、漂清和脱水过程都是依设定的时间程序依次进行的，而无需对输出量（如衣服清洁程度、脱水程度等）进行测量，而有一种智能控制的模糊洗衣机能检测衣服的洁净程度自动控制洗涤时间，属于闭环控制；又如普通机床的自动加工过程，也是开环控制，它是根据预先设定的加工指令（背吃刀量、行程距离）进行加工的，而不去检测其实际加工的程度。

（2）闭环控制系统 闭环控制系统是指在控制器与被控对象之间不仅有正向控制作用，而且输出量通过反馈环节返回来作用于控制部分，形成闭合环路，如图 3-4 所示。因

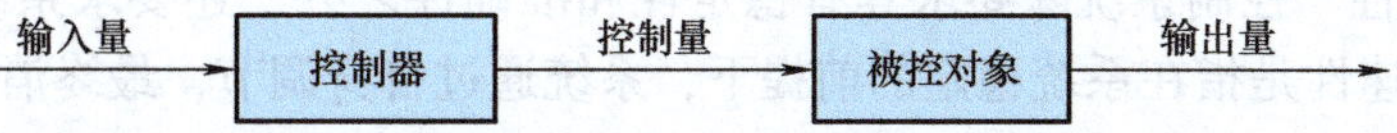

图 3-3 开环控制系统

此，闭环控制又称反馈控制，闭环控制系统又称为反馈控制系统。闭环控制系统的输出结果经反馈环节的传感器等测量元件得到反馈量，反馈有正反馈和负反馈之分。当反馈量极性与输入量同相时为正反馈，正反馈应用较少，只是在补偿控制中偶尔使用。当反馈量极性与输入量反相时，则称为负反馈。反馈量与系统的输入量比较产生偏差，偏差经控制器处理再作用到被控对象，对输出进行补偿，实现更高精度的系统输出。闭环控制的实质就是利用负反馈，使系统具有自动修正被控量（输出量）偏离参考给定量（输入量）的控制功能。

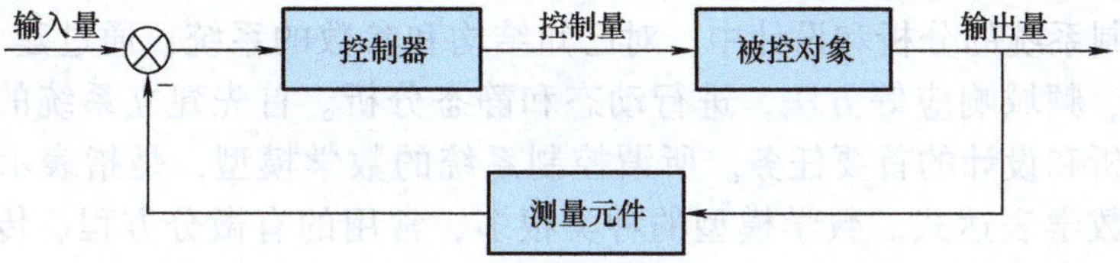

图 3-4 闭环控制系统

闭环控制系统的优点是抑制干扰的能力强，精度高，动态性能好，能改善系统的响应，适用范围广。在闭环控制系统中，无论是由于外部扰动还是系统内部扰动，只要使被控制量偏离给定值，闭环控制就会利用反馈产生的控制作用去消除偏差。但也正由于反馈的引入增加了系统的复杂性和成本，维修难度也较大。另外由于闭环系统是检测偏差用以消除偏差来进行控制的，在工作过程中，系统总会存在偏差，由于元件惯性等因素，很容易引起系统的振荡，从而使系统不能稳定工作。因此控制精度和稳定性之间的矛盾始终是闭环控制系统存在的主要矛盾。

现在的许多制造设备和具有智能的机电一体化产品都选择闭环控制方式，如数控机床、加工中心、机器人、雷达、无人驾驶的汽车等。

2. 自动控制系统的性能指标

（1）稳定性　所谓稳定性，一般指当系统受到外部作用后，其动态过程的振荡倾向和能否恢复平衡状态的能力。当扰动或给定值发生变化时，输出量将会偏离原来的稳定值，这时，由于反馈环节的作用，通过系统内部的自动调节，系统能回到（或接近）原来的稳定值或跟随给定值稳定下来，这属于稳定系统。但也可能由于内部的相互作用，使系统出现发散而处于不稳定状态，成为不稳定系统。显然，不稳定的系统是无法进行工作的。因此，稳定性是对控制系统最基本的要求，也是系统工作的首要条件。

（2）准确性　准确性是针对系统稳态（静态）性能指标而言的。对一个稳定的系统而言，当系统从一个稳态过渡到新的稳态，或系统受扰动作用又重新平衡后，系统会出现偏差，这种偏差称为稳态误差。稳态误差是衡量稳态精度的指标，系统稳态误差的大小反映了系统的稳态精度（或静态精度），它表明了系统的准确程度。稳态误差越小，表示系统输出跟踪输入的精度就越高，即控制精度高。

(3) 快速性　控制系统除要求具有稳定性和准确性之外，还要求系统的响应具有一定的快速性。快速性是指在系统稳定的前提下，系统通过自身调节，最终消除输出量与给定值之间偏差的快慢程度。由于系统的对象和元件通常都具有一定的惯性（如机械惯性、电磁惯性、热惯性等），并且也由于能源功率的限制，系统中各种量值（如速度、位移、电流、温度等）的变化不可能是突变的。因此，系统从一个稳态过渡到新的稳态都需要经历一段时间，也就是动态过程时间的长短，时间越短，说明系统快速性越好。表征这个过渡过程性能的指标称为动态指标。

由于被控对象具体情况不同，各类系统对稳定性、准确性和快速性三方面的性能要求各有侧重点。例如恒值控制系统一般侧重于稳定性，而随动系统则对快速性和准确性的要求较高。在同一个系统中，三个方面的性能要求通常也是相互制约的，存在着矛盾。因此在设计系统时要充分考虑系统的具体要求，合理解决矛盾。

3. 自动控制系统的分析和设计

在自动控制系统的分析和设计中，对已知结构和参数的系统，通过建立的数学模型，利用时域响应、频域响应等方法，进行动态和静态分析。首先建立系统的数学模型，它是进行系统分析和设计的首要任务。所谓控制系统的数学模型，是指表示系统内部物理量之间关系的数学表达式。数学模型的种类很多，常用的有微分方程、传递函数、动态结构图和频率特性等。建立控制系统数学模型的方法一般有分析法和试验法两种。控制系统的分析和设计方法有时域分析法和频率特性法。时域分析法是一种直接在时间域中对系统进行分析的方法。因为工程中的控制系统总是在时域中运行的。当系统输入了某个信号时（这个输入信号总可以分解为各种典型信号之和），根据系统的传递函数，以拉普拉斯变换为数学工具，总可以求控制系统当时的系统输出情况，进而评价这个过程中的系统性能是否是人们希望的稳、准、快。在实际中，人们常运用频率特性法来分析和设计控制系统的性能。

下面简述在生产过程自动控制的发展历程中历史最久、生命力最强的比例积分微分（Proportional Integral Differential，PID）控制。在20世纪40年代以前，除在最简单的情况下可采用开关控制外，它是唯一的控制方式。此后，随着科学技术的发展特别是电子计算机的诞生和发展，涌现出许多先进的控制方法。然而直到现在，PID控制由于它自身的优点仍然是应用最广泛的基本控制方式，占整个工业过程控制算法的85%~90%。

PID控制器根据系统的误差，利用偏差的比例、积分、微分三个环节的不同组合计算出控制量。图3-5所示为PID控制系统的原理框图。

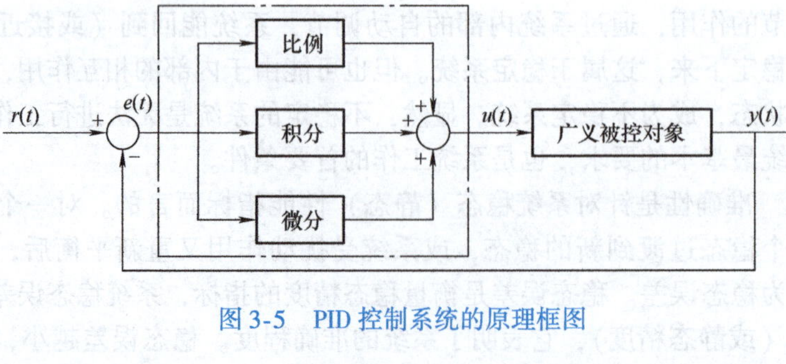

图3-5　PID控制系统的原理框图

3.2 工业计算机应用

学习指南

知识点

① 掌握常用 PLC 的硬件电路和编程软件。
② 了解工业计算机的硬件组成和软件。
③ 了解嵌入式微控制器的分类、硬件功能和编程软件。

技能点

① 会 PLC 硬件电路设计和接线。
② 能用常用 PLC 编程软件编写简单的控制程序。
③ 能够实现简单的 PLC 控制项目。
④ 能够分析简单的工控机控制系统。
⑤ 能够分析简单嵌入式微控制器控制系统。

建议与指导

① 难点：PLC 接线和编程。
② 重点：PLC 接线和编程。
③ 建议：通过听课、查阅资料、在线学习、讨论等方式掌握重点和突破难点。PLC 的内部电路和原理较为复杂，而我们只是应用 PLC 实现自动控制系统，需要能懂会画 PLC 接线原理图和编写 PLC 控制程序。在理解课本内容后学习 PLC，应避免纸上谈兵，多用编程软件编写、调试具体的程序。即使没有 PLC 硬件，也可用仿真软件来模拟调试。

3.2.1 可编程序控制器

可编程逻辑控制器工作原理

可编程序逻辑控制器（Programmable Logic Controller，PLC）简称可编程序控制器，它应用面广、功能强大、使用方便，已经成为当代工业自动化的主要支柱设备之一。国际电工委员会（IEC）对 PLC 做了如下定义：“可编程序控制器是一种数字运算操作的电子系统，专为工业环境下应用而设计。它采用可编程序的存储器，用来在其内部存储执行逻辑运算、顺序控制、定时、计数和算术运算等操作指令，并通过数字式、模拟式的输入和输出，控制各种类型的机械或生产过程。可编程序控制器及其有关设备，都应按易于使工业控制系统形成一个整体，易于扩充其功能的原则设计。”

在全世界上百个 PLC 制造企业中，有几家举足轻重的公司。它们是德国的西门子（Siemens）公司，美国 Rockwell 自动化公司所属的 A-B（Allen &Bradly）公司，法国的施耐德（Schneider）公司，日本的三菱公司和欧姆龙（OMRON）公司。

随着我国科技实力的不断增强，自主品牌 PLC 以较高的性价比应用越来越广泛，如台达、兼容三菱 PLC 编程的汇川、与三菱指令相似的信捷、兼容西门子编程软件的合信等。下面以在我国应用较广、颇具代表的德国西门子、日本三菱和中国汇川生产的 PLC 为例进行讲解。

拓展阅读

PLC 的发明历史

1968 年，美国通用汽车公司（GM 公司）提出了研制新型控制装置的十项指标，其主要内容如下：编程简单，可在现场修改和调试程序；价格便宜，性价比高于继电器控制系统；可靠性高于继电器控制系统；体积小于有继电器控制柜的体积，能耗少；能与计算机系统数据通信；输入量是交流 115 V 电压信号（美国电网电压是 110V）；输出量是交流 115 V 电压信号、输出电流在 2 A 以上，能直接驱动电磁阀等；具有灵活的扩展能力；硬件维护方便，采用插入式模块结构；用户存储器容量至少在 4KB 以上。

1969 年，美国数字设备公司（DEC）中标并根据上述要求研制出第一台可编程序控制器，型号为 PDP-14。在通用汽车公司的自动装配线上试用成功，从而开创了工业控制的新局面。接着，美国 MODICON 公司也开发出可编程序控制器 084。

1971 年，日本从美国引进了这项新技术，很快研制出了日本第一台可编程序控制器 DSC-8。1973 年，西欧国家也研制出了他们的第一台可编程序控制器。我国从 1974 年开始研制，1977 年开始工业应用。

1. 可编程序逻辑控制器的硬件

（1）硬件的基本结构　PLC 的基本结构由电源模块、中央处理单元（CPU）、存储器、输入/输出（I/O）接口模块和外部设备等组成。PLC 按 I/O 点数的多少可分为小型、中型和大型，按结构形式可分为整体式和模块式两大类。整体式 PLC 是将 CPU、存储器、I/O 部件等组成部分集中于一体，安装在印制电路板上，并连同电源一起装在一个机壳内，形成一个整体，通常称为主机或基本单元（有的品牌也称为 CPU）。整体式 PLC 结构紧凑、体积小、重量轻、价格低，一般小型或超小型 PLC 多采用这种结构。模块式 PLC 是把各个组成部分做成独立的模块，如电源模块、CPU 模块、输入模块、输出模块、通信模块等。各模块做成插件式，并将其组装在一个具有标准尺寸并带有若干插槽的机架内。模块式 PLC 配置灵活、装配和维修方便、易于扩展，一般大、中型的 PLC 都采用这种结构。

SIMATIC S7-200 系列是一种小型 PLC，系统硬件主要有基本模块（西门子手册将基本模块称为 CPU 模块）、扩展模块（数字量和模拟量）、特殊功能模块（运动控制、通信等）等。S7-200 系列 PLC 的 CPU 模块有 CPU221、CPU222、CPU224、CPU226 四种。我国原来应用较多的是 CPU224CN 和 CPU226CN。图 3-6a 所示是增强型 CPU224XP，它除了具有 CPU224 具有的数字输入 14 点、输出 10 点外，还多了 2 路模拟量电压输入、1 路模拟量电压输出、1 个 RS485 串口。S7-200 的数字量扩展模块有 EM221、EM222、EM223，模拟量扩展模块有 EM231、EM232、EM235。S7-300 是模块化小型 PLC 系统，能满足中等性能要求的应用。各种单独的模块之间可进行广泛组合以用于扩展。图 3-6c 所示是 S7-300 的电源模块、CPU、信号板。S7-400 是大型、模块化 PLC，如图 3-6d 所示。它采用无风扇的设计，坚固耐用、容易扩展，且具有广泛的通信能力，容易实现分布式结构以及用户友好的操作，使 S7-400 成为中、高档性能控制领域中首选的理想解决方案。早在 2010 年，西门子公司就推出了 S7-200 的升级产品 S7-1200，西门子 S7-300 的升级产品 S7-1500，2012 年西门子公司的 S7-200 停产，编程软件也不再更新，2015 年退市。图 3-6e 所示左侧两块是 S7-1200 的通信模块，中央一块是 CPU，右面两块是输入/输出扩展模块 SM（信号模块），还可以在 CPU

上很方便地安装一块输入/输出扩展模块 CB（通信板）及 SB（信号板）。图 3-6f 所示是 S7-1500，左边第一块是电源，第二块是 CPU，右面是输入/输出扩展模块 SM（信号模块）。西门子公司虽然停产 S7-200，但却专为我国市场推出过渡产品 S7-200SMART。它继承了 S7-200 的诸多优点，与 S7-200 指令集的相似度高达 97.8%，增加了以太端口和信号板，保留了 RS 485 串口，增加了 CPU 的 I/O 点数。图 3-6b 中左后第一个为 CPU 模块，前排三个为信号板，信号板可以方便地安装在 CPU 上，是 S7-200SMART 和 S7-1200 所特有的，S7-200SMART 信号板有 2DI/2DO T、1AI、1AO、RS485/RS232 和电源五种类型，右后四个为扩展模块，一般为数字量和模拟量扩展模块。随着 S7-200 的退市，西门子主推小型机 S7-1200 和中大型 S7-1500。

三菱 PLC 小型机市场占有率较高，早期产品以超小体积、卓越性能 FX 系列 PLC 著称，有 FX_2、FX_{2C}、FX_{2N}、FX_{1N}、FX_{0N}、FX_{0S}等，图 3-6g 所示为 FX_{2N}-64M，图 3-6h 所示为 FX_{3U}-48M。三菱 PLC 中、大型机有：已经停产的 AnN 系列 PLC，它网络完善，配置灵活；国内南方应用较多的为 MELSEC-L 系列，图 3-6i 从左往右依次是电源、CPU 和网络模块，以及新推出不久的 MELSEC-Q 系列。现在三菱主推 iQ 系列 PLC，如大型机 MELSEC iQ-R 系列、中型机 MELSEC iQ-L 系列和小型机 MELSEC iQ-F 系列。图 3-6j 所示为 MELSEC iQ-R 系列电源、CPU、网络模块、I/O 模块。

汇川技术公司的 Inothink 系列小型 PLC，设计卓越，可靠耐用。该公司的产品系列齐全，接口丰富，组合灵活，功能强大；支持逻辑控制、温度控制和运动控制，支持 RS485、CAN、EtherCAT 等总线。该公司有 H1S 系列简易经济型小型 PLC、H2S 系列通用经济型小型 PLC、H3S 系列高性能经济型小型 PLC、H0U 系列显控一体多功能型小型 PLC、H1U 系列简易型小型 PLC、H2U 系列通用型小型 PLC、H3U 系列 CAN 总线高性能小型 PLC、H5U 系列 EtherCAT 总线高性能小型 PLC。图 3-6k 所示为 H2U 系列通用型小型 PLC，其硬件结构与三菱 FX_{3U} 相似。该公司的中型 PLC 在大规模控制的工厂自动化、生产线自动化、过程控制自动化设备应用较多，有 AM600 系列通用型中型 PLC（图 3-6l）和 AM400 系列经济型中型 PLC 两类。

（2）I/O 电路　I/O 是输入（Input）和输出（Output）的简称。输入电路有数字量和模拟量，模拟量输入一般有 0～10V、0～20mA、4～20mA，通过 A/D 转换电路转换为数字量，例如：西门子 S7-200 系列转换为 0～32000，西门子 S7-200SMART、S7-1200 和 S7-1500 转换为 0～27648。数字量一般输入直流 24V，分为两种：一种内部采用双向光耦，既可以接成源型又可以接成漏型；另一种只能采用源型或漏型某一种的输入。

1）数字量输入电路。现在小型 PLC 的数字量输入电路一般既可以用 PLC 输出的电源也可以用外部电源，既可以接成源型又可以结成漏型，如西门子 S7-200、S7-200SMART、S7-1200，三菱 FX_{3U}，汇川 H2U。图 3-7a 所示为 S7-200SMART 的直流输入点的内部电路和外部接线图，图中只画出了一路输入电路，输入电流为 4mA。1M 是同一组输入点各内部输入电路的公共点。外接触点接通时，发光二极管亮，光电晶体管饱和导通；反之，发光二极管熄灭，光电晶体管截止，信号经内部电路传送给 CPU 模块。西门子产品电流从输入端流入为漏型输入，反之为源型输入。图 3-7b 所示为汇川 H2U 的源型输入接法，在三菱和汇川产品中电流从公共端 S/S 流入为漏型输入，反之为源型。三菱 PLC 的早期产品如 FX_{1N} 和 FX_{2N} 没有 S/S 公共端，内部电源的正极已经接入输入电路，外部只能低电平输入有效。西门子 S7-300、S7-400 和 S7-1500 中大型 PLC 的输入 L、M 需要分别接 24V 直流电源的正、负极，输入高电平有效。

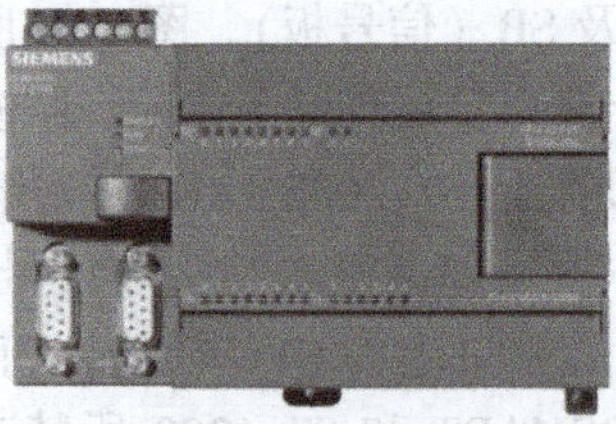
a) S7-200 CPU224XP(24I/O+2AI/1AO)

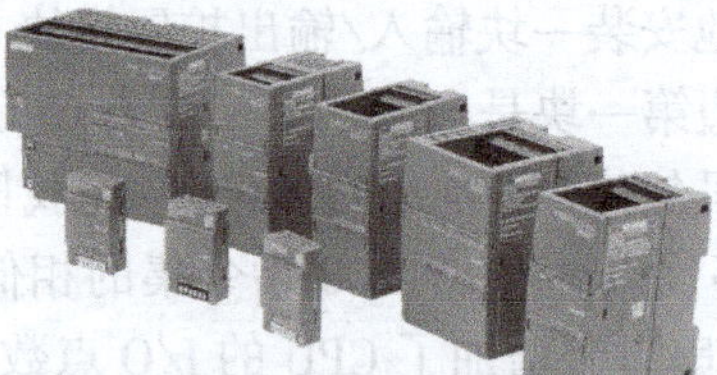
b) S7-200SMART CPU、信号板、信号模块

c) S7-300电源模块、CPU、信号板

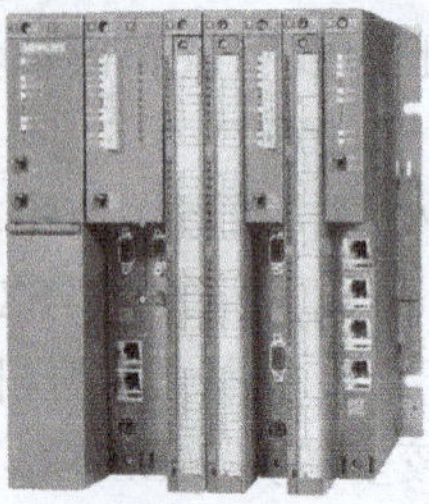
d) S7-400电源模块、CPU、信号板

e) S7-1200通信模块、CPU、信号模块

f) S7-1500 电源、CPU、信号模块

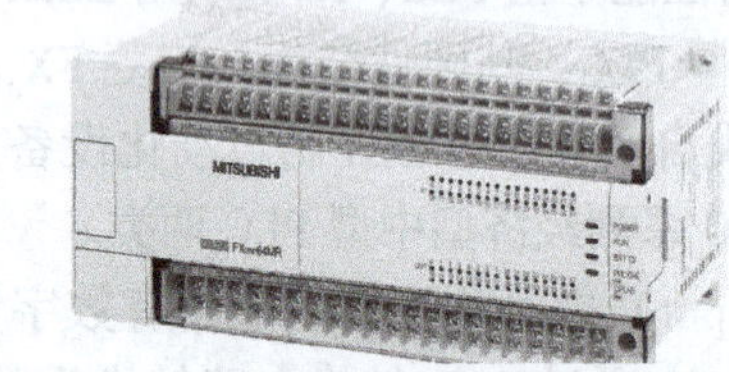
g) FX_{2N}-64M

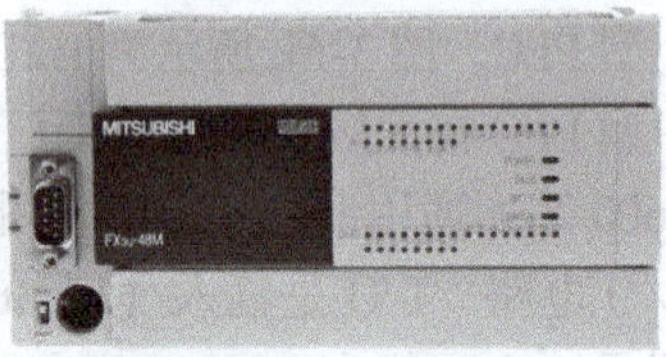
h) FX_{3U}-48M

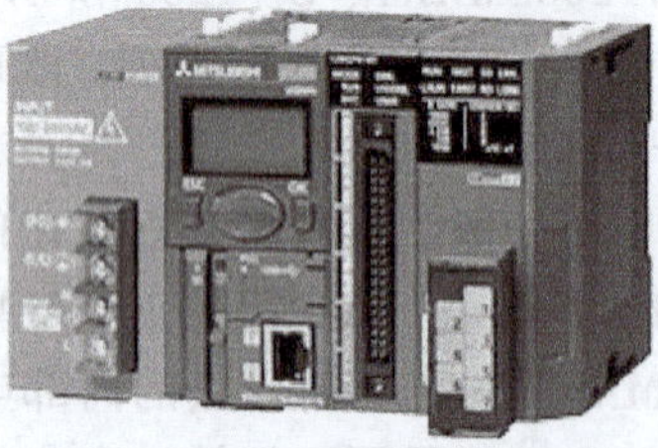
i) MELSEC-L系列电源、CPU、网络模块

j) MELSEC iQ-R系列电源、CPU、网络模块、I/O模块

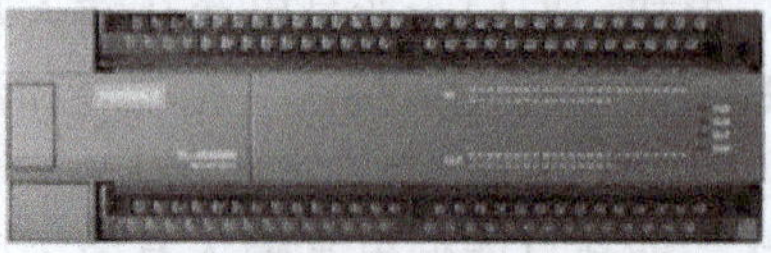
k) H2U系列通用型小型PLC

l) AM600系列通用型中型PLC

图 3-6　常用 PLC 外形

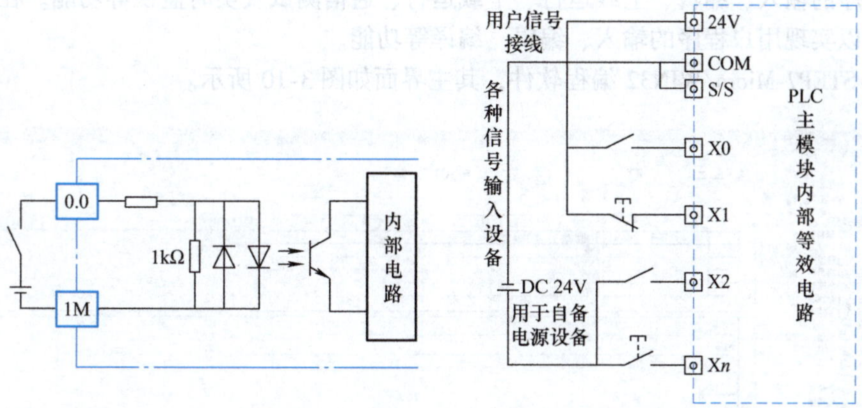

a) 西门子S7-200SMART 漏型输入接法原理图　　b) 汇川H2U源型输入接法原理图

图 3-7　输入电路

2）数字量输出电路。数字量输出电路现在主要有继电器输出和晶体管输出两种。继电器输出电路可以驱动直流负载和交流负载，承受瞬时过电压和过电流的能力较强，动作速度慢，动作次数有限，如图 3-8 所示。图 3-9 所示为采用场效应晶体管的晶体管输出电路，这种电路只能驱动直流负载，反应速度快、寿命长，过载能力稍差。控制伺服和步进的高速脉冲输出电路只能是晶体管输出电路。

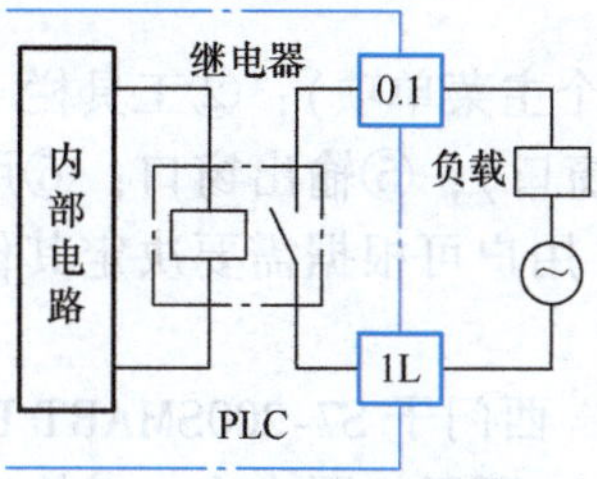

图 3-8　继电器输出电路

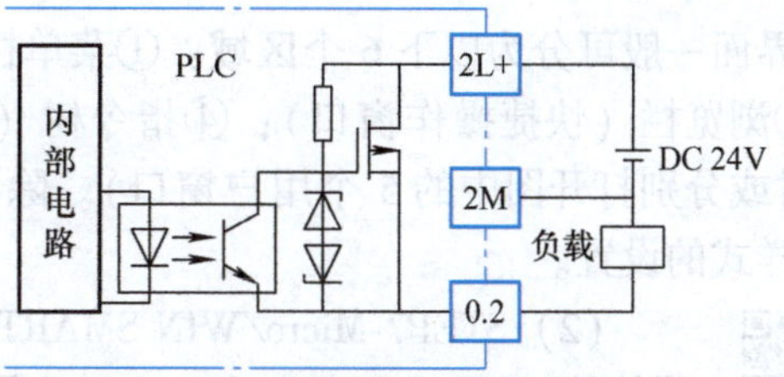

图 3-9　场效应晶体管输出电路

2. 可编程序逻辑控制器的编程软件

可编程序逻辑控制器的编程器有手持式和台式，手持式编程器早已淘汰，现在普遍采用通用计算机上安装使用编程软件方式。这种方式信息量大，功能齐全，既可在线编程，也可离线编程，还可完成程序的上载及打印输出等功能。下面，简单介绍常用的编程软件。

（1）STEP7-Micro/WIN32 编程软件　STEP7-Micro/WIN32 编程软件是基于 Windows 系统的应用软件，它是西门子公司专门为 S7-200 系列可编程序控制器而设计开发的，是 PLC 用户不可缺少的开发工具。目前，STEP7-Micro/WIN32 编程软件已经升级到了 4.0 版本，由于 S7-200 系列 PLC 的停产和退市，编程软件也不再更新。STEP7-Micro/WIN32 编程软件在 Windows XP 系统中安装和使用非常友好，但是在 64 位的 Windows7 系统中需要通过特殊设置才可安装使用，在 64 位的 Windows 10 系统中难以安装使用。

STEP7-Micro/WIN32 的基本功能是协助用户完成应用程序的开发，同时它具有设置 PLC 参数、加密和运行监视等功能。编程软件在联机工作方式（PLC 与计算机相连）下可以实现用户程序的输入、编辑、上载运行、下载运行、通信测试及实时监视等功能。在离线条件下，也可以实现用户程序的输入、编辑、编译等功能。

启动 STEP7-Micro/WIN32 编程软件，其主界面如图 3-10 所示。

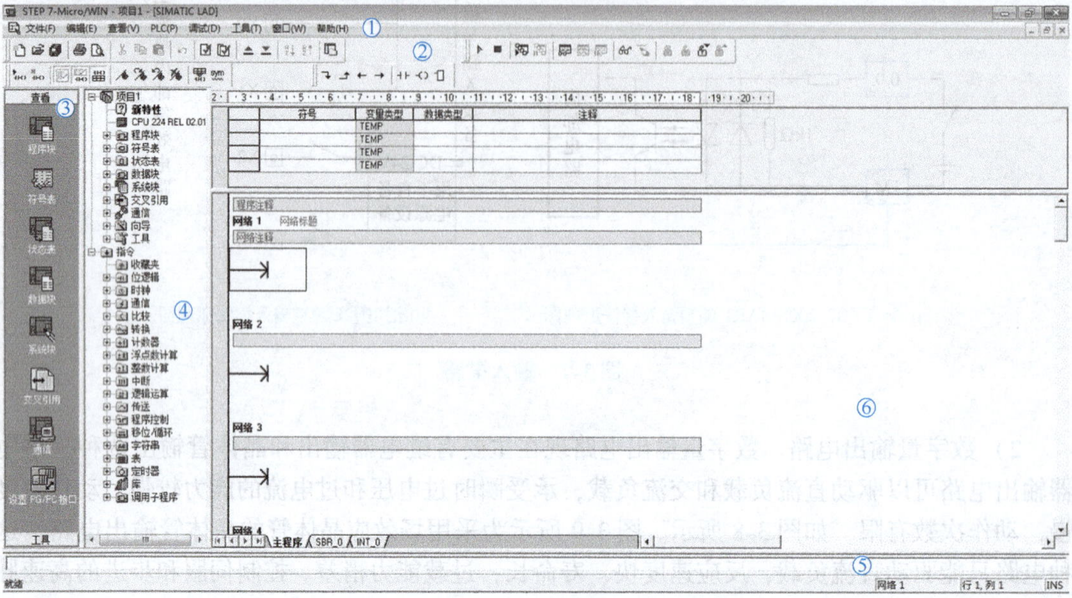

图 3-10 STEP7-Micro/WIN32 编程软件的主界面

主界面一般可分为以下 6 个区域：①菜单栏（包含 8 个主菜单项）；②工具栏（快捷按钮）；③浏览栏（快捷操作窗口）；④指令树（快捷操作窗口）；⑤输出窗口；⑥用户窗口（可同时或分别打开图中的 5 个用户窗口）。除菜单栏外，用户可根据需要决定其他窗口的取舍和样式的设置。

STEP7-Micro/WIN SMART 软件应用

（2）STEP7-Micro/WIN SMART 编程软件　西门子 S7-200SMART PLC 的编程软件 STEP7-Micro/WIN SMART 界面如图 3-11 所示。图中有：①快速访问工具栏；②项目树；③导航栏；④菜单；⑤程序编辑器；⑥符号信息表；⑦符号表；⑧状态栏；⑨输出窗口；⑩状态图表；⑪变量表；⑫数据块；⑬交叉引用。

1）快速访问工具栏。单击快速访问工具栏右边的按钮，出现“自定义快速访问工具栏”菜单，单击“更多命令…”，打开“自定义”对话框，可以增减快速访问工具栏的命令按钮。

2）项目树与导航栏。项目树用于组织项目，以及文件夹的打开和关闭。单击可打开导航栏上的对象。项目树宽度可以通过鼠标调节。项目树中：①程序块包括主程序 MAIN（OB1）、子程序和中断程序，统称为 POU（程序组织单元）；②数据块用于给变量存储器 V 赋初值；③系统块用于硬件组态和设置参数；④符号表用符号来代替存储器的地址，使程序更容易理解；⑤状态图表用来监视、修改和强制程序执行时指定变量的状态。

3）菜单。不同于 S7-200 编程软件 STEP7-Micro/WIN32 的下拉式菜单，STEP7-Micro/WIN SMART 采用类似 Windows 7 的带状式菜单。

4）状态栏。状态栏主要有：光标位置；INS（插入）或 OVR（覆盖）（模式切换用键

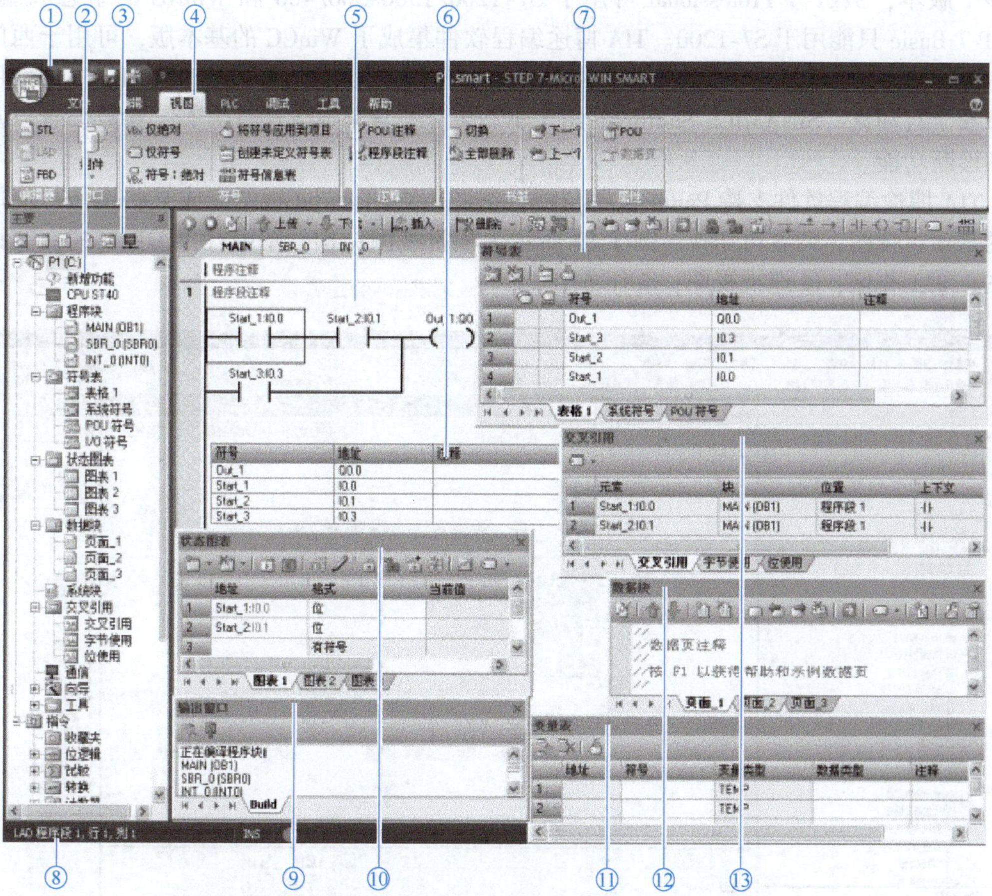

图 3-11　STEP7-Micro/WIN SMART 软件界面

盘上的“Insert”按键)；程序编辑区域缩放工具；PLC 在线状态信息显示（包括通信未连接或连接状态；工作状态和可能的错误等）。

5）窗口操作与帮助功能。窗口操作与帮助功能主要有：

① 打开和关闭窗口。

② 窗口的浮动与停靠，定位器的作用。

③ 窗口的合并。

④ 窗口高度的调整。

⑤ 窗口的隐藏与停靠。

⑥ 帮助功能的使用：

a. 在线帮助：单击选中的对象后按〈F1〉键。b. 用帮助菜单获得帮助：单击“帮助”菜单功能区的“帮助”按钮，打开在线帮助窗口。用目录浏览器寻找帮助主题。双击索引中的某一关键词，可以获得有关的帮助。在“搜索”选项卡输入要查找的名词，单击“列出主题”按钮，将列出所有查找到的主题。计算机联网时单击“帮助”菜单功能区的“支持”按钮，可打开西门子的全球技术支持网站。

（3）TIA 博途编程软件　TIA 博途编程软件是西门子自动化的全新工程设计软件平台，

有多个版本，STEP 7 Professional 可用于 S7-1200/1500/300/400 和 WinAC 的组态和编程。STEP 7 Basic 只能用于 S7-1200。TIA 博途编程软件集成了 WinCC 的基本版，可用于西门子的 HMI、工业 PC 和标准 PC 的组态，精简面板可使用 WinCC 的基本版。STEP 7 Safety 用于故障安全自动化。SINAMICS Startdrive 用于驱动装置，它集成了硬件组态、参数设置以及调试和诊断功能。

TIA 博途编程软件支持 Portal 视图与项目视图，可用 Portal 视图完成某些操作，使用最多的是项目视图，两者可切换。图 3-12 所示为项目视图结构。图中有：①项目树；②详细视图；③工作区；④巡视视图；⑤任务卡。

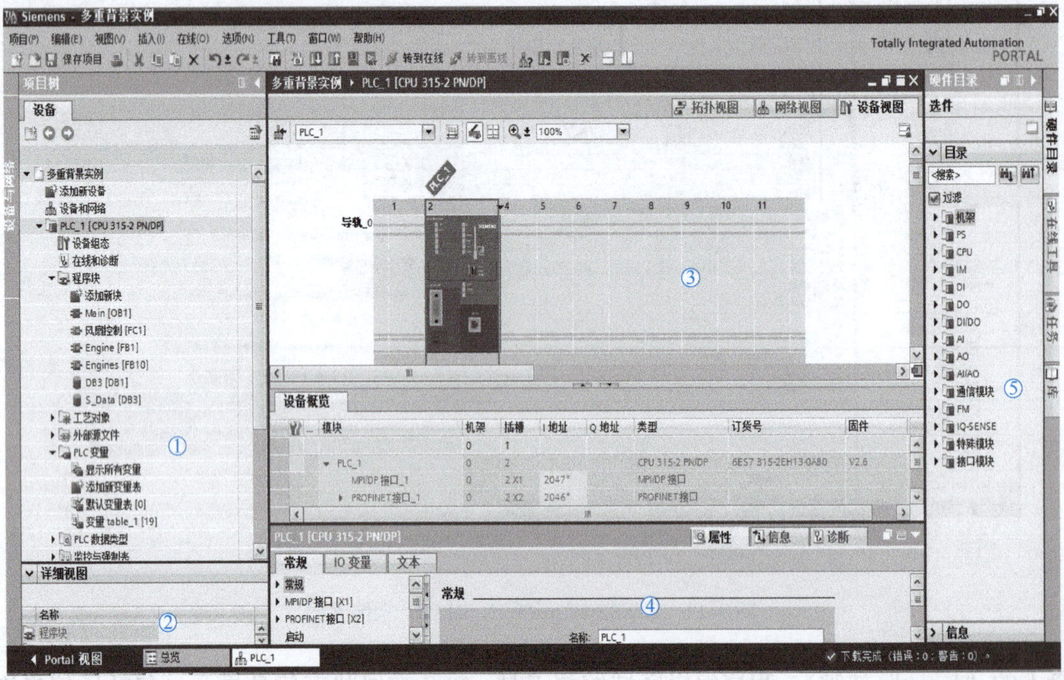

图 3-12 项目视图结构

1）项目树。可以用项目视图的项目树访问所有的设备和项目数据，添加新的设备，编辑已有的设备，打开处理项目数据的编辑器。项目中的各组成部分在项目树中以树型结构显示，分为项目、设备、文件夹和对象 4 个层次。

可以关闭、打开项目树和详细视图，移动各窗口之间的分界线，用标题栏上的按钮启动“自动折叠”或“永久展开”功能。

2）详细视图。选中项目树中的“默认变量表”，详细窗口显示出该变量表中的符号。可以将其中的符号地址拖拽到程序中的地址域。可以隐藏和显示详细视图和巡视窗口。

3）工作区。可以同时打开几个编辑器，用编辑器栏中的按钮切换工作区显示的编辑器。单击工具栏上的按钮，可以竖直或水平拆分工作区，同时显示两个编辑器。

可用工作区右上角的按钮将工作区最大化，或使工作区浮动。用鼠标左键按住浮动的工作区的标题栏可以将工作区拖到界面上希望的位置。工作区被最大化或浮动后，单击“嵌入”按钮，工作区将恢复原状。

4）巡视窗口。巡视窗口用来显示选中工作区中的对象附加的信息，以及设置对象的属性。

①“属性”选项卡用来显示和修改选中工作区中的对象的属性。左边是浏览窗口，选中某个参数组，在右边窗口显示和编辑相应的信息或参数。

②“信息”选项卡显示所选对象和操作的详细信息，以及编译后的报警信息。

③“诊断”选项卡显示系统诊断事件和组态的报警事件。

5）任务卡。任务卡的功能与编辑器有关。通过任务卡进行进一步的或附加的操作。可以用最右边的竖条上的按钮来切换任务卡显示的内容。

（4）三菱 PLC 编程软件　三菱 PLC 编程软件目前应用较多有 GX Developer、GX Works2、GX Works3。三菱 GX Developer 编程软件于 2005 年发布，使用该软件可以为 FX、Q 系列 PLC 编写程序、进行仿真模拟，支持梯形图、指令表、SFC、ST、FB 等编程语言，具有在线编程、参数设定、监控、打印等功能。仿真软件 GX Simulator 可将编写好的程序在计算机上虚拟运行，方便程序的查错和修改。先安装 GX Developer，再安装 GX Simulator，GX Simulator 作为一个插件，被集成到 GX Developer 中。

2011 年后，三菱推出综合编程软件 GX Works2。该软件有简单工程和结构工程两种编程方式；支持梯形图、指令表、SFC、ST、结构化梯形图等编程语言，集成了程序仿真软件 GX Simulator2；具有程序编程、参数设定、网络设定、监控、仿真调试、在线更改、智能功能模块设置等功能，适用于三菱 FX、Q 系列 PLC；可实现 PLC 与 HMI、运动控制器的数据共享。三菱 GX Works2 软件的主界面如图 3-13 所示，界面构成及基本操作内容见表 3-1。

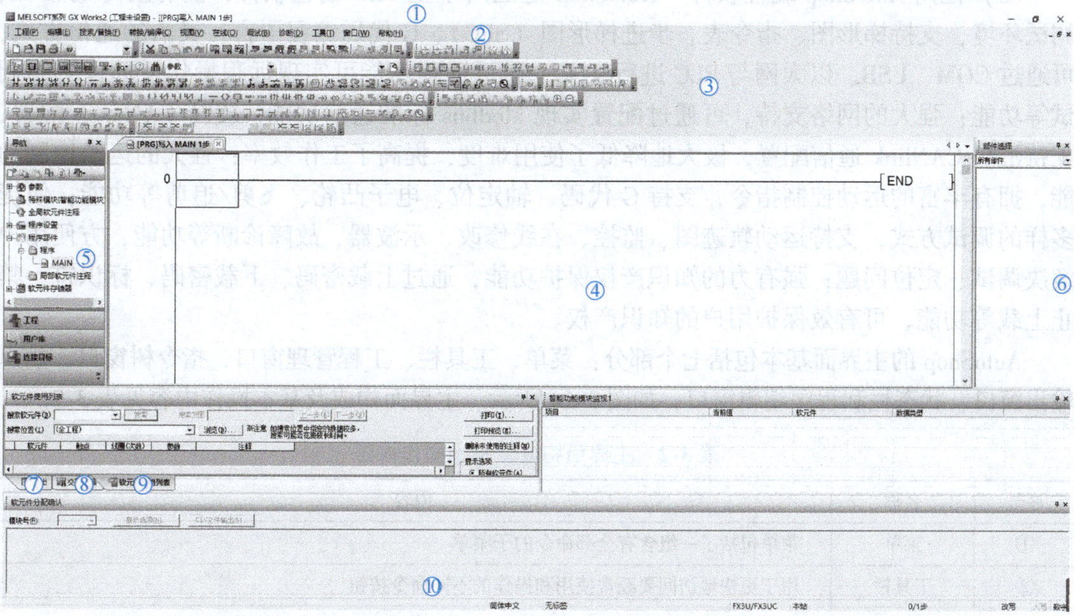

图 3-13　三菱 GX Works2 软件的主界面

三菱近期又推出了功能更加强大的 GX Works3。GX Works3 将各种功能整合到其中，不仅可以更简单地创建工程（系统构成、编程）和进行维护作业（调试、诊断、管理），还可确保开发过程的统一性，可简单概括为以下四个方面：

表 3-1 界面构成及基本操作内容

<table>
<tr><th colspan="2">名称</th><th>序号</th><th>内容</th></tr>
<tr><td colspan="2">标题栏</td><td>①</td><td>显示工程名等</td></tr>
<tr><td colspan="2">菜单</td><td>②</td><td>菜单包括了含有全部命令的子菜单</td></tr>
<tr><td colspan="2">工具栏</td><td>③</td><td>对菜单中使用频率较高的功能以按钮进行显示</td></tr>
<tr><td colspan="2">工作窗口</td><td>④</td><td>进行编程、参数设置、监视等的主要界面</td></tr>
<tr><td rowspan="5">折叠窗口</td><td>导航窗口</td><td>⑤</td><td>工程的内容以树形式显示</td></tr>
<tr><td>部件选择窗口</td><td>⑥</td><td>用于创建程序的部件（功能块等）以一览形式显示</td></tr>
<tr><td>输出窗口</td><td>⑦</td><td>显示编译及检查的结果（出错、报警等）</td></tr>
<tr><td>交叉参照窗口</td><td>⑧</td><td>显示交叉参照的结果</td></tr>
<tr><td>软元件使用列表窗口</td><td>⑨</td><td>显示软元件使用列表</td></tr>
<tr><td colspan="2">状态栏</td><td>⑩</td><td>显示编辑中的工程的相关信息</td></tr>
</table>

1）系统整体设计方面，使用部件可方便创建模块构成图，使用模块构成图自动生成模块参数、整合简易运动模块和设置软件。

2）编程语言方面，符合 IEC61131-3 标准，支持主要的编程语言，显示操作具有一贯性，不受程序语言影响，可根据控制目的选择编程语言。

3）调试简单，支持多种在线监视，无须使用硬件即可模拟，同时记录调试数据。

4）维护方便，可进行系统监视，模块、网络诊断，设定和切换多国语言。

（5）汇川 AutoShop 编程软件　AutoShop 是汇川小型 PLC 编程软件，拥有友好的编程、调试环境，支持梯形图、指令表、步进梯形图（SFC）、G 代码编程语言；灵活的通信方式，可通过 COM、USB、以太网与 PLC 进行交互，通过远程功能可实现远程操作、远程协同调试等功能；强大的网络支持，可通过配置实现 Modbus 标准通信功能，支持 CANopen 配置，支持汇川 CANlink 通信配置，极大地降低了使用难度，提高了工作效率；强大的运动控制功能，拥有丰富的运动控制指令，支持 G 代码、轴定位、电子凸轮、飞剪/追剪等功能；便捷多样的调试方式，支持运动轨迹图、监控、在线修改、示波器、故障诊断等功能，方便用户解决调试、定位问题；强有力的知识产权保护功能，通过上载密码、下载密码、标识符、禁止上载等功能，可有效保护用户的知识产权。

AutoShop 的主界面基本包括七个部分：菜单、工具栏、工程管理窗口、指令树窗口、信息输出窗口、状态栏和程序编辑窗口，如图 3-14 所示。主界面构成及基本操作内容见表 3-2。

表 3-2 主界面构成及基本操作内容

序号	名称	内容
①	菜单	菜单包括了一组含有全部命令的子菜单
②	工具栏	用于更快地访问要经常使用和操作的不同命令按钮
③	工程管理窗口	分为程序块、符号表、元件监控表、交叉引用表、系统参数、软元件内存
④	指令树窗口	包括 SFC、梯形图、指令表所支持的所有指令
⑤	程序编辑窗口	是进行编程、参数设置、监视等的主要窗口
⑥	信息输出窗口	向用户提供执行操作之后的结果：编译、通信、转换、查找结果等操作的执行结果信息
⑦	状态栏	显示编辑中的工程的相关信息

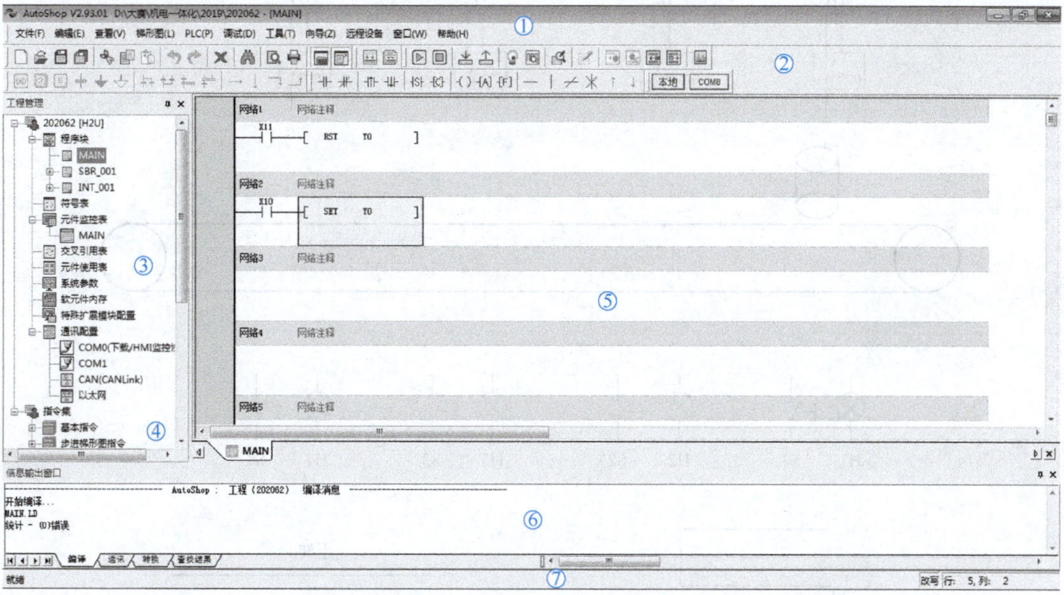

图 3-14　AutoShop 的主界面

3.2.2　可编程序控制器应用案例

1. 案例来源

在自动化生产线上大量应用到传送带，本案例通过一套实验设备讲解传送带控制的顺序控制编程。实验设备如图 3-15 所示，S5 是设备电源启动按钮，S6 是设备电源停止按钮，H5 是电源指示灯，S1、S2、S3、S4 是 4 个按钮，H1、H2、H3、H4 是 4 个指示灯，B1、B2、B3、B4 是 4 个接近开关，传送带由直流 24V 电动机拖动。

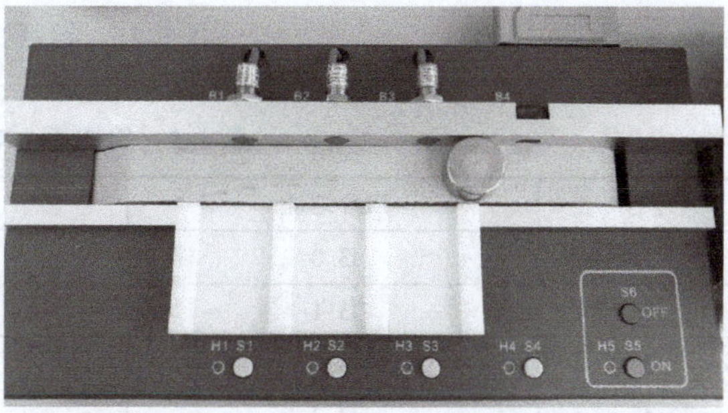

图 3-15　案例用实验设备

4 个接近开关可代表 4 个工位，控制要求如图 3-16 所示，B1 工位是工件的初始位置。

1）当按下 S1 按钮时，工件按照图示进退路线自动循环往复，最后返回起始位置停止。当按下 S2 按钮时，传送带立即停止运动（暂不考虑延时问题）。

2）S3 按钮为传送带的正转按钮，首次按下 S3 按钮传送带正转，再次按下时传送带停止。S4 按钮为传送带的反转按钮。

2. 项目实施

（1）硬件搭建　控制器选择西门子 S7-1500 CPU1516 3PN/DP，传送带 I/O 地址分配表见表 3-3。

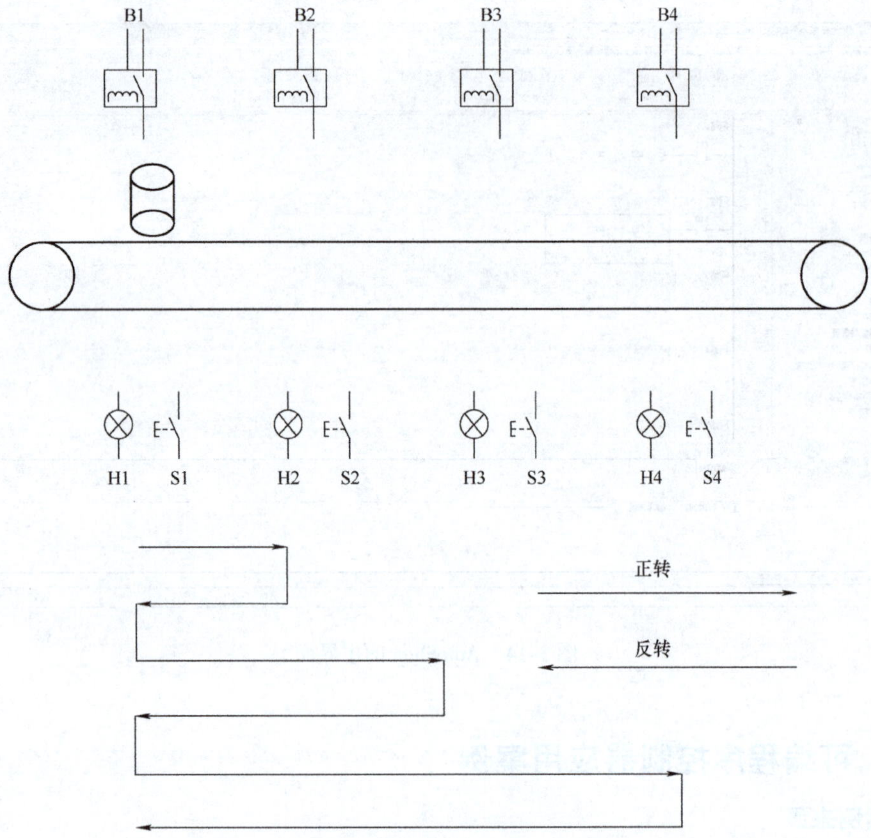

图 3-16　控制要求示意图

表 3-3　传送带 I/O 地址分配表

序号	PLC 地址	传送带位号	备注
1	I3.0	S1	
2	I3.1	S2	
3	I3.2	S3	
4	I3.3	S4	
5	I3.4	B1	
6	I3.5	B2	
7	I3.6	B3	
8	I3.7	B4	
9	Q3.0	H1	
10	Q3.1	H2	
11	Q3.2	H3	
12	Q3.3	H4	
13	Q3.4	CW	电动机正转
14	Q3.5	CCW	电动机反转
15	Q3.6	蜂鸣器	

（2）软件编程　考虑到将来程序修改的方便，以及可以采用多种工作方式，如触摸屏等对传送带进行远程监控，将传送带的运动控制程序编写在 FC 块中，新建 FC 块的局部变量如图 3-17 所示。

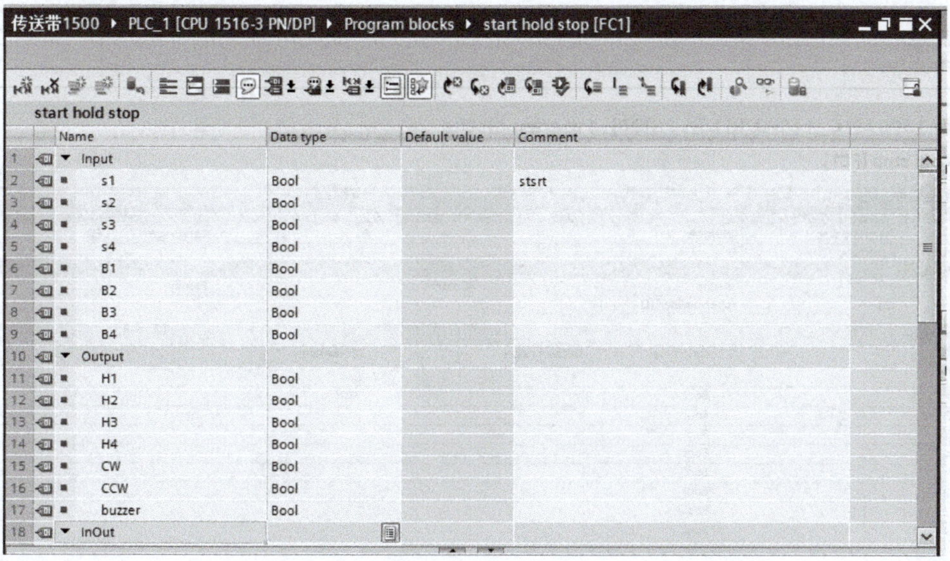

图 3-17　新建 FC 块的局部变量

在 Main（OB1）中调用 FC1，如图 3-18 所示。

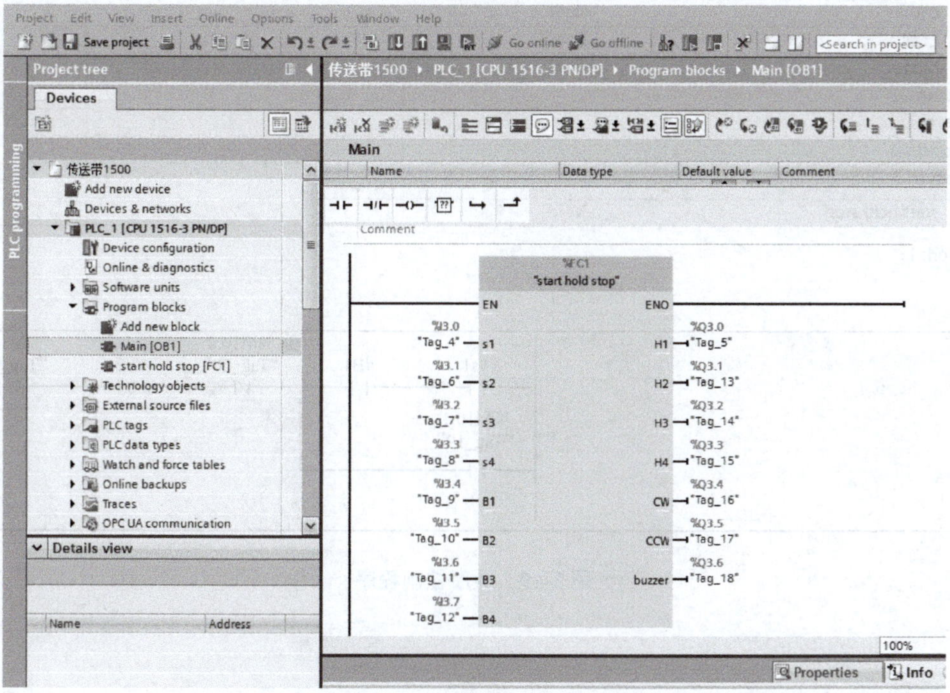

图 3-18　在 Main（OB1）中调用 FC1

传送带的运动控制是典型的顺序控制，有多种编程指令和方法，如“起–保–停”、置位复位指令、顺序功能图语言 S7-Graph 等。采用“起–保–停”编写的顺序控制程序如图 3-19 所示。

Totally Integrated Automation Portal		

传送带 1500 / PLC_1 [CPU 1516-3 PN/DP] / Program blocks

start hold stop [FC1]

start hold stop Properties							
General							
Name	start hold stop	Number	1	Type	FC	Language	LAD
Numbering	Automatic						
Information							
Title		Author		Comment		Family	
Version	0.1	User-defined ID					

start hold stop			
Name	Data type	Default value	Comment
▼ Input			
s1	Bool		stsrt
s2	Bool		
s3	Bool		
s4	Bool		
B1	Bool		
B2	Bool		
B3	Bool		
B4	Bool		
▼ Output			
H1	Bool		
H2	Bool		
H3	Bool		
H4	Bool		
CW	Bool		
CCW	Bool		
buzzer	Bool		
InOut			
Temp			
Constant			
▼ Return			
start hold stop	Void		

Network 1:

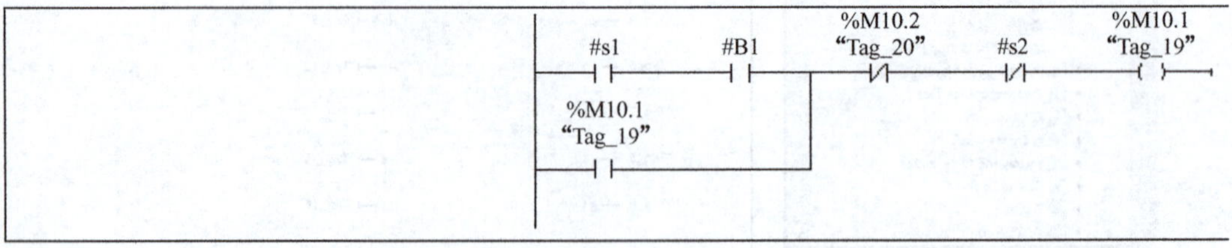

图 3-19 顺序控制程序

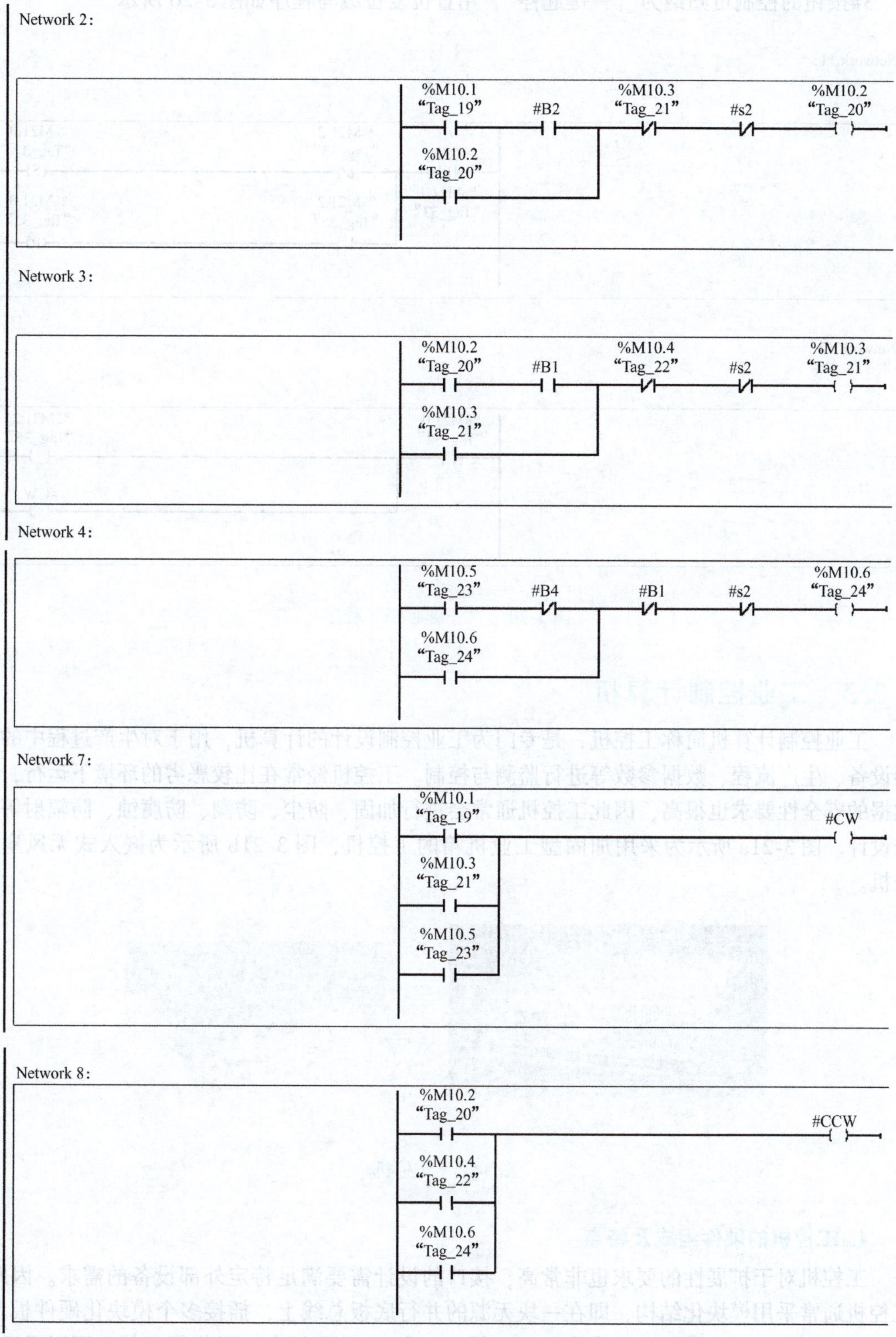

图 3-19　顺序控制程序（续）

3#按钮的控制可归纳为“一键起停”，用置位复位编写程序如图 3-20 所示。

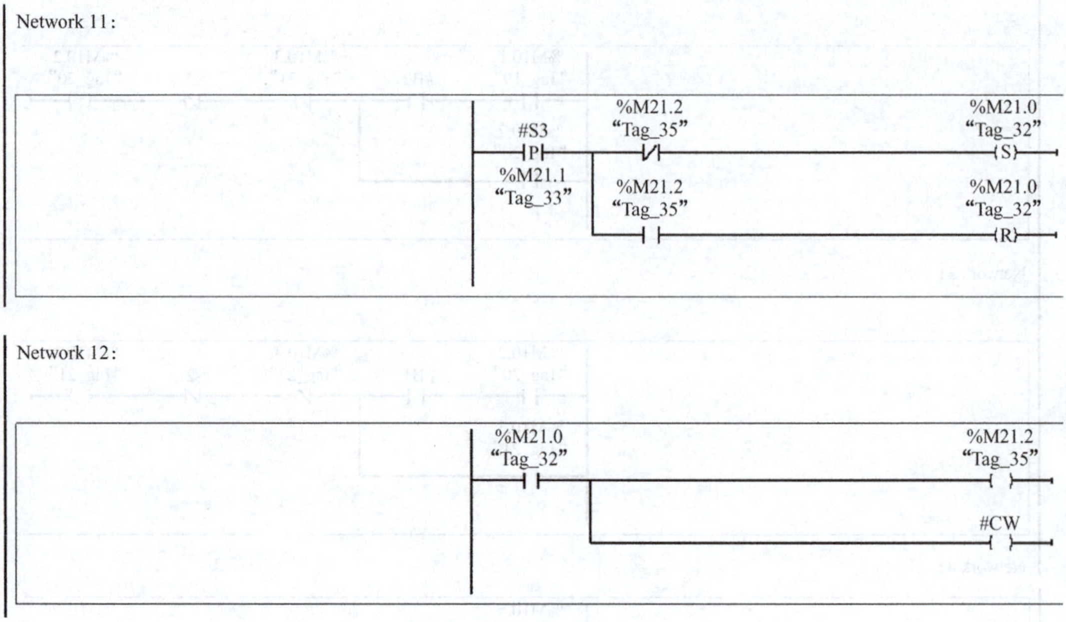

图 3-20　“一键起停”程序

3.2.3　工业控制计算机

工业控制计算机简称工控机，是专门为工业控制设计的计算机，用于对生产过程中的机器设备、生产流程、数据参数等进行监测与控制。工控机经常在比较恶劣的环境下运行，对数据的安全性要求也很高，因此工控机通常会进行加固、防尘、防潮、防腐蚀、防辐射等特殊设计。图 3-21a 所示为采用加固型工业机箱的工控机，图 3-21b 所示为嵌入式无风扇工控机。

a)

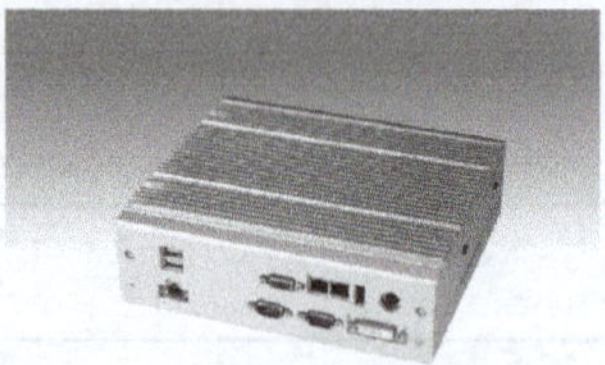

b)

图 3-21　工控机

1. 工控机的硬件组成及特点

工控机对于扩展性的要求也非常高，接口的设计需要满足特定外部设备的需求。因此，工控机通常采用模块化结构，即在一块无源的并行底板总线上，插接多个模块化硬件板卡，如处理器板卡、开关量板卡、模拟量 I/O 板卡、定时/计数板卡、通信板卡等，可以灵活地组成中、小规模的控制系统。

（1）主机板　主机板是工控机的核心，由中央处理器（CPU）、存储器（RAM、ROM）和I/O接口等构成，主机板的作用是将采集到的实时信息按照预定程序进行必要的数值计算、逻辑判断、数据处理，及时选择控制策略并将结果输出到工业过程。主机板芯片采用工业级芯片，并且是一体化主板，以易于更换。

（2）系统总线　系统总线是在模块和模块之间或设备与设备之间的一组进行互连和传输信息的信号线，信息包括指令、数据和地址。它定义了各引线的信号、电气、机械特性，使计算机内部各组成部分之间以及不同的计算机之间建立信号联系，进行信息传送和通信。总线可以把计算机或控制系统的模板或各种设备连成一个整体，以便彼此间进行信息交换。系统总线按使用位置可分为外部总线和内部总线，按其传送数据的方式可分为串行总线（有SPI、I2C、RS232、RS485、USB）和并行总线（有ISA、PCI、STD、PC104总线等）。内部总线是工控机内部各组成部分之间进行信息传送的公共通道，是一组信号线的集合，它按功能又可分为数据总线、地址总线、控制总线和电源总线四部分，每种型号的计算机都有自身的内部总线。常用的内部总线有IBM PC总线和STD总线。外部总线是工控机与其他计算机和智能设备进行信息传送的公共通道，常用的外部总线有RS232C、RS485和IEEE488通信总线。

（3）I/O模块　I/O模块是工控机主机与被控对象系统之间连接和进行信号传递和变换的连接通道。它包括数字量（开关量）输入通道（DI）、模拟量输入通道（AI）、数字量（开关量）输出通道（DO）、模拟量输出通道（AO）。输入通道的作用是将生产过程的信号变成主机能够接受和识别的代码，输出通道的作用是将主机输出的控制命令和数据进行变换，作为执行机构或电气开关的控制信号。

为了满足IBM-PC及其兼容机用于数据采集与控制的需要，国内外许多厂商生产了各种各样的数据采集板卡（或I/O板卡）。这类板卡均参照IBM-PC的总线技术标准设计和生产，用户只要把这类板卡插入IBM-PC主板上相应的I/O扩展槽中，就可以迅速方便地构成一个数据采集与处理系统，从而既大大节省了硬件的研制时间和投资成本，又可以充分利用IBM-PC的软硬件资源，还可以使用户集中精力对数据采集与处理中的理论和方法进行研究、进行系统设计以及程序的编制等。基于PC总线的板卡种类很多，其分类方法也有很多种。按照板卡处理信号的不同可以分为模拟量输入板卡（A/D卡）、模拟量输出板卡（D/A卡）、开关量输入板卡、开关量输出板卡、脉冲量输入板卡、多功能板卡等。其中，多功能板卡可以集成多个功能，如将数字量输入/输出和模拟量输入和数字量输入/输出集成在同一张板卡上。根据总线的不同，可分为PCI板卡和ISA板卡。还有其他一些专用I/O板卡，如虚拟存储板（电子盘）、信号调理板、专用（接线）端子板、图像采集卡、运动控制卡等，这些种类齐全、性能良好的I/O板卡与IPC配合使用，使系统的构成十分容易。

远程I/O模块又称为牛顿模块，为近年来比较流行的一种I/O方式，它安装在工业现场，就地完成A/D转换、D/A转换、I/O操作及脉冲量的计数、累计等操作。远程I/O以通信方式和计算机交换信息，通信接口一般采用RS485总线，通信协议与模块的生产厂家有关，但都采用面向字符的通信协议。

（4）人-机接口　人-机接口包括打印机、记录仪、显示器以及专用操作显示台等。通过人-机接口设备，操作员与计算机之间可以进行信息交换。人-机接口既可以用于显示工业生产过程的状态，也可以用于修改运行参数。

（5）通信接口　通信接口是工控机与其他计算机和智能设备进行信息传送的通道，常采用 IEEE488、RS232C 和 RS485 接口。USB 总线接口和网口技术正日益受到重视。

（6）磁盘系统　磁盘系统可以用半导体虚拟磁盘，也可以配通用的软磁盘和硬磁盘或采用 USB 磁盘。

2. 工控机的软件

工控机的硬件构成了工业控制系统的设备基础，必须为硬件提供相应的计算机软件，才能实现控制任务。软件是工控机的程序系统，可分为系统软件、工具软件和应用软件三部分。

（1）系统软件　系统软件即计算机操作系统（简称为操作系统），是指用于管理和控制计算机软硬件资源，并且能为用户创造便利的工作环境的一组计算机程序的集合。一个操作系统主要有进程管理、作业管理、文件管理、设备管理和存储器管理等基本功能，包括实时操作系统、顺序执行系统、分时操作系统、批处理操作系统、网络操作系统、分布式操作系统。通用操作系统是指用于科学计算、商用、家庭等用途的操作系统，有 DOS 操作系统、UNIX 操作系统、Linux 操作系统、Windows NT 操作系统等。

（2）工具软件　工具软件是技术人员从事软件开发工作的辅助软件，包括汇编语言、高级语言、编译程序、编辑程序、调试程序、诊断程序等。

（3）应用软件　应用软件是系统设计人员针对某个生产过程而编制的控制和管理程序，通常包括过程输入输出程序、过程控制程序、人-机接口程序、打印显示程序及公共子程序等。

计算机控制系统随着硬件技术的高速发展，对软件也提出了更高的要求。只有软件和硬件相互配合，才能发挥工控机的优势，研制出具有更高性价比的工控机控制系统。目前，工业控制软件正向组态化、结构化方向发展。

3.2.4 工控机应用案例

直径 0.125mm 的光纤在连接时，需使用光纤连接器的光纤插针，光纤插针的同心度对光纤传输信号的质量至关重要，工厂通过检测产品的同心度来筛选光纤插针。此处以广西师范大学与某企业合作开发研制的全自动光纤插针同心度检测分类仪为例简述工控机的应用。

1. 工控机硬件设计

光纤插针的同心度需通过机器视觉采集数字图像，对数字图像进行处理，从而计算同心度。本案例选用工控机作为控制器，在工控机 PCI 总线插槽中安装 Matrox 公司的 Meteror-Camera Link 数字图像采集卡，处理 BASLER 公司的面阵 CCD 摄像头采集的光纤插针透光图像。检测系统的送料和分类是开关量控制，在工控机 PCI 总线插槽安装研华科技公司的 PCI-1756 工业 I/O 卡来进行控制。系统结构示意图如图 3-22 所示。

2. 工控机软件设计

系统软件采用 Windows XP。工具软件采用 C++ Builder 6.0 编程工具。为用户开发的应用软件应包含以下模块。

（1）初始化模块　初始化模块提供系统中数字图像采集卡和工业 I/O 卡的链接，包括打开板卡设备、为两个板卡设备分配内存、管理和合理设置两者的初始化参数。

（2）工作过程监控模块　通过 PCI 总线接口的工业 I/O 卡 PCI-1756 控制检测流程。可选择手动模式、自动模式或自动循环三种不同的工作模式。通过该模块控制系统中各电动机

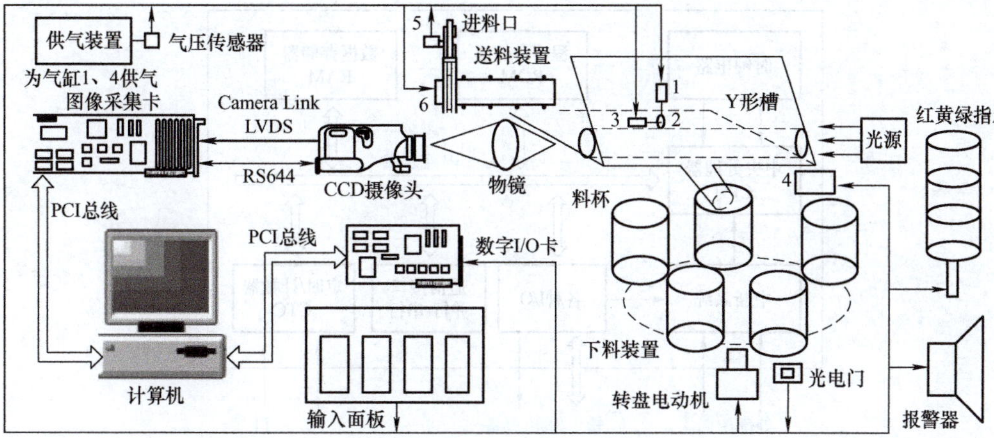

图3-22　系统结构示意图

1—滚轮气缸　2—滚轮　3—滚轮电动机　4—V形槽气缸　5—红外感应器　6—送料电动机

及气动元件并监控工作状态。

（3）人机交互界面　系统人机交互界面采用多视图技术，单击按钮，就出现相应的子窗口。主界面提供了检测结果报表打印输出功能。

（4）图像处理与检测模块　主要功能是完成光纤插针内孔图像的采集、预筛选、二值分割、去噪、边缘检测及细化等一系列图像预处理，然后采用快速有效的算法检测插针的同心度等参数。

3.2.5　嵌入式微控制器

嵌入式微控制器（Embedded Microcontroller Unit，EMCU）是将整个计算机系统集成到一块芯片中。嵌入式微控制器一般以某一种微处理器内核为核心，芯片内部集成ROM/EPROM、RAM、总线、总线逻辑、定时/计数器、WatchDog、I/O、串行口、脉宽调制输出、A/D、D/A、Flash、RAM、EEPROM等各种必要功能和外设。嵌入式微控制器可以作为机电一体化设备的控制与信息处理部分。使用较多的嵌入式微控制器主要有单片机、ARM、DSP、FPGA等。这里主要介绍单片机和ARM这两种嵌入式微控制器。

1. 单片机

单片机又称单片微控制器，它不是完成某一个逻辑功能的芯片，而是把一个计算机系统集成到一个芯片上，相当于一个微型的计算机，将CPU、存储器、控制器、I/O接口电路等计算机主要构成部件集成在一块集成电路芯片上。单片机具有功能强、集成度高、体积小、重量轻、价格低、功耗小等优点，为学习、应用和开发提供了便利条件。单片机的使用领域十分广泛，主要用于控制领域，如智能仪表、实时工控、通信设备、家用电器等。

（1）单片机的内部结构　不同品牌、不同系列的单片机主要结构大致相同，此处以MCS-51单片机为例进行介绍。MCS-51单片机由中央处理器（CPU）、程序存储器、数据存储器、定时/计数器、中断系统、输入输出（I/O）接口电路、串行/并行通信接口等组成，其内部结构框图如图3-23所示。

1）CPU是单片机的核心，CPU能够按照程序存储器的程序要求指挥单片机各部件协调地工作，具有逻辑运算功能和逻辑判断功能，MCS-51单片机具有一个8位的CPU和一个16

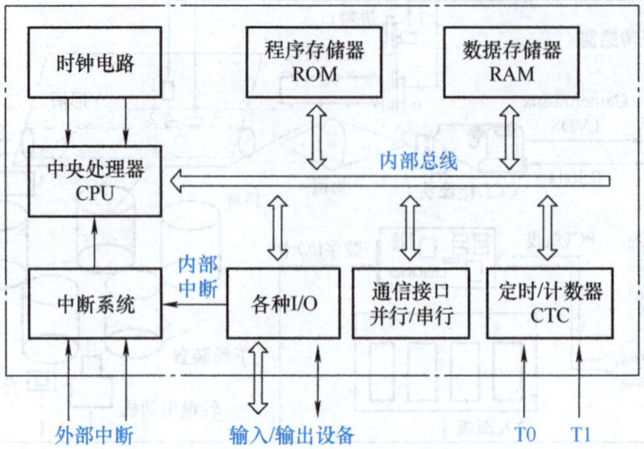

图 3-23 MCS-51 单片机的内部结构框图

位的程序计数器。

2）程序存储器是存放用户程序的存储器，单片机在运行过程中只能读取程序存储器的内容。MCS-51 单片机内部有 4KB 的程序存储器空间，用户可以扩展外部程序存储器，但 MCS-51 系列单片机最多只能访问 64KB 的程序存储器。

3）数据存储器是用来存放临时数据的，是计算机的“演算纸”，单片机在运行过程中可以修改数据存储器的数据，当单片机掉电或复位时数据存储器的数据将丢失。MCS-51 单片机内部有 128B 的数据存储器，用户可以扩展外部数据存储器，但 MCS-51 系列单片机最多只能访问 64KB 的数据存储器。

4）输入/输出接口是单片机与外界交流的通道，与外部电路进行数据交换，单片机通过输入/输出端口读取外部电路的状态，控制外部电路的工作。MCS-51 单片机有四个 8 位的输入/输出端口（P0～P3）。

（2）单片机的主流品牌　当前，国内外单片机的种类繁多，现就市场上应用较多的品牌做一下简介。

1）PIC 单片机。PIC 单片机是 MICROCHIP 公司的产品，其突出的特点是体积小、功耗低、精简的指令集、抗干扰性好、可靠性高、有较强的模拟接口、代码保密性好，大部分芯片有其兼容的 Flash 程序存储器的芯片。

2）Freescale 单片机。Freescale 半导体公司提供了 8 位微控制器、16 位微控制器、32 位 ARM Cortex-M 架构微控制器，广泛用于高级驾驶员辅助系统（ADAS）、物联网、汽车电子、数据连接、消费电子、工业、医疗/保健、电机控制、网络、智能能源等领域。

3）ATMEL 单片机。ATMEL 公司的 8 位单片机有 AT89、AT90 两个系列，AT89 系列是 8 位 Flash 单片机，与 8051 系列单片机相兼容，为静态时钟模式；AT90 系列单片机是增强 RISC 结构、全静态工作方式、内载在线可编程 Flash 的单片机，也称为 AVR 单片机。

4）PHILIPS 51PLC 系列单片机。PHILIPS 公司的单片机是基于 80C51 内核的单片机，嵌入了掉电检测、模拟以及片内 RC 振荡器等功能，这使其在高集成度、低成本、低功耗的应用设计中可以满足多方面的性能要求。

5）TI 单片机。德州仪器（TI）提供了 TMS370 和 MSP430 两大系列通用单片机。TMS370 系列单片机是 8 位 CMOS 单片机，具有多种存储模式、多种外围接口模式，适用于复杂的实时控制场合；MSP430系列单片机是一种超低功耗、功能集成度较高的16位低功耗单片机，特别适用于要求功耗低的场合。

6）MOTOROLA单片机。MOTOROLA是世界上最大的单片机厂商。MOTOROLA单片机的品种全、选择余地大、新产品多，其特点之一是在同样速度下所用的时钟频率较Intel类单片机低得多，因而使得高频噪声低、抗干扰能力强，更适合用于工控领域及恶劣的环境。

7）Toshiba单片机。Toshiba单片机的特点从4位机到64位机，门类齐全。4位机在家电领域有较大的市场，32位机面向VCD、数字相机、图像处理等市场。

8）Zilog单片机。Z8单片机是Zilog公司的产品，采用多累加器结构，有较强的中断处理能力，以低价位的优势面向低端应用，以18引脚封装为主，ROM容量为0.5～2KB。其中Z86系列单片机可集成廉价的数字信号处理（DSP）单元。

当然还有一些品牌也占有较大市场，像意法半导体、瑞萨电子、赛普拉斯、英飞凌等国外品牌，国产品牌中比如宏晶科技、中颖电子、上海东软、上海灵动、深圳中微、芯海科技、赛元微电子、士兰微电子等也占有一定市场。

2. ARM

（1）ARM简介　ARM（Advanced RISC Machines）是微处理器行业的一家知名企业，设计了大量高性能、廉价、低耗能的RISC处理器、相关技术及软件，具有性能高、成本低和能耗省的特点，适用于多个领域，比如嵌入控制、消费/教育类多媒体、数字信号处理和移动式应用等。

ARM公司将其技术授权给世界上许多著名的半导体、软件和原始设备制造厂商，每个厂商得到的都是一套独一无二的ARM相关技术及服务。利用这种合伙关系，ARM很快成为许多全球性RISC标准的缔造者。与ARM签订了硬件技术使用许可协议的有Intel、IBM、LG半导体、NEC、SONY、菲利浦和NI等公司。至于软件系统的合伙人，则包括微软、SUN和MRI等一系列知名公司。

目前，提及ARM一般可以理解为三种含义：①一个公司的名称；②一类微处理器的通称；③一种技术的名称。作为微处理器，ARM是一种32位的单片机，51系列是一种8位的单片机，但ARM的ROM和RAM远大于51系列，而且I/O接口的功能和处理速度也是两个级别的，另外ARM引入了多种操作系统，51系列只能勉强运行极其简单的实时操作系统，因此ARM常用来开发手机等多媒体产品，51系列只能完成有限的实时控制功能。

（2）ARM微处理器的特点

1）小体积、低功耗、低成本、高性能。

2）支持Thumb（16位）/ARM（32位）双指令集，能很好地兼容8位/16位器件。

3）大量使用寄存器，指令执行速度更快。

4）大多数数据操作都在寄存器中完成。

5）寻址方式灵活简单，执行效率高。

6）指令长度固定。

（3）ARM微处理器的分类　ARM微处理器的产品系列非常广，包括ARM7、ARM9、ARM9E、ARM10E、ARM11和SecurCore、Cortex等，以及其他厂商基于ARM体系结构的处理器，除了具有ARM体系结构的共同特点以外，每一系列提供一套特定的性能来满足设计者对功耗、性能、体积的需求。ARM系列型号见表3-4。显然，其型号会随着需求和发展变得越来越丰富。

表 3-4 ARM系列型号

ARM 系列	型号
ARM7 系列	ARM7EJ-S　ARM7TDMI ARM7TDMI-S　ARM720T
ARM9/9E 系列	ARM920T　ARM922T ARM926EJ-S　ARM940T ARM946E-S　ARM966E-S ARM968E-S
ARM10E 系列	ARM1020E　ARM1022E ARM1026EJ-S
ARM11 系列	ARM1136J-S　ARM1136JF-S ARM1156T2（F）-S　ARM1176JZ（F）-S ARM11MPCore
SecurCore 系列	SC100　SC110　SC200　SC210
其他合作伙伴产品	StrongARM　Xscale CortexTM-M3　MBX

基于 ARMv7 版本的 ARM Cortex 系列产品由 A 应用处理器（Application Processor）、R 实时控制处理（Real Time Control）和 M 微控制器（Micro Controller）三个系列组成，具体分类延续了一直以来 ARM 面向具体应用设计 CPU 的思路。下面对 ARM Cortex 系列处理器做简单介绍。

1）CortexTM-M3 处理器简介。CortexTM-M3 处理器是一个低功耗的处理器，具有门数少、中断延迟小、调试容易等特点。它是为功耗和价格敏感的应用领域而专门设计的、具有较高性能的处理器，应用范围可从低端微控制器到复杂 SoC（片上系统）。

2）CortexTM-R4 处理器简介。该处理器是首款基于 ARMv7 架构的高级嵌入式处理器，其主要目标为产量巨大的高级嵌入式应用系统，如硬盘、喷墨式打印机以及汽车安全系统等。

3）CortexTM-R4F 处理器简介。该处理器在 CortexTM-R4 处理器的基础上加入了代码错误校正（ECC）技术、浮点运算单元（FPU）以及直接存储器访问（DMA）综合配置的功能，增强了处理器在存储器保护单元、缓存、紧密耦合存储器、直接存储器访问以及调试方面的功能。

4）CortexTM-A8 处理器简介。该处理器是 ARM 公司所开发的基于 ARMv7 架构的首款应用级处理器，其特色是运用了可增加代码密度和加强性能的技术，可支持多媒体以及信号处理能力的 NEONTM 技术，以及能够支持 Java 和其他文字代码语言进行提前或即时编译的 Jazelle® RTC 技术。众多先进的技术使其适用于家电以及电子行业等各种高端的应用领域。

3. 编程语言与编程工具

（1）编程语言　嵌入式软件开发语言主要有汇编语言、C 语言和 C++ 语言。汇编语言编写的程序代码效率高，但学习起来相对难度较大，而且对于复杂算法编写难度较大，对于较大工程项目一般采用 C 语言或 C++ 语言来完成。当用 C 语言不能实现部分程序的功能时，也可以使用C语言和汇编语言的混合编程。据统计，在嵌入式系统设计中，最受欢迎的前三种编程语言分别是C语言、汇编语言和C++语言。

（2）编程工具 目前多数品牌的单片机带有自身对应的开发环境，比如飞思卡尔单片机用CodeWarrior软件，PIC单片机用MPLAB软件等，在开发单片机时最好使用自带的开发环境。不过也有较通用的开发平台，比如Keil MDK和IAR Embedded Workbench。KEIL集成了业内最领先的技术，包括μVision3、μVision4、μVision5集成开发环境与ARM编译器，支持ARM7、ARM9、Cortex-M0、Cortex-M0+、Cortex-M3、Cortex-M4、Cortex-R4内核处理器。IAR是一套用于编译和调试嵌入式系统应用程序的开发工具，支持汇编语言、C语言和C++语言。它提供完整的集成开发环境，包括工程管理器、编辑器、编译链接工具和C-SPY调试器。每个C/C++编译器不仅包含一般全局性的优化，也包含针对特定芯片的低级优化，以充分利用所选芯片的所有特性，确保较小的代码尺寸。IAR能够支持由不同的芯片制造商生产的且种类繁多的8位、16位或32位芯片。

4. 嵌入式控制系统开发流程

（1）硬件研发流程

1）需求分析。明确硬件总体需求情况，如CPU处理能力、存储容量及速度，I/O端口的分配、接口要求、电平要求、特殊电路（厚膜等）要求等。其中也包括硬件功能需求、性能指标、可靠性指标、可制造性设计（DFM）、可服务性设计（DFS）及可测试性设计（DFT）等需求；并对硬件需求进行量化，对其可行性、合理性、可靠性等进行评估。

2）总体方案。根据需求分析，制订硬件总体方案，寻求关键器件及电路的技术资料、技术途径、技术支持，要充分考虑技术可行性、可靠性及成本控制，并对开发调试工具提出明确要求，关键器件要索取样品等。本阶段是设备原型阶段，主要是对硬件单元电路、局部电路或有新技术、新器件应用的电路的设计与验证及关键工艺、结构装配等不确定技术的验证及调测。

3）详细设计。总体方案确定后，做硬件和单板软件的详细设计，包括绘制硬件原理图、单板软件的功能框图及编码、印制电路板（PCB）布线，同时完成开发物料清单、器件编码申请、物料申请。

4）单元测试。领回PCB及元器件等，焊好1个或2个单板，做单板调试，对原理图中各功能进行调试，必要时修改原理图并做记录。本阶段都要进行严格、有效的技术评审，以保证“产品的正确”。

5）软硬件联调。软硬件调试完成后，进行功能验收及电磁兼容可靠性测试并进行二次制板（若需要）。样机生产及优化改进、样机评审；验证、改进过程要及时同步修订受控设计文档、图样、料单等。

6）样机试制。转车间进行样机试制、调试并生成蓝图生产。

7）维护及产品总结。

（2）软件开发流程 软件设计思路和方法的一般过程包括设计软件的功能和实现的算法和方法、软件的总体结构设计和模块设计、编程和调试、程序联调和测试以及编写、提交程序。

1）需求调研分析。相关系统分析员和用户初步了解需求，然后列出要开发的系统的大功能模块，及每个大功能模块有哪些小功能模块，对于有些需求比较明确相关的界面，在这一步里面可以初步定义好少量的界面。系统分析员深入了解和分析需求，根据自己的经验和需求再做出一份文档系统的功能需求文档。这次的文档会清楚列出系统大致的大功能模块，大功能模块有哪些小功能模块，并且还要列出相关的界面和界面功能。系统分析员和用户再次确认需求。

2）概要设计。开发者需要对软件系统进行概要设计，即系统设计。概要设计需要对软件系统的设计进行考虑，包括系统的基本处理流程、系统的组织结构、模块划分、功能分配、接口设计、运行设计、数据结构设计和出错处理设计等，为软件的详细设计提供基础。

3）详细设计。在概要设计的基础上，开发者需要进行软件系统的详细设计。在详细设计中，描述实现具体模块所涉及的主要算法、数据结构、类的层次结构及调用关系，需要说明软件系统各个层次中的每一个程序（每个模块或子程序）的设计考虑，以便进行编码和测试。应当保证软件的需求完全分配给整个软件。详细设计应当足够详细，能够根据详细设计报告进行编码。

4）编码。在软件编码阶段，开发者根据详细设计报告中对数据结构、算法分析和模块实现等方面的设计要求，开始具体的编写程序工作，分别实现各模块的功能，从而实现对目标系统的功能、性能、接口、界面等方面的要求。

5）测试。测试编写好的系统。交给用户使用，用户使用后一个一个地确认每个功能。

6）软件交付准备。在软件测试证明软件达到要求后，软件开发者应向用户提交开发的目标安装程序、用户安装手册、用户使用指南、测试报告等双方合同约定的产物。用户安装手册应详细介绍安装软件对运行环境的要求，安装软件的定义和内容，在客户端、服务器端及中间件的具体安装步骤，安装后的系统配置。用户使用指南应包括软件各项功能的使用流程、操作步骤、相应业务介绍、特殊提示和注意事项等方面的内容，在需要时还应举例说明。

3.3 人机接口及应用

学习指南

知识点

① 人机接口（Human-Machine Interface，HMI）的定义及作用。

② TPC7062K 人机接口的硬件连接。

③ MCGS 体系结构的组成。

④ MCGS 组态、触摸屏变量与 PLC 寄存器的对应关系。

技能点

① 能够对触摸屏简单组态，定义变量、设置参数、绘制界面。

② 能够仿真并下载触摸屏程序。

③ 能够进行 PLC 程序与触摸屏程序的调试。

建议与指导

① 难点：触摸屏变量与 PLC 寄存器的对应关系。

② 重点：MCGS 触摸屏体系结构的组成及编程方法。

③ 建议：在机电一体化设备中，为了方便实现人机对话、归档、报警、配方等功能，触摸屏的应用越来越广泛，因此掌握触摸屏编程技术成为一种基本技能。建议通过听课、在线学习、讨论等方式突破难点；通过实践训练习得重要技能点。另外，由于触摸屏可以在脱离 PLC 的情况下单独在计算机上仿真运行，因此建议有条件的同学可在个人计算机上勤加练习。

触摸屏是“人”与“机器”交流信息的接口，“人”可以通过该窗口向“机器”发送命令，也可以通过此窗口监控“机器”的状态信息，因此人机接口又称为“人机界面”。接口将机电一体化产品或系统中的各要素、各子系统有机地结合起来，是各子系统之间以及子系统内各模块之间相互连接的硬件及相关协议软件。人机接口（界面）是操作者与机电系统之间进行信息交换的接口。对于一些二值型控制命令和参数，常采用简单的开关作为输入设备，稍复杂的还有 BCD 码拨盘、键盘等。指示灯、LED 和显示器是常用的输出接口。嵌入式触摸屏是目前应用比较广泛的将输入和输出有机结合起来的人机接口。天煌 THJDQG-2 采用步科研发的 MT5000，星科 XK-JD3A 采用北京昆仑通态研发的 TPC7062K。昆仑通态 TPC7062 系列在工业设备、实验设备和技能大赛设备中应用较为广泛，占有率较高。本项目以昆仑通态 TPC7062K 为例，介绍人机接口的相关知识及应用。

3.3.1　TPC7062K 人机接口的硬件连接

TPC7062K 人机接口的电源进线、各种通信接口均在背面，如图3-24所示。其中，USB1 接口用来连接鼠标和 U 盘等，USB2 接口用作工程项目下载，COM（RS232 和 RS485）接口用来连接 PLC 等下位机。下载线和实验室用与 S7-200 PLC 通信线如图 3-25 所示。对于功能更强大的触摸屏，也提供以太网口 RJ45，可以用工业以太网线连接触摸屏和 PLC 的网口。

图 3-24　TPC7062K 人机接口背面

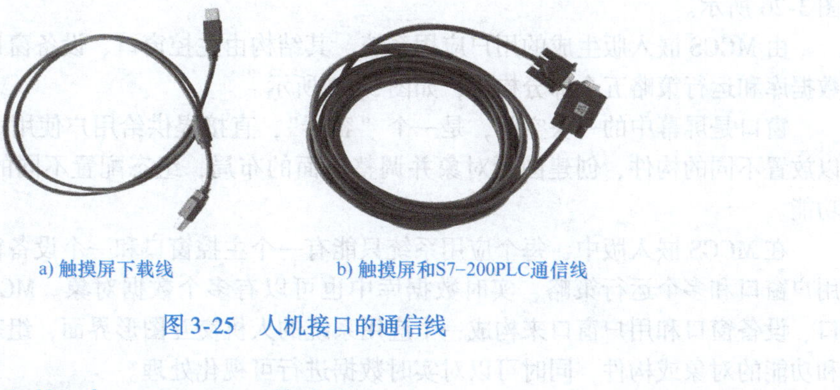

图 3-25　人机接口的通信线

1. TPC7062K 人机接口与 S7-200 PLC 的连接

TPC7062K 人机接口的串口 COM 提供 RS232 和 RS485，可直接与 PLC 的编程接口连接，与不同品牌的 PLC 连接所用通信线有的会稍有不同，本书以 TPC7062K 触摸屏与 S7-200 PLC

的连接为例介绍通信线的连接。图 3-25 中所使用的通信线采用 PC-PPI 电缆，PC-PPI 电缆把 RS232 转为 RS485。PC-PPI 电缆 9 针母头插在触摸屏侧，9 针公头插在 PLC 侧。也可使用两端都是 RS485 口的通信线连接 TPC7062K 人机接口与 S7-200 PLC 的编程接口。

为了实现正常通信，除了正确进行硬件连接外，还要在后文所述的“MCGS 嵌入版组态软件”的“设备组态”中将触摸屏的串行口 0 属性设置成硬件连接所采用的串口。

2. TPC7062K 人机接口与个人计算机的连接

TPC7062K 触摸屏通过 USB2 接口直接与个人计算机连接。连接之前，个人计算机应先安装 MCGS 组态软件。首先，启动上位机上的 MCGSE 组态环境，在组态环境下选择工具菜单中的“下载配置”，将弹出下载配置对话框，在此进行具体设置。

3.3.2 MCGS 嵌入版组态软件的体系结构

MCGS 嵌入版是在 MCGS 的基础上开发的专门应用于嵌入式计算机监控系统的组态软件，它的组态环境能够在基于 Microsoft 的各种 32 位 Windows 系统平台上运行，运行环境则是在实时多任务嵌入式操作系统 Windows CE 中运行。适应于应用系统对功能、可靠性、成本、体积、功耗等综合性能有严格要求的专用计算机系统。通过对现场数据的采集处理，以动画显示、报警处理、流程控制和报表输出等多种方式向用户提供解决实际工程问题的方案，在自动化领域有着广泛的应用。

MCGS 嵌入版组态软件的体系结构分为组态环境、模拟运行环境和运行环境三部分。

组态环境和模拟运行环境相当于一套完整的工具软件，可以在个人计算机上运行。用户可根据实际需要裁减其中的内容。它帮助用户设计和构造自己的组态工程并进行功能测试。

运行环境则是一个独立的运行系统，它按照组态工程中用户指定的方式进行各种处理，完成用户组态设计的目标和功能。运行环境必须与组态工程一起作为一个整体，才能构成用户应用系统。一旦组态工作完成，并且将组态好的工程通过串口或以太网下载到下位机的运行环境中，组态工程就可以离开组态环境而独立运行在下位机上，从而实现控制系统的可靠性、实时性、确定性和安全性。

用鼠标双击桌面上的“MCGSE 组态环境”图标，打开 MCGSE 组态编程软件，界面如图 3-26 所示。

由 MCGS 嵌入版生成的用户应用系统，其结构由主控窗口、设备窗口、用户窗口、实时数据库和运行策略五个部分构成，如图 3-27 所示。

窗口是屏幕中的一块空间，是一个“容器”，直接提供给用户使用。在窗口内，用户可以放置不同的构件，创建图形对象并调整界面的布局，组态配置不同的参数以完成不同的功能。

在 MCGS 嵌入版中，每个应用系统只能有一个主控窗口和一个设备窗口，但可以有多个用户窗口和多个运行策略，实时数据库中也可以有多个数据对象。MCGS 嵌入版用主控窗口、设备窗口和用户窗口来构成一个应用系统的人机交互图形界面，组态配置各种不同类型和功能的对象或构件，同时可以对实时数据进行可视化处理。

1. 实时数据库

实时数据库是 MCGS 嵌入版系统的核心，相当于一个数据处理中心，同时也起到公用数据交换区的作用。MCGS 嵌入版使用自建文件系统中的实时数据库来管理所有实时数据。从

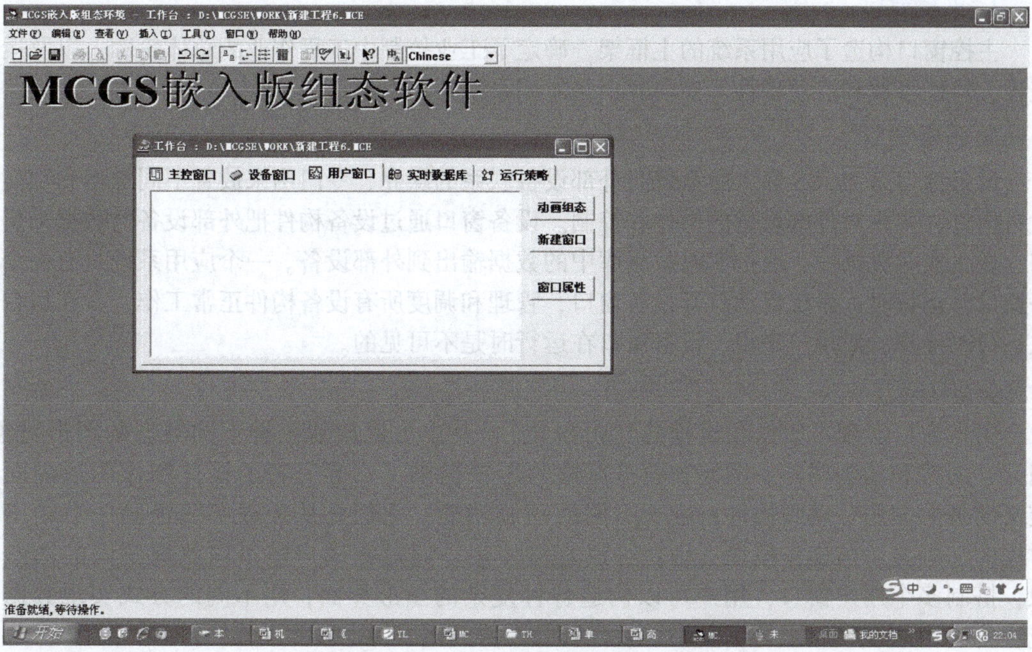

图 3-26　MCGS 嵌入版组态软件编程界面

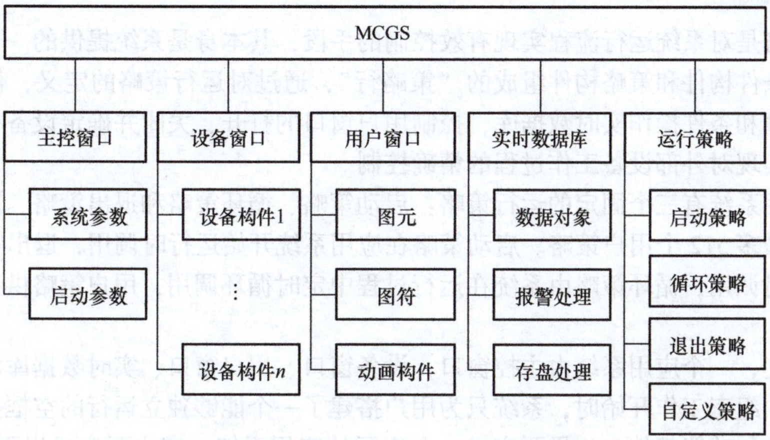

图 3-27　MCGS 嵌入版用户应用系统结构

外部设备采集来的实时数据送入实时数据库，系统其他部分操作的数据也来自于实时数据库。实时数据库自动完成对实时数据的报警处理和存盘处理，同时它还根据需要把有关信息以事件的方式发送给系统的其他部分，以便触发相关事件，进行实时处理。因此，实时数据库所存储的单元，不单单是变量的数值，还包括变量的特征参数（属性）及对该变量的操作方法（报警属性、报警处理和存盘处理等）。这种将数值、属性、方法封装在一起的数据称之为数据对象。实时数据库采用面向对象的技术，为其他部分提供服务，提供了系统各个功能部件的数据共享。

2. 主控窗口

主控窗口构造了应用系统的主框架，确定了工业控制中工程作业的总体轮廓，以及运行流程、特性参数和启动特性等项内容，是应用系统的主框架。

3. 设备窗口

设备窗口是MCGS嵌入版系统与外部设备联系的媒介，专门用来放置不同类型和功能的设备构件，实现对外部设备的操作和控制。设备窗口通过设备构件把外部设备的数据采集进来，送入实时数据库，或把实时数据库中的数据输出到外部设备。一个应用系统只有一个设备窗口，运行时，系统自动打开设备窗口，管理和调度所有设备构件正常工作，并在后台独立运行。注意，对用户来说，设备窗口在运行时是不可见的。

4. 用户窗口

用户窗口实现了数据和流程的“可视化”，其中可以放置三种不同类型的图形对象：图元、图符和动画构件。图元和图符对象为用户提供了一套完善的设计制作图形界面和定义动画的方法。动画构件对应于不同的动画功能，它们是从工程实践经验中总结出的常用的动画显示与操作模块，用户可以直接使用。通过在用户窗口内放置不同的图形对象，搭制多个用户窗口，用户可以构造各种复杂的图形界面，用不同的方式实现数据和流程的“可视化”。

组态工程中的用户窗口，最多可定义512个。所有的用户窗口均位于主控窗口内，其打开时窗口可见，关闭时窗口不可见。

5. 运行策略

运行策略是对系统运行流程实现有效控制的手段，其本身是系统提供的一个框架，其中放置有策略条件构件和策略构件组成的“策略行”，通过对运行策略的定义，使系统能够按照设定的顺序和条件操作实时数据库，控制用户窗口的打开、关闭并确定设备构件的工作状态等，从而实现对外部设备工作过程的精确控制。

一个应用系统有三个固定的运行策略：启动策略、循环策略和退出策略，同时允许用户创建或定义最多512个用户策略。启动策略在应用系统开始运行时调用，退出策略在应用系统退出运行时调用，循环策略由系统在运行过程中定时循环调用，用户策略供系统中的其他部件调用。

综上所述，一个应用系统由主控窗口、设备窗口、用户窗口、实时数据库和运行策略五个部分组成。组态工作开始时，系统只为用户搭建了一个能够独立运行的空框架，提供了丰富的动画部件与功能部件。如果要完成一个实际的应用系统，应主要完成以下工作：首先，要像搭积木一样，在组态环境中用系统提供的或用户扩展的构件构造应用系统，配置各种参数，形成一个有丰富功能可实际应用的工程；然后，把组态环境中的组态结果交给运行环境。运行环境和组态结果一起就构成了用户自己的应用系统。

3.3.3 PLC和触摸屏技术的应用

用PLC和触摸屏来实现亚龙YL335B型自动化生产线安装与调试实训设备输送检测单元的功能要求。

下载软件、安装软件、创建工程

1. PLC程序设计

PLC程序设计方法参考“3.2　工业计算机应用”。

2. 触摸屏组态

输送检测单元组态效果如图3-28所示。图3-28中包含如下方面的内容：

状态指示：单站、全线、运行、停止、磁性传感器、金属传感器、色标传感器、电动机。

切换开关：全线、单站切换。

按钮：启动、停止、复位清零、10Hz、20Hz、30Hz、40Hz、返回。

数据输出显示：绿色物体个数、铝质物体个数、磁质物体个数、编码器脉冲数、物体当前位置。

图中还有动画、矩形框、标签。

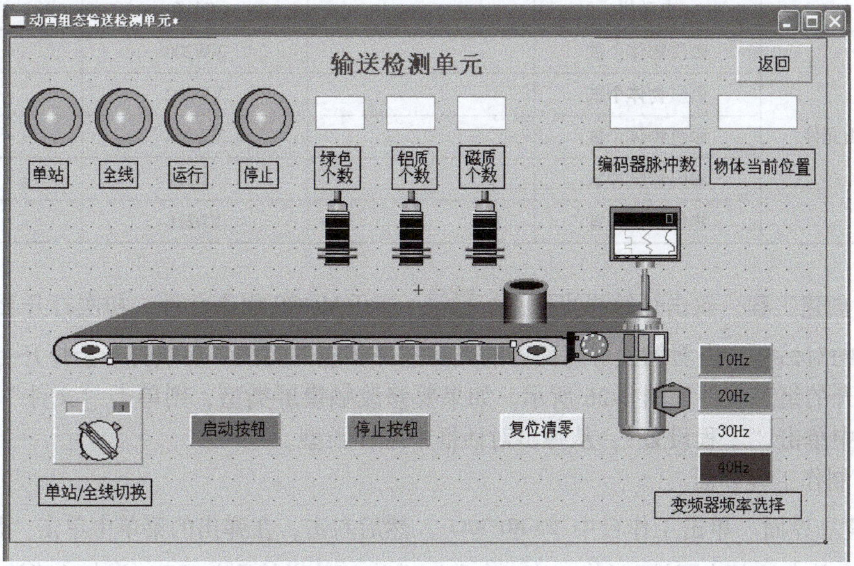

图3-28　输送检测单元

下面列出触摸屏组态界面各元件对应PLC的元件类别和地址，见表3-5。

表3-5　触摸屏组态界面各元件对应PLC的元件类别和地址

元件类别	名称	输入地址	输出地址	备注
位状态切换开关	全线、单站切换	M0.0		
位状态开关	启动	M20.1		
	停止	M20.2		
	复位清零	M20.3		
	10Hz	M20.4		
	20Hz	M20.5		
	30Hz	M20.6		
	40Hz	M20.7		
	返回	M21.0		

（续）

元件类别	名称	输入地址	输出地址	备注
位状态指示灯	全线		M22.0	
	单站		M22.1	
	运行		M22.2	
	停止		M22.3	
	磁性传感器		I2.5	
	金属传感器		I2.4	
	色标传感器		I2.3	
	电动机		Q1.6	
数值输出元件	磁质物体个数		VW200	
	铝质物体个数		VW202	
	绿色物体个数		VW204	
	编码器脉冲数		VD212	
	物体当前位置		VD216	

（1）创建工程　双击计算机桌面图标，打开 MCGS 组态软件，初次打开会有选择触摸屏类型的对话框，查看触摸屏背面屏的类型选择相应的类型。后续打开会打开上次组态的工程。打开的组态软件如图 3-26 所示。如果要修改触摸屏类型，则单击“文件”菜单，从下拉菜单中单击“工程设置”，从弹出对话框中选择类型。

（2）制作工程界面

1）建立界面。单击工作台中 用户窗口，然后右击，在弹出的菜单中单击“属性”，在弹出窗口中单击“基本属性”，将“窗口名称”改为“输送检测单元”，单击“确认”按钮。

2）编辑界面。双击工作台中“输送检测单元”即可打开窗口。进入动画组态窗口，开始编辑界面。

3）制作文字框图：

① 单击工具条中的“工具箱” 按钮，打开绘图工具箱。

② 选择“工具箱”内的“标签”按钮A，鼠标的光标呈“十”字形，在窗口顶端中心位置拖拽鼠标，根据需要拉出一个一定大小的矩形。

③ 在光标闪烁位置输入文字“输送检测单元”（其他与此类似），按回车键或在窗口任意位置用鼠标单击一下，文字输入完毕。

④ 选中文字框，做如下设置：

a. 单击工具条上的（填充色）按钮，设定文字框的背景颜色为：没有填充。

b. 单击工具条上的（线色）按钮，设置文字框的边线颜色为：没有边线。

c. 单击工具条上的（字符字体）按钮，设置文字字体为宋体，字型为粗体，大小为 26。

d. 单击工具条上的（字符颜色）按钮，将文字颜色设为：蓝色。

4）制作开关、按钮、传送带、指示灯、电动机、传感器、编码器等。单击绘图工具箱中的“插入元件”图标，弹出“对象元件库管理”对话框，如图3-29所示。从开关、按钮、传送带、指示灯、电动机、传感器中选择合适的元件。

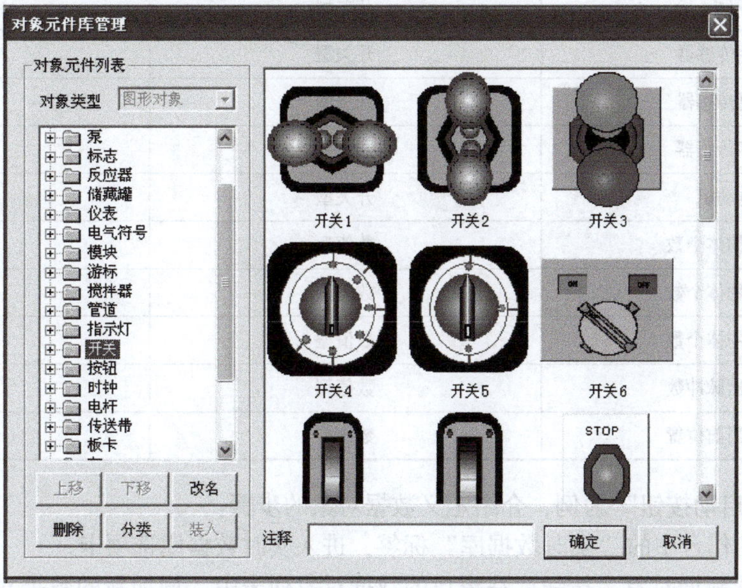

图3-29　“对象元件库管理”对话框

（3）定义数据对象　实时数据库是MCGS嵌入版工程的数据交换和数据处理中心。数据对象是构成实时数据库的基本单元，建立实时数据库的过程也就是定义数据对象的过程。定义数据对象的内容主要包括：指定数据变量的名称、类型、初始值和数值范围；确定与数据变量存盘相关的参数，如存盘的周期、存盘的时间范围和保存期限等。

根据表3-5定义数据对象，见表3-6。

表3-6　触摸屏组态界面各数据对象的定义

数据名称	数据类型	备注
全线、单站切换	开关型	
启动	开关型	
停止	开关型	
复位清零	开关型	
10Hz	开关型	
20Hz	开关型	
30Hz	开关型	
40Hz	开关型	
返回	开关型	
全线	开关型	
单站	开关型	
运行	开关型	

（续）

数据名称	数据类型	备注
停止	开关型	
磁性传感器	开关型	
金属传感器	开关型	
色标传感器	开关型	
电动机	开关型	
磁质物体个数	数值型	
铝质物体个数	数值型	
绿色物体个数	数值型	
编码器脉冲数	数值型	
物体当前位置	数值型	

下面以“启动按钮”为例，介绍定义数据对象的步骤：

1）单击工作台中的“实时数据库”标签，进入实时数据库选项卡。

2）单击“新增对象”按钮，在窗口的数据对象列表中，增加新的数据对象，系统默认定义的名称为“Data1”“Data2”“Data3”等（多次单击该按钮，则可增加多个数据对象）。

3）选中对象，单击“对象属性”按钮，或双击选中对象，则可打开“数据对象属性设置”对话框。

4）将对象名称改为“启动按钮”，对象类型选择“开关型”，在对象内容注释文本框内输入“控制电动机启动变量”，单击“确认”按钮。

按照此步骤，根据表3-6定义其他数据对象。

（4）动画连接　由图形对象搭制而成的图形界面是静止不动的，需要对这些图形对象进行动画设计，真实地描述外界对象的状态变化，达到过程实时监控的目的。MCGS嵌入版实现图形动画设计的主要方法是将用户窗口中图形对象与实时数据库中的数据对象建立相关性连接，并设置相应的动画属性。在系统运行过程中，图形对象的外观和状态特征，由数据对象的实时采集值驱动，从而实现了图形的动画效果。

1）传送带移动物体效果是通过设置数据对象“大小变化”连接类型实现的。具体设置步骤如下：

① 在用户窗口中，双击物体，弹出“单元属性设置”对话框。

② 单击“动画连接”标签，显示如图3-30所示“动画连接”选项卡。

③ 选中折线，在右端出现>按钮。

④ 单击>按钮进入动画组态属性设置对话框。按照下面的要求设置各个参数：

a. 表达式：传送带。

b. 最大变化百分比对应的表达式的值：10。

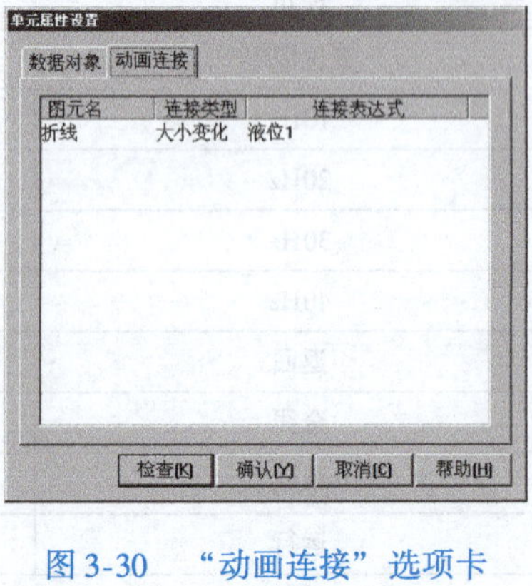

图3-30　“动画连接”选项卡

c. 其他参数不变。

2）电动机的启停动画。电动机的启停动画效果是通过设置连接类型对应的数据对象实现的。设置步骤如下：

① 双击电动机，弹出“单元属性设置”对话框。

② 选中“数据对象”选项卡中的“按钮输入”，右端出现浏览按钮。

③ 单击浏览按钮，双击数据对象列表中的“电动机”。

④ 使用同样的方法将“填充颜色”对应的数据对象设置为“电动机”。

3）传送带效果。传送带效果是通过设置流动块构件的属性实现的。实现步骤如下：

① 双击传送带上的流动块，弹出流动块构件属性设置对话框。

② 在流动属性选项卡中，进行如下设置：

a. 表达式：电动机 = 1；

b. 选择当表达式非零时，流动块开始流动。

（5）设备连接　MCGS 嵌入版组态软件提供了大量的工控领域常用的设备驱动程序，下面详细介绍设备的添加及属性设置。

1）单击“工作台”中“设备窗口”标签，双击“设备窗口”图标。在弹出的对话框中右击，打开设备工具箱，如图 3-31 所示。

图 3-31　设备工具箱

2）双击“通用串口父设备”，添加通用串口父设备。

3）双击“西门子_S7200PPI”，添加设备 0 –［西门子_S7200PPI］。

4）双击“设备组态：设备管理器窗口”中的“通用串口父设备”进入“通用串口设备属性编辑”对话框，按照图 3-32 进行设置，然后单击“确认”按钮，完成设置。

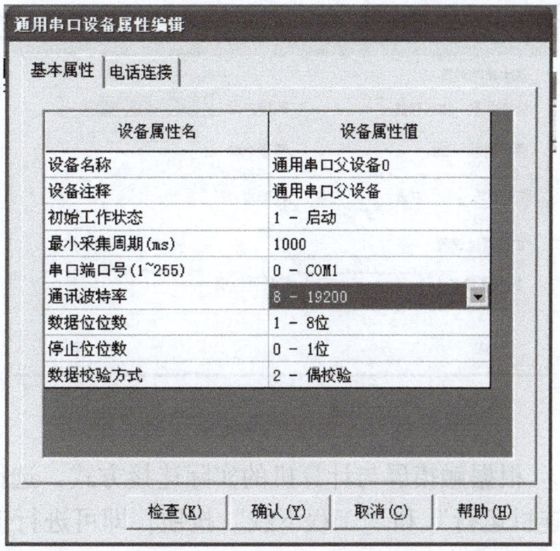

图 3-32　“通用串口设备属性编辑”对话框

5）双击“设备组态：设备管理器窗口”中的“设备 0 –［西门子_S7200PPI］”，弹出图 3-33 所示“设备编辑窗口”对话框。

6）变量连接。以“启动按钮”为例进行说明。

① 单击“增加设备通道”按钮，弹出如图 3-34 所示“添加设备通道”对话框。对照表 3-5，按照图 3-34 进行设置。

② 单击“确认”按钮。

③ 双击“读写 M020.1”对应的连接变量，从数据中心选择变量“启动按钮”。

④ 用同样的方法，增加通道和连接变量。还有其他的方法增加通道和连接变量，此处不再赘述。

（6）工程下载　单击工具栏中工程下载按钮，弹出图 3-35 所示“下载配置”对话框。

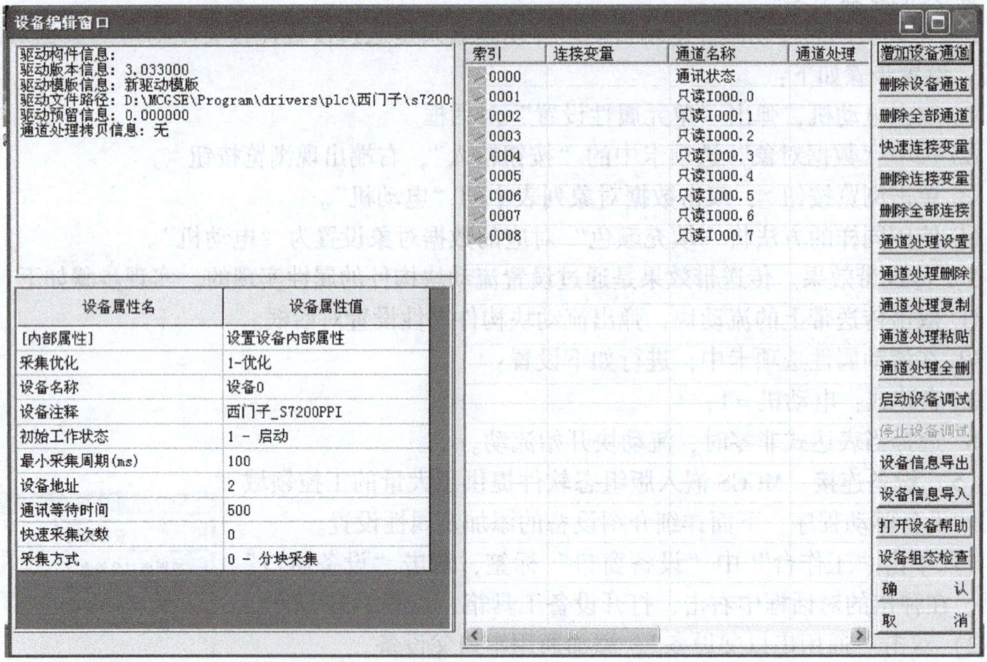

图 3-33 “设备编辑窗口”对话框

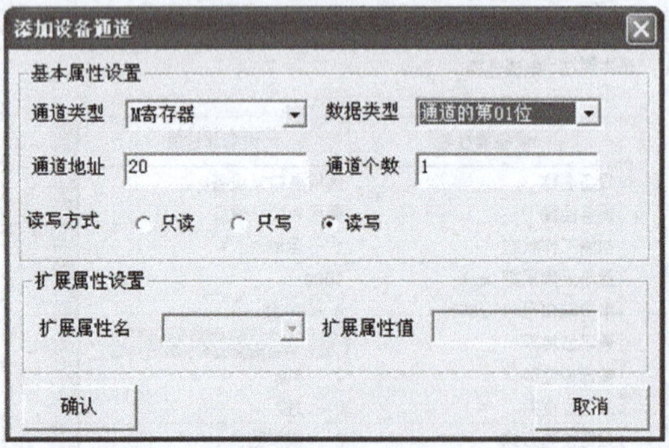

图 3-34 “添加设备通道”对话框

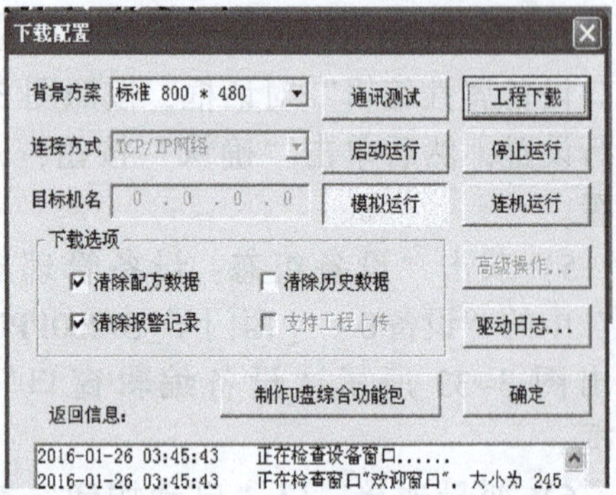

图 3-35 “下载配置”对话框

根据触摸屏与计算机的实际连接方式，选择“连接方式”为 TCP/IP 或 USB。依次单击“连机运行”和“工程下载”按钮，即可进行工程下载。

3.4 通信与网络接口应用

学习指南

知识点

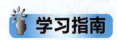

① PROFIBUS 现场总线的协议结构、传输技术、特点及系统组成。

② 工业以太网的产品要求、关键技术。

③ 西门子工业以太网。

技能点

① 会利用 PROFIBUS-DP 系统结构进行通信设计。

② 学会西门子工业以太网的硬件选型及设计。

建议与指导

① 难点：PROFIBUS 现场总线和工业以太网的硬件搭建和编程。

② 重点：分析实际的 PROFIBUS 现场总线和工业以太网系统。

③ 建议：随着各行各业自动化程度的提高，对多机通信、主从通信、远程通信等提出了更高、更快、更强的要求，因此系统设计时要在充分考虑性能、价格、安全等条件下合理选择通信网络类型。建议通过听课、在线学习、网上查阅资料等方式掌握 PROFIBUS 现场总线和工业以太网的相关知识；通过实践训练习得重要技能点。除了通过实验设备进行练习外，还可以通过网上论坛等方式获取更多工程案例，以更好理解和掌握通信网络的应用。

现场总线是一种工业数据总线，它是自动化领域中计算机通信系统最底层的低成本网络。根据国际电工委员会 IEC 61158 标准定义：现场总线是指安装在制造或过程区域的现场装置与控制室内的自动装置之间的数字式、串行、多点通信的数据总线。

工业以太网是指技术上与商用以太网兼容，但在产品设计上，在实时性、可靠性、环境适应性等方面满足工业现场的需要，是继现场总线之后发展起来的、最被认同也最具发展前景的一种工业通信网络。

3.4.1 PROFIBUS 现场总线

1. PROFIBUS 概述

PROFIBUS 是一种国际化、开放式、不依赖于设备生产商的现场总线标准。它广泛适用于制造业自动化、流程工业自动化和楼宇、交通、电力等其他领域自动化。PROFIBUS 由三个兼容部分组成，即 PROFIBUS-DP（Decentralized Periphery）、PROFIBUS-PA（Process Automation）、PROFIBUS-FMS（Fieldbus Message Specification）。

1）PROFIBUS-DP：一种高速低成本通信，用于设备级控制系统与分散式 I/O 的通信。使用 PROFIBUS-DP 可取代 DC 24V 或 4～20mA 的信号传输。主站和从站之间采用轮询的通信方式，主要应用于自动化系统中单元级和现场级通信，是目前全球应用最为广泛的总线系统。PROFIBUS-DP 是一种由主站（Master）、从站（Slave）构成的总线系统，主站功能由控制系统中的主控制器实现。主站在完成自身功能的同时，通过循环及非循环的报文与控制系统中的各个从站进行通信。

2）PROFIBUS-PA：专为过程自动化设计，可使传感器和执行机构连在一根总线上，并有本质安全规范。电源和通信数据通过总线并行传输，主要用于面向过程自动化系统中单元级和现场级通信。

3）PROFIBUS-FMS：用于车间级监控网络，是一个令牌结构、实时多主网络。它定义了主站和主站之间的通信模型，主要用于自动化系统中系统级和车间级的过程数据交换。

PROFIBUS 是一种用于工厂自动化车间级监控和现场设备层数据通信与控制的现场总线技术。它可实现现场设备到车间级监控的分散式数字控制和现场通信网络，从而为实现工厂综合自动化和现场设备智能化提供了可行的解决方案。与其他现场总线相比，PROFIBUS 的最大优点在于具有稳定的国际标准 EN50170 作为保证，并经实际应用验证具有普遍性。目前，PROFIBUS 已应用的领域包括加工制造、过程控制和自动化等。

2. PROFIBUS 的协议结构

PROFIBUS 的协议结构是根据 ISO 7498 国际标准，以开放式系统互联网络（Open System Interconnection，OSI）作为参考模型的。OSI 模型共有 7 层，如图 3-36 所示，是现场总线技术的基础。对于工业控制底层网络来说，单个节点面向控制的信息量不大，信息传输的任务相对比较简单，但实时性、快速性的要求较高。现场总线采用的通信模型大都在 OSI 模型的基础上进行了不同程度的简化。

1）PROFIBUS-DP：分布式外围设备，定义了第 1、2 层和用户接口，第 3～7 层未加描述。用户接口规定了用户及系统以及不同设备可调用的应用功能，并详细说明了各种不同 PROFIBUS-DP 设备的设备行为。

2）PROFIBUS-FMS：现场总线报文，定义了第 1、2、7 层，应用层包括现场总线信息规范（Fieldbus Message Specification，FMS）和低层接口（Lower Layer Interface，LLI）。FMS 包括了应用协议并向用户提供了可广泛选用的强有力的通信服务。LLI 协调不同的通信关系并提供不依赖设备的第二层访问接口。

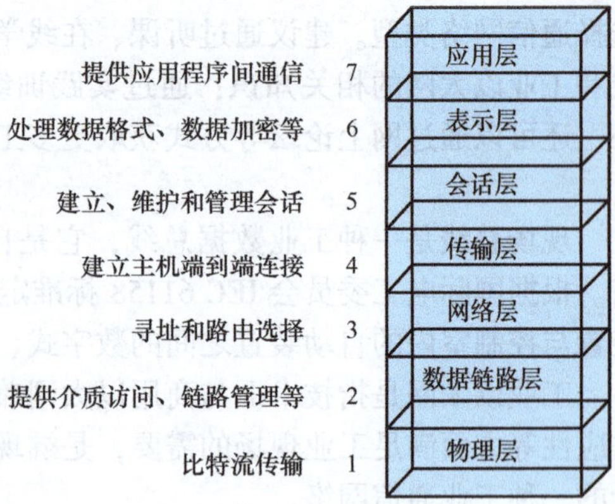

图 3-36　OSI 参考模型

3）PROFIBUS-PA：过程控制自动化，PA 的数据传输采用扩展的 PROFIBUS-DP 协议。另外，PA 还描述了现场设备行为的 PA 行规。根据 IEC 1158-2 标准，PA 的传输技术可确保其本征安全性，而且可通过总线给现场设备供电。使用连接器可在 DP 上扩展 PA 网络。

3. PROFIBUS 传输技术

PROFIBUS 提供了三种传输技术：用于 DP 和 FMS 的 RS485 传输技术、用于 PA 的 IEC 1158-2 传输技术和光纤传输技术。

（1）用于 DP 和 FMS 的 RS485 传输技术　由于 DP 和 FMS 系统使用了同样的传输技术和统一的总线访问协议，因此这两套系统可在同一根电缆上同时操作。RS485 传输技术是 PROFIBUS 最常用的一种传输技术，通常称之为 H2，采用的电缆是屏蔽双绞铜线。

1）RS485 传输技术的基本特征如下：

① 网络拓扑：线性总线，两端有有源的总线终端电阻。

② 传输速率：9.6kbit/s～12Mbit/s。

③ 介质：屏蔽双绞电缆，也可取消屏蔽，取决于环境条件。

④ 站点数：每分段 32 个站（不带中继），最多可有 127 个站（带中继）。

⑤ 插头连接：最好使用 9 针 D 形插头。

2）RS485 传输设备安装要点：

① 全部设备均与总线连接。

② 每个分段上最多可接 32 个站（主站或从站）。

③ 每段的头和尾各有一个总线终端电阻，确保操作运行不发生误差。两个总线终端电阻必须一直有电源。

④ 当分段站超过 32 个时，必须使用中继器用以连接各总线段。串联的中继器一般不超过 4 个。

⑤ 电缆最大长度取决于传输速率。

RS485 传输技术的 PROFIBUS 网络在高电磁发射环境（如汽车制造业）下运行时应使用带屏蔽的电缆，屏蔽可提高电磁兼容性（EMC）。如果用屏蔽编织线和屏蔽箱，应在两端与保护接地连接，并通过尽可能的大面积屏蔽接线来覆盖，以保持良好的传导性。另外建议数据线必须与高压线隔离。超过 500kbit/s 的数据传输速率应避免使用短截线段，应使用市场上现有的插头，可使数据输入和输出电缆直接与插头连接，而且总线插头连接可在任何时候接通或断开而并不中断其他站的数据通信。

（2）用于 PA 的 IEC 1158-2 传输技术　数据 IEC 1158-2 的传输技术用于 PROFIBUS-PA，能满足化工和石油工业的要求。它可保持其本质安全性，并通过总线对现场设备供电。

IEC 1158-2 是一种位同步协议，可进行无电流的连续传输，通常称之为 HI。

IEC 1158-2 传输技术具有以下特性：

① 数据传输：数字式、位同步、曼彻斯特编码。

② 传输速率：31.25kbit/s，电压式。

③ 数据可靠性：前同步信号，采用起始和终止限定符避免误差。

④ 电缆：双绞线，屏蔽式或非屏蔽式。

⑤ 远程电源供电：可选附件，通过数据线进行供电。

⑥ 防爆型：能进行本质及非本质安全操作。

⑦ 拓扑：总线型或树形，或两者相结合。

⑧ 站数：每段最多 32 个，总数最多为 126 个。

⑨ 中继器：最多可扩展至 4 台。

（3）光纤传输技术

1）PROFIBUS 系统在电磁干扰很大的环境下应用时，可使用光纤导体，以增加高速传输的距离。

2）可使用两种光纤导体：一种是价格低廉的塑料纤维导体，供距离小于 50m 的情况下使用；另一种是玻璃纤维导体，供距离小于 1km 的情况下使用。

3）许多厂商提供专用总线插头可将 RS485 信号转换成光纤导体信号或将光纤导体信号转换成 RS485 信号。

4. PROFIBUS 现场总线的特点

（1）与传统通信方式比较　传统通信方式的现场级设备与控制器之间采用一对一的 I/O 接线方式，传递 4～20mA/DC 24V 的信号，如图 3-37 所示。

而现场总线的主要技术特征是采用数字式通信方式，取代设备级的 4～20mA（模拟量）/DC 24V（开关量）信号，使用一根电缆连接所有现场设备，如图 3-38 所示。

（2）其他技术特点

1）信号线可用设备电源线。

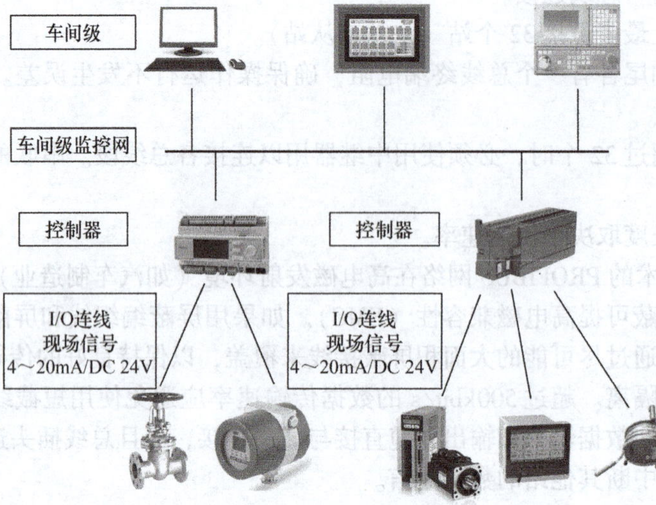

图 3-37 传统通信方式

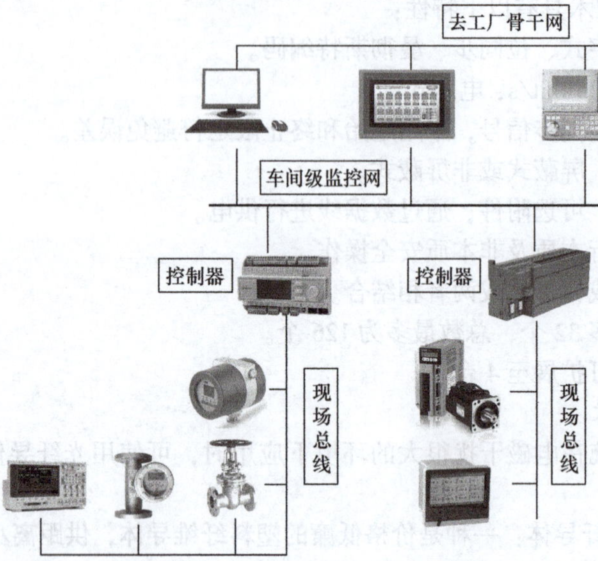

图 3-38 现场总线通信方式

2）每条总线区段可连接 32 个设备，不同区段用中继器连接。

3）传输速率可在 9.6kbit/s～12Mbit/s 选择。

4）传输介质可以用金属双绞线或光纤。

5）提供通用的功能模块管理规范。

6）在一定范围内可实现相互操作。

7）提供系统通信管理软件（包括波形识别、速率识别和协议识别等功能）。

8）提供 244B 报文格式，提供通信接口的故障安全模式（当 I/O 故障时输出全为 0）。

5. PROFIBUS-DP 系统的组成

（1）PROFIBUS-DP 系统的分类

1）单主系统，如图 3-39 所示。单主系统实现最短的总线循环时间，具有 1 个 DP-主（1 类）模块、1 到最多 125 个 DP-从模块及 DP-主（2 类）模块（可选）。

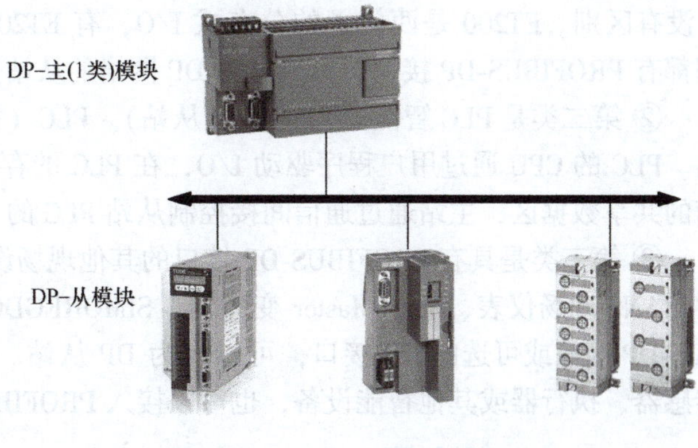

图 3-39　PROFIBUS-DP 单主系统

2）多主系统，如图 3-40 所示。多主系统包含多个主设备（DP-主 1 类或 2 类）、1 ~ 124 个 DP-从设备。在同一个总线上最多可有 126 个设备。DP-主设备可以用读功能访问 DP-从设备。

（2）PROFIBUS-DP 设备的分类

1）1 类 DP 主站。1 类 DP 主站（DPM1）是系统的中央控制器，DPM1 在预定的周期内与分布式 I/O 站（如 DP 从站）循环地交换信息，并对总线通信进行控制和管理。DPM1 可以发送参数给从站，读取 DP 从站的诊断信息，用 Global Control（全局控制）命令将它的运行状态告知给各 DP 从站。此外，还可以将控制命令发送给个别从站或从站组，以实现输出数据和输入数据的同步。

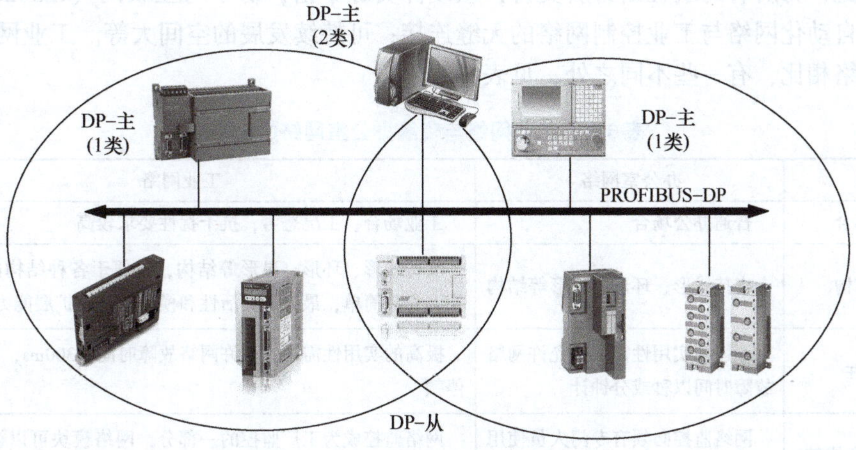

图 3-40　PROFIBUS-DP 多主系统

2）2 类 DP 主站。2 类 DP 主站（DPM2）是 DP 网络中的编程诊断和管理设备。DPM2 除了具有 1 类主站的功能外，在与 1 类主站进行数据通信的同时，可以读取 DP 从站的输入/输出数据和当前的组态数据，可以给 DP 从站分配总线地址。

3）3 类 DP 从站。3 类 DP 从站是进行输入信息采集和输出信息发送的外围设备，它只与组态它的 DP 主站交换用户数据，可以向该主站报告本地诊断中断和过程中断。

① 第一类是分布式 I/O。分布式 I/O（非智能型 I/O）没有程序存储和程序执行功能，通信适配器用来接收主站的指令，按主站指令驱动 I/O，并将 I/O 输入及故障诊断等信息返回给主站。通常分布式 I/O 由主站统一编址，对主站编程时使用分布式 I/O 与使用主站的 I/

O 没有区别。ET200 是西门子的分布式 I/O，有 ET200M/B/LX/Sis/Eco/R 等多种类型。它们都有 PROFIBUS-DP 接口，可以作为 DP 网络的从站。

② 第二类是 PLC 智能 DP 从站（I 从站）。PLC（智能型 I/O）可以作为 PROFIBUS 的从站。PLC 的 CPU 通过用户程序驱动 I/O，在 PLC 的存储器中有一片特定区域作为与主站通信的共享数据区，主站通过通信间接控制从站 PLC 的 I/O。

③ 第三类是具有 PROFIBUS-DP 接口的其他现场设备。西门子的 SINUMERIK 数控系统、SITRANS 现场仪表、MicroMaster 变频器、SIMOREGDC-MASTER 直流传动装置都有 PROFIBUS-DP 接口或可选的 DP 接口，可以作为 DP 从站。其他公司支持 DP 接口的输入/输出、传感器、执行器或其他智能设备，也可以接入 PROFIBUS-DP 网络。

3.4.2 工业以太网

一直以来，工业控制是采用现场总线来实现的，但由于种种原因，现场总线的种类越来越多，各种现场总线之间由于没有统一标准，导致互操作性很差，因此引入了低成本、高速率、应用广泛的以太网技术。然而，以太网的实时性和可靠性较差，难以满足工业控制要求，因此，相关组织对以太网进行了一些扩展，称为工业以太网。

1. 工业以太网与传统办公网络的比较

所谓工业以太网，是指其在技术上与商用以太网（IEEE 802.3 标准）兼容，但材质的选用、产品的强度和适用性方面能满足工业现场的需要。工业以太网技术的优点：以太网技术应用广泛，为所有的编程语言所支持；软硬件资源丰富；易于与互联网（Internet）连接，实现办公自动化网络与工业控制网络的无缝连接；可持续发展的空间大等。工业网络与传统办公室网络相比，有一些不同之处，见表 3-7。

表 3-7 工业网络与传统办公室网络的比较

类型	办公室网络	工业网络
应用场合	普通办公场合	工业场合、工况恶劣，抗干扰性要求较高
拓扑结构	支持线形、环形、星形等结构	支持线形、环形、星形等结构，并便于各种结构的组合和转换，安装简单，最大的灵活性和模块性，高扩展能力
可用性	一般的实用性需求，允许网络故障时间以秒或分钟计	极高的实用性需求，允许网络故障时间 <300ms，以避免生产停顿
网络监控和维护	网络监控必须有专门人员使用专用工具完成	网络监控成为工厂监控的一部分，网络模块可以被 HMI 软件如 WinCC 监控，故障模块容易更换

工业以太网产品的设计制造必须充分考虑并满足工业网络应用的需要。工业现场对工业以太网产品的要求包括：

1）工业生产现场环境的高温、潮湿、空气污浊及腐蚀性气体的存在，要求工业级的产品具有气候环境适应性，并要求耐腐蚀、防尘和防水。

2）工业生产现场的粉尘、易燃易爆和有毒性气体的存在，需要采取防爆措施保证安全生产。

3）工业生产现场的振动、电磁干扰大，工业控制网络必须具有机械环境适应性（如耐振动、耐冲击）、电磁环境适应性或电磁兼容性等。

4）工业网络器件的供电，通常采用柜内低压直流电源标准，大多工业环境中控制柜内所需电源为低压直流24V。

5）采用标准导轨安装，安装方便，适用于工业环境安装的要求。工业网络器件要能方便地安装在工业现场控制柜内，并容易更换。

2. 工业以太网应用于工业自动化中的关键问题

（1）通信实时性问题　以太网采用载波侦听多路访问/冲突检测（CSMA/CD）的介质访问控制方式，其本质上是非实时的。平等竞争的介质访问控制方式不能满足工业自动化领域对通信的实时性要求，因此以太网一直被认为不适合在底层工业网络中使用，需要有针对这一问题的切实的解决方案。

（2）对环境的适应性与可靠性的问题　以太网是按办公环境设计的，将它用于工业控制环境，其环境适应能力、抗干扰能力等是许多从事自动化的专业人士所特别关心的。在设计产品时要特别注重材质、元器件的选择，使产品在强度、温度、湿度、振动、干扰、辐射等环境参数方面满足工业现场的要求。还要考虑到在工业环境下的安装要求，如采用DIN导轨式安装等。像RJ-45一类的连接器，在工业上应用太易损坏，应该采用带锁紧机构的连接件，使设备具有抗振动、抗疲劳能力。

（3）总线供电　在控制网络中，现场控制设备的位置分散性使它们对总线有提供工作电源的要求。现有的许多控制网络技术都可以利用网线对现场设备供电。工业以太网目前没有对网络节点供电做出规定。一种可能的方案是利用现有的5类双绞线中另一对空闲线对网络节点供电。一般在工业应用环境下，要求采用直流10～36V低压供电。

（4）本质安全　工业以太网如果要用在一些易燃易爆的危险工业场所，就必须考虑本身的防爆问题。这是在总线供电解决之后要进一步解决的问题。

在工业数据通信与控制网络中，直接采用以太网作为控制网络的通信技术只是工业以太网发展的一个方面，现有的许多现场总线控制网络都提出了与以太网结合，用以太网作为现场总线网络的高速网段，使控制网络与互联网融为一体的解决方案。

在控制网络中采用以太网技术无疑有助于控制网络与互联网的融合，使控制网络无须经过网关转换即可直接连至互联网，使测控节点有条件成为互联网上的一员。在控制器、PLC、测量变送器、执行器、I/O卡等设备中嵌入以太网通信接口，嵌入TCP/IP，嵌入Web服务器便可形成支持以太网、TCP/IP和Web服务器的互联网现场节点。在应用层协议尚未统一的环境下，借助IE等通用的网络浏览器实现对生产现场的监视与控制，进而实现远程监控，也是人们提出且正在实现的一个有效的解决方案。

3. 西门子工业以太网

西门子公司在工业以太网领域有着非常丰富的经验和领先的解决方案。其中，SIMATIC NET工业以太网基于经过现场验证的技术，符合IEEE 802.3标准，并提供10Mbit/s及100Mbit/s快速以太网技术。经过多年的实践，SIMATIC NET工业以太网的应用已多于40000个节点，遍布世界各地，可用于严酷的工业环境，包括高强度电磁干扰的地区。

（1）基本类型

1）10Mbit/s工业以太网：应用基带传输技术，基于IEEE 802.3，利用CSMA/CD介质访问方法的单元级、控制级传输网络。传输速率为10Mbit/s，传输介质为同轴电缆、屏蔽双绞线或光纤。

2）100Mbit/s 快速以太网：基于以太网技术，传输速率为100Mbit/s，传输介质为屏蔽双绞线或光纤。

（2）网络硬件

1）传输介质。网络的物理传输介质主要根据网络连接距离、数据安全及传输速率来选择。通常在西门子网络中使用的传输介质包括：2 芯无双绞、无屏蔽电缆（如 AS Interface Bus）；2 芯双绞、无屏蔽电缆；2 芯屏蔽双绞线（如 PROFIBUS）；同轴电缆（如 Industrial Ethernet）；光纤（如 PROFIBUS/Industrial Ethernet）；无线通信（如红外线和无线电通信）。

在西门子工业以太网络中，通常使用的物理传输介质为屏蔽双绞线（Twisted Pair，TP）、工业屏蔽双绞线（Industrial Twisted Pair，ITP）及光纤。

2）工业以太网链路模块 OLM、ELM。依照 IEEE 802.3 标准，利用电缆和光纤技术，SIMATIC NET 连接模块使工业以太网的连接变得更为方便和灵活。OLM（光链路模块）有 3 个 ITP 接口和 2 个 BFOC 接口，如图 3-41 所示。其中，ITP 接口可以连接 3 个终端设备或网段，BFOC 接口可以连接两个光路设备（如 OLM 等），速度为 10Mbit/s。ELM（电气链路模块）有 3 个 ITP 接口和 1 个 AUI 接口。通过 AUI 接口，可以将网络设备连接至 LAN 上，速度为 10Mbit/s。

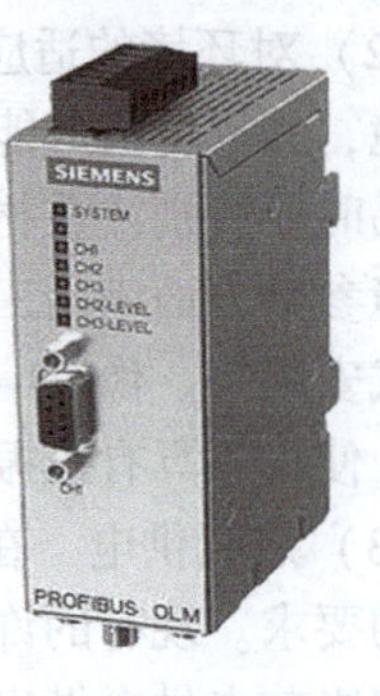

图 3-41 光链路模块（OLM）

3）工业以太网交换机 OSM、ESM。OSM（光开关模块）的产品包括：OSM TP62、OSM TP22、OSM ITP62、OSM ITP62-LD 和 OSM BC08。由型号就可以确定 OSM 的连接端口类型及数量，如 OSM ITP62-LD，其中“ITP”表示 OSM 上有 ITP 电缆接口，“6”代表电气接口数量，“2”代表光纤接口数量，“LD”代表长距离，如图 3-42 所示。ESM（电气开关模块）的产品包括：ESM TP40、ESM TP80 和 ESM ITP80，命名规则和 OSM 相同，如图 3-43 所示为 ESM TP80。

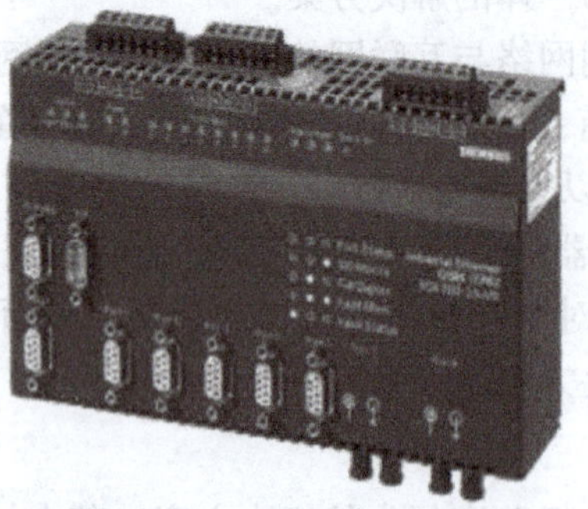
图 3-42 OSM ITP62-LD

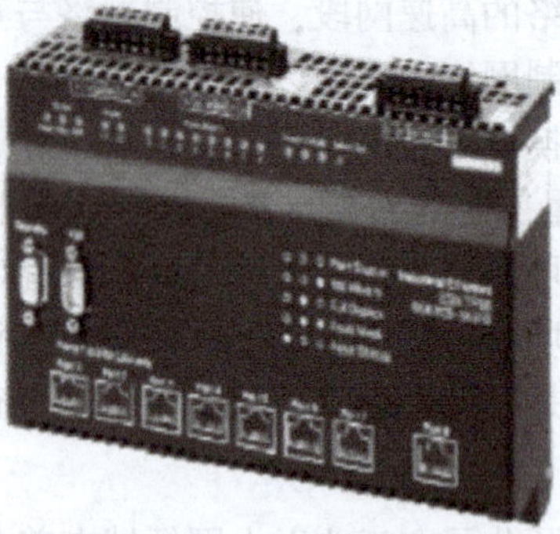
图 3-43 ESM TP80

4）通信处理器。常用的工业以太网通信处理器（Communication Processer，CP）包括用在 S7 PLC 站上的处理器 CP 243-1 系列、CP 343-1 系列、CP 443-1 系列等。CP 243-1 是为 S7-200 系列 PLC 设计的工业以太网通信处理器，如图 3-44 所示。通过 CP 243-1 模块，用户可以很方便地将 S7-200 系列 PLC 通过工业以太网进行连接，并且支持使用 STEP 7 软件，通过以太网对 S7-200 进行远程组态、编程和诊断。同时，S7-200 也可以同 S7-300、S7-400 系列 PLC 进行以太网的连接。S7-300 系列 PLC 的以太网通信处理器是 CP 343-1 系列，按照所支持协议的不同，可以分为 CP 343-1、CP 343-1 ISO、CP 343-1 TCP、CP 343-1 IT 和 CP 343-1 PN，如图 3-45 所示。

S7-400 系列 PLC 的以太网通信处理器是 CP 443-1 系列，按照所支持协议的不同，可以分为 CP 443-1、CP 443-1 ISO、CP 443-1 TCP 和 CP 443-1 IT，如图 3-46 所示。

图 3-44　CP 243-1 模块

图 3-45　CP 343-1 模块

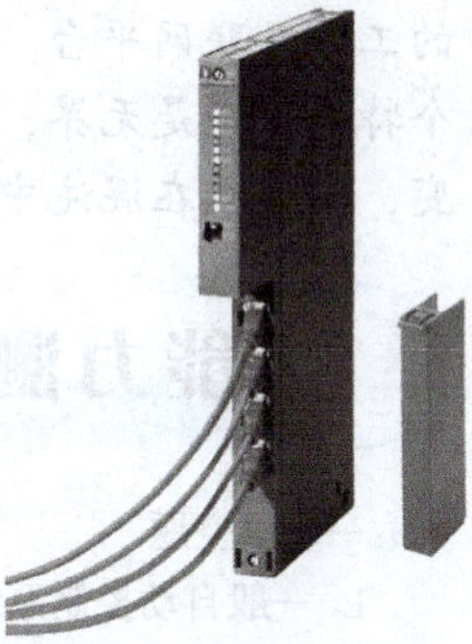
图 3-46　CP 443-1 模块

项目实训

完成技能训练活页式工作手册“项目 3　分拣单元变频器控制人机界面设计”和“项目 4　自动化生产线工业以太网的搭建”。

拓展阅读

我国贯彻新发展理念，着力推进高质量发展，基础研究和原始创新不断加强，一些关键技术实现突破，战略性新兴产业发展壮大。华为就是全球通信领域的佼佼者。

德国专利数据公司 IPlytics 发布了一份 5G 专利报告《Who is leading the 5G patentrace?》，勾勒出全球 5G 技术顶级玩家的画像。这份报告指出，截至 2019 年 4 月，中国企业申请的 5G 通信系统标准必要专利 SEP（指为实施技术标准而必须使用的专利，标准必要专利与普通专利相比具有不可替代性、强制性等特点。因为和最终的专利许可费率直接相关，其背后隐含巨大的经济利益）件数排在全球第一，占比 34%。其中华为位列第一，拥有 15% 的 SEP。

工业通信方面，德国联邦技术局提出技术构想，并在德国政府牵头组织下，由 SIEMENS、ABB、AEG 等十几家重要自动化设备厂家联合研究推出本书前面所讲的 PROFIBUS 现场总线。CC-Link（Control & Communication Link，控制与通信链路系统）总线是 1996 年 11 月，以三菱电机为主导的多家公司以“多厂家设备环境、高性能、省配线”理念开发、公布和开放的。CC-Link 以其性能卓越、应用广泛、使用简单、节省成本等突出优点而增长势头迅猛，迅速进入中国市场，浙大中控、中科软大等是其会员公司，受到亚、欧、美等用户的高度评价。作为开放式现场总线，CC-Link 是唯一起源于亚洲地区的总线系统，CC-Link 的技术特点尤其适合亚洲人的思维习惯。

工业互联网是全球工业系统与高级计算、分析、感应技术以及互联网连接融合的一种结果。它通过开放的、全球化的工业级网络平台把设备、生产线、工厂、供应商、产品和用户紧密地连接和融合起来，高效共享工业经济中的各种要素资源，从而通过自动化、智能化的生产方式降低成本、增加效率，帮助制造业延长产业链，推动制造业转型发展。工业互联网通过智能机器间的连接并最终将人机连接，结合软件和大数据分析，重构全球工业、激发生产力，让世界更美好、更快速、更安全、更清洁且更经济。海尔卡奥斯（COSMOPlat）是全球三大工业互联网平台之一，具有中国自主知识产权，是全球首家引入用户全流程参与体验的工业互联网平台。卡奥斯意为“混沌”，意思是从无中生有。物联网时代，实物发展有三个特点：一是无界，二是无价，三是无序，无序即混沌。对当今企业来讲，用户需求瞬息万变，企业需在混沌中求新生。

能力测试

一、填空题

1. 一般自动控制系统由______、______、______、______和______五个部分组成。

2. 按照系统环节连接控制系统可分为______和______两种类型。

3. 工业计算机主要类型有______、______、______、______和______五种。

4. PLC 的输入电路既可以使用外部电源也可以使用内部电源，有______和______两种接法。PLC 数字量输出电路现在主要有______和______两种。

5. 工控机硬件系统主要由主机板、______、______、______、______和______六个部分组成。

6. 工控机软件系统主要由______、______和______三部分组成。

7. MCGS 嵌入式体系结构分为______环境、______环境和______环境三部分。

8. 由 MCGS 嵌入版生成的用户应用系统由主控窗口、______、______、______、______和______五个部分组成。

9. 实时数据库采用______的技术，为其他部分提供服务，提供了系统各个功能部件的数据共享。

10. PROFIBUS 提供了三种传输技术：用于 DP 和 FMS 的______传输、用于 PA 的______传输和______传输。

11. PROFIBUS 由三个兼容部分组成，即______、______、______。

12. 工业以太网网络部件主要包括：______、______、______。

二、简答题

1. 控制系统有哪些分类及类型？各类控制器类型的特点是什么？

2. PLC、嵌入式微控制器和工业控制计算机的特点及应用场景是什么？

学习项目4

机电一体化传感与检测技术

4

项目导学

传感与检测装置是机电一体化系统的重要组成部分，是系统的感受器官。传感与检测是实现自动控制、自动调节的关键环节，它的功能越强大，系统的自动化程度越高。在机电一体化设备的安装、调试和维修岗位上需要进行传感器的配线、精度调整等工作，在机电一体化设备电气系统的设计、维修岗位上还需要进行传感器的选型等工作。这些技能的习得不仅需要反复的实践练习，还需要一定的知识为基础。

思维导图

学习项目4思维导图如图4-1所示。

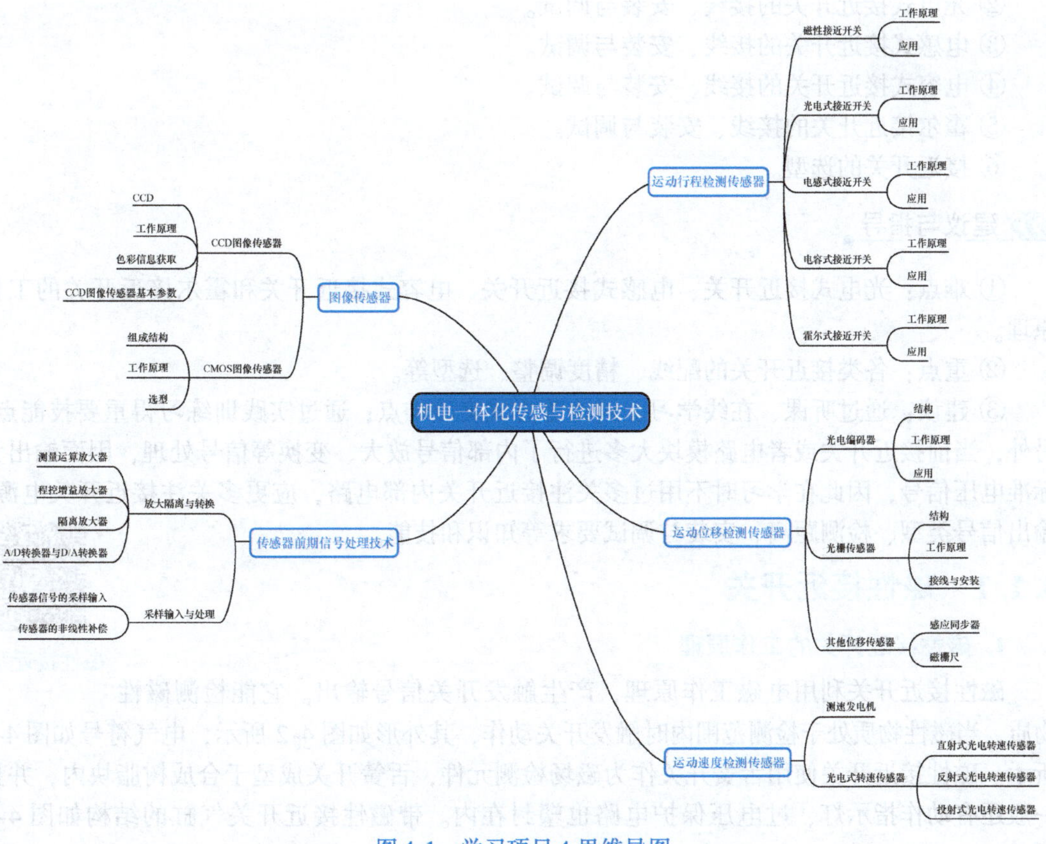

图4-1 学习项目4思维导图

项目知识

4.1 机械运动行程检测传感器

学习指南

知识点

① 磁性接近开关的结构、工作原理及应用场景。
② 光电式接近开关的结构、工作原理、分类及应用场景。
③ 电感式接近开关的结构、工作原理及应用场景。
④ 电容式接近开关的结构、工作原理及应用场景。
⑤ 霍尔接近开关的结构、工作原理及应用场景。

技能点

① 磁性接近开关的接线、安装与调试。
② 光电式接近开关的接线、安装与调试。
③ 电感式接近开关的接线、安装与调试。
④ 电容式接近开关的接线、安装与调试。
⑤ 霍尔接近开关的接线、安装与调试。
⑥ 接近开关的选型。

建议与指导

① 难点：光电式接近开关、电感式接近开关、电容式接近开关和霍尔接近开关的工作原理。

② 重点：各类接近开关的配线、精度调整、选型等。

③ 建议：通过听课、在线学习、讨论等方式突破难点；通过实践训练习得重要技能点。另外，当前接近开关或者电路模块大多进行了内部信号放大、变换等信号处理，因而输出为标准电压信号，因此在学习时不用过多关注接近开关内部电路，应更多关注接近开关电源、输出信号类型、检测距离、安装与调试要求等知识和技能。

4.1.1 磁性接近开关

磁性接近开关

1. 磁性接近开关的工作原理

磁性接近开关利用电磁工作原理，产生触发开关信号输出。它能检测磁性物质，当磁性物质处于检测范围内时触发开关动作，其外形如图 4-2 所示，电气符号如图 4-3 所示。磁性接近开关使用舌簧开关作为磁场检测元件，舌簧开关成型于合成树脂块内，并且一般还有动作指示灯、过电压保护电路也塑封在内。带磁性接近开关气缸的结构如图 4-4 所示。

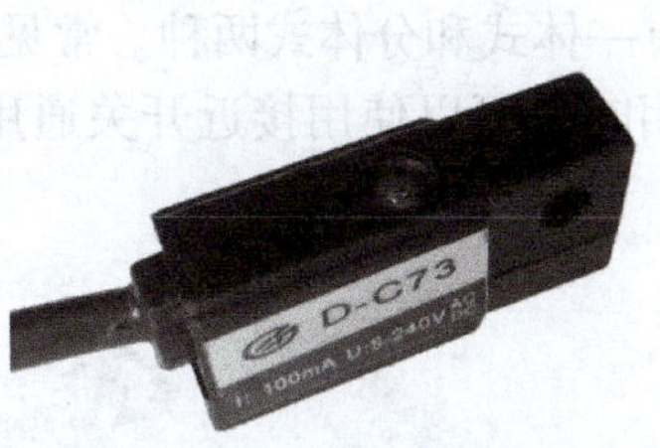

图 4-2　磁性接近开关的外形

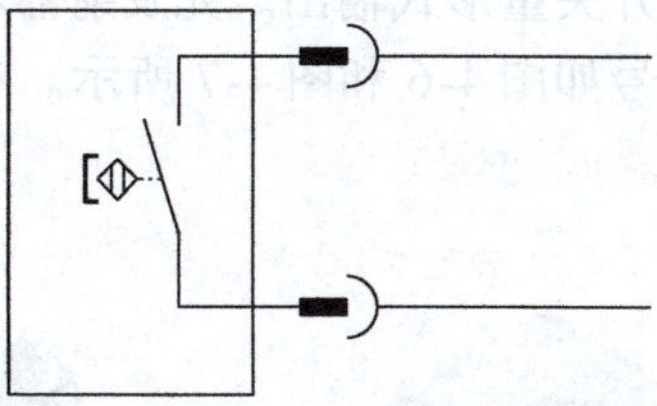

图 4-3　磁性接近开关的电气符号

在图 4-4 中，磁性接近开关安装在气缸壁上，当气缸中随活塞移动的磁环靠近开关时，舌簧开关的两根簧片被磁化而相互吸引，触点闭合；当磁环移开开关后，簧片失磁，触点断开。触点闭合或断开时发出电控信号，PLC 或者嵌入式微控制器可以利用该信号判断气缸的运动状态或所处的位置，以确定气缸是否推出或返回。

2. 磁性接近开关的应用

磁性接近开关的内部电路如图 4-5 中点画线框内所示，内部 LED 指示灯显示开关信号的状态，可供调试时使用，即开关动作时 LED 亮；反之 LED 不亮。磁性接近开关有蓝色和棕色两根引出线，与 PLC 的连接方式比较简单，和按钮与 PLC 的接线方式类似，使用时蓝色引出线应连接到电源负端，棕色引出线应连接到电源正端。

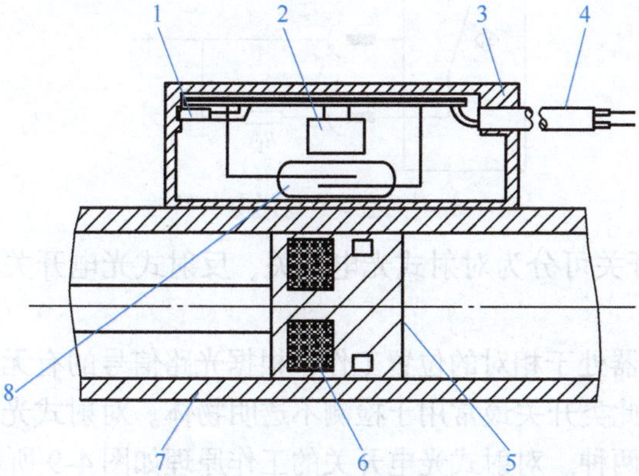

图 4-4　带磁性接近开关气缸的结构

1—动作指示灯　2—保护电路　3—开关外壳
4—导线　5—活塞　6—磁环（永久磁铁）
7—缸筒　8—舌簧开关

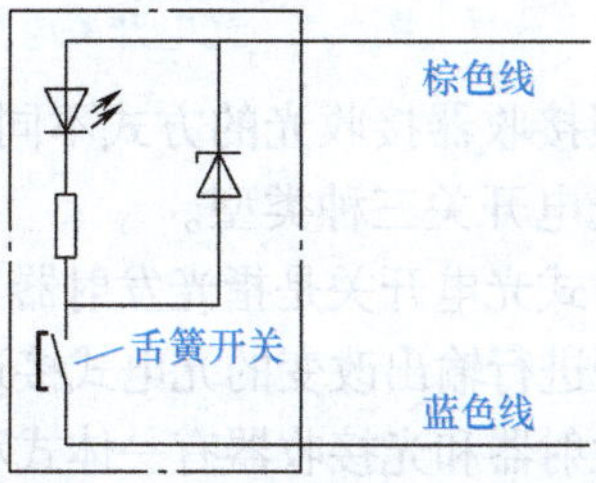

图 4-5　磁性接近开关的内部电路

磁性接近开关的安装位置要根据实际位置要求进行调整，调整方法是松开磁性接近开关的紧定螺栓，把磁性接近开关移动到指定位置后，再旋紧紧定螺栓。

4.1.2　光电式接近开关

1. 光电式接近开关的原理与分类

光电式接近开关是利用光的各种性质，将可见光转换成某种电量的传感器，又称为光电传感器、光电开关。光电开关常用于检测物体的有无和表面状态的变化等，一般由发光元件（发光二极管，即 LED）和受光元件（光电晶体管）组合构成。其中发光元件将电信号变换成光信号，用于发射红外光或可见光；而受光元件用于接收发射器发射的光，并将光信号转换成电信号以开关量形式输出。光发射器和接收器有一体式和分体式两种。常见光电开关的外形和电气符号如图 4-6 和图 4-7 所示。在实际使用时也可以使用接近开关通用电气符号，如图 4-8 所示。

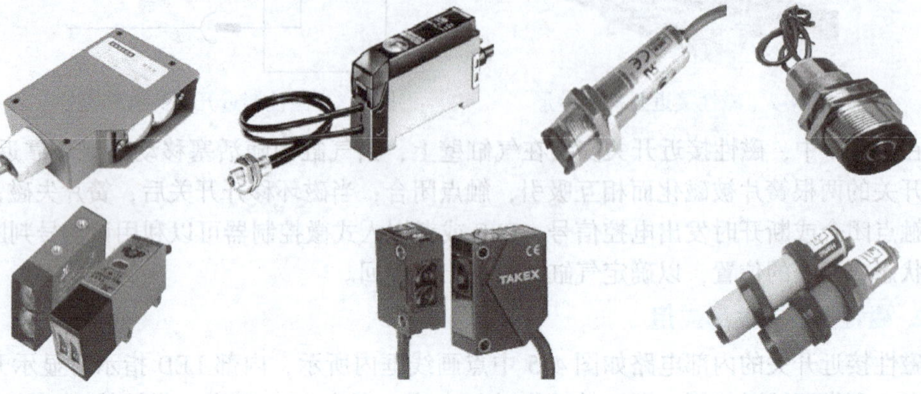

图 4-6 光电开关的外形

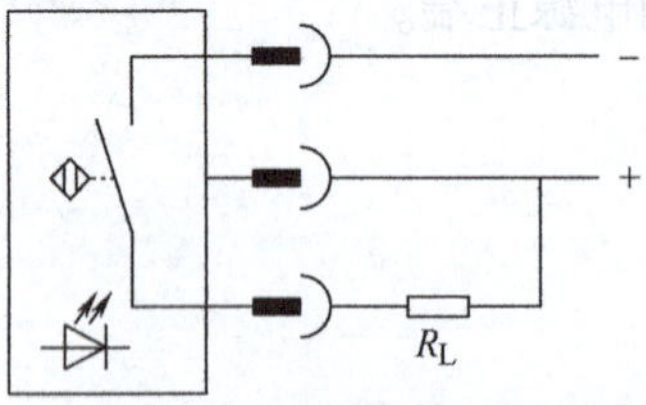

图 4-7 光电开关电气符号

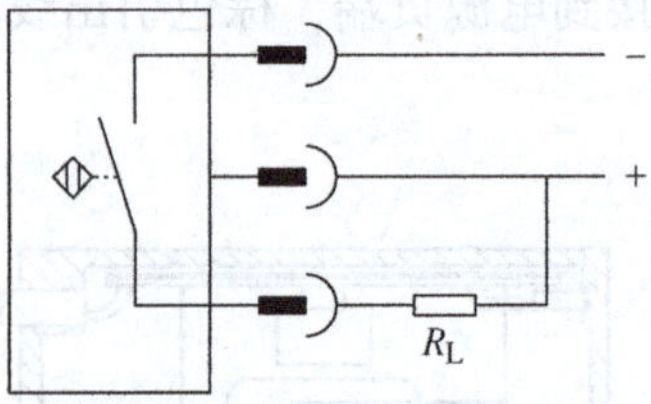

图 4-8 接近开关通用电气符号

按照接收器接收光的方式不同，光电开关可分为对射式光电开关、反射式光电开关和漫反射式光电开关三种类型。

对射式光电开关是指光发射器与光接收器处于相对的位置工作，根据光路信号的有无判断信号是否进行输出改变的光电式接近开关，此类开关最常用于检测不透明物体。对射式光电开关的光发射器和光接收器有一体式和分体式两种。对射式光电开关的工作原理如图 4-9 所示。

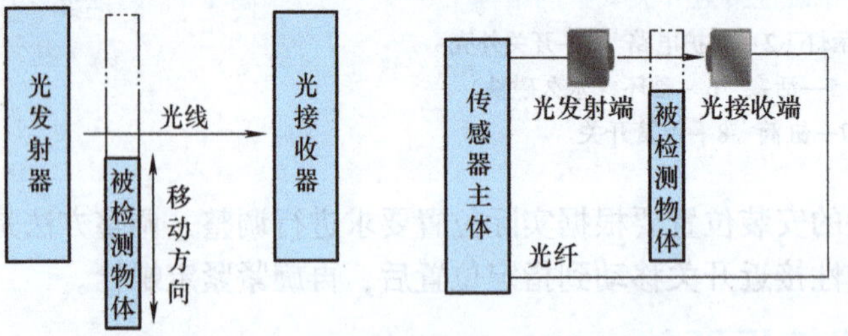

图 4-9 对射式光电开关的工作原理

反射式光电开关的光发射器与光接收器为一体化的结构，在其相对的位置上安置一个反射镜，光发射器发出的光以反射镜是否有反射光线被光接收器接收来判断有无物体。反射式光电开关的工作原理如图 4-10 所示。

漫反射式光电开关的光发射器和光接收器集于一体，利用光照射到被测物体上反射回来的光线进行工作。漫反射式光电开关的可调性很好，其敏感度可通过其背后的旋钮进行调节。漫反射式光电开关的工作原理如图4-11所示。

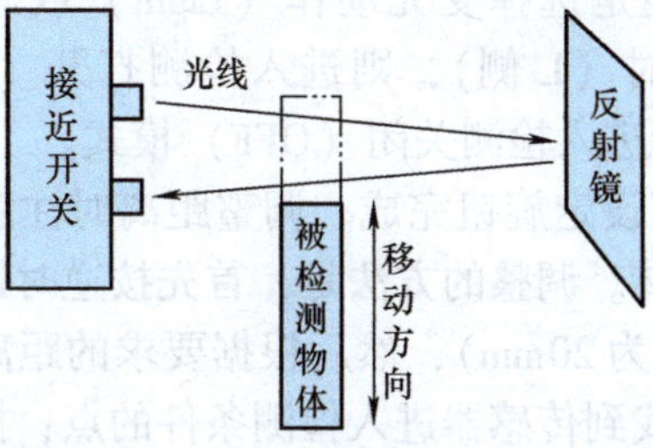

图4-10　反射式光电开关的工作原理

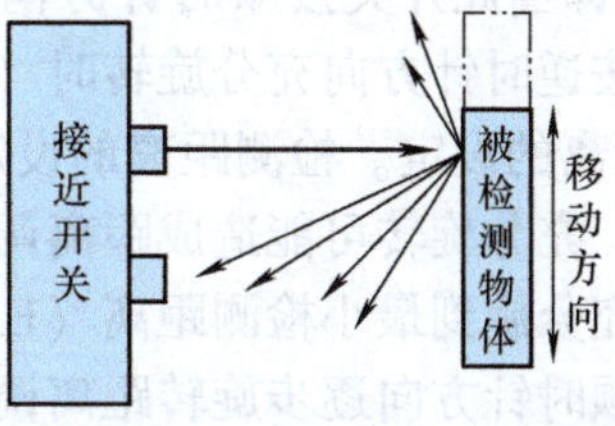

图4-11　漫反射式光电开关的工作原理

三种类型的光电开关比较见表4-1。

表4-1　三种类型的光电开关比较

类　型	检　测　体	优　点	缺　点
对射式光电开关	不透明体	检测精度高；能检测小物体；可进行长距离的检测	光轴调校困难；配线困难
反射式光电开关	透明体、不透明体	配线容易；检测距离为几米；光轴调校容易	要注意检测物体的反射；需要反射板
漫反射式光电开关	透明体、不透明体	可检测透明体；检测距离为几十厘米	要注意检测体以外的反射光

2. 光电开关的应用

光电开关广泛应用在自动包装机、自动封装机、自动灌装机、自动或半自动装配流水线上，用来检测被检测物体的有无和表面状态的变化等。

光电接近开关应用

亚龙YL-335B型自动化生产线实训考核装置的供料单元中用来检测物料台上有无物料的光电开关是一个圆柱形漫射式光电开关，工作时向上发出光线，从而透过小孔检测是否有工件存在，该光电开关选用SICK公司产品MHT15-N2317型光电开关，其外形如图4-12所示。

供料单元中用来检测工件不足或工件有无的漫射式光电开关选用OMRON公司的E3Z-LS63型放大器内置型光电开关（细小光束型，NPN型晶体管集电极开路输出），其外形如图4-13所示。

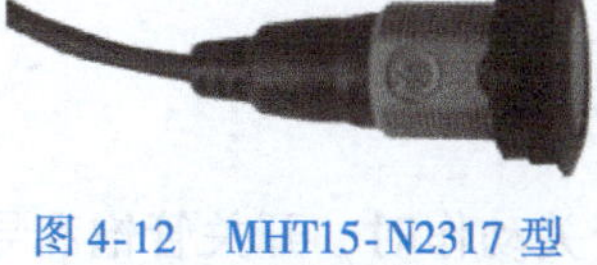

图4-12　MHT15-N2317型光电开关的外形

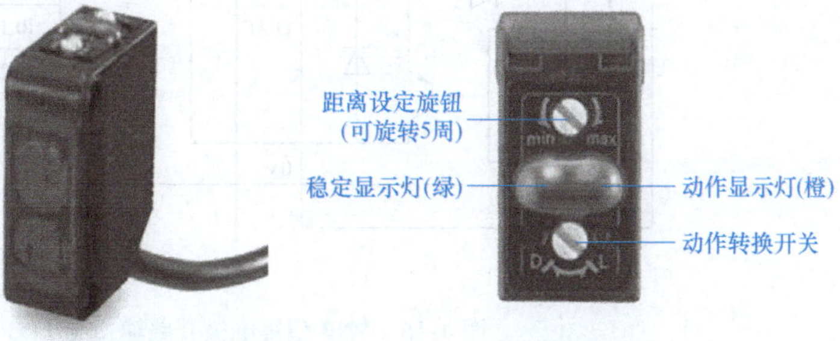

a) E3Z-LS63型光电开关的外形　　b) 调节旋钮和显示灯

图4-13　E3Z-LS63型光电开关的外形和调节旋钮、显示灯

（1）调节设定　如图4-13所示，E3Z-LS63型光电开关的顶部端面上有两个调节旋钮和两个显示灯。下边的旋钮进行模式的设定，上边的旋钮进行检测距离的设定。

1）模式设定。图4-13中动作选择开关的功能是选择受光动作（Light）或遮光动作（Drag）模式。即当此开关按顺时针方向充分旋转时（L侧），则进入检测打开（ON）模式；当此开关按逆时针方向充分旋转时（D侧），则进入检测关闭（OFF）模式。

2）检测距离的设定。检测距离的设定通过距离设定旋钮完成。调整距离时注意逐步轻微旋转，否则，充分旋转可能造成距离调节旋钮空转。调整的方法是，首先按逆时针方向将距离调节旋钮充分旋到最小检测距离（E3Z-LS63约为20mm），然后根据要求的距离放置被检测物体，按顺时针方向逐步旋转距离调节旋钮，找到传感器进入检测条件的点；拉开检测物体距离，按顺时针方向进一步旋转距旋钮调节器，找到传感器再次进入检测状态，一旦进入，向后旋转距离调节旋钮直到传感器回到非检测状态的点。两点之间的中点为稳定被检测物体的最佳位置。

（2）接线与安装

1）接线。光电开关按照其内部的光电元件来分，有NPN、PNP、NMOS、PMOS几种，其中NMOS与NPN型、PMOS与PNP型接线相同。各种开关均有棕色、蓝色、黑色连线，其中棕色线为电源线（+），蓝色线为电源线（-），黑色线为信号线。NPN型负载接在棕色线与黑色线之间，PNP型负载接在黑色线与蓝色线之间。不同类型光电开关的接线如图4-14和图4-15所示。

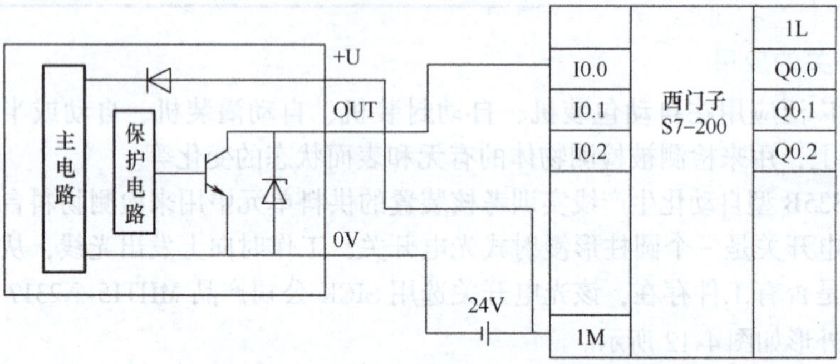

图4-14　NPN型集电极开路输出与PLC的连接

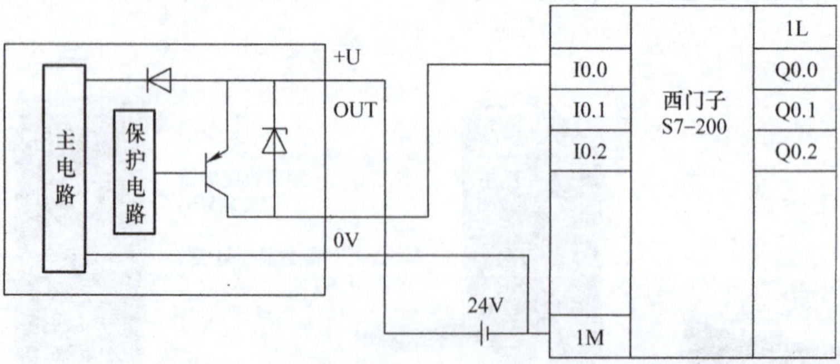

图4-15　PNP型集电极开路输出与PLC的连接

图4-14中输出（OUT）端通过开关管与0V连接，当光电开关动作时，开关管饱和导

通，OUT端与0V相通，输出0V低电平信号；NPN型集电极开路输出为0V，当输出（OUT）端与PLC输入相连时，电流从PLC的输入端流出，从PLC的公共端流入，此即为PLC的漏型电路形式，即NPN型集电极开路输出只能接漏型或者混合式输入电路形式的PLC。

图4-15中输出OUT端通过开关管与+U连接，当光电开关动作时，开关管饱和导通，OUT端与+U相通，输出+U高电平信号；PNP型集电极开路输出为+U高电平，当输出（OUT）端与PLC输入相连时，电流从PLC的输入端流入，从PLC的公共端流出，此即为PLC的源型电路形式，即PNP型集电极开路输出只能接源型或者混合式输入电路形式的PLC。

2）安装。接近开关的选用和安装必须认真考虑检测距离、设定距离，保证生产线上的开关可靠动作。安装距离说明如图4-16所示。

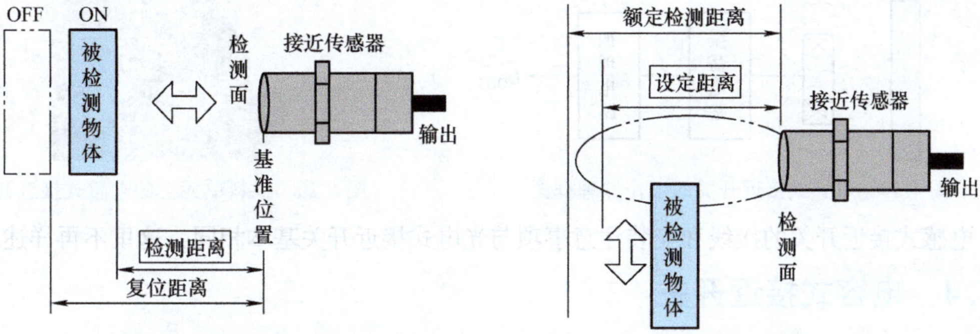

a) 检测距离　　b) 设定距离

图4-16　安装距离说明

4.1.3　电感式接近开关

1. 电感式接近开关的工作原理

电感式接近开关是利用电涡流效应制造的传感器，其外形及电气符号如图4-17和图4-18所示。电涡流效应是指，当金属物体处于一个交变的磁场中时，在金属内部会产生交变的电涡流，该涡流又会反作用于产生它的磁场这样一种物理效应。如果这个交变的磁场是由一个电感线圈产生的，则这个电感线圈中的电流就会发生变化，用于平衡涡流产生的磁场。利用这一原理，以高频振荡器（LC振荡器）中的电感线圈作为检测元件，当被测金属物体接近电感线圈时产生了涡流效应，引起振荡器振幅或频率的变化，由传感器的信号调理电路（包括检波、放大、整形、输出等电路）将该变化转换成开关量输出，从而达到检测目的。电感式接近开关的工作原理框图如图4-19所示。

2. 电感式接近开关的应用

电感式接近开关主要用来检测金属材料，比如在亚龙YL-335B型自动化生产线实训考核装置的供料单元中，为了检测待加工工件是否为金属材料，在供料管底座侧面安装了一个电感式接近开关，如图4-20所示。

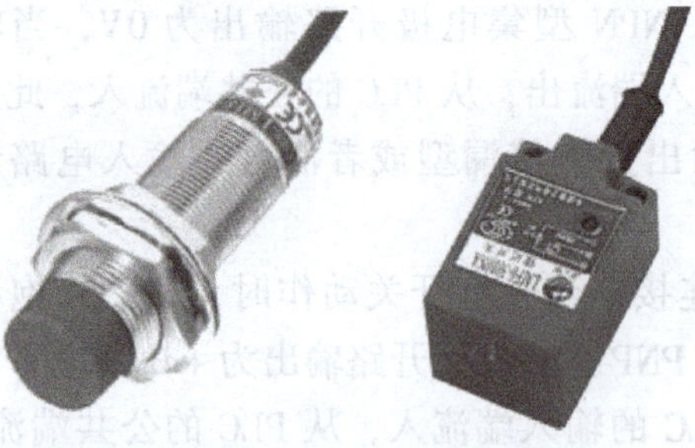

图 4-17　常用电感式接近开关的外形

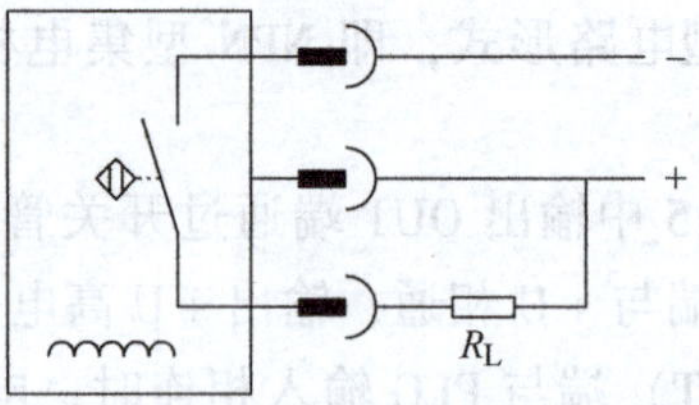

图 4-18　电感式接近开关的电气符号

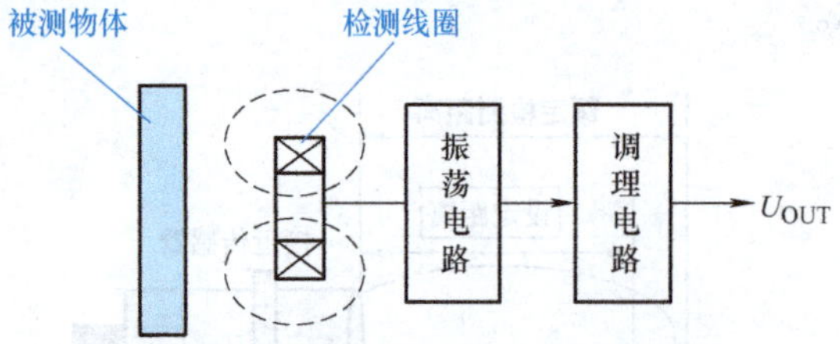

图 4-19　电感式接近开关的工作原理框图

图 4-20　供料单元上的电感式接近开关

电感式接近开关的接线和安装注意事项与光电式接近开关基本相同，这里不再详述。

4.1.4　电容式接近开关

1. 电容式接近开关的工作原理

电容式接近开关的外形和电气符号如图 4-21 和图 4-22 所示。电容式接近开关的测量端构成电容器的一个极板，而另一个极板是开关的外壳。这个外壳在测量过程中通常是接地或与设备的机壳相连接。当有物体移向接近开关时，不论它是否为导体，由于它的接近，总要使电容的介电常数发生变化，从而使电容量发生变化，使得和测量头相连的电路状态也随之发生变化，由此便可控制开关的接通或断开。电容式接近开关的工作原理如图 4-23 所示。

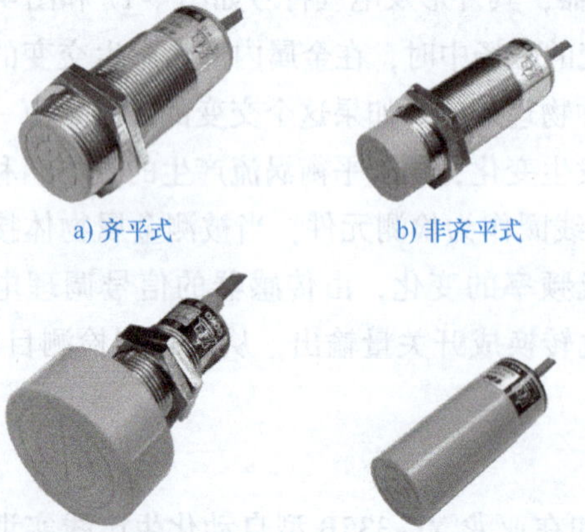

a) 齐平式　b) 非齐平式　c) 远距离式(大量程)　d) 全密封防水式

图 4-21　电容式接近开关的外形

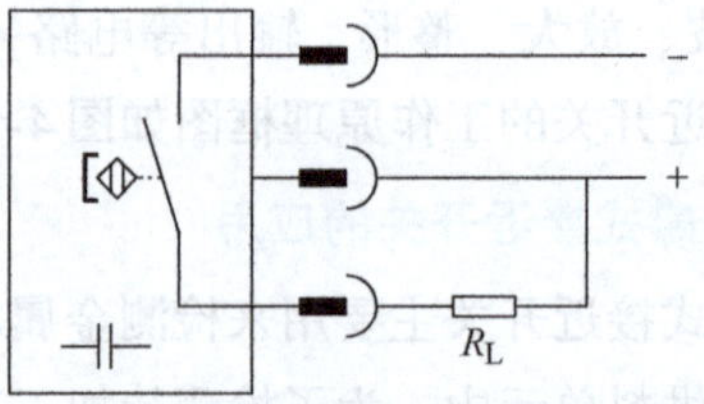

图 4-22　电容式接近开关的电气符号

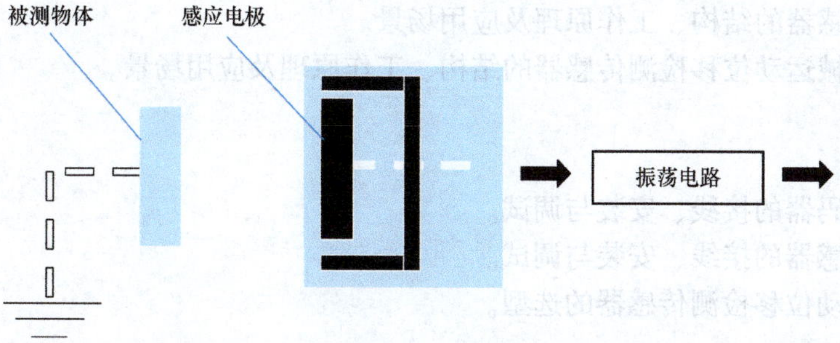

图 4-23　电容式接近开关的工作原理示意图

2. 电容式接近开关的应用

电容式接近开关不仅能检测金属，而且也能对非金属物质如塑料、玻璃、水、油等物质进行相应的检测。在检测非金属物体时，相应的检测距离因受被检测体的电导率、介电常数、体积吸水率等参数影响，而有所不同，对接地的金属导体有最大的检测距离。在实际应用中，主要用电容式接近开关检测非金属物质。调节接近开关尾部的灵敏度调节电位器，可以根据被测物不同来改变动作距离。电感式接近开关的接线和安装注意事项与光电式接近开关基本相同，这里不再详述。

4.1.5　霍尔式接近开关

1. 霍尔式接近开关的工作原理

当一块通有电流的金属或半导体薄片竖直地放在磁场中时，薄片的两端就会产生电位差，这种现象就称为霍尔效应。霍尔式接近开关就是利用了霍尔效应原理，当磁性物质靠近霍尔式接近开关时，开关检测面上的霍尔元件产生霍尔效应使得内部电路状态发生变化，控制开关的通断，由此判定附近是否有磁性物质。霍尔式接近开关的外形如图 4-24 所示。

图 4-24　霍尔式接近开关的外形

2. 霍尔式接近开关的应用

霍尔式接近开关具有无触点、低功耗、长使用寿命、高响应频率等特点，内部采用环氧树脂封灌成一体化，能够在各类恶劣环境下可靠地工作，广泛应用于接近开关、压力开关、里程表等，但其检测对象必须是磁性物质。霍尔式接近开关的输出端一般采用晶体管输出，和其他类型接近开关类似，有 NPN 型、PNP 型、常开型、常闭型、锁存型（双极性）输出之分。霍尔式接近开关的接线和安装注意事项与光电式接近开关类似，不再详述。另外，霍尔式接近开关安装时要注意磁铁的极性，若磁铁极性装反，则无法正常工作。

4.2　机械运动位移检测传感器

学习指南

知识点

① 光电编码器的结构、工作原理、分类及应用场景。

② 光栅传感器的结构、工作原理及应用场景。

③ 其他机械运动位移检测传感器的结构、工作原理及应用场景。

技能点

① 光电编码器的接线、安装与调试。

② 光栅传感器的接线、安装与调试。

③ 机械运动位移检测传感器的选型。

建议与指导

① 难点：光电编码器、光栅传感器的结构原理。

② 重点：各类机械运动位移检测传感器的配线、精度调整、选型等。

③ 建议：通过听课、在线学习、讨论等方式突破难点；通过实践训练习得重要技能点。

4.2.1 光电编码器

光电编码器是一种通过光电转换，将被测轴上的机械角位移量转换成脉冲或数字量的传感器，其外形如图 4-25 所示。光电编码器主要用于机器人、数控机床等伺服轴或运动部件的位移（角位移）和移动速度的检测。

1. 光电编码器的结构

光电编码器的内部结构如图 4-26 所示，主要由光源（带聚光镜和发射光电二极管）、光码盘、检测光栅板、接收光电晶体管及信号处理印制电路板组成。

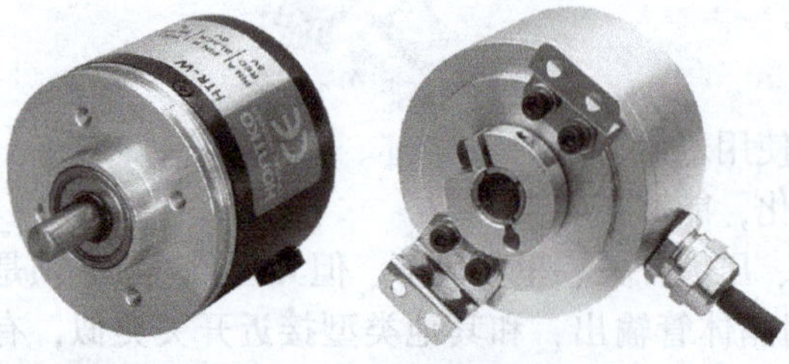

图 4-25 光电编码器的外形

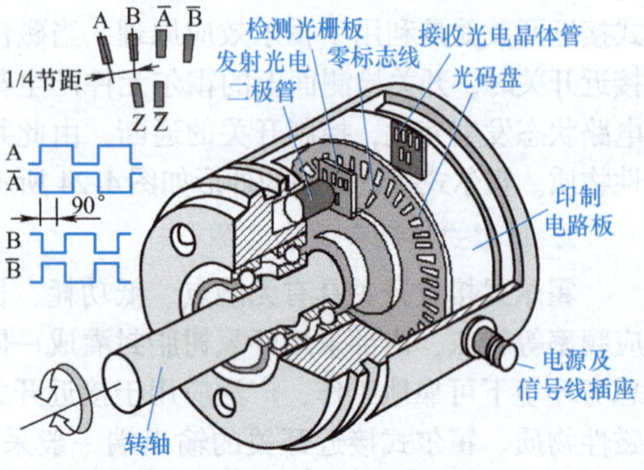

图 4-26 光电编码器的内部结构

图 4-27 所示为增量式光电编码器的光学原理。由图 4-27 可看出，在发射光电二极管和接收光电晶体管之间由检测光栅板与光码盘隔开，在光码盘上刻有栅缝（透光式）或镀膜反射（反射式）的 A 相、B 相条纹，光码盘可随被测转轴一起转动。在与光码盘很接近的距离上安装有检测光栅板，该光栅板不动，其上刻有与光码盘上 A 相、B 相条纹相差 1/4 节距即 90°的条纹。当光码盘随被测轴旋转时，每转过一个刻线（狭缝），就与不动的检测光栅板上条纹发生光干涉的明暗变化，经过光电晶体管转换为电脉冲信号，经放大、整形处理后，得到序列方波脉冲信号输出，送入计数器中计数，计数值就反映了被测轴转过的角度。

在光码盘上刻有一条零标志线 Z 相条纹，每转时发一个脉冲，作为机床回参考点的基准点。每两个零脉冲标志对应丝杠移动的直线距离，称之为一个“栅格”，它等于一个丝杠螺距。

光码盘分为透光式光码盘和反射式光码盘两种。

透光式光码盘由光学玻璃制成，玻璃表面在真空中镀一层不透明的膜，然后在圆周的半径方向上，用照相腐蚀的方法制成许多条可以透光的狭缝和不透光的刻线，刻线的数量可达几百条或几千条。

反射式光码盘一般是在玻璃圆盘的圆周上用真空镀膜的方法制成许多条可以反光的刻线，例如每转2500线，利用反射光进行测量，其发射光电二极管和接收光电晶体管位于光码盘的两侧。

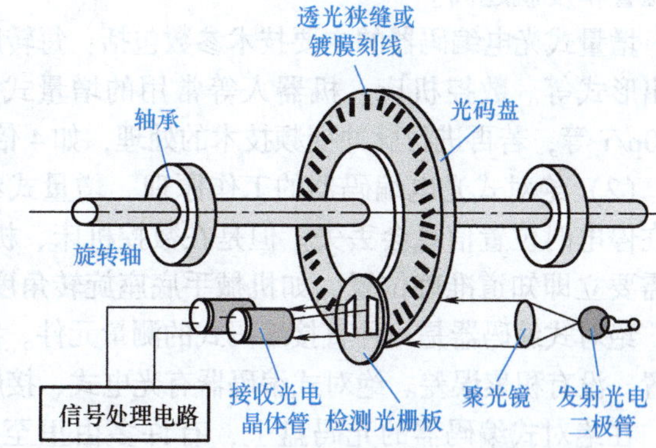

图 4-27　增量式光电编码器的光学原理

2. 光电编码器的工作原理

光电编码器根据工作原理与用途不同，常分为增量式光电编码器和绝对式光电编码器两类。

(1) 增量式光电编码器的工作原理　增量式光电编码器通过与被测轴一起转动时，对产生的序列方波脉冲计数来检测被测轴的旋转角度，如图4-28所示。

增量式光电编码器有A相、B相、Z相三条光栅，输出A相与B相两相脉冲信号相差90°电度角，从而可方便地判断出旋转方向。例如：当用B相的上升沿触发A相的状态时，若B相上升沿对应A相的“1”状态（高电平），则被测轴按顺时针方向旋转；若B相下降沿对应A相的“0”状态（低电平），则被测轴按逆时针方向旋转。

Z相为零点标志信号，每转1圈一个脉冲，可作为回参考点时的零点位置基准点。

为了抗干扰，光电编码器的输出信号常以差动方式输出，即A、$\overline{A}$、B、$\overline{B}$、Z、$\overline{Z}$。

在伺服电动机系统中，与伺服电动机同轴安装的增量式光电编码器，只要电动机转动，编码器就有脉冲输出。输出脉冲是有相位变化的A、B、Z三相序列脉冲，脉冲个数反映电动机转角的变化或进给轴坐标位置变化的增量值，而用光码盘和检测光栅板上的A、B相干涉条纹相位的变化来判别电动机的正反转。显然，光栅数目越多，每转脉冲数越多，所反映

光电编码器的工作原理

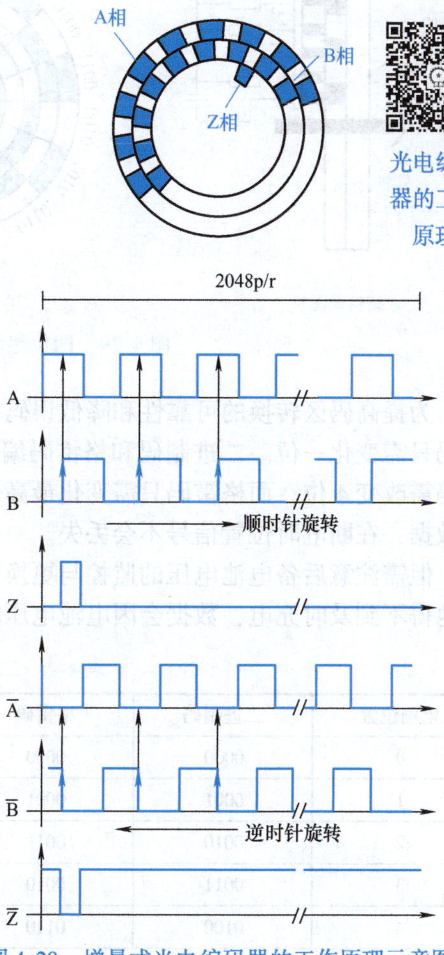

图 4-28　增量式光电编码器的工作原理示意图

的位置精度就越高。

增量式光电编码器的主要技术参数包括：每转脉冲数（p/r）、电源电压、输出信号相数和输出形式等。数控机床、机器人等常用的增量式编码器每转脉冲数有 2000p/r、2500p/r 和 3000p/r 等，若再进行脉冲变频技术的处理，如 4 倍频处理，位置测量精度能达到微米级。

（2）绝对式光电编码器的工作原理　增量式编码器在运动轴静止时没有信号输出，而且在停电时位置信息会丢失。但是在数控机床、机器人等的运动机械控制中常常要求一开机就需要立即知道准确位置，如机械手底座旋转角度位置信息，这就需要用绝对式编码器。

绝对式编码器是一种直接编码式的测量元件。它能把被测转角转换成相应代码指示的绝对位置，没有积累误差。绝对式编码器有光电式、接触式和电磁式三种，通常用光电式编码器。

在绝对式编码器的光码盘上，有许多由里至外的刻线码道，每道刻线依次以 2 线、4 线、8 线、16 线编排，这样，在编码器的每一个位置，通过 n 个光栅读取每道刻线的明、暗可获得一组从 2^0 向 2^{n-1} 变化的唯一编码，称为 n 位绝对式编码器。现以接触式四位绝对式光电编码器为例，来说明其工作原理，如图 4-29 所示。

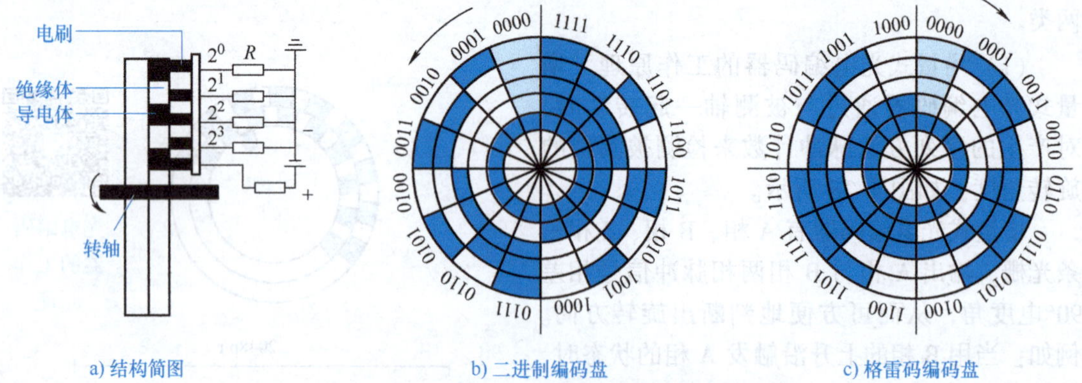

图 4-29　四位绝对式光电编码器的工作原理

为提高码区转换的可靠性和降低误码率，常采用格雷码。格雷码的特点是当码区转换时编码只需变化一位。二进制码和格雷码编码见表 4-2，当第 7 码区向第 8 码区转换时，二进制码需改变 4 位，而格雷码只需变化最高位 1 位。绝对式光电编码器一般都带有后备电池保护数据，在断电时位置信号不会丢失。

但需注意后备电池电压的监控与更换，特别是对长久不开的数控机床，绝对编码器后备电池得不到及时充电，数据会因电池电压的不足而丢失。

表 4-2　二进制码和格雷码编码

电刷位置	二进制码	格雷码	电刷位置	二进制码	格雷码
0	0000	0000	5	0101	0111
1	0001	0001	6	0110	0101
2	0010	0011	7	0111	0100
3	0011	0010	8	1000	1100
4	0100	0110	9	1001	1101

（续）

电刷位置	二进制码	格雷码	电刷位置	二进制码	格雷码
10	1010	1111	13	1101	1011
11	1011	1110	14	1110	1001
12	1100	1010	15	1111	1000

3. 四倍频技术与分辨力

在数控机床位置控制中，为提高分辨力，常对A相、B相差动脉冲信号的上升沿与下降沿进行微分处理，得到一个新的四倍频脉冲信号，如图4-30所示。显然，经四倍频处理后提高了光码盘的位置分辨力与反馈精度。

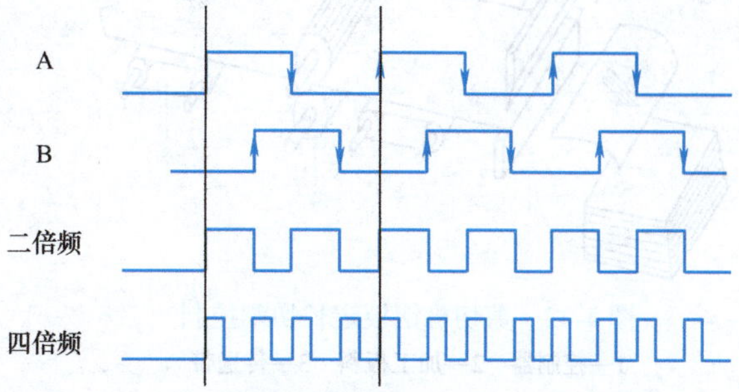

图4-30　增量式光电编码器的四倍频信号

例如：当选用脉冲编码器的脉冲数为2000p/r（脉冲/转）时，进给伺服电动机直接驱动滚珠丝杠带动刀架或工作台，丝杠螺距L_0若为8mm，经四倍频细分后，光电编码器脉冲数变为8000p/r，则位置分辨力或反馈精度为

$$位置分辨力=\frac{L_0}{编码器脉冲数\times4}=\frac{8\times10^3}{2000\times4}\mu m=1\mu m$$

机床厂常以此计算公式来初选伺服电动机编码器的脉冲数（p/r），因为脉冲数越高价格越高。

4. 光电编码器的应用

（1）常见应用场景　光电编码器常安装在数控机床或机器人的伺服电动机或主轴电动机内的尾端同轴上，构成一个整体，如图4-31所示。光电编码器在机械自动化中还有其他很多用途，通过传动机构如滚珠丝杠间接测量机床运动部件位移，以实现伺服电动机旋转角度的精确控制；也可以用1:1的齿轮传动或同步带安装在主轴转动机构上，用于主轴速度测量与反馈。例如，图4-32所示剪切机钢板定长切割控制中用到了增量式光电编码器，而在图4-33所示转盘工位控制中则用到了绝对式光电编码器。因为钢板定长切割每次定长计量可归零，而后者则要求转盘转完一个工位后记忆当前工位位置。

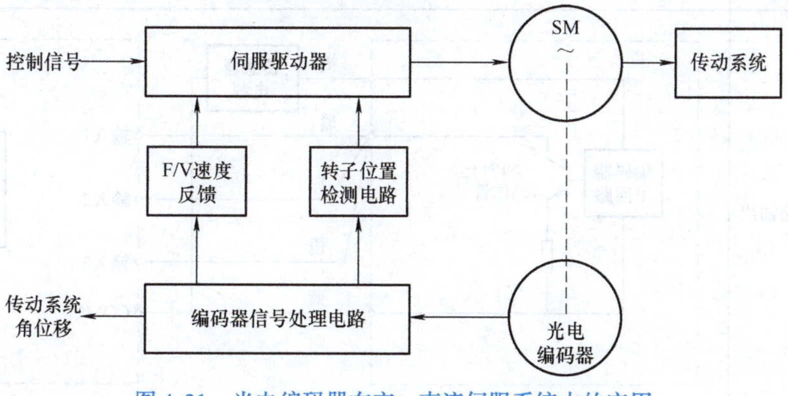

图4-31　光电编码器在交、直流伺服系统中的应用

光电编码器的应用

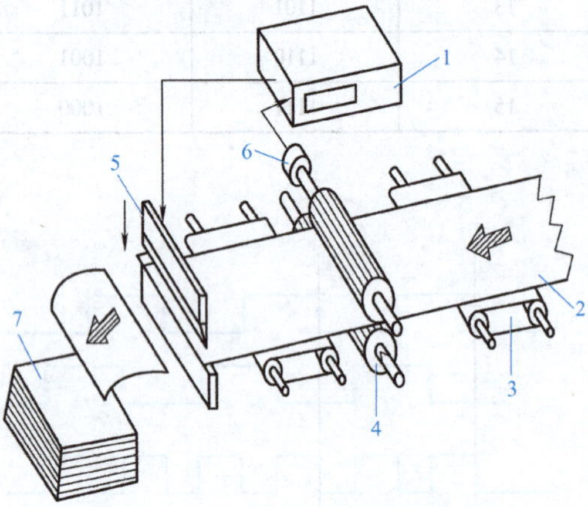

图 4-32 剪切机钢板定长切割控制

1—控制器 2—加工板料 3—传送带 4—进给驱动轮 5—切刀 6—增量式编码器 7—成品

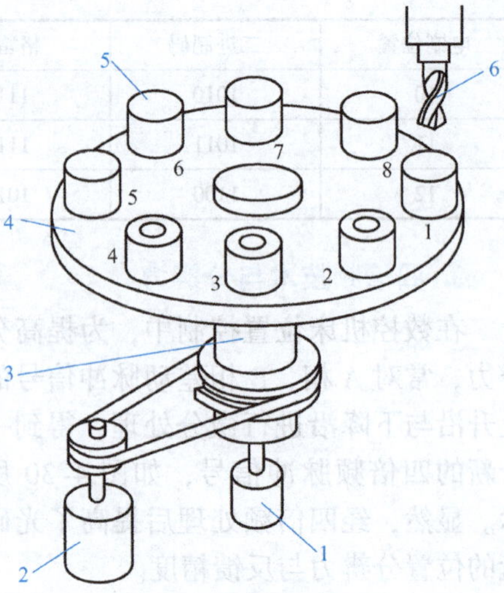

图 4-33 转盘工位控制

1—绝对式编码器 2—伺服电动机 3—转轴 4—转盘 5—工件 6—刀具

（2）编码器接线 常用的增量式编码器，可以直接将输出脉冲接入伺服驱动器上的编码器接口，也可以直接接入 PLC 高速计数器接口，利用 PLC 的高速计数器对其脉冲信号进行计数，以获得测量结果。不同型号的编码器，其输出脉冲的相数也不同，有的旋转编码器输出 A、B、Z 三相脉冲，有的只有 A、B 相两相，最简单的只有 A 相。另外，增量式光电编码器的信号输出有集电极开路输出、电压输出、线驱动输出和推挽式输出等多种信号形式，不同输出信号形式的编码器接线有所区别，具体接线时应根据实际电器器件考虑。

一般的三相编码器有 5 条引线（褐色、黑色、白色、橙色、蓝色），其中 3 条是脉冲输出线（黑色、白色、橙色），1 条是 COM 端线，1 条是电源线。编码器的电源可以是外接电源，也可直接使用 PLC 的 DC 24V 电源。A、B、Z 三相脉冲输出线直接与 PLC 的输入端连接，连接时要注意 PLC 输入的响应时间。旋转编码器还有一条屏蔽线，使用时要将屏蔽线接地，以提高抗干扰性。编码器与 PLC 的接线方式见表 4-3。

表 4-3 编码器与 PLC 的接线方式

接线方式	接线原理图
NPN 集电极开路输出	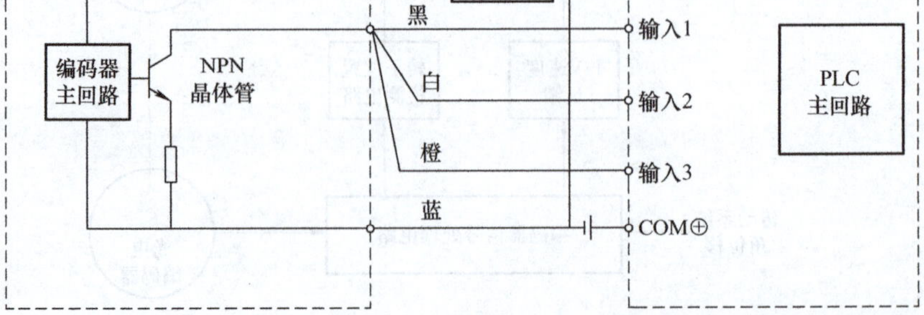

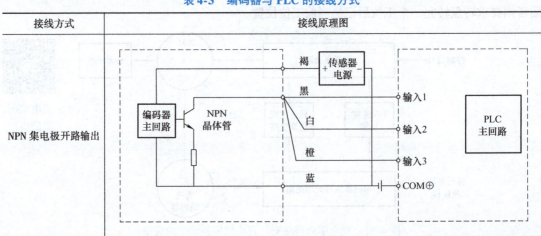

（续）

接线方式	接线原理图
PNP 集电极开路输出	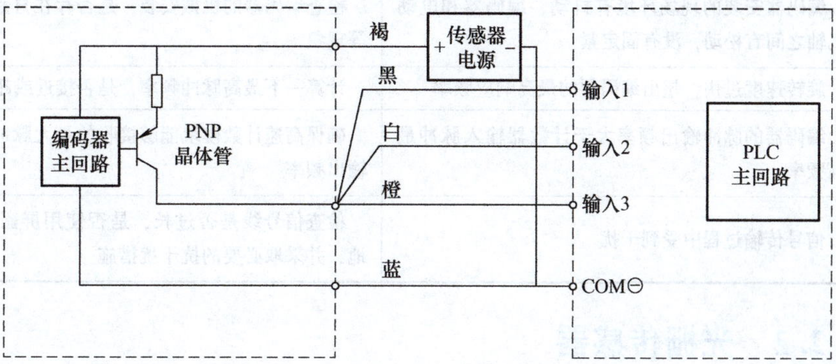

5. 编码器使用的常见问题

（1）编码器选型时要考虑的参数　在编码器选型时，可以综合考虑以下几个参数，见表4-4。

表4-4　编码器选型参数及其含义

参　数	含　义
编码器类型	根据应用场合和控制要求确定选用增量式编码器还是绝对式编码器
输出信号类型	对于增量式编码器根据需要确定输出接口类型（源型、漏型）
信号电压等级	确认信号的电压等级（DC 24V、DC 5V 等）
最大输出频率	根据应用场合和需求确认最大输出频率及分辨力、位数等参数
安装方式、外形尺寸	综合考虑安装空间、机械强度、轴的状态、外观规格、机械寿命等要求

（2）判断编码器好坏的方法　可以通过以下几种方法判断编码器的好坏：将编码器接入PLC的高速计数模块，通过读取实际脉冲个数或码值来判断编码器输出是否正确；通过示波器查看编码器的输出波形，根据实际的输出波形来判断编码器是否正常；通过万用表的电压档来测量编码器输出信号电压来判断编码器是否正常。使用万用表判断编码器好坏具体操作方法见表4-5。

表4-5　使用万用表判断编码器好坏具体操作方法

编码器输出类型	操作方法及判定
NPN 晶体管输出	用万用表测量电源正极和信号输出线之间的电压，导通时输出电压接近供电电压，关断时输出电压接近0V
PNP 晶体管输出	用万用表测量电源负极和信号输出线之间的电压，导通时输出电压接近供电电压，关断时输出电压接近0V

（3）计数不准确的原因及相应的避免措施　在实际应用中，导致计数或测量不准确的原因很多，其中主要原因及相应的避免措施见表4-6。

表 4-6 计数不准确的原因及相应的避免措施

原因	措施
编码器安装的现场环境有抖动，编码器和电动机轴之间有松动，没有固定紧	检查编码器的机械安装，是否存在打滑、跳齿、齿轮齿隙过大等现象
旋转速度过快，超出编码器的最高响应频率	计算一下最高脉冲频率，是否接近或超过了极限值
编码器的脉冲输出频率大于计数器输入脉冲最高频率	确保高速计数模块能够接收的最大脉冲频率大于编码器的脉冲输出频率
信号传输过程中受到干扰	检查信号线是否过长，是否使用屏蔽双绞线，按要求做好接地，并采取必要的抗干扰措施

4.2.2 光栅传感器

光栅传感器的结构与工作原理

光栅传感器是一种非接触式光电测量系统，它利用光衍射现象产生干涉条纹的原理制成，其实物图如图 4-34 所示。光栅传感器也称为光栅尺，其精度高（可达 1μm 以上）、响应快、量程大，广泛应用于机床直线位移或角位移的精密测量。光栅尺常分为长光栅尺和圆光栅尺，长光栅尺测量长度，圆光栅尺测量角度。

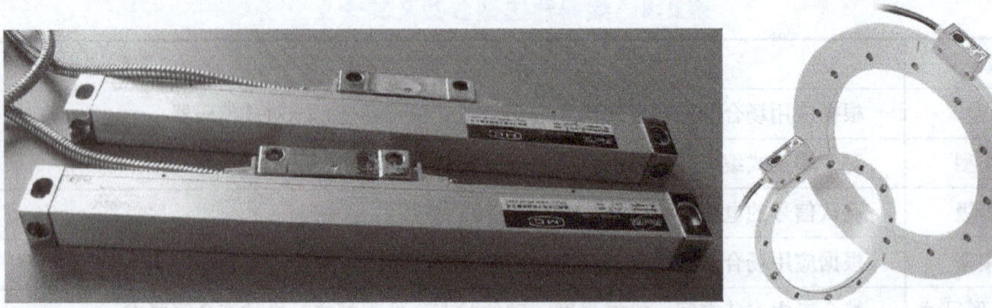

图 4-34 光栅传感器实物图

1. 光栅尺的结构

以长光栅尺为例，其结构如图 4-35 所示。它是由主光栅（标尺光栅）、指示光栅（读数头光栅）、光源（发射光电二极管）和光电接收器件（接收光电二极管）组成。主光栅长（同最大行程），指示光栅短。

在两个光栅上刻有条纹（光刻或镀膜），其密度一般为 25 条/mm、50 条/mm、100 条/mm 等。标尺光栅装在机床运动部件上，称为“动尺”；读数头光栅则装在机床固定部件上，称为“定尺”。当运动部件带动“动尺”移动时，读数头光栅也随之产生相对移动。

2. 光栅尺的工作原理

光栅尺的指示光栅与主光栅平行安装，之间保持很小距离（0.05～0.1mm），并使它们的刻线互相倾斜小角度 θ，如图 4-36 所示。当主光栅随工作台移动时，在光源照射下，由于主光栅、指示光栅刻线的挡光作用和光的衍射作用，在与刻线垂直的方向上就会产生明暗交替、上下移动、间隔相等的干涉条纹，称为莫尔条纹。

由图 4-36 可看出，光栅尺每移过一个栅距 W，莫尔条纹也恰好移动一个节距 B。若用光电器件将这种干涉条纹明暗相间的变化接收、转换成电脉冲数，用计数器记录脉冲数，测得莫尔条纹移过的数目，便可得主光栅尺移动的距离，即被测机械的移动距离。

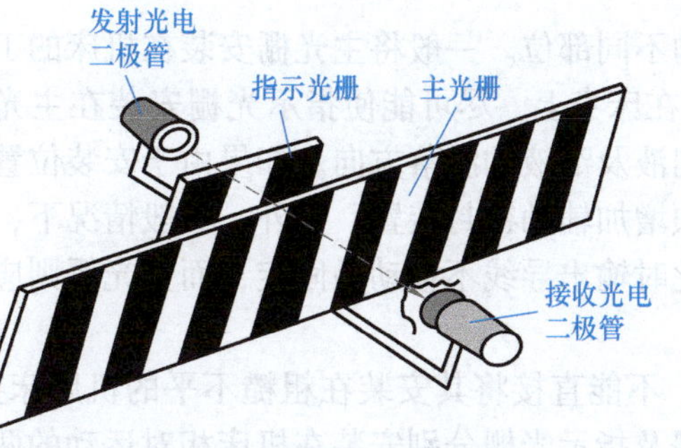

图 4-35　长光栅尺的结构示意图

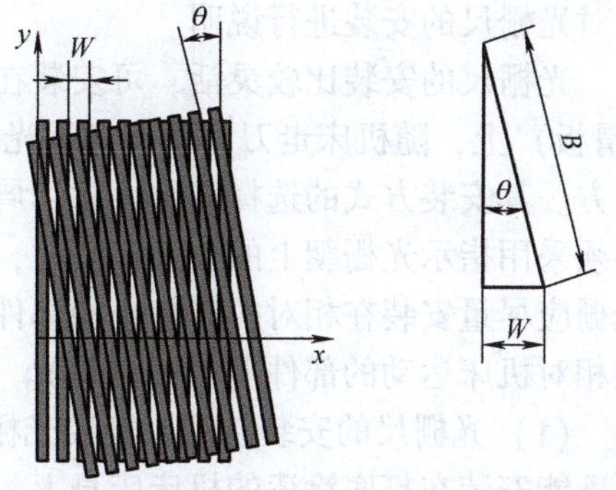

图 4-36　莫尔条纹的原理

指示光栅与主光栅因光干涉产生的莫尔条纹，具有位移的光学放大作用，即把极细微的栅距 W 变化，放大为很宽的莫尔条纹节距 B 的变化。这是因为当两者交角 θ 很小时，主光栅栅距 W 即主光栅随机械单位移动量，总位移 $X=NW$。其中，N 为莫尔条纹移过的数目，与莫尔条纹节距 B 有下列关系，当取 θ 角足够小时有近似式：

$$B=\frac{W}{\sin\theta}\approx\frac{W}{\theta}$$

由此可知，改变 θ 的大小可调整莫尔条纹的宽度，θ 越小，B 越大，这相当于把栅距放大了 $1/\theta$ 倍。例如，对于刻线密度为 100 条/mm 的光栅，其 $W=0.01\text{mm}$，如果通过调整，使 θ 足够小，例如 $\theta=0.001\text{rad}$（0.057°），则 $B=0.01\text{mm}/0.001=10\text{mm}$，其放大倍数为 1000 倍，从而无需复杂的光学系统，简化了电路，大大提高了精度，这是莫尔条纹独有的一个重要特性。

3. 光栅尺测量系统的电路工作原理

光栅尺测量系统的电路工作原理框图如图 4-37 所示。光栅尺随机床运动机械如工作台移动时，产生的莫尔条纹明暗信号的变化，可用光电元件接收。图 4-37 中 a、b、c、d 是四块光电池，它们产生的信号相位彼此相差 90°，经过差动放大、整形、方向判别，最后利用这个相位差控制正反向脉冲计数，从而可测量正反向位移。

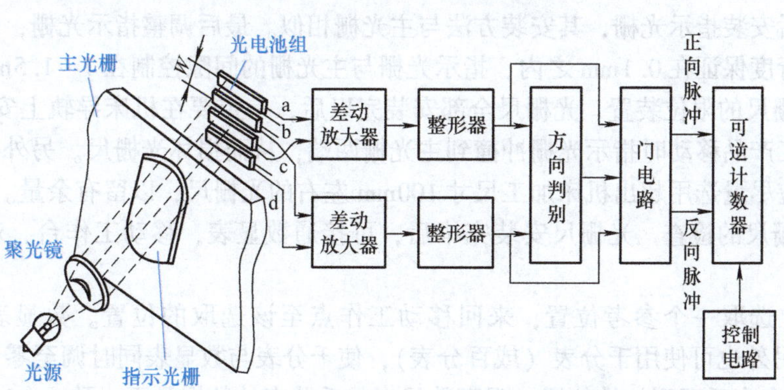

图 4-37　光栅尺测量系统的电路工作原理框图

4. 光栅尺的接线与安装

光栅尺的信号输出和编码器的输出原理大同小异，接线方式基本相同，这里不再阐述，仅对光栅尺的安装进行说明。

光栅尺的安装比较灵活，可安装在机床的不同部位。一般将主光栅安装在机床的工作台（滑板）上，随机床走刀而动，指示光栅固定在床身上，尽可能使指示光栅安装在主光栅的下方。其安装方式的选择必须注意切屑、切削液及油液的溅落方向。如果由于安装位置限制必须采用指示光栅朝上的方式安装时，则必须增加辅助密封装置。另外，一般情况下，指示光栅应尽量安装在相对机床静止的部件上，此时输出导线不移动易固定，而主光栅则应安装在相对机床运动的部件上（如滑板）。

（1）光栅尺的安装基面　安装光栅尺时，不能直接将其安装在粗糙不平的机床床身上，更不能安装在打底涂漆的机床床身上。主光栅及指示光栅分别安装在机床相对运动的两个部件上。用千分表检查机床工作台的主光栅安装面与导轨运动方向的平行度。千分表固定在床身上，移动工作台，要求达到平行度为0.1mm/1000mm以内。如果不能达到这个要求，则需设计加工一个主光栅基座。

基座一般应加一根与光栅尺主光栅长度相等的基座（最好基座长出光栅尺50mm左右）；基座通过铣、磨工序加工，保证其平面平行度在0.1mm/1000mm以内。另外，还需加工一个与主光栅基座等高的指示光栅基座。指示光栅基座与主光栅基座的总误差不得大于±0.2mm。安装时，调整指示光栅位置，达到指示光栅与光栅尺主光栅的平行度为0.1mm左右，指示光栅与光栅尺主光栅之间的间距为1～1.5mm。

（2）光栅尺主光栅的安装　将主光栅用M4螺钉装在机床的工作台安装面上，但不要拧紧，把千分表固定在床身上，移动工作台（主光栅与工作台同时移动）。用千分表测量主光栅平面与机床导轨运动方向的平行度，调整主光栅上M4螺钉的位置，当主光栅的平行度满足0.1mm/1000mm以内时，拧紧M4螺钉。

在安装主光栅时，应注意：在装主光栅时，如果安装长度超过1.5m以上的光栅时，不能像桥梁式只安装两端头，而需在整个主光栅中有支撑；在有基座的情况下安装好后，最好用一个夹子夹住主光栅中点（或几点）；不能安装夹子时，最好用玻璃胶粘住主光栅，使基座与主光栅固定好。

（3）光栅尺指示光栅的安装　在安装指示光栅时，首先应保证指示光栅的基面达到安装要求，然后安装指示光栅，其安装方法与主光栅相似。最后调整指示光栅，使指示光栅与主光栅的平行度保证在0.1mm之内，指示光栅与主光栅的间隙控制在1～1.5mm。

（4）光栅尺的限位装置　光栅尺全部安装完以后，一定要在机床导轨上安装限位装置，以免机床加工产品移动时指示光栅冲撞到主光栅两端，从而损坏光栅尺。另外，用户在选购光栅尺时，应尽量选用超出机床加工尺寸100mm左右的光栅尺，以留有余量。

（5）光栅尺的检查　光栅尺安装完毕后，可接通数显表，移动工作台，观察数显表计数是否正常。

在机床上选取一个参考位置，来回移动工作点至该选取的位置。数显表读数应相同（或回零）。另外也可使用千分表（或百分表），使千分表与数显表同时调至零（或记忆起始数据），往返多次后回到初始位置，观察数显表与千分表的数据是否一致。

通过以上工作，光栅尺就安装完成了。但对于一般的机床加工环境来讲，切屑、切削液及油污较多，因此，光栅尺应附带加装护罩。护罩的设计是按照光栅尺的外形截面放大并留一定的空间尺寸确定的，护罩通常采用橡胶密封，使其具备一定的防水防油能力。

5. 光栅尺的使用注意事项

1）光栅尺与数显表插头座插拔时应关闭电源后进行。

2）尽可能外加保护罩，并及时清理溅落在光栅尺上的切屑和油液，严格防止任何异物进入光栅尺壳体内部。

3）定期检查各安装连接螺钉是否松动。

4）为延长防尘密封条的寿命，可在密封条上均匀涂上一薄层硅油，注意勿溅落在玻璃光栅刻划面上。

5）为保证光栅尺使用的可靠性，可每隔一定时间用乙醇混合液（乙醇和水的体积分数各50%）清洗擦拭主光栅面及指示光栅面，保持玻璃光栅面清洁。

6）光栅尺严禁剧烈振动及摔打，以免破坏光栅尺，如果光栅尺断裂，光栅尺即失效了。

7）不要自行拆开光栅尺，更不能任意改动主光栅与指示光栅的相对间距，否则一方面可能破坏光栅尺的精度；另一方面还可能造成主光栅与指示光栅的相对摩擦，损坏镀层也就损坏了栅线，从而造成光栅尺报废。

8）应注意防止油污及水污染光栅面，以免破坏光栅尺上的条纹分布，引起测量误差。

9）光栅尺应尽量避免在有严重腐蚀作用的环境中工作，以免腐蚀光栅镀层及光栅表面，破坏光栅尺质量。

4.2.3　其他机械运动位移传感器

在一些特殊场合还会用到感应同步器、磁栅尺等传感器测量机械运动位移。

1. 感应同步器

（1）感应同步器的结构　感应同步器是利用两个平面印制电路绕组的电磁感应原理制成的位移测量装置。按结构和用途可分为直线感应同步器和圆盘式感应同步器两类，前者用于测量直线位移，后者用于测量角位移。

直线感应同步器由定尺和滑尺组成，如图4-38所示。定尺较长（200mm以上，可根据测量行程的长度选择不同规格长度），上面刻有均匀节距的绕组；滑尺表面刻有两个绕组，即正弦绕组和余弦绕组，如图4-39所示。当余弦绕组与定子绕组相位相同时，正弦绕组与

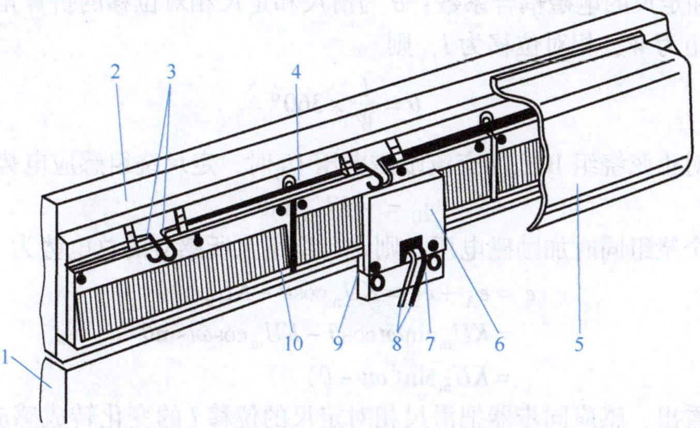

图4-38　直线感应同步器的结构示意图

1—固定部件　2—运动部件　3—定尺绕组引线　4—定尺座　5—防护罩
6—滑尺　7—滑尺座　8—滑尺绕组引线　9—调整垫　10—定尺

定子绕组错开 1/4 节距，即 $W/4$。定尺固定在固定部件上，滑尺固定在移动部件上，滑尺在通有电流的定尺表面相对运动，产生感应电势。

圆盘式感应同步器的绕组如图 4-40 所示，其转子相当于直线感应同步器的滑尺，定子相当于定尺，而且定子绕组中的两个绕组也错开 1/4 节距。

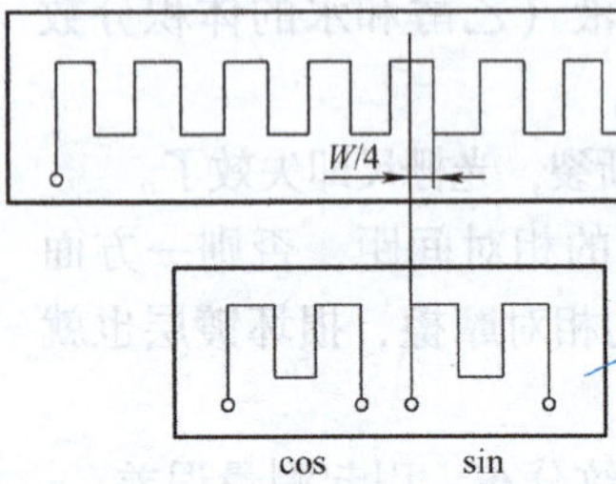

图 4-39 定尺、滑尺的结构示意图

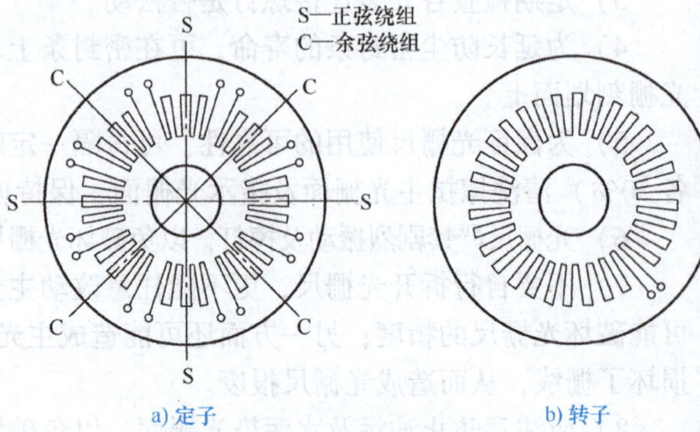

图 4-40 圆盘式感应同步器的绕组

（2）感应同步器的原理　感应同步器根据其励磁绕组供电电压形式不同，分为鉴相测量方式和鉴幅测量方式。

所谓鉴相测量方式就是根据感应电势的相位来鉴别位移量。如果将滑尺的正弦绕组和余弦绕组分别供给幅值、频率均相等，但相位相差 90° 的励磁电压，即 $U_A = U_m\sin\omega t$，$U_B = U_m\cos\omega t$ 时，则定尺上的绕组由于电磁感应作用产生与励磁电压同频率的交变感应电势。

图 4-41 说明了感应电势幅值与定尺和滑尺相对位置的关系。如果只对余弦绕组 A 加交流励磁电压 U_A，则绕组 A 中有电流通过，因而在绕组 A 周围产生交变磁场。在图中 1 位置，定尺和滑尺绕组 A 完全重合，此时磁通交链最多，因而感应电势幅值最大。在图中 2 位置，定尺绕组交链的磁通相互抵消，因而感应电势幅值为零。滑尺继续滑动的情况见图中 3、4、5 位置。可以看出，滑尺在定尺上滑动一个节距，定尺绕组感应电势变化了一个周期，即

$$e_A = KU_A\cos\theta$$

式中，K 为滑尺和定尺的电磁耦合系数；θ 为滑尺和定尺相对位移的折算角。

若绕组的节距为 W，相对位移为 l，则

$$\theta = \frac{l}{W} \times 360°$$

同样，当仅对正弦绕组 B 施加交流励磁电压 U_B 时，定尺绕组感应电势为

$$e_B = -KU_B\sin\theta$$

对滑尺上两个绕组同时加励磁电压，则定尺绕组上所感应的总电势为

$$\begin{aligned} e &= e_A + e_B = KU_A\cos\theta - KU_B\sin\theta \\ &= KU_m\sin\omega t\cos\theta - KU_m\cos\omega t\sin\theta \\ &= KU_m\sin(\omega t - \theta) \end{aligned}$$

由此式可以看出，感应同步器把滑尺相对定尺的位移 l 的变化转成感应电势相位角 θ 的变化。因此，只要测得相位角 θ，就可以知道滑尺的相对位移 l，即

$$l = \frac{\theta}{360°}W$$

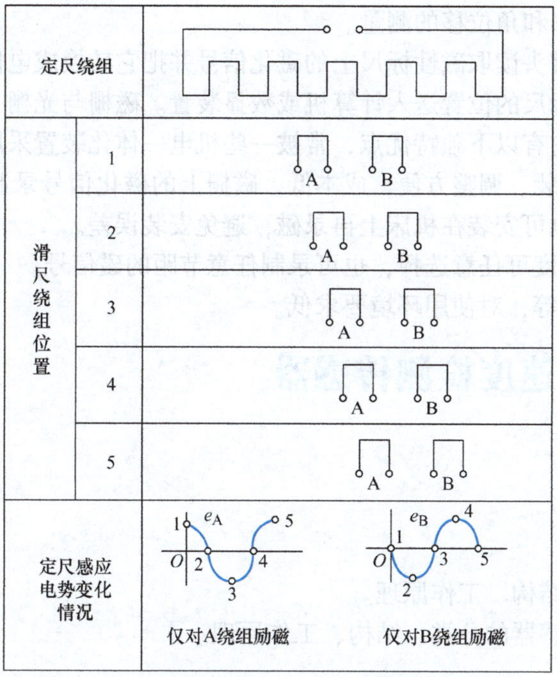

图 4-41 滑尺绕组位置与定尺感应电势幅值的变化关系

所谓鉴幅测量方式就是根据感应电势的幅值来鉴别位移量。在滑尺的两个绕组上施加频率和相位均相同，但幅值不同的交流励磁电压 U_A 和 U_B。

$$U_A = U_m \sin\theta_1 \sin\omega t$$

$$U_B = U_m \cos\theta_1 \sin\omega t$$

式中，θ_1 为指令位移角。

设此时滑尺绕组与定尺绕组的相对位移角为 θ，则定尺绕组上的感应电势为

$$\begin{aligned} e &= KU_A \cos\theta - KU_B \sin\theta \\ &= KU_m(\sin\theta_1 \cos\theta - \cos\theta_1 \sin\theta)\sin\omega t \\ &= KU_m \sin(\theta_1 - \theta)\sin\omega t \end{aligned}$$

此式把感应同步器的位移与感应电势幅值 $KU_m \sin(\theta_1 - \theta)$ 联系起来，当 $\theta_1 = \theta$ 时，$e = 0$。这就是鉴幅测量方式的基本原理。

(3) 感应同步器的应用　在感应同步器工作时，定尺和滑尺相互平行安装，其间有 (0.25 ± 0.05)mm 的间隙，间隙的大小会影响电磁耦合度。感应同步器具有较高的测量精度和分辨力，工作可靠，抗干扰能力强，使用寿命长。

目前直线式感应同步器的测量精度可达 1.5μm，分辨力可达 0.05μm，并可测量较大位移。感应同步器广泛应用于数控坐标镗床、坐标铣床及其他数控机床的定位、控制和数显等。旋转式感应同步器常用于雷达天线定位跟踪、精密机床或测量仪器分度装置等。

2. 磁栅尺

磁栅尺（简称磁栅）是一种录有等节距磁化信号的磁性标尺或磁盘，是一种高精度的位置检测装置，可用于数控系统的位置测量，其录磁和拾磁原理与普通磁带相似。

磁栅测量装置由磁性标尺、拾磁磁头和测量电路组成，按结构可分为直线磁栅和圆磁

栅，分别用于直线位移和角位移的测量。

在检测过程中，磁头读取磁性标尺上的磁化信号并把它转换成电信号，然后通过检测电路把磁头相对于磁性标尺的位置送入计算机或数显装置。磁栅与光栅、感应同步器相比，测量精度略低一些。但它有以下独特优点，常被一些机电一体化装置采用。

1）制作简单，安装、调整方便，成本低。磁栅上的磁化信号录制完成后，若发现不符合要求可抹去重录，也可安装在机床上再录磁，避免安装误差。

2）磁性标尺的长度可任意选择，也可录制任意节距的磁信号。

3）耐油污、灰尘等，对使用环境要求低。

4.3 机械运动速度检测传感器

学习指南

知识点

① 测速发电机的结构、工作原理。

② 光电式转速传感器的分类、结构、工作原理。

技能点

① 测速发电机的选型、接线、安装与调试。

② 光电式转速传感器的选型、接线、安装与调试。

建议与指导

① 难点：光电式转速传感器的原理。

② 重点：测速发电机的选型与应用。

③ 建议：通过听课、在线学习、讨论等方式突破难点；通过实践训练习得重要技能点。

4.3.1 测速发电机

测速发电机是利用发电机的原理，测量机械旋转速度的传感器。

以直流测速发电机为例，如图 4-42 所示，当位于永久磁场中的转子线圈随机械设备以转速 n 旋转时，因切割磁力线，在线圈两端将产生空载感应电动势 E_0，根据法拉第定律可知：

$$E_0 = C_e \phi_0 n$$

式中，C_e为电势常数；ϕ_0为磁通。

可见，输出感应电压与旋转速度成正比，可用于角速度测量。如果与伺服电动机轴相连，可做速度反馈。

测速发电机分为电磁式（定子有两组在空间互成 90°的绕组）和永磁式两种，常用永磁式。

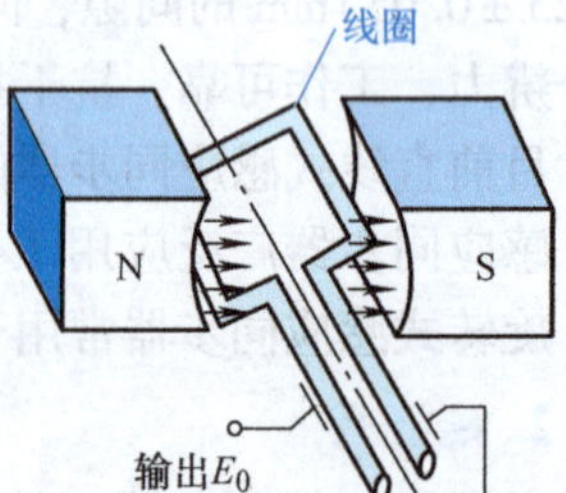

图 4-42 直流测速发电机的工作原理

4.3.2 光电式转速传感器

1. 直射式光电转速传感器

直射式光电转速传感器主要由开孔圆盘、光源、光电元件等组成，其结构示意图如图4-43所示。开孔圆盘的输入轴与被测轴相连接，光源发出的光通过开孔圆盘和缝隙板照射到光电元件上被光电元件所接收，将光信号转为电信号输出。开孔圆盘上有许多小孔，开孔圆盘旋转一周，光电元件输出的电脉冲个数等于圆盘的开孔数，因此，可通过测量光电元件输出的脉冲频率得到被测转速，即

$$n=f/N$$

式中，n 为转速；f 为脉冲频率；N 为圆盘开孔数。

2. 反射式光电转速传感器

反射式光电转速传感器主要由旋转部件、反光片（或反光贴纸）、反射式光电传感器组成，其结构示意图如图4-44所示。反射式光电传感器在被测转轴上设有反射记号，由光源发出的光线通过透镜和半透膜入射到被测转轴上。转轴转动时，反射记号对投射光点的反射率发生变化。反射率变大时，反射光线经透镜投射到光电元件上即发出一个脉冲信号；反射率变小时，光电元件无信号。在可以进行精确定位的情况下，在被测部件上对称安装多个反光片或反光贴纸会取得较好的测量效果。由于测试距离近且测试要求不高，仅在被测部件上安装了一片反光贴纸，因此，当旋转部件上的反光贴纸通过光电传感器前时，光电传感器的输出就会跳变一次。通过测出这个跳变频率 f，就可知道转速 n，即

$$n=f$$

如果在被测部件上对称安装多个反光片或反光贴纸，那么，$n=f/N$。N 为反光片或反光贴纸的数量。

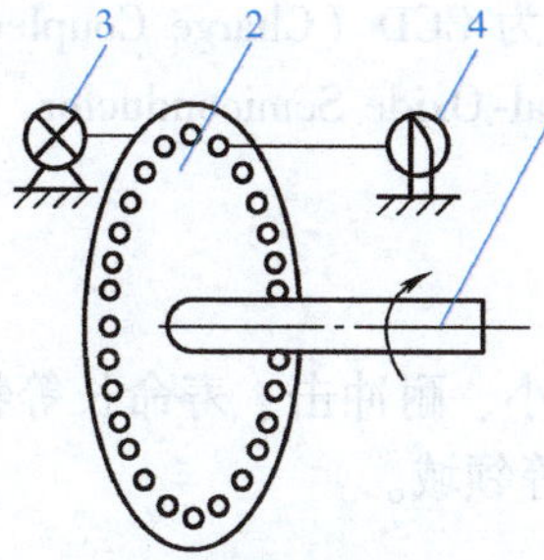

图4-43 直射式光电转速传感器的结构示意图

1—被测轴 2—圆盘 3—光源 4—光电管

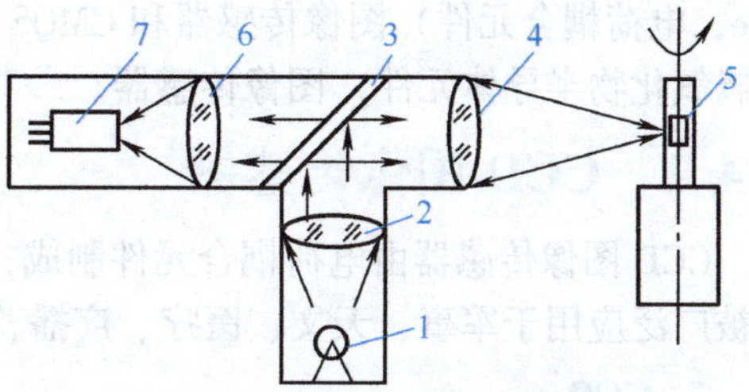

图4-44 反射式光电转速传感器的结构示意图

1—光源 2、4、6—透镜 3—半透明膜片 5—被测轴 7—光电管

3. 投射式光电转速传感器

投射式光电转速传感器主要由光源、透镜、测量盘、读数盘和光电元件组成，其结构示意图如图4-45所示。投射式光电转速传感器的读数盘和测量盘有间隔相同的缝隙。测量盘随被测物体转动，每转过一条缝隙，从光源投射到光电元件（见光电传感器）上的光线产生一次明暗变化，光电元件即输出电流脉冲信号。在一定时间内对信号计数便可测出转轴的转速。

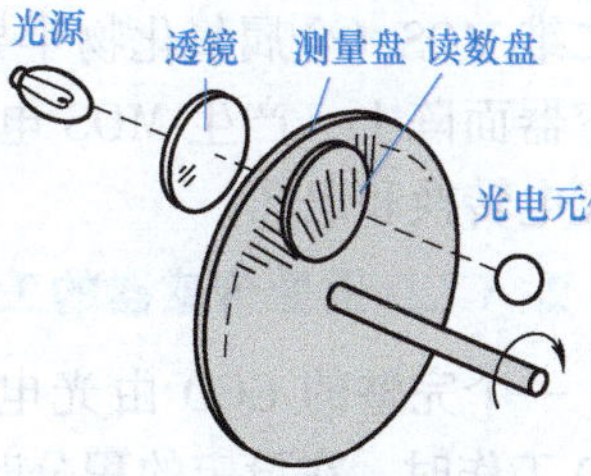

图4-45 投射式光电转速传感器的结构示意图

4.4 图像传感器

学习指南

知识点

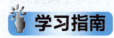

① CCD、CMOS 图像传感器的基本工作原理。
② CCD、CMOS 图像传感器的主要参数。
③ CCD、CMOS 图像传感器的选型方法。

技能点

① 简易图形图像检测系统的操作。
② 图像传感器的选型。

建议与指导

① 难点：简易图形图像检测系统的操作。
② 重点：简易图形图像检测系统的操作。
③ 建议：通过听课、在线学习、讨论等方式突破难点；通过实践训练习得重要技能点。

图像传感器是以光电转换为基础，利用光电元件将光信号转换为电信号的传感器件。图像传感器是组成数字摄像头的重要组成部分，根据元件不同分为 CCD（Charge Coupled Device，电荷耦合元件）图像传感器和 CMOS（Complementary Metal-Oxide Semiconductor，互补金属氧化物半导体元件）图像传感器。

4.4.1 CCD 图像传感器

CCD 图像传感器由电荷耦合元件制成，因集成度高、功耗小、耐冲击、寿命长等特点，而被广泛应用于军事、天文、医疗、广播、电视、传真、通信等领域。

1. CCD

CCD 有线阵型和面阵型两种，如图 4-46 所示。线阵型 CCD 常用于扫描仪、传真机等设备。CCD 摄像机、照相机就是通过透镜把外界的景像投射到二维 MOS（金属氧化物半导体元件）电容器面阵上，产生 MOS 电容器面阵的光电转换和记忆。

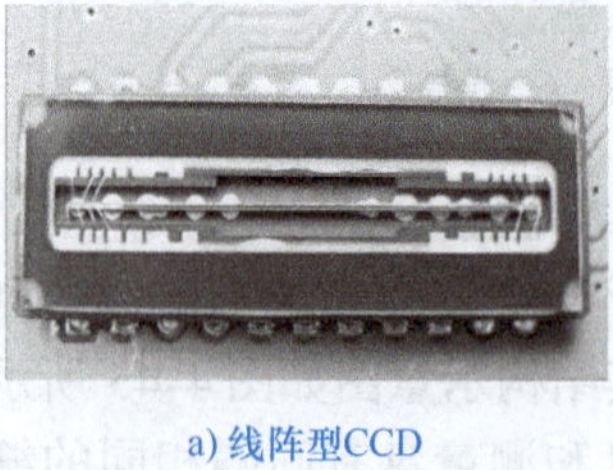
a) 线阵型CCD

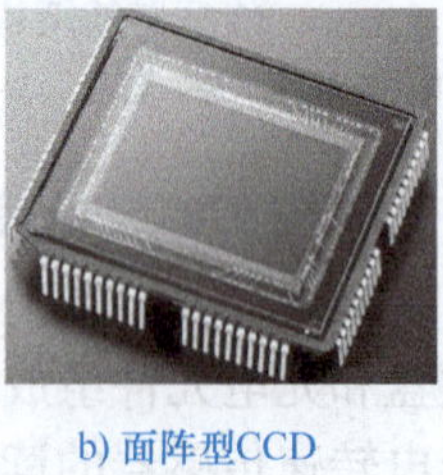
b) 面阵型CCD

图 4-46 CCD 的外形

2. CCD 图像传感器的工作原理

一个完整的 CCD 由光电元、转移栅、移位寄存器及一些辅助输入、输出电路组成。CCD 工作时，在设定的积分时间内，光电元对光信号进行取样，将光的强弱转换为各光电元的电荷量。取样结束后，各光电元的电荷在转移栅信号驱动下，转移到 CCD 内部的移位寄存器相应单元中。移位寄存器在驱动时钟的作用下，将信号电荷顺次转移到输出端。输出信号可接到示波器、图像显示器或其他信号存储、处理设备中，可对信号进行再现或存储处理。

以简单三相CCD为例，如图4-47所示，在时刻t_1，第一相时钟ϕ_1处于高电压，ϕ_2、ϕ_3处于低电压，第一组电极1、4、7……下面形成深势阱，在势阱中可以储存信号电荷形成"电荷包"，2、5、8……，3、6、9……未形成势阱。在t_2时刻，ϕ_1线性减少，ϕ_2为高电压，ϕ_3仍为低电压，在第一组电极下的势阱变浅，而第二组（2、5、8……）电极下形成深势阱，信息电荷从第一组电极下面向第二组转移。直到t_3时刻，ϕ_2为高电压，ϕ_1、ϕ_3为低电压，信息电荷全部转移到第二组电极下面。

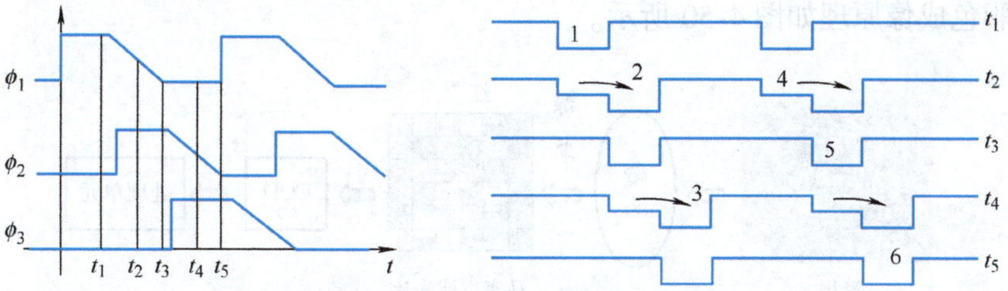

图4-47　CCD移位寄存器的工作原理

上述CCD电荷转移过程也可用虹吸雨量收集做形象的类比，如图4-48所示。用雨滴表示光学图像中的光子，小盆表示传感器像元，盆深度表示像元容纳的电荷，虹吸泵表示CCD的移位寄存器，量筒表示CCD的输出放大器。

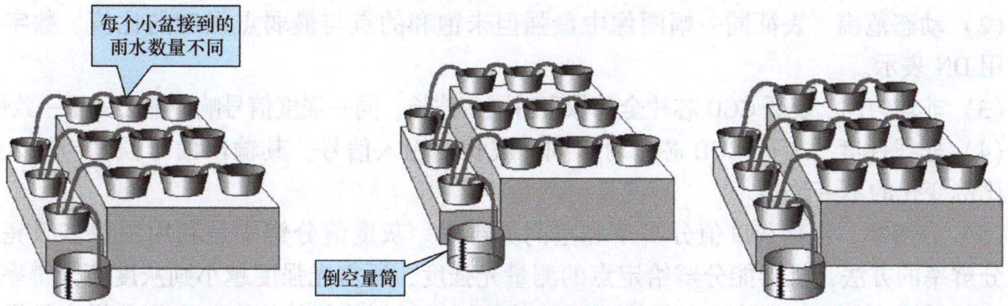

a) 接收雨水　b) 雨水逐行搜集　c) 完成等待下一次收集

图4-48　虹吸雨量收集示意图

3. 色彩信息获取

CCD芯片按比例将一定数目的光子转换为一定数目的电子，但光子的波长，也就是光线的颜色，却没有在这一过程中被转换为任何形式的电信号，因此CCD无法区分颜色，即获取的是灰度图像。

为获取彩色图像，一种方法是采用分光棱镜和3个CCD。棱镜将光线中的红、绿、蓝三个基本色分开，使其分别投射在一个CCD上，每个CCD就只对一种基本色分量感光，如图4-49所示。实际应用中的效果非常好，但结构复杂、价格昂贵。

另一种方式是采用单一CCD，将马赛克滤光片（也称拜尔滤镜，Bayer filter）加装在CCD上。每四个像素形成一个单元，一个过滤红色，一个过滤蓝色，两个过滤绿色（因为人眼对绿色比较敏感）。每个像素都接收到感光信号，但色彩分辨率不如感光分辨率。采用每四个感光单元为一组，分别获取G、B、R、G光度信号并合成为一个像素点的色彩信息。

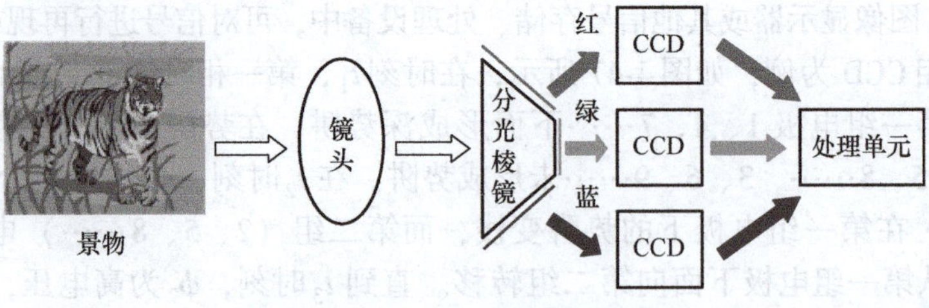

图 4-49　3 个 CCD 彩色成像原理

单一 CCD 彩色成像原理如图 4-50 所示。

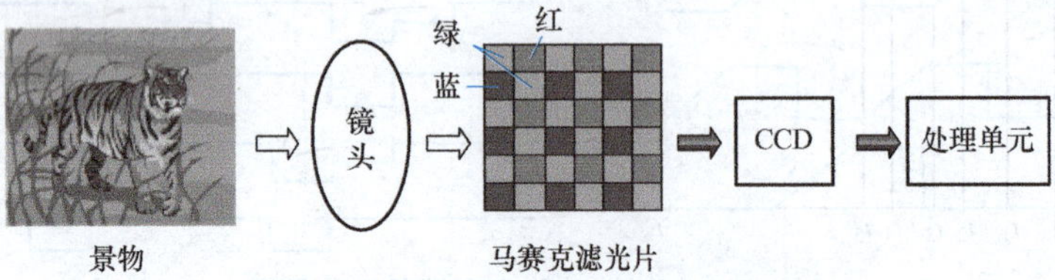

图 4-50　单一 CCD 彩色成像原理

4. CCD 图像传感器的基本参数

（1）光谱灵敏度　CCD 的光谱灵敏度取决于量子效率、波长、积分时间等参数。量子效率表征 CCD 芯片对不同波长光信号的光电转换能力。

（2）动态范围　表征同一幅图像中最强但未饱和的点与最弱点强度的比值。数字图像一般用 DN 表示。

（3）非均匀性　表征 CCD 芯片全部像素对同一波长、同一强度信号响应能力的不一致性。

（4）非线性度　表征 CCD 芯片对于同一波长的输入信号，其输出信号强度与输入信号强度比例变化的不一致性。

（5）分辨率　包括灰度值分辨率和空间分辨率。灰度值分辨率是利用图像多级亮度来表示分辨率的方法，机器能分辨给定点的测量光强度，所需光强度越小则灰度值分辨率就越高，一般采用256 级灰度值，它具有很强的精确区别目标特征的能力；空间分辨率是指 CCD 分辨精度的能力，通常用像素来表示，即规定覆盖原始图像的栅网的大小，栅网越细，网点和像素越高，说明 CCD 的分辨精度越高。

4.4.2　CMOS 图像传感器

CMOS 图像传感器是指采用标准 CMOS 制造工艺制造的图像传感器。其优点是功耗小，成本低，速度快；缺点是分辨率低，动态范围小，光照灵敏度弱，图像质量差。CMOS 图像传感器与 CCD 图像传感器的比较见表 4-7。

表 4-7　CMOS 图像传感器与 CCD 图像传感器比较

类　别	CMOS 图像传感器	CCD 图像传感器
灵敏度	高	高
信噪比	良	优
动态范围	小	大

（续）

类　别	CMOS 图像传感器	CCD 图像传感器
最大帧频	1000f/s（帧/秒）	30f/s（帧/秒）
集成度	高	低
加工工艺	通用工艺	特殊工艺
电路结构	简单	复杂
模块体积	小	大
可靠性	高	低
成本	低	高

1. CMOS 图像传感器的组成

CMOS 图像传感器一般由光电单元阵列（像元阵列）、行选通逻辑、列选通逻辑、定时和控制电路、片上模拟信号处理器构成，如图 4-51a 所示。更高级的 CMOS 图像传感器还集成有片上 A/D 转换器，将光电感光单元（光电二极管）阵列、放大器、A/D 转换器、数字信号处理器行阵列驱动器、列时序控制逻辑单元、数据总线输出接口以及控制接口等部分采用传统的芯片工艺方法集成在一块硅片板上，如图 4-51b 所示。

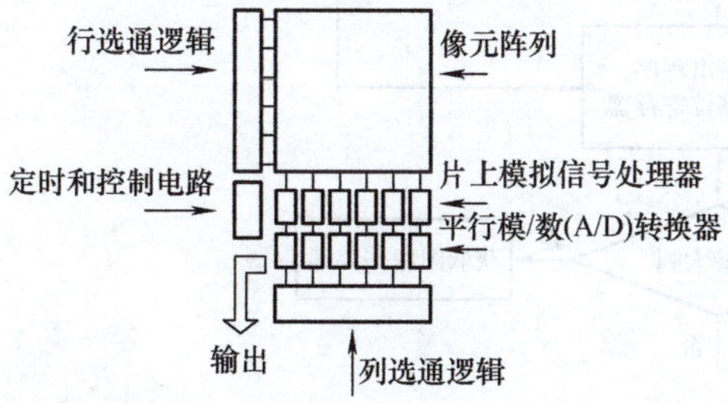

a)常用CMOS图像传感器的组成

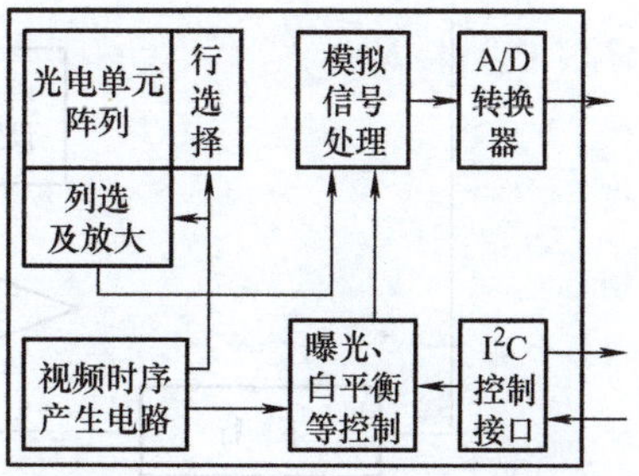

b) 带A/D转换器的CMOS图像传感器的组成

图 4-51　CMOS 图像传感器的组成

2. CMOS 图像传感器的像元结构

CMOS 图像传感器的每一个基本感光单元也称为像素单元（简称为像素或像元），主要是以 MOS 电容和 P-N 结光电二极管组成，采用阵列式结构，有线型和面型之分。

CMOS 图像传感器像素结构目前主要有光电二极管型无源像素结构、光电二极管型有源像素结构、光栅型有源像素结构和对数有源像素结构等，具体结构组成如图 4-52 所示。无源像素图像传感器信噪比低、成像质量差，因此目前绝大多数 CMOS 图像传感器采用的是有源像素图像传感器结构。

3. CMOS 图像传感器的工作原理

电荷存储和传输的工作基本原理是：先将光电二极管的 PN 结反向偏置到某一固定电压，然后断开，存储在光电二极管电容上的电荷的衰减速度与入射光照度成比例。经过一定的积分时间后，读出二极管两端的电压。读出结束后，再通过开关使二极管两端恢复到原来的电压。CMOS 图像传感器的工作流程如图 4-53 所示。

1）进入“复位状态”。这时打开行选通场效应晶体管 M，电源向电容 C 充电至固定电

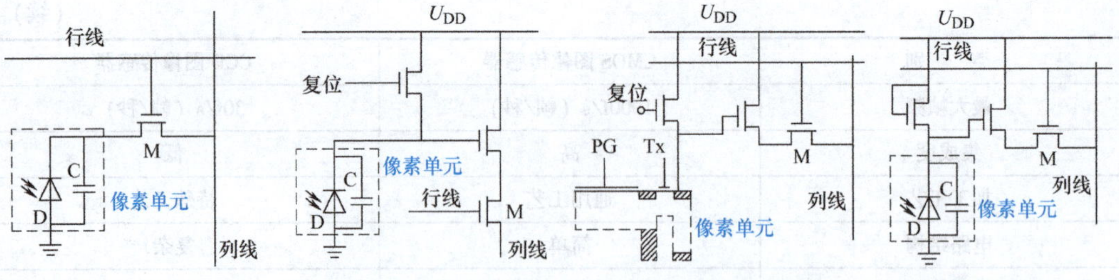

a) 光电二极管型无源像素单元　b) 光电二极管型有源像素单元　c) 光栅型有源像素单元　d) 对数有源像素单元

图 4-52　CMOS 图像传感器的像素单元结构

M—场效应晶体管　C—电容　D—光电二极管

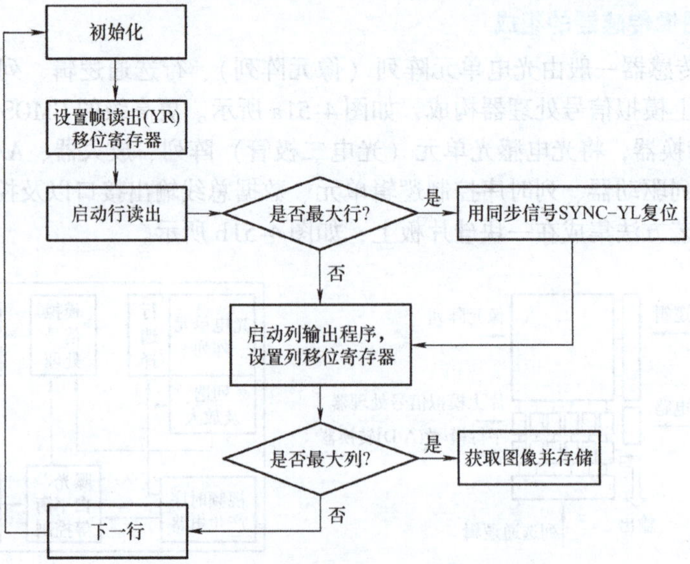

图 4-53　CMOS 图像传感器的工作流程

压，光电二极管 D 处于反向状态。

2）进入“取样状态”。这时关闭场效应晶体管 M，在光照下二极管产生光电流，使电容上存储的电荷放电，经过一个固定时间间隔后，电容 C 上存留的电荷量就与光照成正比，这时就将一幅图像摄入到了光电元件阵列之中。

3）进入“读出状态”。这时再打开场效应晶体管 M，逐个读取各像素中电容 C 上存储的电荷电压。

4.4.3　图像传感器选型

在当前，成像检测设备已广泛应用于食品包装、医疗、机械加工等领域，为自动化程度的提高提供了技术保障。但在不同的检测领域，考虑到用户的价格承受能力及对外观要求的严格程度，需要选用不同的图像传感器。比如在生产线上，要检测目标的有无、正反或检测目标对象反差比较大的场合，选用 CMOS 图像传感器即可满足成像检测系统的需求；而当要检测目标的细部特征时，比如包装纸上的污点、轻微色差检测、纸张印刷效果，还有条形码等的检测时，就必须选用 CCD 图像传感器。

4.5　传感器前期信号处理技术

学习指南

知识点

① 传感器信号的放大与隔离电路。
② A/D 转换器与 D/A 转换器的原理。
③ 传感器采样信号的采集原理与方法。
④ 传感器采样数据的处理方法。

技能点

① 传感器信号的放大与隔离电路设计。
② A/D 转换器与 D/A 转换器的应用。
③ 传感器采样信号的采集方法应用。
④ 传感器采样数据的处理方法应用。

建议与指导

① 难点：A/D 转换器与 D/A 转换器的原理，以及传感器采样数据的处理方法。

② 重点：A/D 转换器与 D/A 转换器的应用，以及传感器采样数据的处理方法和应用等。

③ 建议：通过听课、在线学习、讨论等方式突破难点；通过实践训练习得重要技能点。

4.5.1　传感器前期信号处理概述

为了从传感器获取有用信息，以便控制器做出正确的判断和控制，一般要进行以下两个处理过程。

1. 放大隔离与转换

对传感器检测的信号，首先要转换为标准模拟电压、电流（如 0～10V、0～10mA、4～20mA）或频率等信号，经功率放大处理传输至计算机。为防止干扰进入计算机，还需采取光电隔离或变压器隔离等措施。

2. 采样输入与处理

目前控制器多为数字计算机，对传输来的传感器模拟信号首先要进行采样输入控制，然后进行模拟/数字转换即 A/D 转换，方可输入计算机。经计算机控制器处理后输出的是数字控制信号，为驱动电动机和电磁阀等执行机构，还必须将数字信号转换成模拟信号即 D/A 转换。

此外，还有 F/V（频率/电压）转换、计算机采样（采样控制与采样保持）、信号滤波与线性化处理等，这些就是传感器的前期信号处理技术。

4.5.2　传感器信号的放大隔离与转换

1. 测量运算放大器

传感器输出信号经过远距离传输，往往信号已很弱而且还包含各种干扰信号，因此首先要进行功率放大，一般多用集成运算放大器来进行。因为该类型的放大器具有很高的输入阻抗、高共模抑制比、高增益和低噪声等特点，不但能放大而且可以抑制干扰信号。

图 4-54 所示为一个由三个运算放大器组成的测量放大器实用电路工作原理图，图 4-55 所示为 AD522 型集成电路芯片的典型接法。

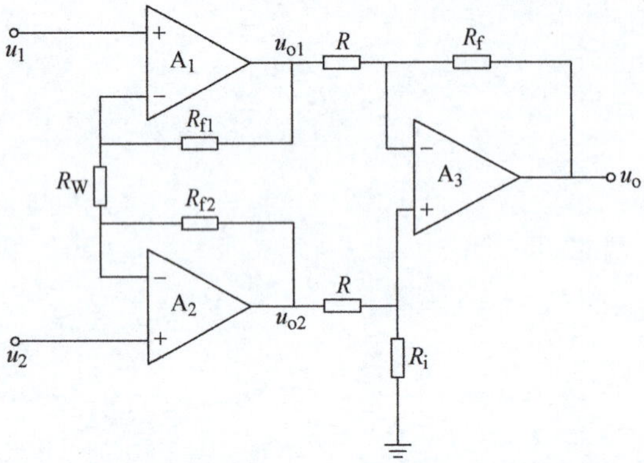

图 4-54 测量放大器实用电路工作原理图

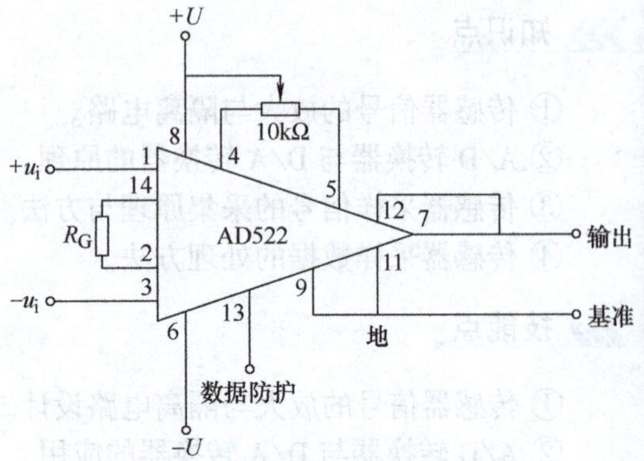

图 4-55 AD522 型集成电路芯片的典型接法

2. 程控增益放大器（PGA）

放大器的增益（放大倍数）应能随着传感器信号强弱自动改变，而不能固定不变。程控增益放大器电路原理图如图 4-56 所示，其利用计算机软件控制 S_1、S_2、S_3 开关的通断，切换运算放大器反馈电阻的办法，来自动变换放大器的增益。由 AD521 构成的程控增益放大器如图 4-57 所示。

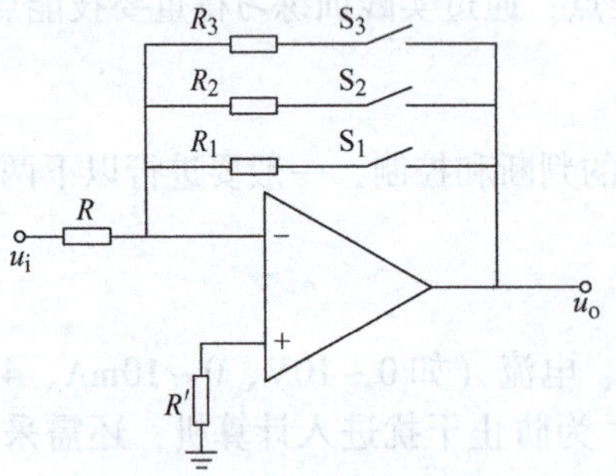

图 4-56 程控增益放大器电路原理图

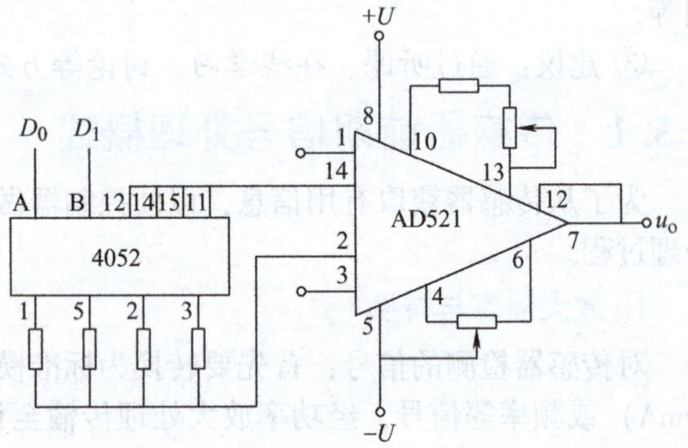

图 4-57 由 AD521 构成的程控增益放大器

3. 隔离放大器

在有强电或强电磁工业干扰环境中，为防止干扰串入传感器测量回路而损坏电路，其信号输入通道要采用光电隔离与变压器隔离技术，这就需要隔离放大器。

（1）隔离放大器的特点

1）能保护系统元器件不受高共模电压的损害，防止高压对低压信号系统的损坏。

2）漏电流低。

3）共模抑制比高，能对直流或低频信号进行准确、安全的测量。

（2）隔离放大器电路 例如，图 4-58 所示为美国 AD 公司生产的 AD284 变压器型隔离放大器电路，它是 40 脚双列直插式芯片，由以下四个基本电路组成：

1）输入部分，包括双极前置放大器和调制器。

2）输出部分，包括解调器、滤波器及缓冲运算放大器。

3）信号耦合变压器。

4）隔离电源。

该电路采用调制式放大，其内部分为输入、输出和电源三个彼此相互隔离的部分，通过超小型低泄漏变压器耦合在一起，经变压器耦合，将电源电压送入输入电路，并将信号经调制解调、低通滤波器输出。

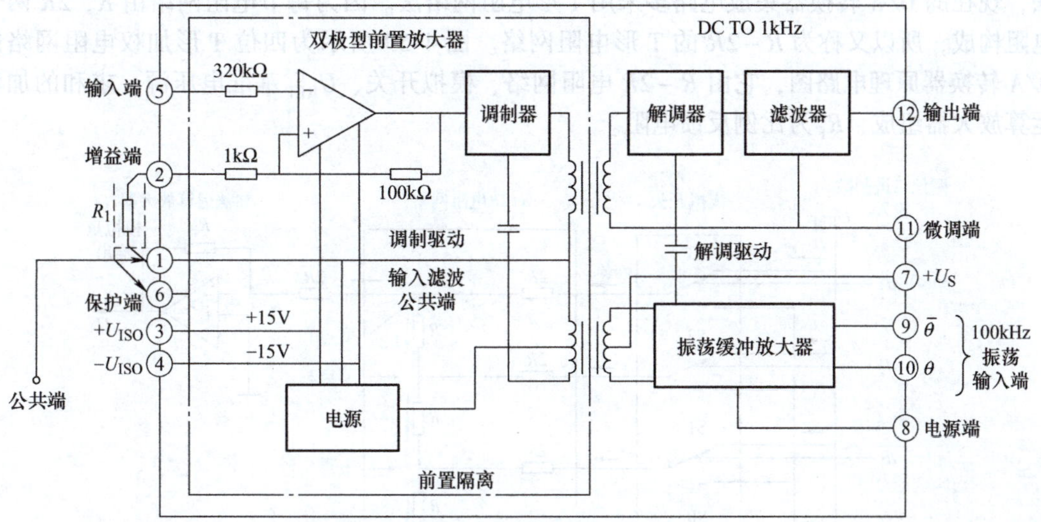

图 4-58　AD284 变压器型隔离放大器电路

4. A/D 转换器与 D/A 转换器

传感器检测的模拟信号经放大、运算、隔离、采样与保持等处理后，需用 A/D 转换器转换成数字信号，送往数字控制计算机。

经计算机处理后输出的又是数字信号，如果输出的是模拟量的执行装置如电动机、电磁阀等，还需要经 D/A 转换器将数字信号转换成模拟信号。因此，D/A 转换器又是 A/D 转换器的必不可少的组成部分。

（1）D/A 转换器

1）D/A 转换器的工作原理。D/A 转换器实质上是一种译码电路，若输入量是二进制的数字信号 D 和基准电压 U_{REF}（例如满量值标准量值 0～16V），输出量为模拟信号 U_o，则输出和输入的关系是

$$U_o = U_{REF}D$$

显然，D 是一个小于 1 的二进制数，则 D 按二进制可展开为

$$D=(0.d_n d_{n-1}\cdots d_0)_{二进制}=(d_n\times2^{-1}+d_{n-1}\times2^{-2}+\cdots+d_0\times2^{-n})_{十进制}$$

例如，若 $U_{REF}=16V$，$D=0.1101$，求 D 所对应的模拟量 U_o。

解：因为 0.1101 所表示的十进制数为

$$0.1101=1\times1/2+1\times1/4+0\times1/8+1\times1/16=13/16$$

所以当基准电压 $U_{REF}=16V$ 时，0.1101 就代表 $U_o=16V\times13/16=13V$，而 0.1111 则代

表 15V。

上述式中 $d_n d_{n-1} \cdots d_0$ 为待转换的二进制代码（0、1）。可见，一个二进制数是由各位代码组合起来的，每位代码在二进制数中位置都具有相应权 2^{-1}、2^{-2}、…、2^{-n}。

为将数字量转换成模拟量，需将每一位代码按权数大小转换成相应的模拟输出分量，然后根据叠加求和原理，把各代码所对应的模拟输出分量相加，其总和就是与该数字量成正比的模拟量，即完成了 D/A 转换。

2）D/A 转换的方法。D/A 转换的方法很多，常用的有加权电阻网络法和 T 形电阻网络法，现在的 D/A 转换器集成电路多采用 T 形电阻网络法。因为每节电阻网络由 R、$2R$ 两个电阻构成，所以又称为 $R-2R$ 的 T 形电阻网络。图 4-59 所示为四位 T 形加权电阻网络的 D/A 转换器原理电路图，它由 $R-2R$ 电阻网络、模拟开关、U_{REF} 基准电压源、求和的加法运算放大器组成，R_F 为比例反馈电阻。

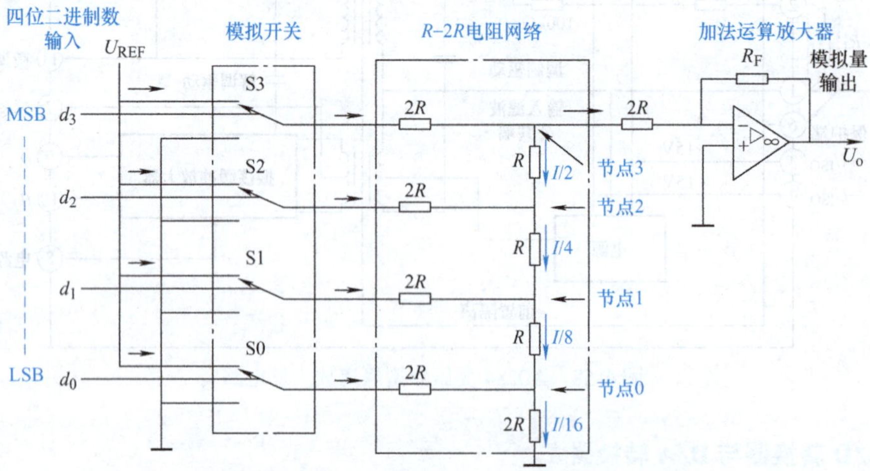

图 4-59 T 形加权电阻网络 D/A 转换器原理电路图

（2）A/D 转换器　模拟信号 $f(t)$ 若要输入数字计算机，必须将其先转换成数字信号。如图 4-60 所示，每隔一定时间间隔 ΔT，对模拟信号瞬时值采样一次，并在 ΔT 内保持该数值，即将该模拟信号转换成在时间、幅值上都离散的数字信号。

实际上是在纵坐标上把 $f(t)$ 分为均等的若干层，每一层由一个代码来代表，横坐标为均等的时间间隔 ΔT，当采样值落到哪一层，就用这一层的数字代码来表示。当落在中间就四舍五入，用就近层的数字代码表示，例如：$f(0T)$ 代表 0110，$f(1T)$ 代表 0011，$f(2T)$ 代表 0010，$f(3T)$ 代表 0001，$f(4T)$ 代表 0010，……。

这样就把模拟量函数 $f(t)$，按照时间序列转换成以一组数字代码为代表的小矩形来近似，若把它们叠加起来，就会还原成原来的模拟函数 $f(t)$。就像用一组系列砝码在天平上称一个未知质量物体的过程一样，系列砝码就是各位权重，当用去大（数码为 0）留小（数码为 1）的逐次逼近方法，就得到各权重位置的二进制数码。

为能真实地用数字量反映模拟量变化，采样时间间隔 ΔT 必须满足以下的采样定律：

$$\Delta T = \frac{f_m}{2}$$

式中，ΔT 是采样时间间隔；f_m 是模拟信号的最大采样频率。

4.5.3 传感器信号的采样输入与处理

1. 传感器信号的采样输入

传感器将非电物理量转换成电量后，经隔离、放大与再经模/数（A/D）转换，进入控制计算机。由于A/D转换器有一个等待转换时间，只有在等待前一时间采样的传感器信号转换好后，后一时间采样的信号方可进入。

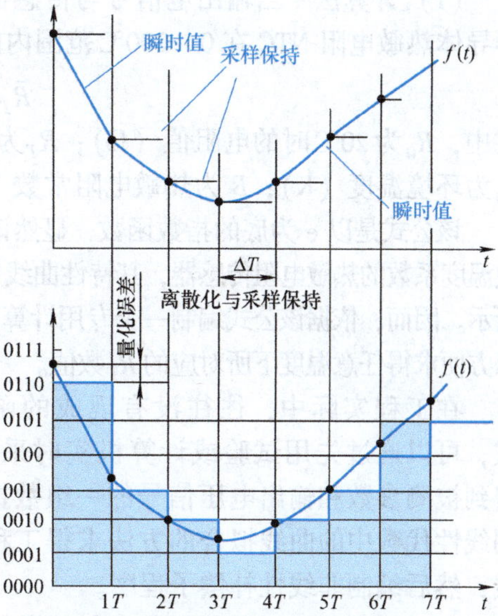

图4-60　A/D转换器的工作原理

在A/D转换器每次开始转换时，必须先将输入信号用采样/保持器保持住，待这一次转换完成后再继续跟踪传感器信号变化。采样/保持器相当于模拟信号的“存储器”。其工作原理如图4-61所示。电路由存储器电容C、模拟开关S等组成。当S接通时，输出信号跟踪输入信号，称为采样阶段。当S断开时，电容C两端一直保持S断开前的电压，称为保持阶段。而开关S的通断，由控制计算机根据信号变化速率，设定采样频率控制。

采样/保持器适合不同采样要求的高、中、低频率集成电路，如AD582、AD583、LF398等。LF398采样/保持器的电路原理图如图4-62所示，典型应用电路如图4-63所示。

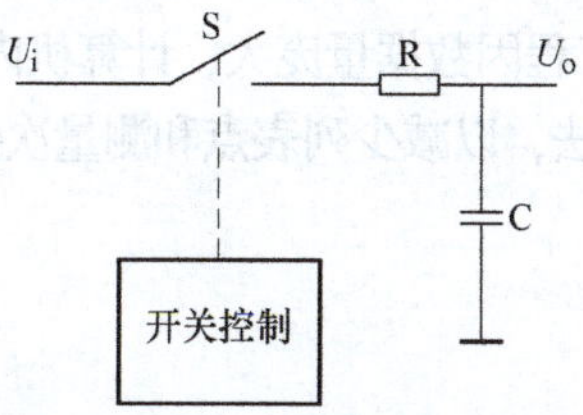

图4-61　采样/保持器的工作原理

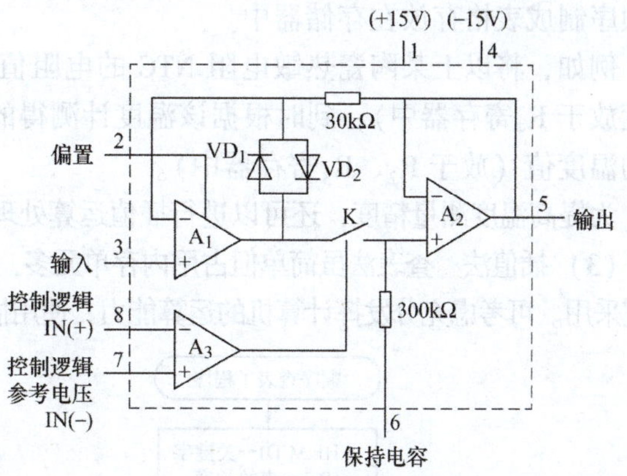

图4-62　LF398采样/保持器电路原理图

2. 传感器的非线性补偿

在机电一体化系统控制与显示等设计时，总希望传感器线性好、灵敏度一致以简化问题的处理，但是很多检测元件如热敏电阻、半导体应变片都存在不同程度的非线性，当测量范围较大时非线性还很大。

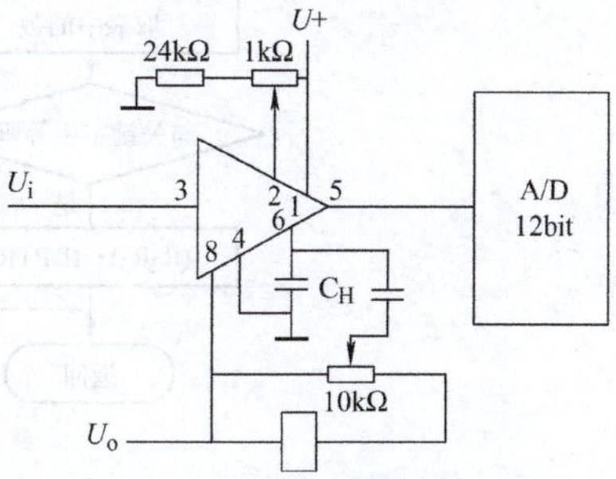

图4-63　LF398的典型应用电路

过去多用硬件电路补偿，既复杂又很难补偿到位，只能在某一范围内有效。但是随着计算机技术的发展，该难题变得容易处理了。采用计算机软件进行“线性化”处理，有以下三种方法：

(1) 计算法　当输出电信号与传感器参数之间存在确定的函数关系式时，例如某陶瓷半导体热敏电阻 NTC 在 0～200℃范围内的电阻值与温度特性曲线函数关系式为

$$R_T = R_0 e^{B\left(\frac{1}{T}-\frac{1}{T_0}\right)}$$

式中，R_0为 20℃时的电阻值（Ω）；R_T为温度为 T 时的电阻值（Ω）；T 为热力学温度（K）；T_0为环境温度（K）；B 为热敏电阻常数（与材料有关）。

该公式是以 e 为底的指数函数，显然该 NTC 是负温度系数的热敏电阻传感器，其特性曲线如图 4-64 所示。因而，依据该公式编制一个专用计算程序，可以方便求得任意温度下所对应的 R_T 数值。

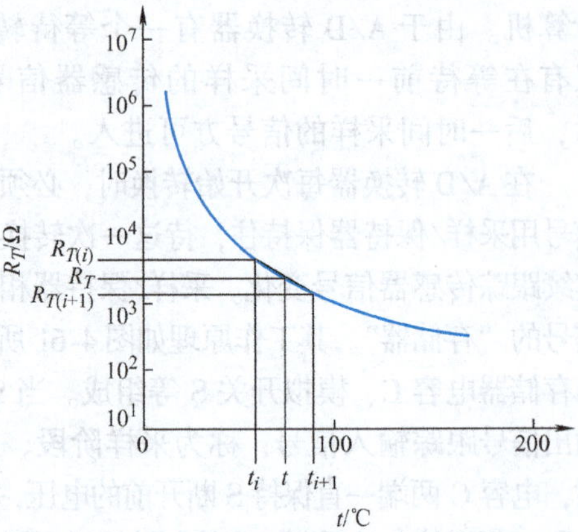

图 4-64　某热敏电阻的 R_T-t 特性曲线

在工程实际中，往往没有现成的函数表达式，可以通过先用试验或计算机实时采样方法，得到被测参数和输出电压信号的一组数据，再应用线性代数中的曲线拟合的方法求得工程近似曲线，然后编制非线性补偿子程序。

(2) 查表法　计算机计算法解决非线性问题虽然简单，但当函数式比较复杂，例如进行包括三次方、开方、微积分等的运算时，用汇编语言编程就比较麻烦。

从单片机课程学习中知道可以用查表法解决，只须把预先计算好或测得的各点数据按一定顺序制成表格存放在存储器中。

例如，将以上某陶瓷热敏电阻 NTC 的电阻值按序每隔 0.1℃制表放在存储器中（表的长度放于 R_4寄存器中），到时根据该温度计测得的电阻数值，按序逐一比较查表，即得所对应的温度值（放于 R_2、R_3寄存器中）。

为提高温度测量精度，还可以进行插值运算处理。图 4-65 所示为顺序查表法子程序流程图。

(3) 插值法　查表法虽简单但占用内存单元多，对复杂工程因数据量庞大，计算机内存紧张时不宜采用。可考虑充分发挥计算机的运算能力，使用插值计算法，以减少列表点和测量次数。

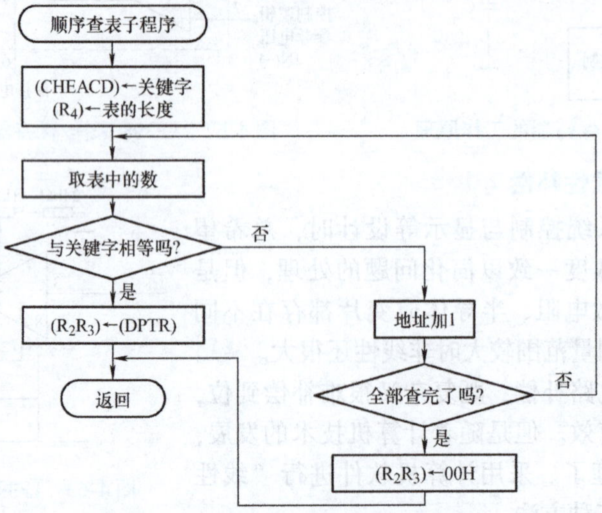

图 4-65　顺序查表法子程序流程图

插值法的基本原理是：如图4-64所示，把某一函数曲线的某陶瓷热敏电阻NTC的非线性 R_T-t 特性曲线，按精度的需要等分成若干区间段，每个区间段可用相应的小直线段来近似。把这些小区间相对应小直线段的斜率预先存放在存储器中，然后根据测量值看落在哪个小区间段内，将所对应区间的小直线段的斜率取出，由斜率与测量值具体区间位置值，用点斜式方程计算出该点数值。

项目实训

完成技能训练活页式工作手册“项目5　基于PLC的物料分拣控制”和“项目6　基于PLC、变频器和编码器的传送带运行位置控制”。

拓展阅读

“老创业人”让中国高铁用上中国传感器

科技是第一生产力，人才是第一资源，创新是第一动力。我国具有完善的科技创新体系，实施创新驱动发展战略和人才强国战略，涌现了许多创新创业的典范。

每当被别人称为企业家时，曾永春都会笑着纠正说自己其实是个“老创业人”，他用三次创业经历实现了生产世界一流热计量传感器的梦想，也推动了国内传感器行业向世界水平的提升。

寻梦——成为国内首批计算机专家，却打破铁饭碗去下海创业。

1988年，曾永春从当时的哈尔滨科技大学毕业，拒绝了学校让其留校的邀请，选择了分配到大连仪表集团工作，投身到20世纪80年代末国企技术设备升级改造的大潮之中。当时集团引进的日本设备在调试过程中有一个问题始终无法解决，初来乍到的曾永春凭借自己能看懂编程的专长，发现了日本方面提供的程序本身就有漏洞（bug），一举解决了难题。曾永春很快被调到研究所，成为数字化仪表课题负责人之一。

20世纪90年代，改革开放后的第一次创业大潮在全国涌动，曾永春再次显示出了他特立独行的性格，向集团递上一份辞呈，他要下海。于是，1994年，曾永春开启了创业寻梦的人生。

逐梦——成为国际一流公司的老总，却辞职打造传感器民族品牌。

从1997年开始，曾永春的创业梦真正插上了翅膀，经历了两次飞跃。1997年，曾永春负责在大连成立了一家德国传感器公司在中国的子公司。他极力争取，将公司想要建设的一条世界最好的热计量传感器生产线落户到大连。不仅如此，他还不断邀请德国专家来中国讲课，并且从德国带回来第一手材料，推动中国第一部热量表行业标准的建立。

2005年，曾永春离开德国公司，再次创业建立自己的传感器企业，也实现了自己创业路上的又一次飞跃。这一次，他用了半年的时间，自己设计制造设备，边生产边改善，将博控品牌的传感器推向了市场。为了实现在世界热计量传感器领域强手中，给中国企业博得一个位置，让中国国内能用上质优价廉的传感器的梦想，曾永春带领博控科技一直按照国际上最先进的标准要求自己的产品，自己每年都到全世界各地考察，看到最新的产品就想方设法在自己的工厂生产。多年来，他一直追随国际先进标准要求，攻克了一个又一个难题，让国内热计量传感器的水平走在了世界的前沿。

圆梦——占据国内市场八成份额，却仍在投钱创新为环保。

如今，曾永春的博控科技已经是新三板挂牌公司，博控科技的传感器和国外合作伙伴共同占据了国内市场份额的将近八成，成为西门子公司的合作伙伴，产品大量出口国外，目前累计有近2亿个传感器应用于全球。

曾永春创业之初的梦想也实现了，现在国内的轨道交通系统已经打破了国外传感器的垄断，国内的高铁动车用上了博控科技生产的传感器。可曾永春却并没有停止创新的脚步，反而开始琢磨更高层次的创新，让创新的成果最终服务于保护人类赖以生存的环境。

利用互联网+的思路，曾永春瞄准了智慧供热系统，并已在多个城市开展了试点项目。借助传感器与计算机的联网，可以捕捉每个供热环节的实时数据，经过云端大数据的分析，找到热效率低的环节，同时给出最优的供热方案，从而实现低耗能高热效。“这个世界上没有什么技术是一招鲜，只有不断变化才能站到科技潮流的最前沿。”曾永春用三次创业的经历，不断实践着自己的这句话。

能力测试

一、填空题

1. 光电编码器可分为________和________两种。
2. 编码器用来测量________。在数控机床直线进给运动控制中，通过测量________间接测量出直线位移。
3. 绝对式编码器输出________，增量式编码器输出________。
4. 某光栅的条纹密度是50条/mm，光栅条纹间的夹角 $\theta=0.001\text{rad}$，则莫尔条纹的宽度是________。
5. 计算机软件进行“线性化”处理，有________、________、________三种方法。
6. 图像传感器是组成数字摄像头的重要组成部分，根据元件不同分为________和________。

二、选择题

1. 下列传感器中不属于开关量传感器的是（　　）。

A. 磁感应式接近开关　B. 编码器　C. 电感式接近开关　D. 光电式接近开关

2. 某光栅条纹密度是100条/mm，光栅条纹间夹角 $\theta=0.001\text{rad}$，则莫尔条纹的宽度是（　　）。

A. 100mm　B. 20mm　C. 10mm　D. 0.1mm

3. 光栅式位移传感器的栅距 W、莫尔条纹的间距 B 和倾斜角 θ 之间的关系为（　　）。

A. $B\approx\frac{W}{\theta}$　B. $B>\frac{W}{\theta}$　C. $B<\frac{W}{\theta}$　D. $B\approx1.5\frac{W}{\theta}$

4. 若直流测速发电机的负载电阻趋于无穷大，则输出电压与转速（　　）。

A. 成反比　B. 成正比　C. 成二次方关系　D. 成指数关系

5. 感应同步器可用于检测（　　）。

A. 位置　B. 加速度　C. 速度　D. 位移

三、简答题

1. 简述增量式编码器与绝对式编码器在工作原理方面的不同。
2. 有一变化量为0~16V的模拟信号，采用4位A/D转换器转换成数字量，输入微机控制系统中，试求其量化单位和量化误差最大值。
3. 测量某加热炉温度范围为100~1124℃，线性温度变送器输出0~5V，用单片机内部自带10位A/D转换器，试求测量该温度环境的分辨力和精度。
4. 简述光电式转速传感器的测量原理。
5. 简述A/D、D/A接口的功能。
6. 简述采样/保持器的工作原理。

学习项目5

机电一体化伺服驱动技术

5

项目导学

在机电一体化系统中常常需要对于机械运动的位置、速度等运动量进行控制，一般由伺服传动控制系统实现。伺服传动控制是指在控制指令的指挥下，控制驱动执行机构，使机械系统的运动部件按照指令要求进行运动。实现执行机构对给定指令的准确跟踪，即实现输出变量的某种状态能够自动、连续、精确地浮现输入指令信号的变化规律。在机电一体化设备调试、维修和设计岗位上需要进行伺服系统的配线、程序编写以及机电联合调试等工作，这就需要掌握伺服系统的相关知识，具备伺服系统选型、配线、程序编写及调试技能。这些技能的习得不仅需要反复的实践练习，还需要有一定的知识基础。

思维导图 »

学习项目 5 思维导图如图 5-1 所示。

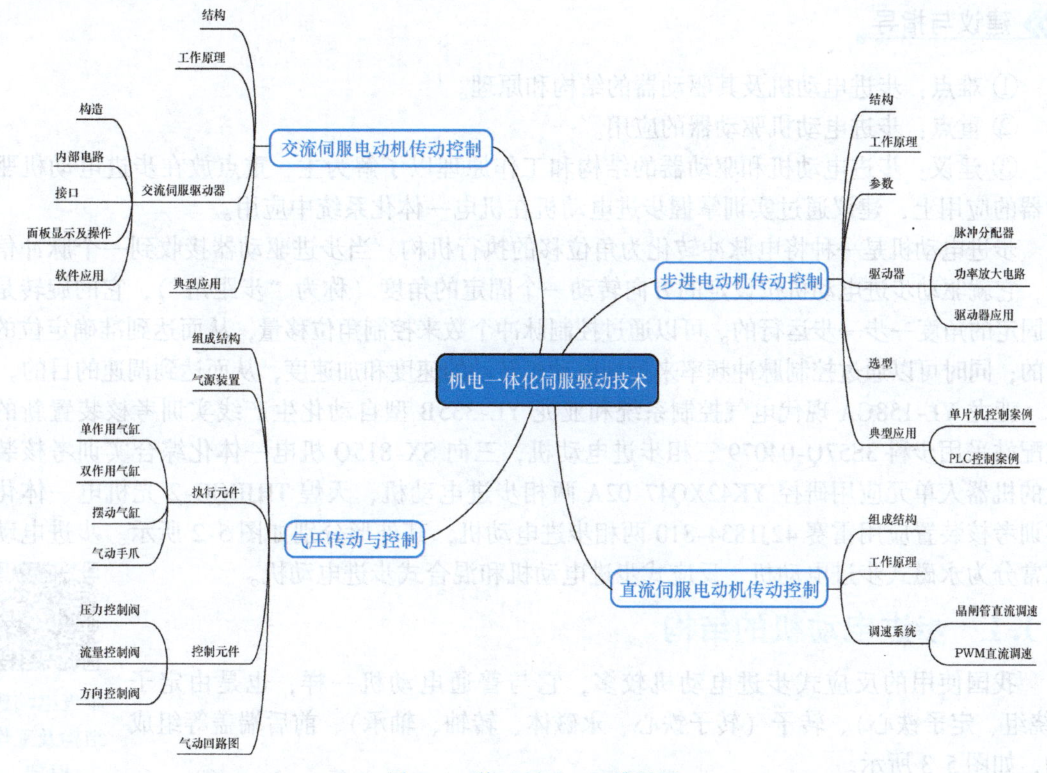

图 5-1　学习项目 5 思维导图

项目知识

5.1 步进电动机传动控制

学习指南

知识点

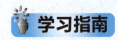

① 熟悉步进电动机及其驱动器的结构和工作原理。
② 掌握步进电动机及其驱动器的选型。
③ 掌握步进电动机的简单应用。

技能点

① 能根据实际需求选择合适的步进系统。
② 能应用步进电动机完成简单的系统设计。
③ 能完成步进电动机及其驱动器的电气接线。
④ 会使用单片机控制步进电动机。
⑤ 会使用 PLC 控制步进电动机。

建议与指导

① 难点：步进电动机及其驱动器的结构和原理。
② 重点：步进电动机驱动器的应用。
③ 建议：步进电动机和驱动器的结构和工作原理以了解为主，重点放在步进电动机驱动器的应用上，建议通过实训掌握步进电动机在机电一体化系统中应用。

步进电动机是一种将电脉冲转化为角位移的执行机构。当步进驱动器接收到一个脉冲信号，它就驱动步进电动机按设定的方向转动一个固定的角度（称为“步距角”），它的旋转是以固定的角度一步一步运行的。可以通过控制脉冲个数来控制角位移量，从而达到准确定位的目的；同时可以通过控制脉冲频率来控制电动机转动的速度和加速度，从而达到调速的目的。

亚龙 YL-158GA 现代电气控制系统和亚龙 YL-335B 型自动化生产线实训考核装置新的装配站采用步科 3S57Q-04079 三相步进电动机，三向 SX-815Q 机电一体化综合实训考核装置的机器人单元应用研控 YK42XQ47-02A 两相步进电动机，天煌 THJDQG-2 光机电一体化实训考核装置应用雷赛 42J1834-810 两相步进电动机，其外形分别如图 5-2 所示。步进电动机常分为永磁式步进电动机、反应式步进电动机和混合式步进电动机。

5.1.1 步进电动机的结构

我国使用的反应式步进电动机较多，它与普通电动机一样，也是由定子（绕组、定子铁心）、转子（转子铁心、永磁体、转轴、轴承）、前后端盖等组成的，如图 5-3 所示。

步进电动机结构及工作原理

a) 步科3S57Q-04079　　b) 研控YK42XQ47-02A　　c) 雷赛42J1834-810

图 5-2　步进电动机的外形示例

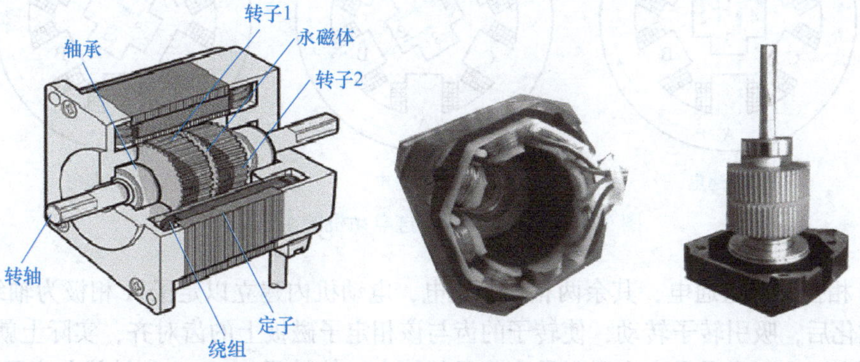

图 5-3　步进电动机的结构

最典型两相混合式步进电动机的定子有 8 个大齿、40 个小齿，转子有 50 个小齿；三相电动机的定子有 9 个大齿、45 个小齿，转子有 50 个小齿。图 5-4 所示为典型的单定子、径向分相、反应式步进电动机的结构。定子铁心由硅钢片叠压而成，定子绕组是绕置在定子铁心 6 个均匀分布的齿上的线圈，在径向上相对的两个齿上的线圈串联在一起，构成一相控制绕组。共构成 A、B、C 三相控制绕组，故称三相步进电动机。若任一相绕组通电，便形成一组定子磁极，其方向即图中所示的 N、S 极。在定子的每个磁极上，面向转子的部分，又均匀分布着 5 个小齿（5×6 共 30 个），这些小齿呈梳状排列，齿槽等宽，齿距角为 9°。转子上没有绕组，只有均匀分布的 40 个齿，其大小和间距与定子上的完全相同。定子和转子的齿数不相等，产生了错齿，三相定子磁极上的小齿在空间位置上依次错开 1/3 齿距，即 3°，如图 5-5 所示。当 A 相磁极上的小齿与转子上的小齿对齐时，B 相磁极上的齿刚好超前（或滞后）转子齿 1/3 齿距角，C 相磁极上的齿超前（或滞后）转子齿 2/3 齿距角。

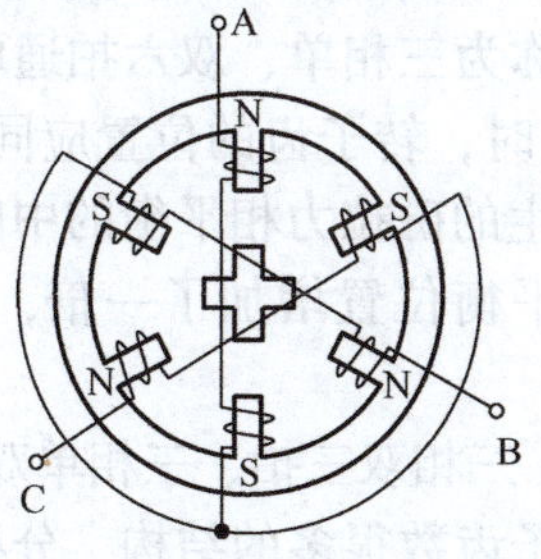

图 5-4　步进电动机的结构

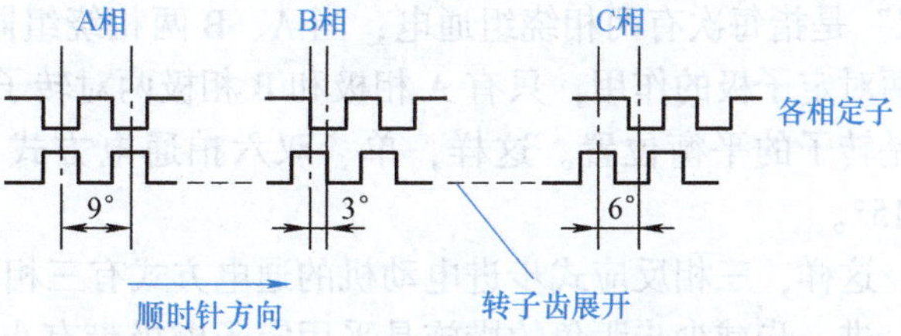

图 5-5　步进电动机的齿距

5.1.2 步进电动机的工作原理

下面以一台最简单的三相反应式步进电动机为例，简介步进电动机的工作原理。图5-6所示为三相反应式步进电动机的工作原理。定子铁心为凸极式，共有3对（6个）磁极，每两个空间相对的磁极上绕有一相控制绕组。转子用软磁性材料制成，也是凸极结构，只有4个齿，齿宽等于定子的极宽。

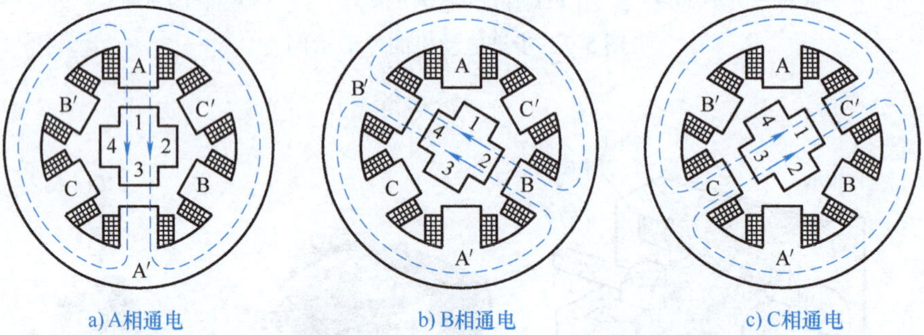

图5-6 三相反应式步进电动机的工作原理

若A相控制绕组通电，其余两相均不通电，电动机内建立以定子A相极为轴线的磁场，转子被磁化后，吸引转子转动，使转子的齿与该相定子磁极上的齿对齐，实际上就是电磁铁的作用原理。由于磁通具有走磁阻最小路径的特点，使转子齿1、3的轴线与定子A相极轴线对齐，如图5-6a所示，定子A齿和转子的1齿对齐，定子磁极和转子磁极相吸引，因此转子没有切向力，转子静止。若A相控制绕组断电、B相控制绕组通电，转子在反应转矩的作用下，逆时针转过30°，使转子齿2、4的轴线与定子B相极轴线对齐，即转子走了一步，如图5-6b所示。若再断开B相，使C相控制绕组通电，转子逆时针方向又转过30°，使转子齿1、3的轴线与定子C相极轴线对齐，如图5-6c所示。如此按A→B→C→A的顺序轮流通电，转子就会一步一步地按逆时针方向转动。若按A→C→B→A的顺序通电，则电动机按顺时针方向转动。其转速取决于各相控制绕组通电与断电的频率，旋转方向取决于控制绕组轮流通电的顺序。

上述通电方式称为三相单三拍。“三相”是指三相步进电动机，“单三拍”是指每次只有一相控制绕组通电，控制绕组每改变一次通电状态称为一拍，“三拍”是指改变三次通电状态为一个循环。把每一拍转子转过的角度称为步距角。三相单三拍运行时，步距角为30°。显然，这个角度太大，不能付诸实用。

如果把控制绕组的通电方式改为A→AB→B→BC→C→CA→A，即一相通电接着两相通电间隔地轮流进行，完成一个循环需要改变6次通电状态，称为三相单、双六拍通电方式。“双”是指每次有两相绕组通电，当A、B两相绕组同时通电时，转子齿的位置应同时考虑到两对定子极的作用，只有A相极和B相极两对转子齿所产生的磁拉力相平衡的中间位置，才是转子的平衡位置。这样，单、双六拍通电方式下转子平衡位置增加了一倍，步距角为15°。

这样，三相反应式步进电动机的通电方式有三相单三拍、三相双三拍、三相单双六拍。

进一步减少步距角的措施是采用定子磁极带有小齿、转子齿数很多的结构，分析表明，这样结构的步进电动机，其步距角可以做得很小。一般地说，步进电动机产品都采用这种方法实现步距角的细分。实践中定子的齿数在40个以上，而转子的齿数在50个以上，定子和转子的齿数不相等，产生了错齿。错齿造成磁力线扭曲，由于定子的励磁磁通沿磁阻最小路径通过，因此对转子产生电磁吸力，迫使转子齿转动。错齿是促使步进电动机旋转的根本原因。这样，步距角大小等于错齿的角度。错齿角度的大小取决于转子上的齿数和磁极数，磁极数越多，转子上的齿数越多，步距角就越小。步进电动机的位置精度越高，其结构也越复杂。

除上面介绍的反应式步进电动机之外，常见的步进电动机还有永磁式步进电动机和永磁反应式步进电动机，它们的结构虽不相同，但工作原理相同。

5.1.3　步进电动机的主要参数

1. 步距角

步距角表示控制系统每发一个步进脉冲信号，电动机所转动的角度，用 α 表示，其计算公式为

$$\alpha = \frac{360°}{mzk} \tag{5-1}$$

式中，m 为相数；k 为控制系数，是系数与相数的比例系数，m 相 m 拍时，$k=1$，m 相 $2m$ 拍时，$k=2$，z 为转子齿数。

2. 相数

步进电动机的相数是指电动机定子线圈组数，或者说产生不同对 N、S 极磁场的励磁线圈对数。

3. 拍数

完成一个磁场周期性变化所需脉冲数或导电状态，或指电动机转过一个齿距角所需脉冲数，用 n 表示以四相电动机为例，有四相四拍运行方式，即 AB→BC→CD→DA→AB。

4. 保持转矩

保持转矩是指步进电动机通电但没有转动时，定子锁住转子的力矩。比如，2N · m 的步进电动机，在没有特殊说明的情况下是指保持转矩为 2N · m 的步进电动机。

5. 钳制转矩

钳制转矩是指永磁转子步进电动机在没有通电的情况下，定子锁住转子的力矩。由于反应式步进电动机的转子不是永磁材料，因此它没有钳制转矩。

6. 失步

电动机运转时运转的步数，不等于理论上的步数。速度过高、速度过低或者负载过大都会产生失步，失步时会产生刺耳的啸叫声。

实验室选用的 Kinco（步科）三相步进电动机 3S57Q-04079，它的步距角在整步方式下为1.2°，半步方式下为0.6°。3S57Q-04079 的部分技术参数见表5-1。

表5-1　3S57Q-04079 的部分技术参数

型号	3S57Q-04079
步距角/(°)	1.2×（1±5%）
相电流/A	5.8

（续）

型号	3S57Q-04079
保持转矩/N·m	1.5
阻尼转矩/N·m	0.07
相电阻/Ω	1.05×（1±10%）
相电感/mH	2.4×（1±20%）
电动机惯量/kg·cm^2	0.48
电动机长度 L/mm	79
电动机轴径/mm	8
引线根数	6
绝缘等级	130（B）
耐电压等级	AC500，V1min
最大轴向负载/N	15
最大径向负载/N	75
工作环境温度/℃	-20～50
表面温升/K	最高 80（相线圈接通额定相电流）
绝缘阻抗/MΩ	最小 100，DC 500V
质量/kg	1

5.1.4 步进电动机的驱动器

步进电动机不能直接接到工频交流或直流电源上工作，而必须使用专用的步进电动机驱动器，它由脉冲发生控制单元、功率驱动单元、保护单元等组成。驱动单元与步进电动机直接耦合，也可理解成步进电动机微机控制器的功率接口。驱动器和步进电动机是一个有机的整体，步进电动机的运行性能是电动机及其驱动器两者配合所反映的综合效果。步进电动机控制系统如图 5-7 所示。控制器（比如 PLC）发出脉冲信号和方向信号，步进驱动器接收这些信号，先进行环形分配和细分，然后进行功率放大，变成安培级的脉冲信号发送到步进电动机，从而控制步进电动机的速度和位移。

步进电动机驱动器及其应用

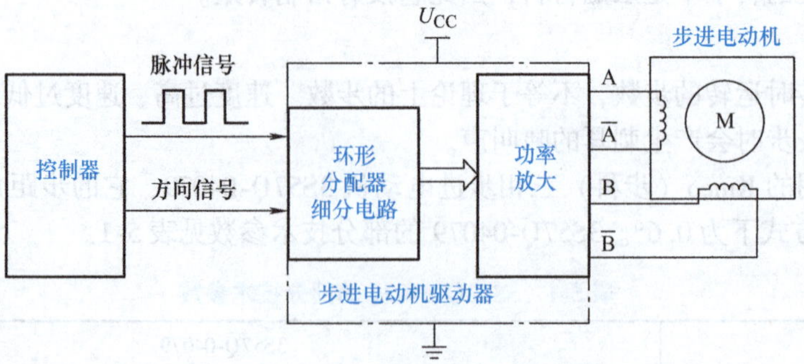

图 5-7 步进电动机控制系统

常见步进驱动器的外形及其内部电路板如图 5-8 所示。步进驱动器的电路由 5 部分组成，分别是脉冲混合电路、加减脉冲分配电路、加减速电路、环形分配器和功率放大器，如图 5-9 所示。步进驱动器最重要的功能是环形分配和功率放大。

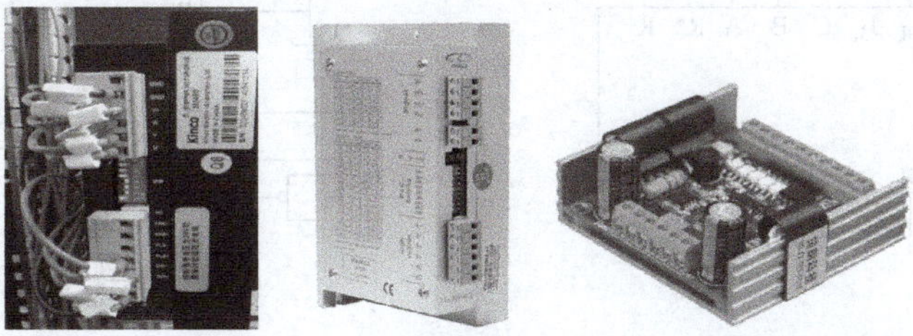

a) 步科驱动器　b) 研控驱动器　c) 驱动器的内部电路板

图 5-8　步进驱动器

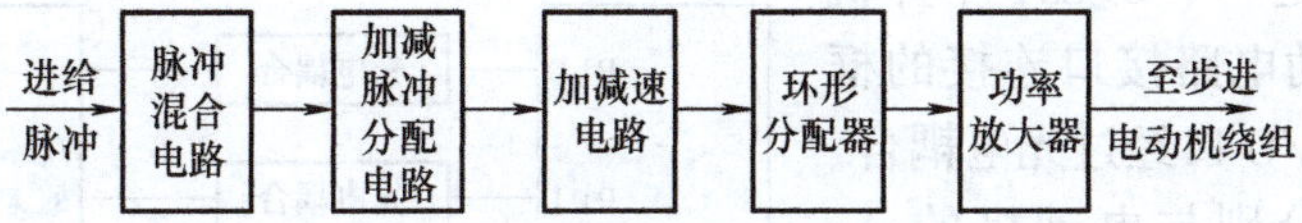

图 5-9　步进驱动器的电路组成

1. 脉冲分配器

脉冲分配器完成步进电动机绕组中电流的通断顺序控制，即控制插补输出脉冲，按步进电动机所要求的通断电顺序规律分配给步进电动机驱动电路的各相输入端，例如三相单三拍驱动方式，供给脉冲的顺序为 A→B→C→A 或 A→C→B→A。脉冲分配器的输出既是周期性的，又是可逆性的（完成反转），因此也称为环形脉冲分配。

脉冲分配有两种方式：一种是硬件脉冲分配；另一种是软件脉冲分配，通过计算机编程控制。

（1）硬件脉冲分配　硬件脉冲分配器由逻辑门电路和触发器构成，提供符合步进电动机控制指令所需的顺序脉冲。目前已经有很多可靠性高、尺寸小、使用方便的集成电路脉冲分配器供选择，按其电路结构不同，可分为晶体管-晶体逻辑（TTL）集成电路和互补金属氧化物半导体（CMOS）集成电路。

目前市场上提供的国产 TTL 脉冲分配器有三相、四相、五相和六相，均为 18 个引脚的直插式封装。CMOS 集成脉冲分配器也有不同型号，例如 CH250 型用来驱动三相步进电动机，封装形式为 16 脚直插式，如图 5-10a 所示。CH250 型环形分配器可工作于单三拍、双三拍、三相六拍等方式。

硬件脉冲分配器的工作方法基本相同，当各个引脚连接好之后，主要通过一个脉冲输入端控制步进的速度；一个输入端控制电动机的转向；并有与步进电动机相数同数目的输出端分别控制电动机的各相。图 5-10b 所示为三相六拍接线图。当进给脉冲 CP 的上升沿有效，并且方向信号为“1”时则正转，为“0”时则反转。

（2）软件脉冲分配　在计算机控制的步进电动机驱动系统中，可以采用软件的方法实现环形脉冲分配。软件环形分配器的设计方法有很多，如查表法、比较法、移位法等，它们各有特点，其中常用的是查表法。

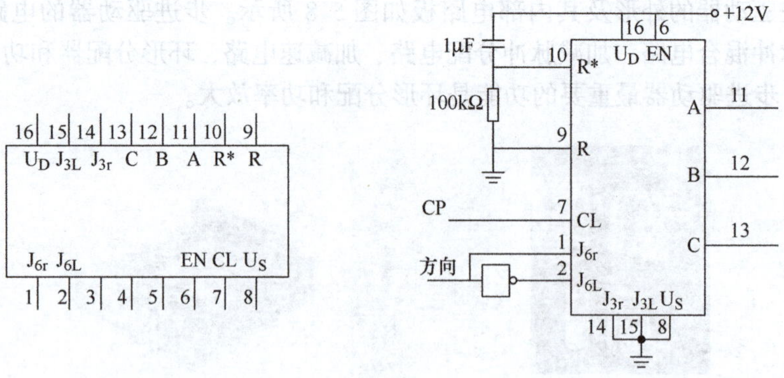

a) 引脚图　　b) 三相六拍接线图

图 5-10　CH250 型环形分配器

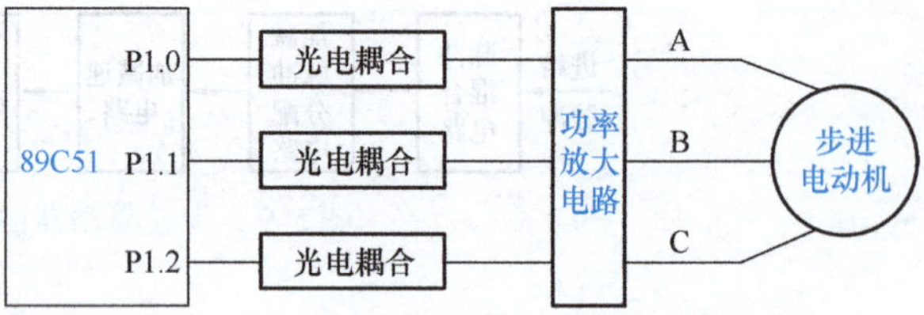

图 5-11　单片机控制步进电动机框图

图 5-11 所示是一个 89C51 单片机与步进电动机驱动电路接口连接的框图。P1 口的 3 个 I/O 口经过光电耦合、功率放大之后，分别与电动机的 A、B、C 三相连接。当采用三相六拍方式时，电动机正转的通电顺序为 A→AB→B→BC→C→CA→A；电动机反转的顺序为 A→AC→C→CB→B→BA→A。它们的环形分配见表 5-2。把表中的数值按顺序存入内存的 EPROM 中，并分别设定表头的地址为 2000H，表尾的地址为 2005H。计算机的 P1 口按从表头开始逐次加 1 的地址依次取出存储内容进行输出，电动机则正向旋转；如果按从 2005H 逐次减 1 的地址依次取出存储内容进行输出，电动机则反转。

表 5-2　单片机 89C51 的环形分配

P1. 2/A	P1. 1/B	P1. 0/C	数值
1	0	0	0X04
1	1	0	0X06
0	1	0	0X02
0	1	1	0X03
0	0	1	0X01
1	0	1	0X81

采用软件进行脉冲分配虽然增加了软件编程的复杂程度，但它省去了硬件环形脉冲分配器，减少了系统器件，降低了成本，也提高了系统的可靠性。

2. 功率放大驱动电路

功率放大驱动电路完成由弱电到强电信号的转换和放大，也就是将逻辑电平信号变换成电动机绕组所需的具有一定功率的电流脉冲信号。

一般情况下，步进电动机对驱动电路的要求主要有：能提供足够的幅值、前后沿较好的励磁电流；功耗小，变换效率高；能长时间稳定可靠地运行；成本低且易于维护。

图5-12所示为日本东方的PK268-03A-C8两相步进电动机驱动电路的原理图。脉冲分配器PMM8713采用单脉冲输入法，PMM8713的3、4脚接收PLC发出的脉冲信号，步进电动机的速度由PMM8713 3脚的脉冲频率决定，正反转方向由PMM8713 4脚的高、低电平决定。考虑到力矩、平稳、噪声及减少步距角等方面因素，采用八拍运行方式，通电顺序为：&1→&1&2→&2→&2&3→&3→&3&4→&4→&4&1，如果按上述通电顺序，步进电动机正向转动；反之，如果通电顺序相反，则步进电动机反向转动。PMM8713输出的脉冲经HD7406P反向放大后再经功率放大器SI-7230M产生电动机所需的励磁电流，此时需要的驱动器输出电流为电动机相电流的70%，因而电动机发热量小。

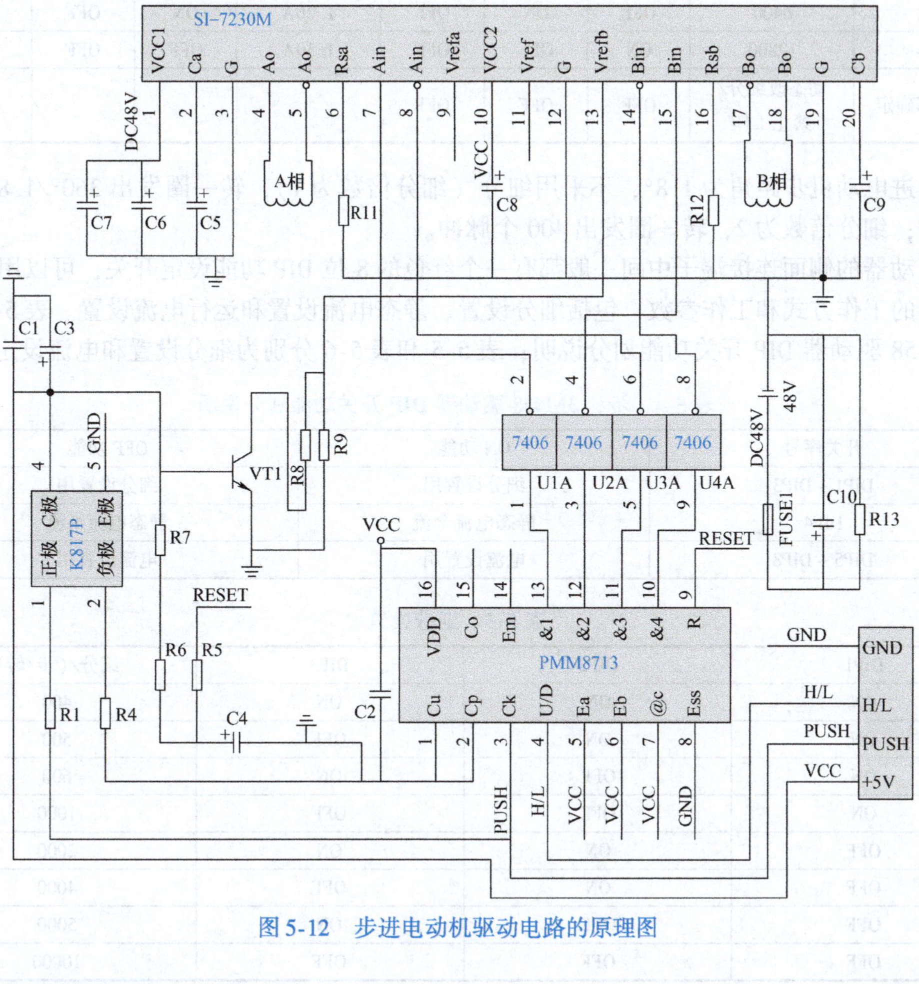

图5-12 步进电动机驱动电路的原理图

3. 驱动器的应用

对从事电气控制系统装调岗位工作而言，会选择步进电动机及驱动器，能机械安装、电气配线、设置细分和驱动电流、软件编程控制即可。

采用细分驱动技术可以大大提高步进电动机的步距角分辨力，减小转矩波动，避免低频共振及降低运行噪声。例如，若步进电动机的步距角为1.8°，那么当细分为2时，步进电动机收到一个脉冲，只转动1.8°/2=0.9°。天煌光机电一体化实训设备所用雷赛M415B驱动器的细分和电流设定见表5-3。

表 5-3 雷赛 M415B 驱动器的细分和电流设定

细分设定					电流设定			
细分倍数	步数/圈（1.8 整步）	SW4	SW5	SW6	电流峰值/A	SW1	SW2	SW3
1	200	ON	ON	ON	0.21A	OFF	ON	ON
2	400	OFF	ON	ON	0.42A	ON	OFF	ON
4	800	ON	OFF	ON	0.63A	OFF	OFF	ON
8	1600	OFF	OFF	ON	0.84A	ON	ON	OFF
16	3200	ON	ON	OFF	1.05A	OFF	ON	OFF
32	6400	OFF	ON	OFF	1.26A	ON	OFF	OFF
64	12800	ON	OFF	OFF	1.50A	OFF	OFF	OFF
由外部确定	动态改细分/禁止工作	OFF	OFF	OFF				

步进电动机步距角为 1.8°，不采用细分（细分倍数为 1），转一圈发出 360°/1.8° = 200 个脉冲；细分倍数为 2，转一圈发出 400 个脉冲。

驱动器的侧面连接端子中间一般都有一个红色的 8 位 DIP 功能设定开关，可以用来设定驱动器的工作方式和工作参数，包括细分设置、静态电流设置和运行电流设置。表 5-4 是步科 3M458 驱动器 DIP 开关功能划分说明；表 5-5 和表 5-6 分别为细分设置和电流设定。

表 5-4 步科 3M458 驱动器 DIP 开关功能划分说明

开关序号	ON 功能	OFF 功能
DIP1 ~ DIP3	细分设置用	细分设置用
DIP4	静态电流全流	静态电流半流
DIP5 ~ DIP8	电流设置用	电流设置用

表 5-5 细分设置

DIP1	DIP2	DIP3	细分/(步/转)
ON	ON	ON	400
ON	ON	OFF	500
ON	OFF	ON	600
ON	OFF	OFF	1000
OFF	ON	ON	2000
OFF	ON	OFF	4000
OFF	OFF	ON	5000
OFF	OFF	OFF	10000

表 5-6 电流设置

DIP5	DIP6	DIP7	DIP8	输出电流/A
OFF	OFF	OFF	OFF	3.0
OFF	OFF	OFF	ON	4.0
OFF	OFF	ON	ON	4.6
OFF	ON	ON	ON	5.2
ON	ON	ON	ON	5.8

5.1.5 步进电动机和驱动器的选型

1. 步进电动机的选型

选择步进电动机时，机械方面要考虑与拖动设备的安装方式和安装尺寸的配合；电气方面主要考虑以下3个方面的内容。

（1）步进电动机最大速度的选择 步进电动机最大速度一般在600~1200r/min。

（2）步进电动机定位精度的选择 机械传动比确定后，可根据控制系统的定位精度选择步进电动机的步距角及驱动器的细分等级。一般选电动机的一个步距角对应于系统定位精度的1/2或更小。

（3）步进电动机力矩的选择 步进电动机的动态力矩一下子很难确定，往往先确定电动机的静力矩。静力矩选择的依据是电动机工作的负载，而负载可分为惯性负载和摩擦负载两种。直接起动（一般由低速）时，两种负载均要考虑，加速起动时主要考虑惯性负载，恒速运行只考虑摩擦负载。

2. 步进驱动器的选型

选好步进电动机后，查阅手册选用配套的驱动器。驱动器选择时，要考虑输入采用漏型还是源型与上位机控制器（如PLC）配合方便，是否需要光耦做电平转换；输入电压的高低，是否需要串联电阻；驱动器细分能否满足步进电动机定位精度的要求；驱动器输出电流设置能否满足步进电动机力矩的要求。

5.1.6 单片机控制步进电动机的典型应用

单片机控制步进电动机典型应用

1. 控制要求

现有一台步进电动机，型号为28BYJ48，额定电压为5V，相数4，步距角为5.625°/64，减速比为1:64。设计硬件电路和软件程序实现以下功能：按下正转开关S1，步进电动机顺时针旋转1圈；按下反转开关S2，逆时针旋转1圈；按下停止开关S3，停止运行。

2. 硬件设计

采用AT89S51单片机作为控制器，高耐压、大电流复合晶体管阵列ULN2003实现功率驱动，具体电路如图5-13所示。

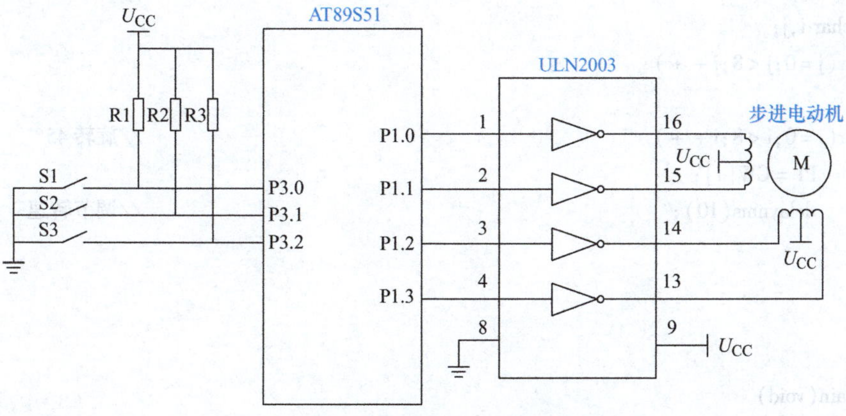

图5-13 单片机控制步进电动机运行电路

3. 软件设计

参考程序如下：

```
#include < reg51. h >
#define uchar unsigned char
#define uint unsigned int
uchar CCW[8] = {0x08,0x0c,0x04,0x06,0x02,0x03,0x01,0x09};          //逆时针旋转相序表
uchar CW[8] =  {0x09,0x01,0x03,0x02,0x06,0x04,0x0c,0x08};          //顺时针旋转相序表
sbitS1 = P3^0;                                                      //正转按键
sbitS2 = P3^1;                                                      //反转按键
sbitS3 = P3^2;                                                      //停止按键
void delaynms(uint aa)
{
    uchar bb;
    while(aa - - )
    {
        for(bb = 0;bb < 115;bb + + );                               //1ms 基准延时程序
    }
}

void motor_ccw(void)
{   uchar i,j;
    for(j = 0;j < 8;j + + )
    {
    for(i = 0;i < 8;i + + )                                         //旋转 45°
    {   P1 = CCW[i];
        delaynms(10);                                               //调节转速
    }
    }
}

void motor_cw(void)
{   uchar i,j;
    for(j = 0;j < 8;j + + )
    {
    for(i = 0;i < 8;i + + )                                         //旋转 45°
    {   P1 = CW[i];
        delaynms(10);                                               //调节转速
    }
    }
}

void main(void)
{   uchar r;
```

```
    uchar N = 64;                          //因为步进电动机是减速步进电动机,减速比的 1/64,
                                           //所以 N = 64 时,步进电动机主轴转一圈
    while(1)
    {
        if(K1 = = 0)
        {for(r = 0;r < N;r + + )
            motor_cw( );                   //电动机顺时针旋转
        }
        else if(K2 = = 0)
        {for(r = 0;r < N;r + + )
            motor_ccw( );                  //电动机逆时针旋转
        }
        else   P1 = 0xf0;                  //电动机停止
    }
}
```

5.1.7　PLC 控制步进电动机的典型应用

1. 控制要求

使用 S7-200 SMART 系列 PLC 控制步进电动机的定位，并通过按钮实现步进电动机的正转、反转、急停、减速停止、位置归零等功能。

2. 硬件设计

需要的硬件设备如下：

1）S7-200 SMART ST30 PLC 一台。

2）1 套 AC 220V-DC 24V 的开关电源，为 PLC 和步进驱动器供电。

3）42 型步进电动机一台及配套驱动器一台。

4）网线一条。

5）计算机一台。

PLC 与步进电动机驱动器接线图如图 5-14 所示。

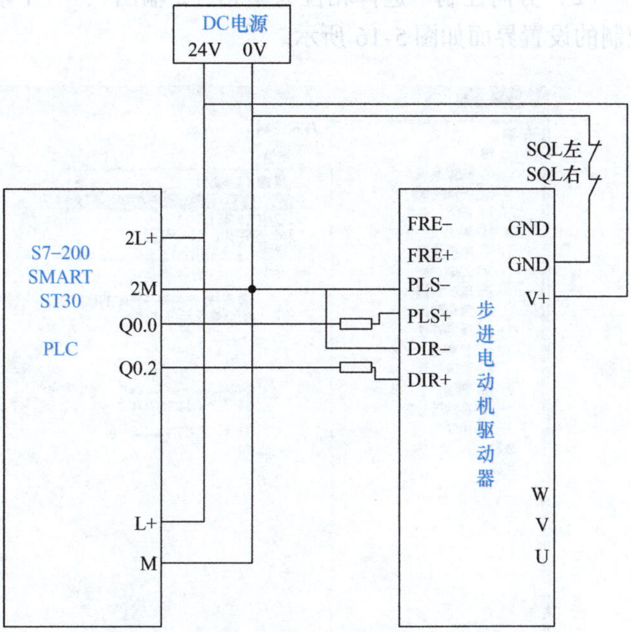

图 5-14　PLC 与步进电动机驱动器接线图

3. 软件设计

S7-200 SMART 提供了非常方便的运动控制功能向导，可根据向导一步一步进行。

（1）测量系统　这里选择的是工程单位 mm，步进电动机的步距角为 1.8，细分倍数为 8，那么

根据计算得知电动机旋转一周所需脉冲数为（360/1.8）×8 =1600，电动机一次旋转产生多少mm的运动，这个要看实际连接情况，包括减速器、螺杆等部件，此处设置为4.0mm。测量系统的设置界面如图5-15所示。

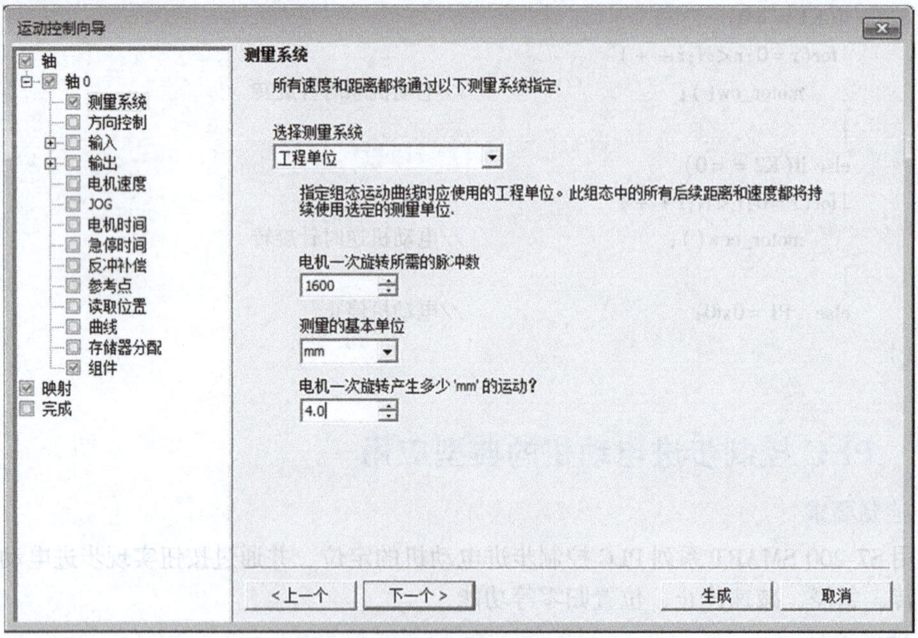

图5-15　测量系统的设置界面

（2）方向控制　选择相位为单相（2输出），一个输出脉冲，一个控制运动方向。方向控制的设置界面如图5-16所示。

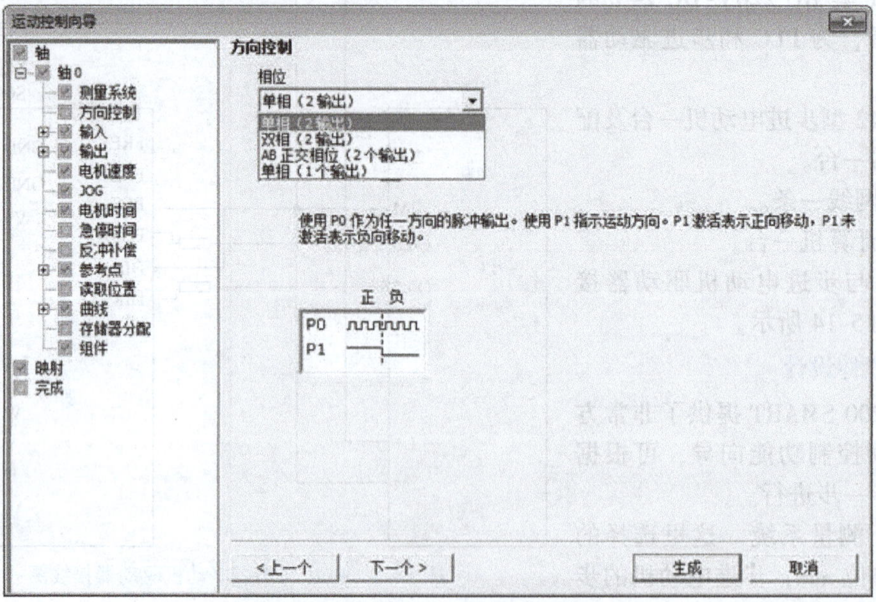

图5-16　方向控制的设置界面

（3）启动参考点并查找　在输出组态时启用参考点 RPS（输入设为 I0.0），组态启用参考点。查找参考点的设置界面如图 5-17 所示。

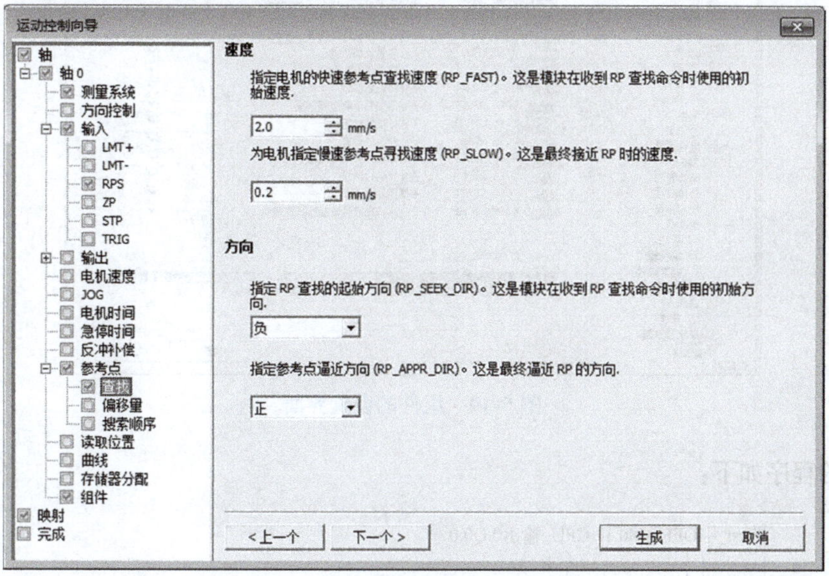

图 5-17　查找参考点的设置界面

（4）曲线设置　运行曲线功能类似于 S7-200 中 PTO 包络的功能，选择运动模式：绝对位置是相对参考点的位置，相对位置是相对于出发点的位置，单速连续旋转和双速连续旋转有点像变频器的多段速。曲线的设置界面如图 5-18 所示。

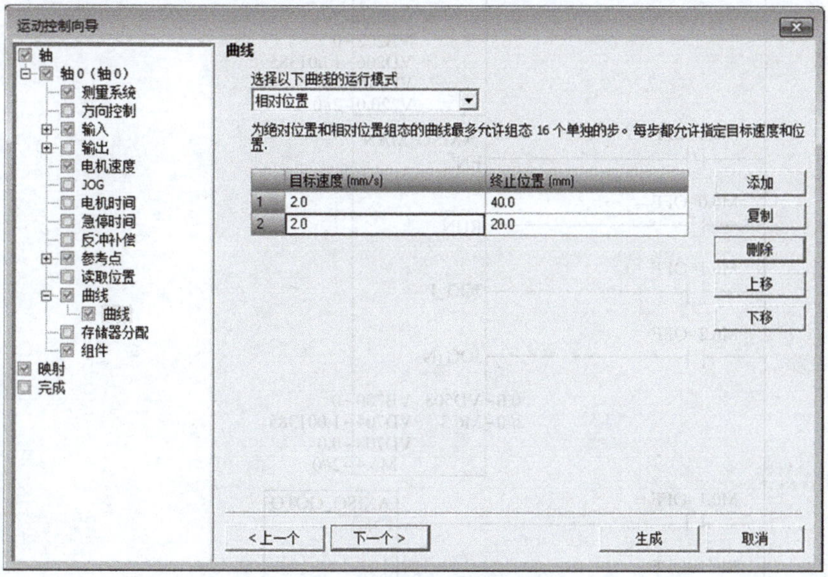

图 5-18　曲线的设置界面

（5）生成组件　生成组件即子程序，可以取消勾选用不上的组件。组件的设置界面如图 5-19 所示。

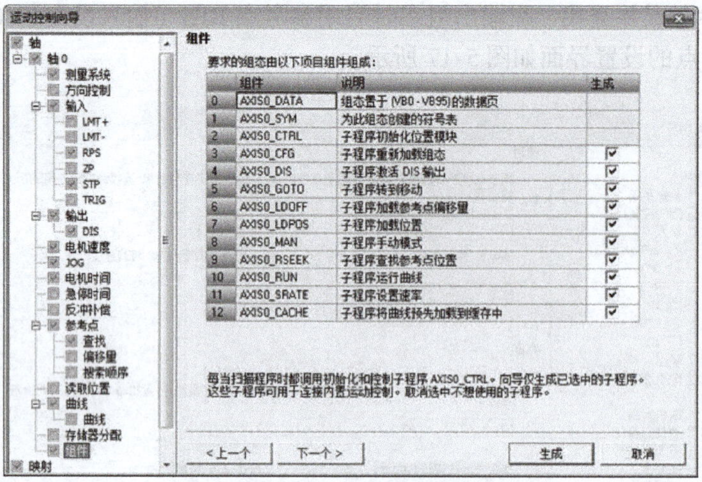

图 5-19　组件的设置界面

编写的程序如下：

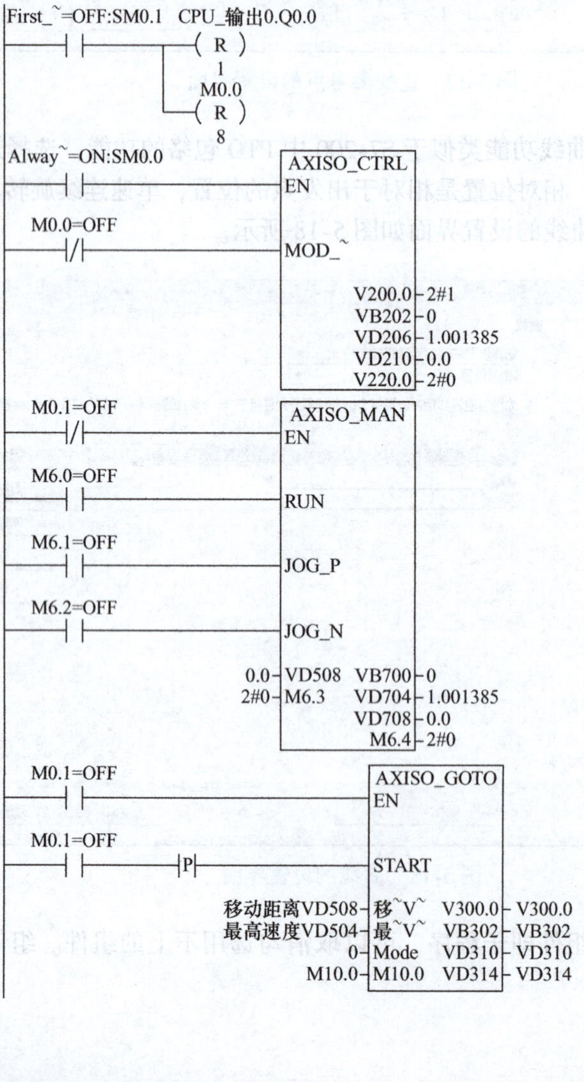

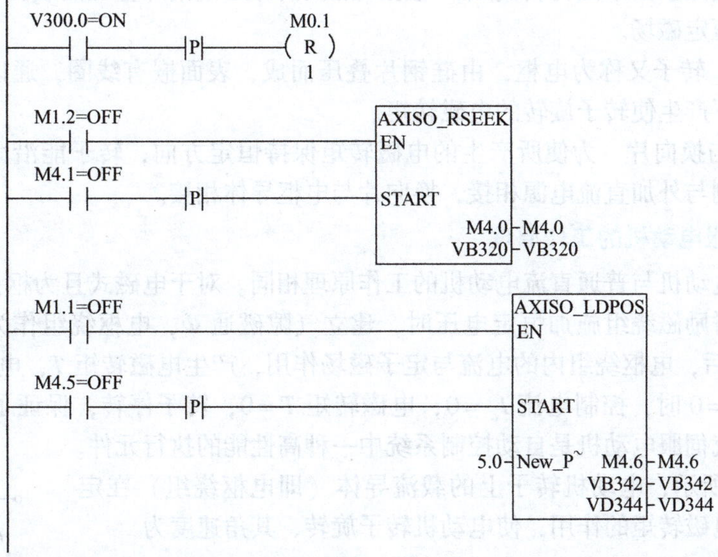

5.2 直流伺服电动机传动控制

学习指南

知识点

① 了解直流伺服电动机的结构和工作原理。

② 了解直流调速系统的电路、控制和特点。

③ 了解直流伺服系统的典型应用。

技能点

① 能准确识别直流伺服电动机及其控制系统的机构及型号。

② 会进行直流伺服驱动器和伺服电动机的电气接线。

③ 能正确设置直流伺服驱动器的简单参数。

建议与指导

① 难点：直流伺服电动机及其驱动器的结构和原理。

② 重点：直流伺服驱动器的应用。

③ 建议：直流伺服电动机及其驱动器的结构和工作原理以了解为主，重点放在驱动器的应用上。

5.2.1 直流伺服电动机的结构与工作原理

1. 直流伺服电动机的结构组成

直流伺服电动机在结构上主要由定子、转子、电刷及换向片等组成。

(1) 定子 定子磁场由定子的磁极产生。根据产生磁场的方式，磁极可分为永磁式和电励式。永磁式磁极由永磁材料制成，电励式磁极由冲压硅钢片叠压而成，外绕线圈，通以直流电流产生恒定磁场。

(2) 转子　转子又称为电枢，由硅钢片叠压而成，表面嵌有线圈，通以直流电时，在定子磁场作用下产生使转子旋转的电磁转矩。

(3) 电刷与换向片　为使所产生的电磁转矩保持恒定方向，转子能沿固定方向均匀地连续旋转，电刷与外加直流电源相接，换向片与电枢导体相接。

2. 直流伺服电动机的工作原理

直流伺服电动机与普通直流电动机的工作原理相同。对于电磁式且为枢控方式的直流伺服电动机，当对励磁绕组施加恒定电压时，建立气隙磁通 Φ，电枢绕组作为控制绕组接收到控制电压 U_c后，电枢绕组内的电流与定子磁场作用，产生电磁转矩 T，电动机转子转动。当控制电压 $U_c=0$ 时，控制电流 $I_c=0$，电磁转矩 $T=0$，转子停转，保证了无“自转”现象。因此，直流伺服电动机是自动控制系统中一种高性能的执行元件。

如图 5-20 所示，电动机转子上的载流导体（即电枢绕组）在定子磁场中受到电磁转矩的作用，使电动机转子旋转，其角速度为

$$\omega=\frac{U_a-I_aR_a}{C_e\Phi} \tag{5-2}$$

式中，U_a为电枢电压；I_a为电枢电流；R_a为电枢回路的总电阻；C_e为由电动机结构决定的电动势系数；Φ 为励磁磁通。

由式（5-2）可见，可通过改变电枢电压 U_a或改变励磁磁通 Φ 来控制直流伺服电动机的角速度，前者称为电枢电压控制，后者称为励磁磁场控制。

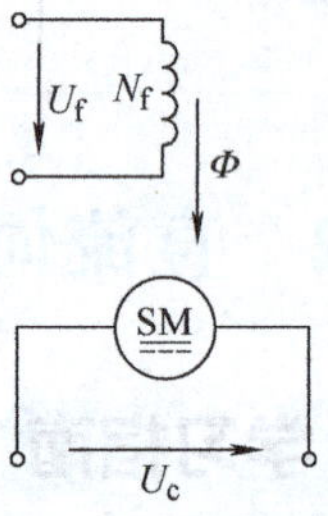

图 5-20　直流伺服电动机的工作原理

由于电枢电压控制具有机械特性和调节特性的线性度好、输入损耗小、控制回路电感小且响应速度快等优点，因此直流伺服系统多采用电枢电压控制方式。

3. 直流伺服电动机的主要特性

(1) 运行特性　电动机稳态运行，回路中电流保持不变，电枢电流切割磁场磁力线所产生的电磁转矩 T_m为

$$T_m=C_m\Phi I_a \tag{5-3}$$

式中，C_m为转矩常数，仅与电动机结构有关。

将式（5-3）代入式（5-2），则直流伺服电动机的运行特性表达式为

$$\omega=\frac{U_a}{C_e\Phi}-\frac{R_a}{C_eC_m\Phi^2}T_m \tag{5-4}$$

1) 机械特性。当直流伺服电动机的电枢控制电压 U_a 和励磁磁场强度 Φ 均保持不变，则角速度 ω 可看作是电磁转矩 T_m的函数，即 $\omega=f(T_m)$，该特性称为直流伺服电动机的机械特性，表达式为

$$\omega=\omega_0-\frac{R_aT_m}{C_eC_m\Phi^2} \tag{5-5}$$

式中，ω_0为常数，$\omega_0=\dfrac{U_a}{C_e\Phi}$。

根据式（5-5），给定不同的 T_m 值，可绘出直流伺服电动机的机械特性曲线，如

图 5-21 所示。

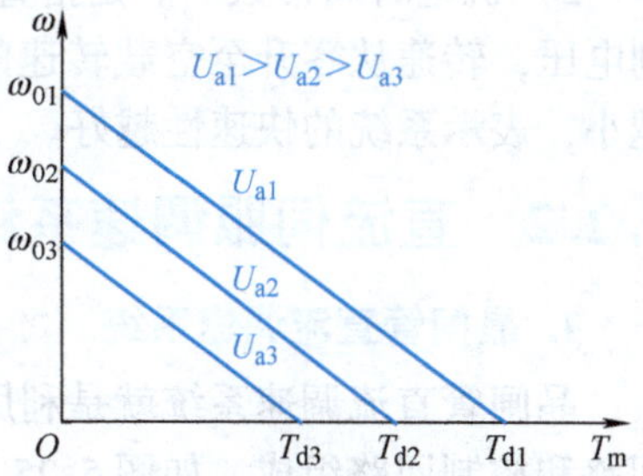

图 5-21　直流伺服电动机的机械特性曲线

由图 5-21 可知：直流伺服电动机的机械特性曲线是一组斜率相同的直线簇，每条机械特性和一种电枢电压 U_a 相对应，且随着 U_a 增大平行地向转速和转矩增加的方向移动；与 ω 轴的交点是该电枢电压下的理想空载角速度 ω_0，与 T_m 轴的交点则是该电枢电压下的起动转矩 T_d；机械特性的斜率为负，说明在电枢电压不变时，电动机角速度随负载转矩增加而降低；机械特性的线性度越高，系统的动态误差越小。

2）调节特性。当直流伺服电动机的励磁磁场强度 Φ 和电磁转矩 T_m 均保持不变，则角速度 ω 可看作是电枢控制电压 U_a 的函数，即 $\omega=f(U_a)$，该特性称为直流伺服电动机的调节特性，表达式为

$$\omega=\frac{U_a}{C_e\Phi}-kT_m \tag{5-6}$$

式中，k 为常数；$k=\frac{R_a}{C_eC_m\Phi^2}$。

根据式（5-6），给定不同的 T_m 值，可绘出直流伺服电动机的调节特性曲线，如图 5-22 所示。

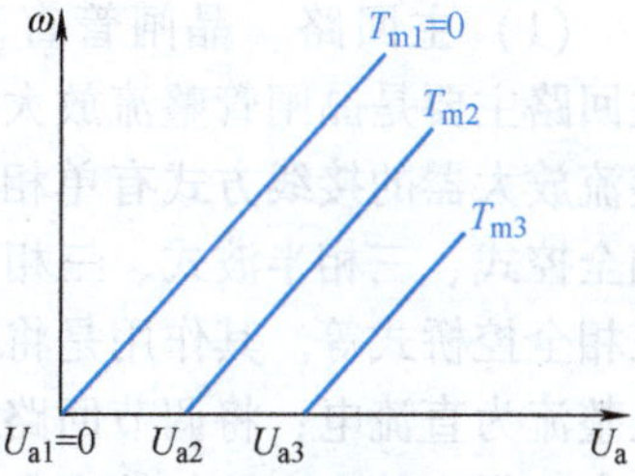

图 5-22　直流伺服电动机的调节特性

由图 5-22 可知：直流伺服电动机的调节特性曲线是一组斜率相同的直线簇，每条调节特性和一种电磁转矩 T_m 相对应，且随着 T_m 增大，平行地向电枢电压增加的方向移动；与 U_a 轴的交点表示在一定的负载转矩下，电动机起动时的电枢电压，且随负载的增大而增大；调节特性的斜率为正，说明在一定负载下，电动机角速度随电枢电压的增加而增加；调节特性的线性度越高，系统的动态误差越小。

电动机的输入功率（P_1）、输出功率（P_2）、效率（η）、转速（n）、电枢电流（I_a）与输出转矩（T）的关系分别如图 5-23 和图 5-24 所示。

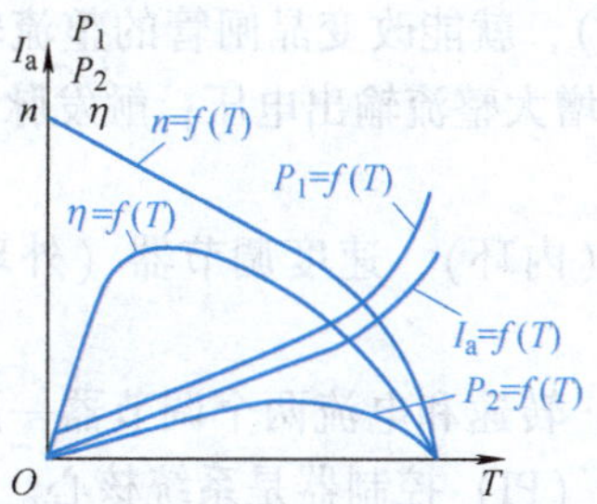

图 5-23　电磁式直流伺服电动机

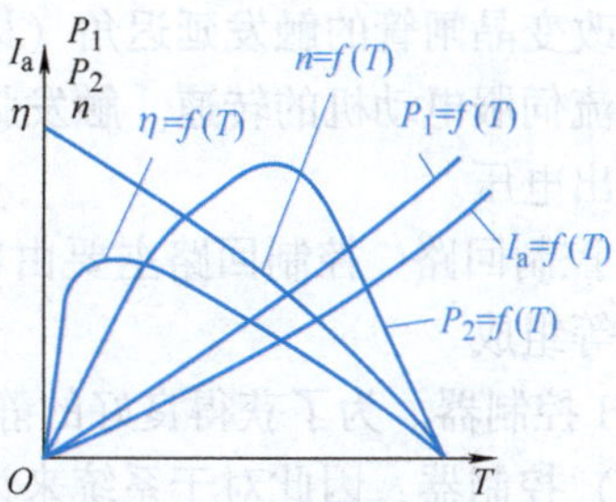

图 5-24　永磁式直流伺服电动机

（2）主要参数。

1）空载起动电压 U_{s0}。是指直流伺服电动机在空载和一定励磁条件下使转子在任意位置开始连续旋转所需的最小控制电压。U_{s0} 一般为额定电压的 2% ~12%，U_{s0} 越小，表示伺服电动机的灵敏度越高。

2）机电时间常数 τ_j。是指直流伺服电动机在空载和一定励磁条件下加以阶跃的额定控制电压，转速从零升至空载转速的 63.2% 所需的时间。一般，机电时间常数 $\tau_j \leqslant 0.03s$，τ_j 越小，表示系统的快速性越好。

5.2.2 直流伺服调速系统

1. 晶闸管直流调速系统

晶闸管直流调速系统就是利用晶闸管可控整流器获得可调的直流电压的系统，主要由主回路和控制回路组成，如图 5-25 所示。

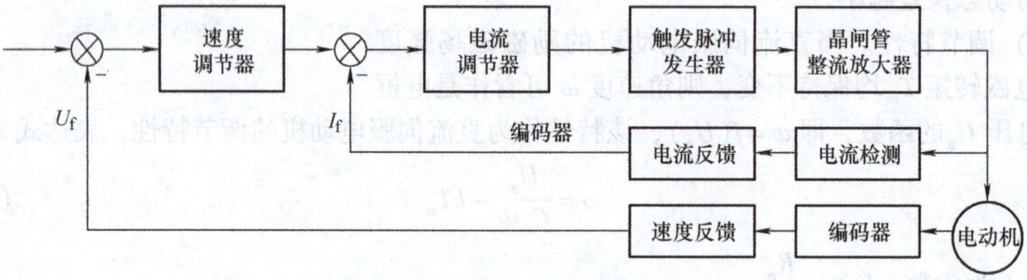

图 5-25 晶闸管直流调速系统

（1）主回路 晶闸管直流调速系统主回路主要是晶闸管整流放大器。晶闸管整流放大器的接线方式有单相半桥式、单相全控式、三相半波式、三相半控桥式和三相全控桥式等。其作用是将电网的交流电整流为直流电；将调节回路的控制功率放大，得到较大电流与较高电压以驱动电动机；在可逆控制电路中，电动机制动时，把电动机运转的惯性机械能转变成电能并反馈回交流电网。例如，图 5-26 所示为由大功率晶闸管构成的三相全控桥式整流调压电路，其工作波形如图 5-27 所示。

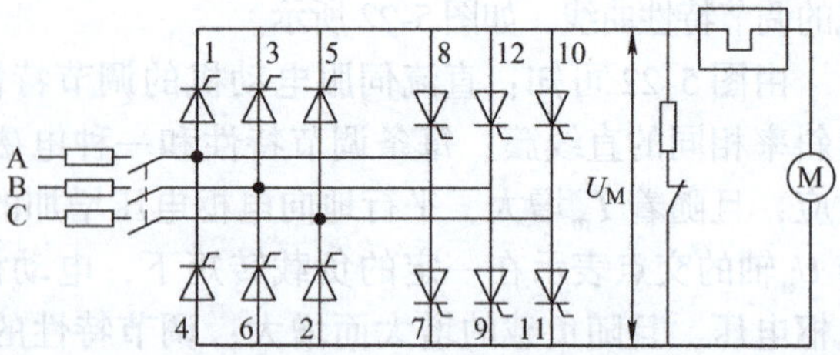

图 5-26 晶闸管三相全控桥式整流调压电路

只要改变晶闸管的触发延迟角（即改变导通角），就能改变晶闸管的整流输出电压，从而改变直流伺服电动机的转速。触发脉冲提前来，增大整流输出电压；触发脉冲延后来，减小整流输出电压。

（2）控制回路 控制回路主要由电流调节器（内环）、速度调节器（外环）和触发脉冲发生器等组成。

1）PI 控制器。为了获得良好的静、动态性能，转速和电流两个调节器一般都采用比例积分（PI）控制器，因此对于系统来说，比例积分（PI）控制器是系统核心。

2）触发脉冲发生器。触发脉冲发生器是向晶闸管门极提供所需的触发信号，并能根据控制要求使晶闸管可靠导通，实现整流装置的控制。常见的电路形式有单结晶体管触发电路、正弦波触发电路、锯齿波触发电路。

2. 脉宽调制（PWM）直流调速系统

所谓脉宽调制（Pluse Width Modulation，PWM）技术，就是把恒定的直流电源电压调制

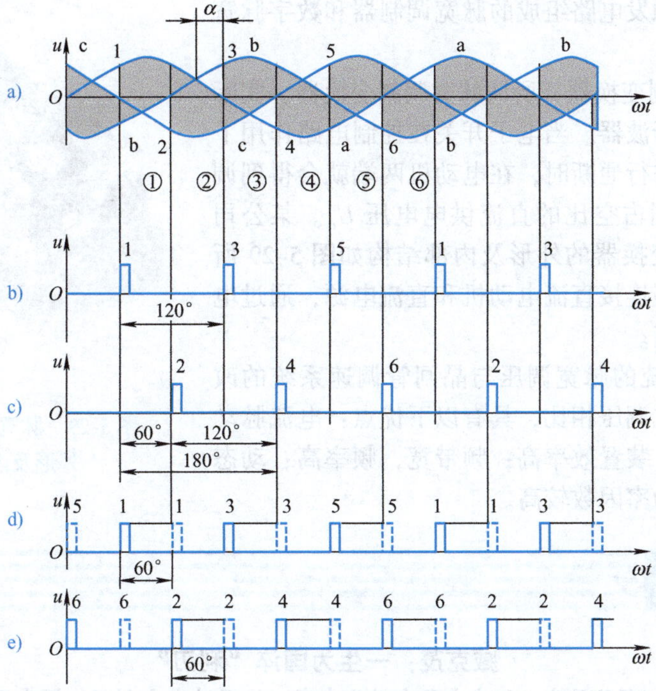

图 5-27　主回路工作波形

成频率一定、宽度可变的脉冲电压序列，从而可以改变平均输出电压的大小。

（1）PWM 直流调速系统的构成　对直流调速系统而言，一般动、静态性能较好的调速系统都采用双闭环控制系统，因此，对直流脉宽调速系统将以双闭环为例进行介绍。

PWM 直流调速系统的原理图如图 5-28 所示，由主回路和控制回路两部分组成。与晶闸管调速系统比较，速度调节器和电流调节器原理一样，不同的是脉宽调制器和 PWM（功率变换器）。

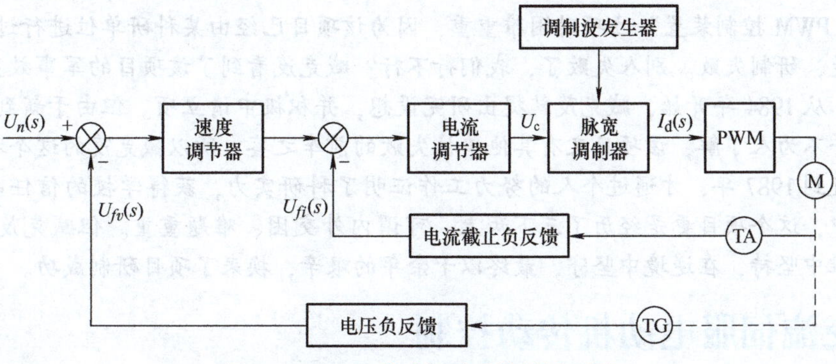

图 5-28　PWM 直流调速系统的原理图

（2）直流脉宽调制原理　直流脉宽调制是利用电子开关，将直流电源电压转换成一定频率的方波脉冲电压，然后通过对方波脉冲宽度的控制来改变供电电压大小与极性，从而达到对电动机进行变压调速的一种方法。

常用的脉宽调制器按调制信号不同分为锯齿波脉宽调制器、三角波脉宽调制器、由多谐振荡器和单稳态触发电路组成的脉宽调制器和数字脉宽调制器等几种。

(3) 脉宽调制变换器　所谓脉宽调制变换器，实际上就是一种直流斩波器。当电子开关在控制电路作用下按某种控制规律进行通断时，在电动机两端就会得到调速所需的、有不同占空比的直流供电电压 U_d。某公司生产的脉宽调制变换器的外形及内部结构如图 5-29 所示。接线端子分别连接直流电动机和直流电源，通过电位器实现脉宽调速。

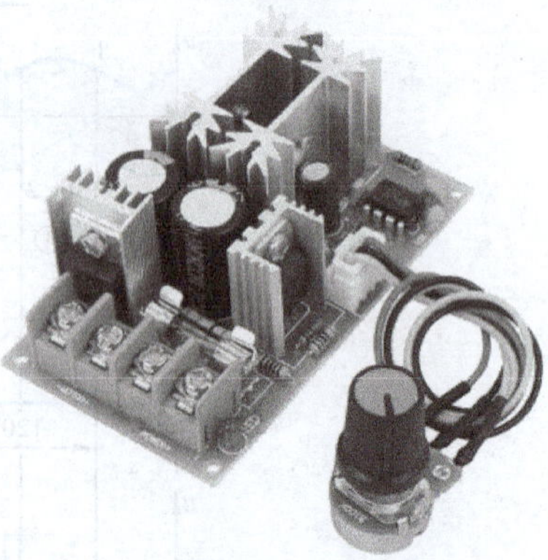

图 5-29　脉宽调制变换器的外形及内部结构

PWM 调速系统的脉宽调压与晶闸管调速系统的改变触发延迟角方式调压相比，具有以下优点：电流脉动小；电路损耗小，装置效率高；频带宽，频率高；动态硬度好；电网的功率因数较高。

拓展阅读

臧克茂：一生为国淬“利刃”

臧克茂，中国工程院院士，坦克电气自动化专家。他通过自主创新，提出了现代坦克炮控系统的体系结构和控制方法，跨越了国外炮控系统的两个发展阶段；研制出了我国第一台坦克电驱动系统原理样车，并率先开展全电战斗车辆的研究。他研制的“炮塔电传 PWM 控制装置”，将 PWM 技术应用在坦克炮塔上，破解当时我军坦克炮控系统瞄准时间长、射击精度低、性能差的瓶颈，使我军主战坦克火炮瞄准时间缩短了 47%，命中率提高了 35%，静默待机战斗时间增加 1 倍以上。

1993 年，臧克茂被确诊患有膀胱癌，此时正值“坦克炮塔电传 PWM 控制装置”科研攻坚期。是正常退休，住院治疗，还是争取延迟退休，完成科研攻关？这成为摆在臧克茂面前的人生重大选择。臧克茂毅然选择了隐瞒病情，加速科研，以保证科研工作的延续性。面临生命和科研的选择，正展现了臧克茂那一代军人特有的血性。实际上，臧克茂当初在争取“炮塔电传 PWM 控制装置”立项时困难重重，因为该项目已经由某科研单位进行过研究探索，但遗憾的是，研制失败。别人失败了，我们行不行？臧克茂看到了该项目的军事效益，毅然选择了挑战。从 1984 年开始，臧克茂就提出研究设想，并积极申请立项。但由于新到学校不久，科研实力并不为人了解，该项目又有其他单位失败的前车之鉴，所以臧克茂的这个科研立项并不顺利。直到 1987 年，才通过个人的努力工作证明了科研实力，获得学校的信任并立项。在研究过程中，这个项目更是经历了三下两上，可谓内外交困、难题重重。但臧克茂从无畏惧，总是在困难中坚持，在逆境中坚守，最终以十余年的艰辛，换来了项目研制成功。

5.3　交流伺服电动机传动控制

学习指南

知识点

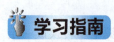

① 了解交流伺服电动机的结构和工作原理。

② 了解交流伺服驱动器的结构、工作原理和接口。

③ 了解交流伺服系统的典型应用。

技能点

① 能准确识别交流伺服电动机和驱动器的铭牌及型号。

② 会进行交流伺服驱动器和伺服电动机的电气接线。

③ 能正确设置交流伺服驱动器的简单参数。

建议与指导

① 难点：交流伺服电动机的结构和原理。

② 重点：交流伺服驱动器的应用。

③ 建议：交流伺服电动机和伺服驱动器的结构和工作原理以了解为主，重点放在交流伺服驱动器的应用上。

5.3.1　交流伺服电动机的结构

交流伺服电动机主要包括永磁交流伺服电动机和感应交流伺服电动机，它们主要由定子、转子、编码器和其他辅助结构（风扇、封盖）组成。永磁交流伺服电动机如图 5-30 所示。

a) 实物图　　b) 内部结构效果图　　c) 拆解图

图 5-30　交流伺服电动机

交流伺服电动机的结构与原理

1. 定子

定子由铁心和绕组构成，定子效果图和拆解图如图 5-30b、c 所示。定子绕组类似于单相异步电动机，如图 5-31 所示。其中，l_1-l_2称为励磁绕组，k_1-k_2称为控制绕组，两个绕组的轴线互相垂直，在空间上相隔 90°，因此交流伺服电动机是一种两相的交流电动机。

2. 转子

（1）笼型转子　笼型转子由转轴、转子铁心和转子绕组等组成，如图 5-32 所示。笼型转子交流伺服异步电动机的主要特点：体积小、重量轻、效率高；起动电压低、灵敏度高、励磁电流较小；机械强度较高、可靠性好；耐高温、振动、冲击等恶劣环境条件；低速运转时不够平滑，有抖动等现象。它主要应用于小功率伺服控制系统。

（2）非磁性杯形转子　杯形转子是笼型转子的一种特殊形式。杯形转子伺服电动机结构如图 5-33a 所示，杯形转子绕组如图 5-33b 所示。杯形转子交流伺服异步电动机的特点：转子惯量小；轴承摩擦转矩小；运转平稳；内、外定子间气隙较大，利用率低，工艺复杂，成本高。它主要应用在要求低噪声及运转非常平稳的某些特殊场合。

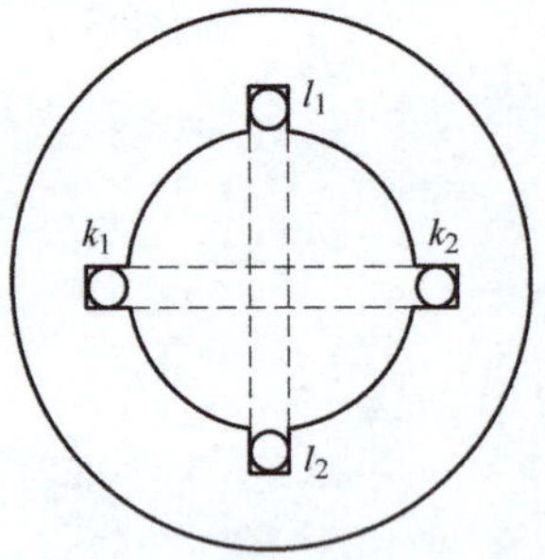

图 5-31 伺服电动机定子绕组

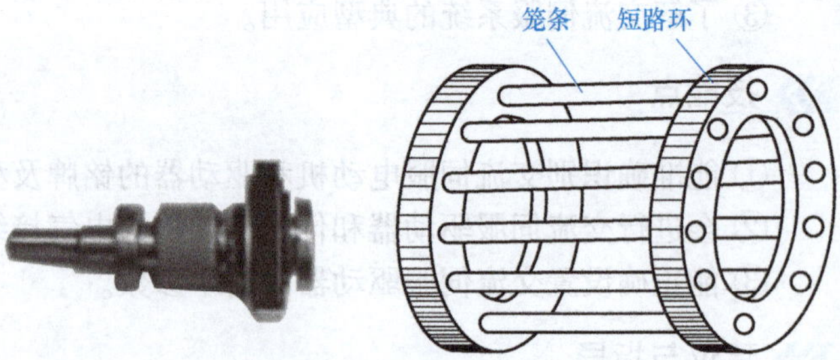

图 5-32 笼型转子和绕组

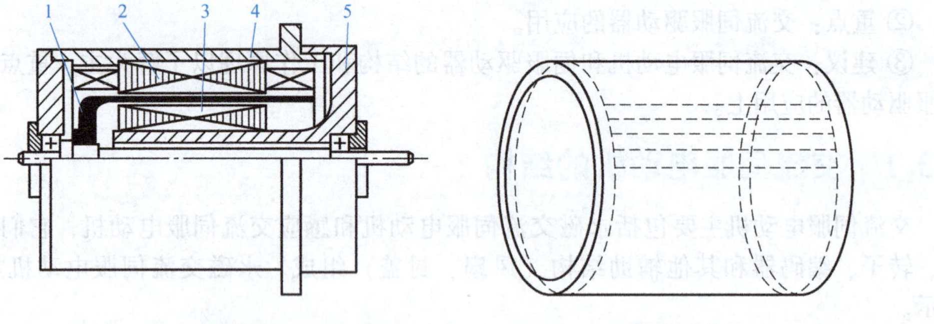

a) 电动机结构

b) 杯形转子绕组

图 5-33 杯形转子伺服电动机

1—杯形转子 2—外定子 3—内定子 4—机壳 5—端盖

3. 编码器

内置编码器套在电动机转子的转轴上，当转子转动时，编码器的码盘也跟着旋转，输出反馈脉冲到驱动器。内置编码器的实物图和内部结构如图 5-34 所示。编码器依据信号原理分类，有增量式编码器和绝对式编码器，其机构和原理详见学习项目 4。

a) 实物图

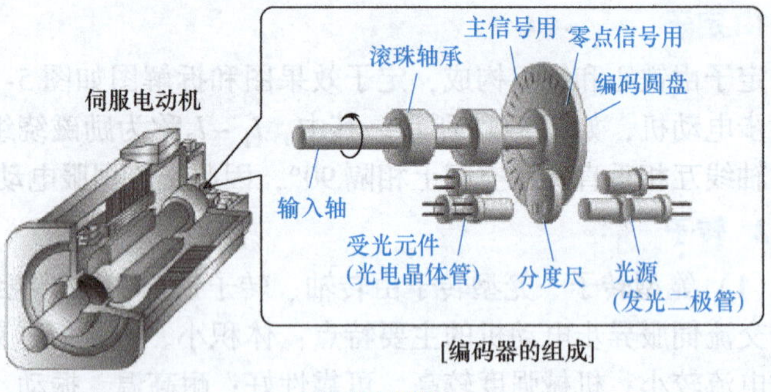

b) 内部结构

图 5-34 内置编码器

5.3.2 交流伺服电动机的工作原理

如图 5-35 所示，励磁绕组两端施加励磁电压 U_f，控制绕组两端施加控制电压 U_k。通常将有效匝数相等的两个绕组称为两相对称绕组，若在两相对称绕组上施加两个幅值相等且相位差90°的对称电压，则电动机处于对称状态。此时，两相绕组在定子、转子之间的气隙中产生的合成磁势是一个圆形旋转磁场。若施加两个电压幅值不相等或相位差不为90°电角度的电压，则会得到一椭圆形旋转磁场。励磁绕组和控制绕组共同作用在电动机内部产生了一个旋转磁场，在笼型转子的导条中或杯形转子的筒壁上感应电动势产生电流（涡流），再与磁场作用而产生电磁转矩，使笼型转子或杯形转子转动。在负载恒定的情况下，电动机的转速将随控制电压的大小而变化。当控制电压的相位相反时，伺服电动机将反转。

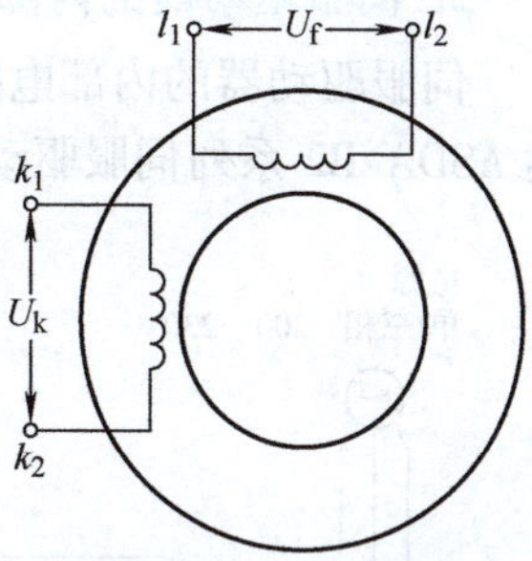

图5-35　两相交流伺服电动机的工作原理

5.3.3　交流伺服驱动器

伺服驱动器又称为伺服控制器、伺服放大器（三菱手册翻译为伺服放大器），是用来控制伺服电动机的一种控制器，其作用类似于变频器作用于三相感应交流电动机，属于伺服系统的一部分。主要功能是根据控制电路的指令，将电源提供的电流转变为伺服电动机电枢绕组中所需的交流电流，以产生所需要的电磁转矩。可以通过位置、速度和转矩三种方式对伺服电动机实现高精度的控制，目前是传动技术的高端产品。

1. 伺服驱动器的构造

不同品牌伺服驱动器的名称有所差异，但主要构造相同，主要由主电路电源、控制电路电源、制动电阻接线端子、电动机接线端子、操作面板、控制电路接口、通信接口等构成。图5-36所示为松下A5伺服驱动器的主视图和侧视图。

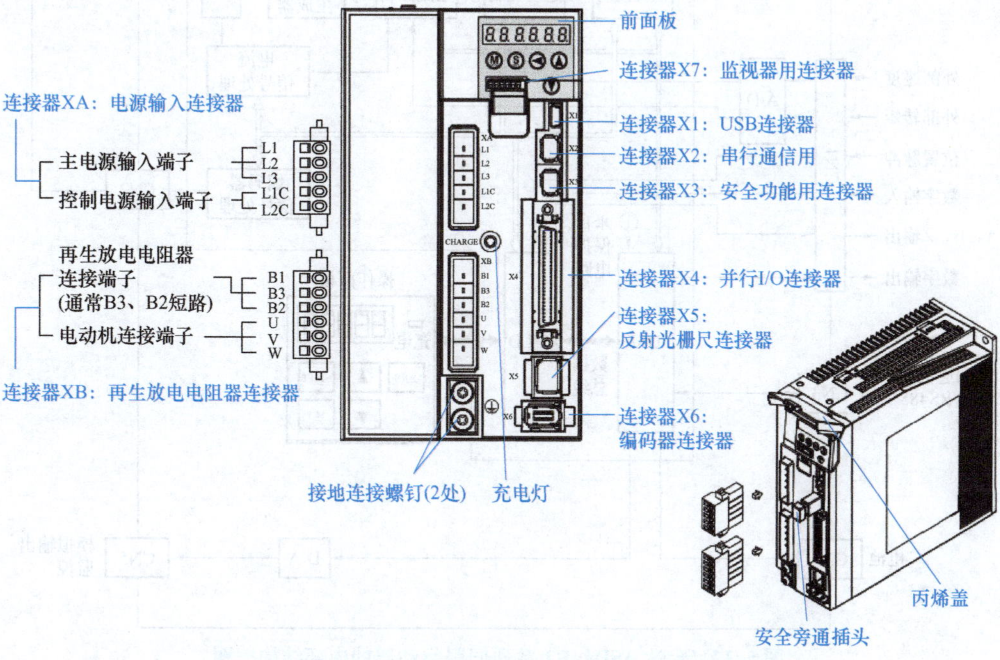

图5-36　松下A5伺服驱动器的构造、各部分名称及功能

2. 伺服驱动器的内部电路

伺服驱动器的内部电路按原理功能主要包括功率变换主电路、控制电路、驱动电路。台达 ASDA-B2 系列伺服驱动器的内部结构框图如图 5-37 所示。

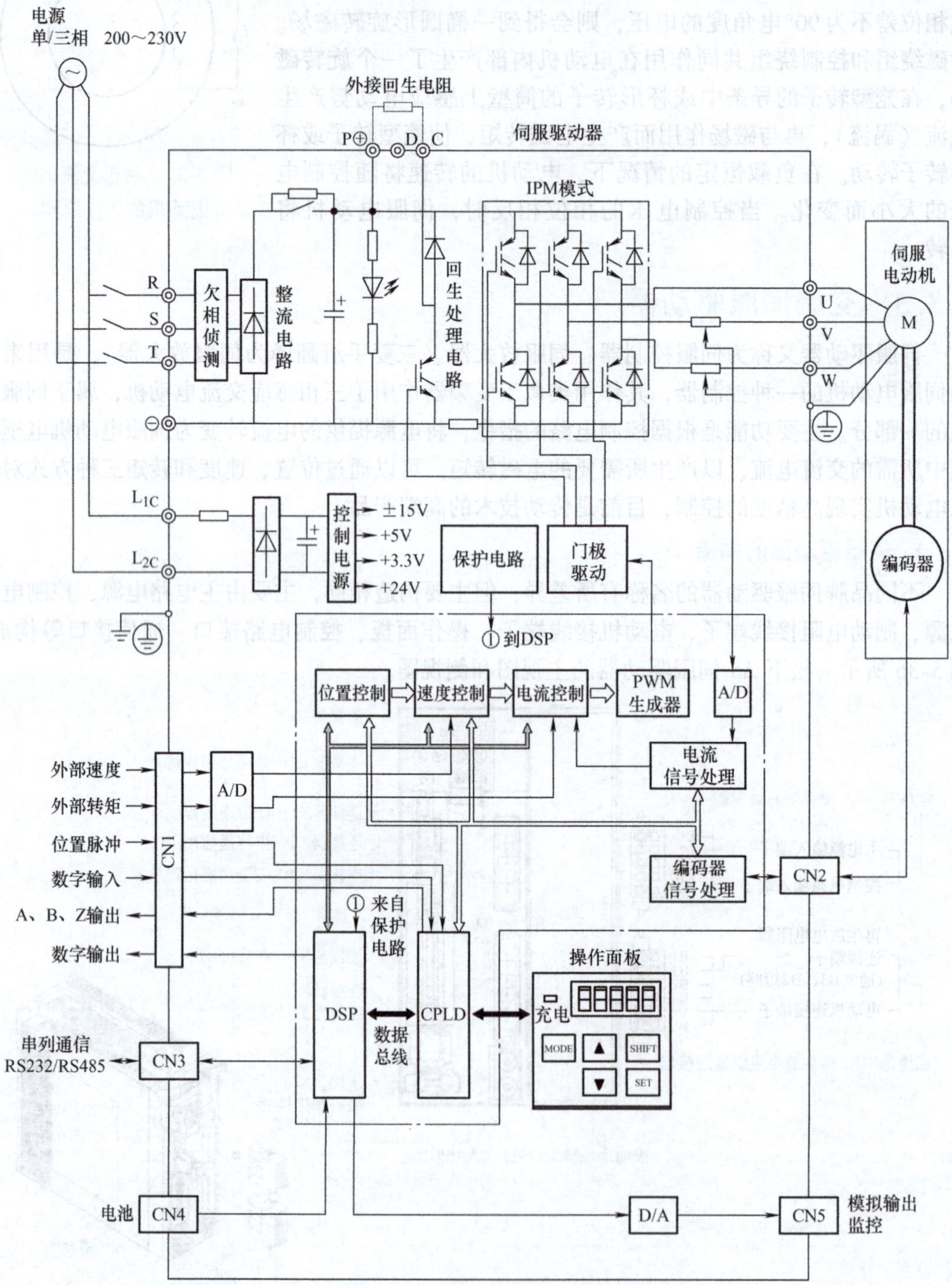

图 5-37 台达 ASDA-B2 系列伺服驱动器的内部结构框图

(1) 功率变换主电路和驱动电路　功率变换主电路主要由整流电路、滤波电路和逆变电路三部分组成。高压、大功率的交流伺服系统，有时需要抑制电压、电流尖峰的缓冲电路。频繁运行于快速正反转的伺服系统，还需要消耗多余再生能量的制动电路。

驱动电路根据控制信号对功率半导体开关器件进行驱动，并为交流伺服电动机及其控制器件提供保护，主要包括开关器件的前级驱动电路和辅助开关电源电路等。

(2) 控制电路　控制电路主要由运算电路、PWM 生成电路、检测信号处理电路、输入/输出电路、保护电路等构成，核心的电子元器件是 DSP 和 CPLD，其中 DSP 主要负责运算；CPLD 主要负责控制。其主要作用是完成对功率变换主电路的控制和实现各种保护。

交流伺服系统具有电流反馈、速度反馈和位置反馈的三闭环结构形式，其中电流环和速度环为内环（局部环），位置环为外环（主环）。三个闭环负反馈 PID 调节原理框图如图 5-38 所示。

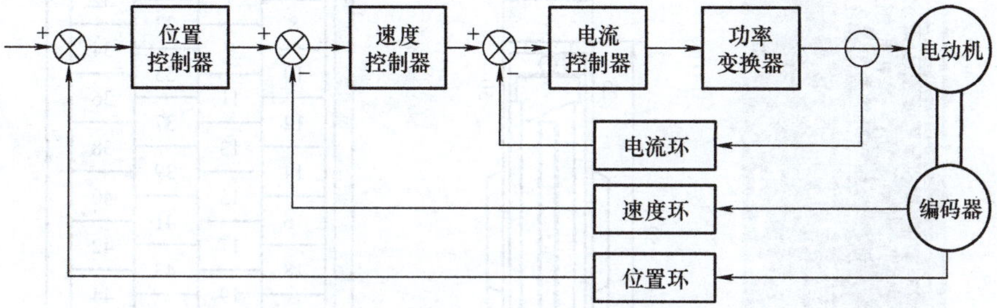

图 5-38　伺服驱动器系统的原理框图

电流环由电流控制器和功率变换器组成，其作用是使电动机绕组电流实时、准确地跟踪电流指令信号，限制电枢电流在动态过程中不超交流伺服电动机及其驱动器的最大值，使系统具有足够大的加速转矩，提高系统的快速性。

速度环的作用是增强系统抗负载扰动的能力，抑制速度波动，实现稳态无静差。

位置环的作用是保证系统静态精度和动态跟踪的性能，这直接关系到交流伺服系统的稳定性和能否高性能运行，是设计的关键所在。

3. 伺服驱动器的接口

伺服驱动器通过接口与上位控制器等互相通信，如 I/O 接口、编码器接口、通信接口等。

伺服驱动器的 I/O 接口一般提供了可通过参数设置多种功能的通用输入/输出信号、差动输出编码器信号、模拟速度/转矩命令输入和输出信号、位置命令的高速脉冲输入信号，这些输入/输出信号通过硬件接线与上位机控制器相连。I/O 接口在台达 ASDA-B2 伺服驱动器和三菱 MR-JE-10A 伺服驱动器上用 CN1 表示，在松下 A5 伺服驱动器上用 X4 表示。图 5-39a 所示为台达 ASDA-B2 伺服驱动器的 I/O 连接器端子侧面图；图 5-39b 所示为松下 A5 伺服驱动器的 I/O 连接器尺寸图；图 5-39c 所示为三菱 MR-JE-10A 伺服驱动器的 I/O 连接器引脚编号图。

以松下 A5 系列伺服驱动器 X4 I/O 连接器引脚的分配为例，从插头焊锡侧看的情况如图 5-40 所示。

由于驱动器有多种操作模式，而各种操作模式所需用到的 I/O 信号不尽相同，为了更有效地利用端子，I/O 信号的选择必须采用可规划的方式，用户先根据自己的需要，选择操作模式，然后对照I/O引脚图和I/O信号表，选择I/O的信号功能，以符合自己的需求。有些I/O端子引脚功能在出厂时便分配了默认的引脚编号和功能，也可以通过参数来设定和修改这些功能；有些特殊端子的功能是固定的，不能修改。下面以松下A5系列伺服驱动器为例，其X4 I/O接口分类为：SI，数字信号输入；PI1，脉冲输入；PI2，长线驱动专用脉冲串；AI，模拟指令输入；SO，数字信号输出；PO1，长线驱动（差动）输出；PO2，集电极开路输出；AO，模拟监视输出。松下A5系列伺服驱动器X4 I/O连接器引脚编号、符号、信号名称和功能见表5-7。

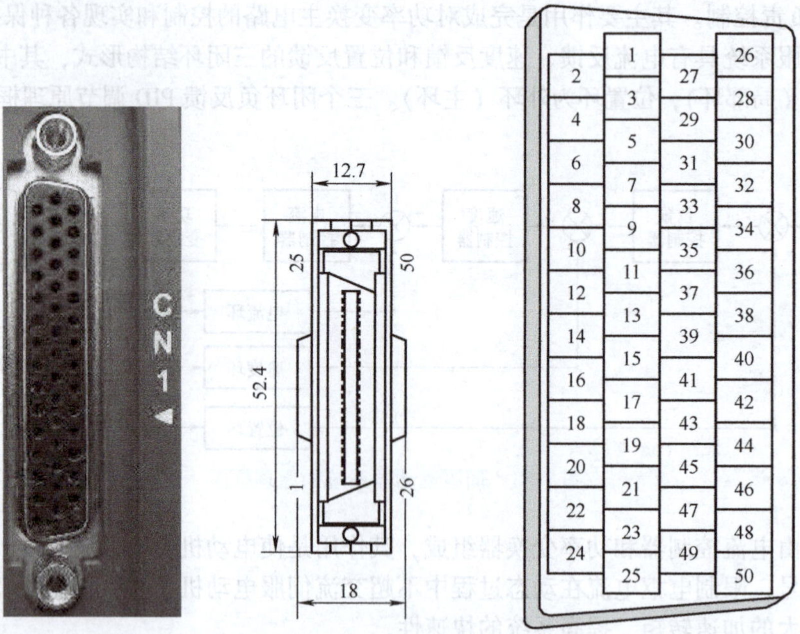

a) b) c)

松下A5系列伺服驱动器构造和配线

图5-39 伺服驱动器的I/O连接器

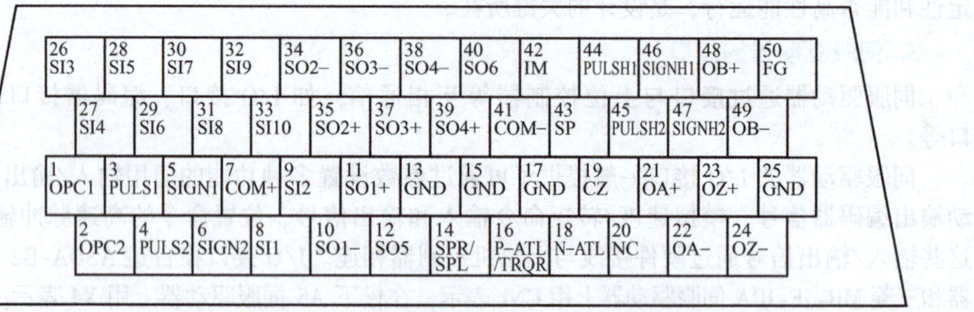

图5-40 松下A5系列伺服驱动器X4 I/O连接器引脚

表5-7 松下A5系列伺服驱动器X4 I/O连接器引脚编号、符号、信号名称和功能

引脚编号	符号	信号名称和功能	引脚编号	符号	信号名称和功能	引脚编号	符号	信号名称和功能
1	OPC1	指令脉冲输入串电阻端	3	PULS1	指令脉冲输入2	5	SIGN1	指令符号输入2
2	OPC2	指令符号输入串电阻端	4	PULS2	指令脉冲输入2	6	SIGN2	指令符号输入2

（续）

引脚编号	符号	信号名称和功能	引脚编号	符号	信号名称和功能	引脚编号	符号	信号名称和功能
7	COM +	控制信号用电源 +	22	OA –	编码器 A 相输出	37	SO3 +	SO3 + 输出
8	SI1	SI1 输入	23	OZ +	编码器 Z 相输出	38	SO4 –	SO4 – 输出
9	SI2	SI2 输入	24	OZ –	编码器 Z 相输出	39	SO4 +	SO4 + 输出
10	SO1 –	SO1 – 输出	25	GND	信号接地	40	SO6	SO6 输出
11	SO1 +	SO1 + 输出	26	SI3	SI3 输入	41	COM –	控制信号用电源 –
12	SO5	SO5 输出	27	SI4	SI4 输入	42	IM	转矩监视输出
13	GND	信号接地	28	SI5	SI5 输入	43	SP	速度监视输出
14	AI1	AI1 输入	29	SI6	SI6 输入	44	PULSH1	指令脉冲输入 1
15	GND	信号接地	30	SI7	SI7 输入	45	PULSH2	指令脉冲输入 2
16	AI2	AI2 输入	31	SI8	SI8 输入	46	SIGNH1	指令符号输入 1
17	GND	信号接地	32	SI9	SI9 输入	47	SIGNH2	指令符号输入 2
18	AI3	AI3 输入	33	SI10	SI10 输入	48	OB +	编码器 B 相输出
19	CZ	Z 相输出（集电极开路）	34	SO2 –	SO2 – 输出	49	OB –	编码器 B 相输出
20	NC		35	SO2 +	SO2 + 输出	50	FG	外壳接地
21	OA +	编码器 A 相输出	36	SO3 –	SO3 – 输出			

松下 A5 系列伺服驱动器数字量信号输入（SI）和信号输出（SO）的引脚编号、对应的可以改变其功能的设定参数及出厂设定状态见表 5-8。

表 5-8 松下 A5 系列伺服驱动器数字量 SI 和 SO 的引脚编号、对应的设定参数及出厂设定状态

引脚编号	对应参数	出厂设定状态					
		位置控制/全闭环控制		速度控制		转矩控制	
		信号	逻辑	信号	逻辑	信号	逻辑
8	Pr4. 00	NOT 负方向驱动禁止	b 接	NOT 负方向驱动禁止	b 接	NOT	b 接
9	Pr4. 01	POT 正方向驱动禁止	b 接	POT 正方向驱动禁止	b 接	POT	b 接
26	Pr4. 02	VS-SEL1 减振控制切换输入	a 接	ZEROSPD 零速度箝位输入	b 接	ZEROSPD	b 接
27	Pr4. 03	GAIN 增益切换输入	a 接	GAIN	a 接	GAIN	a 接
28	Pr4. 04	DIV1 指令分倍频转换输入 1	a 接	INTSPD3 内部指令速度选择 3 输入	a 接	—	—
29	Pr4. 05	SRV-ON 伺服开启（电动机通电/不通电）信号	a 接	SRV-ON 伺服开启（电动机通电/不通电）信号	a 接	SRV-ON	a 接
30	Pr4. 06	CL 消除偏差	a 接	INTSPD2 内部指令速度选择 2 输入	a 接	—	—
31	Pr4. 07	A-CLR 接触报警	a 接	A-CLR 接触报警	a 接	A-CLR	a 接

（续）

引脚编号	对应参数	出厂设定状态					
		位置控制/全闭环控制		速度控制		转矩控制	
		信号	逻辑	信号	逻辑	信号	逻辑
32	Pr4. 08	C-MODE 切换控制模式	a 接	C-MODE 切换控制模式	a 接	C-MODE	a 接
33	Pr4. 09	INH 无视位置指令脉冲	b 接	INTSPD1 内部指令速度选择 1 输入	a 接	—	—
10 11	Pr4. 10	BRK-OFF 外部制动器解除信号		BRK-OFF		BRK-OFF	
34 35	Pr4. 11	S-RDY 伺服准备输出		S-RDY		S-RDY	
36 37	Pr4. 12	ALM 伺服报警输出		ALM		ALM	
38 39	Pr4. 13	INP 定位结束		AT-SPEED 速度到达输出		AT-SPEED	
12	Pr4. 14	ZSP 零速度检出信号		ZSP		ZSP	
40	Pr4. 15	TLC 转矩限制信号输出		TLC		TLC	

注：1. 逻辑 a 接是指连接 COM- 的输入信号打开，功能无效（OFF 状态）；接通，功能有效（ON 状态）。

2. 逻辑 b 接是指连接 COM- 的输入信号打开，功能有效（ON 状态）；接通，功能无效（OFF 状态）。

松下 A5 系列伺服驱动器模拟量输入（AI）和输出（AO）信号的引脚编号、功能符号、功能名称和对应参数见表 5-9。

表 5-9 松下 A5 系列伺服驱动器模拟量 AI 和 AO 信号的引脚编号、功能符号、功能名称和对应参数

引脚编号	功能符号	功能名称	对应参数
14	SPR	模拟电压输入速度指令	Pr3. 00，Pr3. 01，Pr3. 03
	SPL	速度限制输入	Pr3. 17
	TRQR	模拟电压输入转矩指令	Pr3. 17，Pr3. 18，Pr3. 20
16	TRQR	模拟电压输入转矩指令	Pr3. 17，Pr3. 18，Pr3. 20
	P-ATL	正方向转矩限位输入	Pr5. 21
18	N-ATL	负方向转矩限位输入	Pr5. 21
42	IM	转矩监视输出	Pr4. 18，Pr4. 40
43	SP	速度监视输出	Pr4. 16，Pr4. 40

伺服电动机编码器的信号通过编码接口反馈到伺服驱动器，台达 ASDA-B2、松下 A5 系列、三菱 MR-JE-10A 伺服驱动器与伺服电动机编码器的接口分别用 CN2、X6、CN2 表示。

伺服驱动器通过通信接口与上位机通信，上位机控制器可以通过通信接口以通信方式控制伺服驱动器，上位机通过安装专用调试软件实现对伺服驱动器实现示波器监控、装置监控、报警监控、数位输入/输出控制、参数编辑器、自动调机功能等。早期的伺服驱动器通信接口一般是同时有串口 RS232 和 RS485，现在新产品也提供以太网接口。松下 A5 系列伺服驱动器接线原理图如图 5-41 所示。

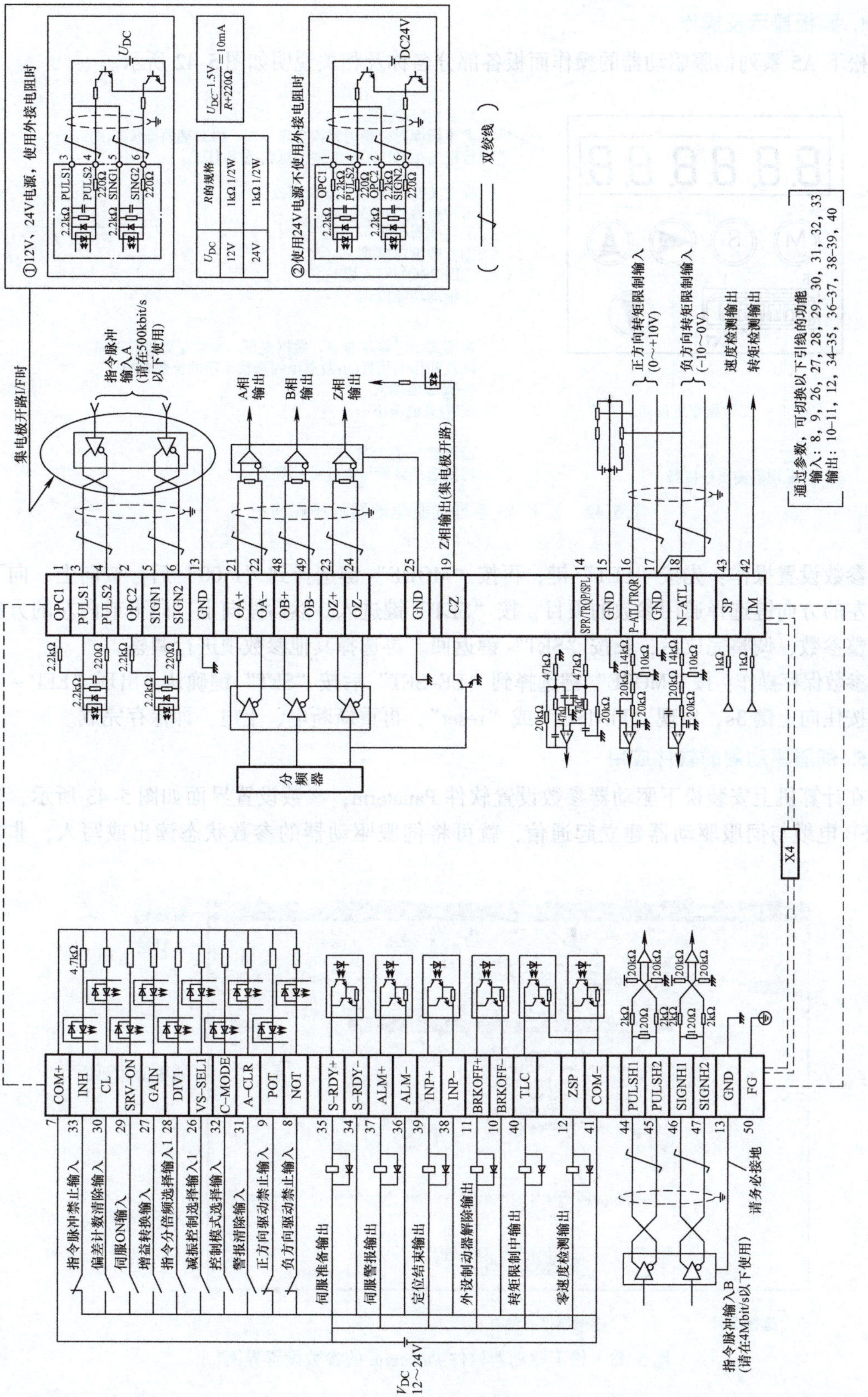

图5-41　松下A5系列伺服驱动器接线原理图

4. 面板显示及操作

松下 A5 系列伺服驱动器的操作面板各部分名称及相关说明如图 5-42 所示。

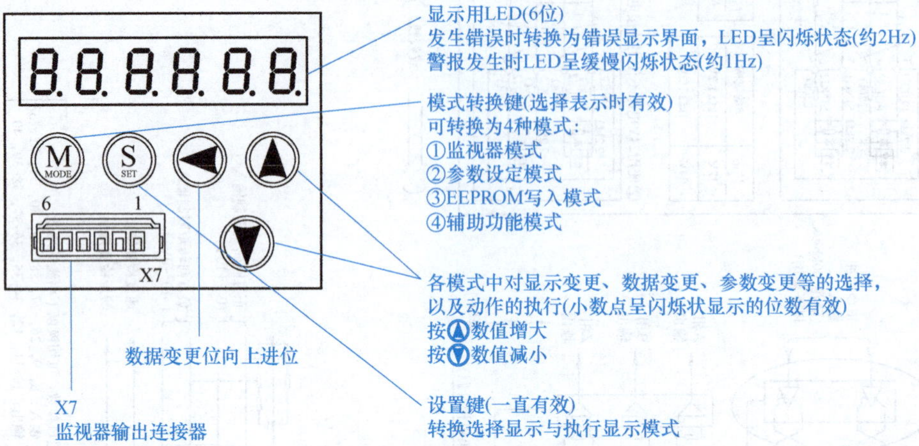

图 5-42 松下 A5 系列伺服驱动器的操作面板

参数设置操作：先按“SET”键，再按“MODE”键选择到“Pr00”后，按向上、向下或向左的方向键选择通用参数的项目，按“SET”键进入。然后按向上、向下或向左的方向键调整参数，调整完成后，长按“SET”键返回。再选择其他参数项进行调整。

参数保存操作：按“MODE”键选择到“EE-SET”后按“SET”键确认，出现“EEP -”，然后按住向上键 3s，出现“FINISH”或“reset”，再重新断电、上电，即保存完成。

5. 伺服驱动器的软件应用

在计算机上安装松下驱动器参数设置软件 Panaterm，参数设置界面如图 5-43 所示，通过 USB 电缆与伺服驱动器建立起通信，就可将伺服驱动器的参数状态读出或写入，非常方便。

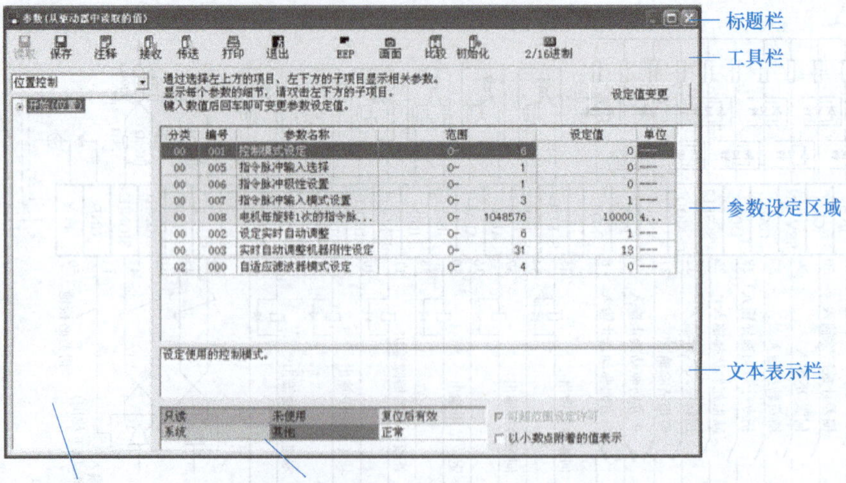

图 5-43 松下驱动器软件 Panaterm 的参数设置界面

5.3.4 交流伺服系统的典型应用

交流伺服系统广泛应用于数控机床、工业机器人、印刷机械、纺织机械、包装机械、医疗器械、激光加工机械、自动化生产线等精密控制，是推动新技术革命和新产业革命的关键技术。例如：在线材缠绕设备中，要求以固定节距实现线材卷绕控制，卷绕轮与线材输送横向移动之间保持严格的运动关系，满足盘绕节距要求；不干胶商标印刷机主要完成的送纸、印刷（二次套印）、压凸、烫金、裁切或收卷、计数等，要求相互协调配合，要用到伺服驱动器的电子凸轮控制；带材缠绕需要恒定张力控制，在带材缠绕过程中采用伺服的力矩控制使输送端与缠绕端之间保持恒定张力。数控机床和工业机器人已经发展成为专用驱动器和控制器。

图 5-44 通过机器人串联数控机床构成的加工内燃机活塞的自动化生产线

图 5-44 所示为通过机器人串联数控机床构成的加工内燃机活塞的自动化生产线，通过输送装置实现供料和产品打包。

拓展阅读

我国伺服系统的发展历程

我国伺服系统的发展历程大致可以分为三个阶段。第一阶段是 20 世纪 70 年代时期，伺服系统首先被应用于国防科技、军工等高端制造行业。第二阶段是 20 世纪 80 年代以后，伺服系统开始在一些高端民用制造中得到尝试；第三阶段是 2000 年以后，随着制造强国等战略的提高，我国制造业水平得到很大提升，伺服系统在我国高端制造业中得到大范围应用，但使用的几乎都是国外的伺服系统。随着我国电机制造水平的大幅提升，交流伺服技术也逐渐被越来越多的厂家所掌握，同时交流伺服系统上游芯片和各类功率模块不断进行技术升级，促成了我国伺服驱动器厂家在短短的不足十年时间里实现了从起步到全面扩展的发展态势。比如数控系统企业中的广州数控，电机和驱动企业中的南京埃斯顿、英威腾、东元、新时达和北超伺服等，运动控制相关企业中的深圳步科、杭州中达，乃至以变频器为龙头产品的台达、汇川等都已纷纷投身伺服产业并实现了产业化、规模化生产。与此同时，国外交流伺服厂商在我国巨大的潜在市场需求刺激下，大举开拓我国市场，陆续在我国设置工厂或办事处，招募代理商，利用本地资源，批量生产和销售各种规格的交流伺服系统产品。我国交流伺服市场竞争愈加激烈。国产伺服系统起步较晚，2000 年以后我国厂商才真正开始民用伺服系统的研发，目前在功能、性能和工艺方面和国外产品仍有较大的差距。国产伺服电动机以小功率的低端产品为主，国产伺服厂商采取的营销策略通常是通过较高的性价比吸引使用精度要求相对较低的用户。目前我国厂商已经完成中低端伺服系统的研发与量产，但由于加工水平和研发水平的限制，高端伺服系统我国仍处于研发阶段。

5.4 气压传动与控制

学习指南

知识点

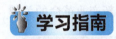

① 了解气压传动（简称气动）系统的组成。
② 了解气源装置的组成和作用。
③ 理解气动系统执行元件、控制元件的结构和工作原理。
④ 理解气动原理图。

技能点

① 能准确识别气动系统的组成。
② 会气动管路连接和控制元件调试。
③ 能读懂和绘制气动原理图。

建议与指导

① 难点：控制元件调试和气动原理图分析和绘制。
② 重点：气动管路连接和控制元件调试、气动原理图分析和绘制。
③ 建议：气动元件的结构和工作原理以了解为主，重点放在气动管路连接、气动元件调试、气动原理图分析和绘制。

5.4.1 气动系统的组成

气动控制系统以压缩空气为工作介质，在控制元件的控制和辅助元件的配合下，通过执行元件把空气的压缩能转换为机械能，从而完成气缸直线或回转运动并对外做功。气动系统的组成如图 5-45 所示。

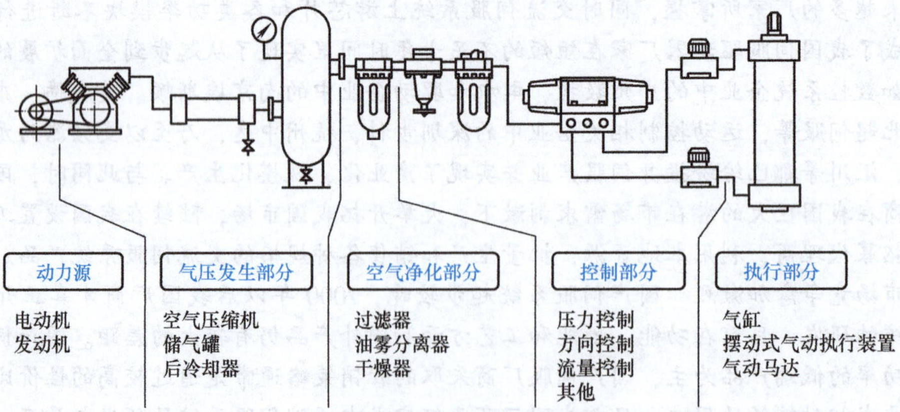

图 5-45 气动系统的组成

气动系统与液压系统的原理相同，介质为气体。气动系统的特点是介质来源方便、成本低、速度快、无环境污染，但功率较小、动作不平稳、有噪声、难于伺服控制。气动系统的操作方法简单，清洁无污染，人们在其结构和回路上不断改进以适应各种负载条件，因此广泛应用于各种工业机械、车辆、机器人末端执行器、气动工具、测量仪器等领域。

5.4.2　气源装置

在大型工业中气源装置一般采用图 5-46 中所示的电动机等构成的动力源和空气压缩机、储气罐等构成的气压发生部分。在小型设备如家装和实验设备的气源一般采用气泵，气泵是用来产生具有足够压力和流量的压缩空气并将其净化、处理及存储的一套装置。气泵的输出压力可通过其上的过滤减压阀进行调节。常见气泵及其各机构功能如图 5-46 所示。

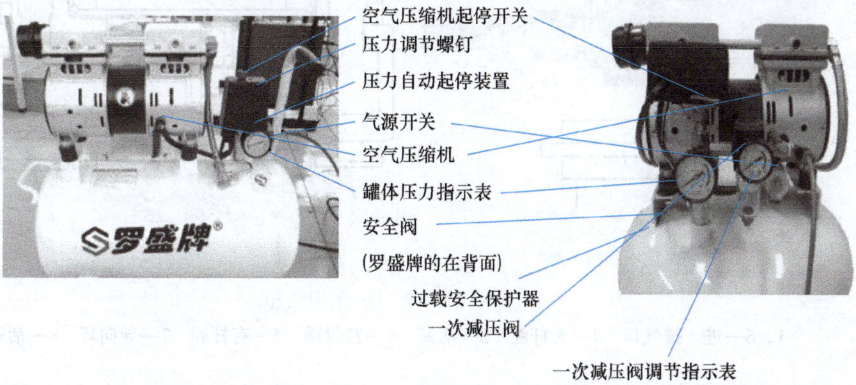

图 5-46　常见气泵及其各机构功能

5.4.3　气动系统执行元件

将压缩空气的压力能转换成机械能，驱动机构做直线往复运动、摆动和夹紧运动的元件称为气动执行元件。气动（压）执行元件主要有三种：①把压缩空气的能量变换成直线运动的气缸；②把压缩空气的能量变换成旋转运动的气动马达；③把压缩空气的能量变换成摆动运动的摆动气缸等。

气缸是气压传动系统中使用最多的一种执行元件，根据使用条件、场合的不同，其结构、形状也有多种形式。要确切地对气缸进行分类是比较困难的，常见的分类方法有按结构分类、按缸径分类、按缓冲形式分类、按驱动方式分类和按润滑方式分类。最常用的是标准气缸，标准气缸是指气缸的功能和规格是普遍使用的、结构容易制造的、制造厂通常作为通用产品供应市场的气缸。气缸内只有一个活塞和一根活塞杆的气缸，主要有单作用气缸和双作用气缸两种。

1. 单作用气缸

单作用气缸只在活塞一侧通入压缩空气使其伸出或缩回，另一侧是通过呼吸孔开放在大气中的。这种气缸只能在一个方向上做功，活塞的反向动作则靠一个复位弹簧力、膜片张力或施加外力来实现。由于压缩空气只能在一个方向上控制气缸活塞的运动，因此称为单作用气缸。单作用气缸的特点：仅一端进（排）气，结构简单，耗气量小；用弹簧力或膜片力等复位，压缩空气能量的一部分用于克服弹簧力或膜片张力，因而减小了活塞杆的输出力；缸内安装弹簧、膜片等，一般行程较短；与相同体积

单作用气缸

的双作用气缸相比，有效行程小一些；气缸复位弹簧、膜片的张力均随变形大小变化，因而活塞杆的输出力在行进过程中是变化的。由于这些特点，单作用气缸多用于短行程、其推力及运动速度均要求不高的场合，如定位和夹紧等装置上。

2. 双作用气缸

双作用气缸活塞的往返运动是依靠压缩空气从缸内被活塞分隔开的两个腔室（有杆腔、无杆腔）交替进入和排出来实现的，压缩空气可以在两个方向上做功。从无杆侧端盖气口进气时，推动活塞向前运动；反之，从有杆侧端盖气口进气时，推动活塞向后运动。由于气缸活塞的往返运动全部靠压缩空气来完成，所以称为双作用气缸，其图形符号与内部结构如图 5-47 所示。

双作用气缸

摆动气缸

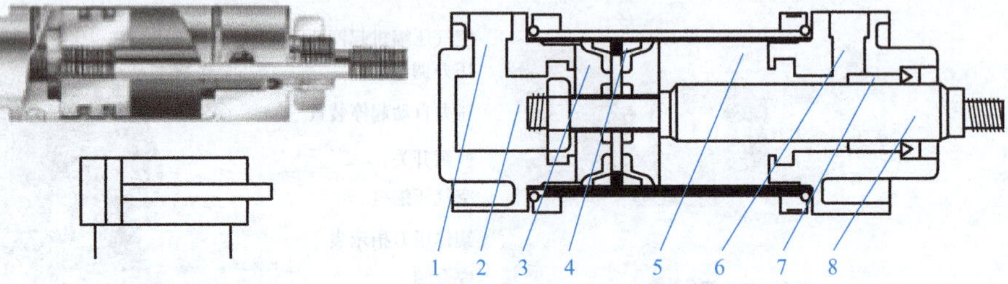

a) 实物图与图形符号　　b) 内部结构图

图 5-47　双作用气缸

1、6—进、排气口　2—无杆腔　3—活塞　4—密封圈　5—有杆腔　7—导向环　8—活塞杆

双作用气缸具有结构简单，输出力稳定，行程可根据需要选择的优点，但由于是利用压缩空气交替作用于活塞上实现伸缩运动的，回缩时压缩空气的有效作用面积较小，所以产生的力要小于伸出时产生的推力。

3. 摆动气缸

摆动气缸又称旋转气缸、回转气缸，利用压缩空气驱动输出轴在小于 360° 的角度范围内做往复摆动，其摆动角度可在一定范围内调节，常用的固定角度有 90°、180°、270°；多用于物体的转位、工件的翻转、阀门的开闭以及机器人的手臂动作等。按机构可分为叶片式和齿轮齿条式两大类，如图 5-48 所示。叶片式摆动气缸可做二段式与三段式的转动。自动化生产线的机械手用到的是齿轮齿条式摆动气缸，主要由导气头、缸体、活塞及活塞杆组成，通过连接在活塞上的齿条使齿轮回转，活塞仅做往复直线运动，摩擦损失少，传输效率高。

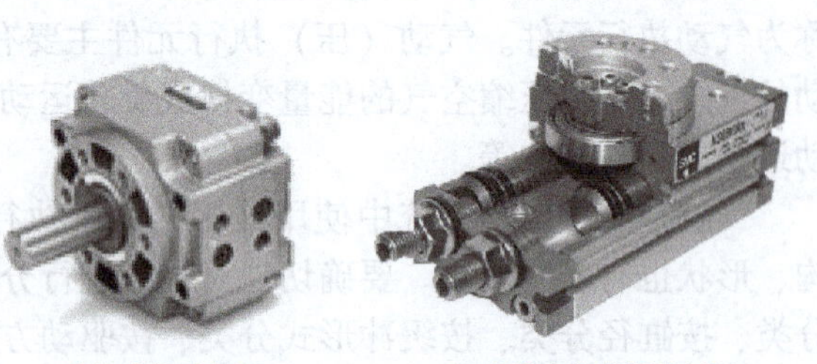

a) 叶片式摆动气缸　　b) 齿轮齿条式摆动气缸

图 5-48　摆动气缸

摆动气缸的主要应用领域有：印刷（张力控制）、半导体（点焊机、芯片研磨）自动化装置、机器人等。

4. 气动手爪

在机电设备中，最常用的一种气缸是气动手爪（手指、气爪），它可以实现各种抓取功能，是现代气动机械手中的一个重要部件。气动手爪的主要类型有平行手爪、摆动手爪、旋转手爪和三点手爪等，见表5-10。气动手爪的开闭一般通过由气缸活塞产生的往复直线运动带动与手爪相连的曲柄连杆、滚轮或齿轮等机构，驱动各个手爪同步做开、闭运动；用来抓取工件，实现机械手的各种动作。气动手爪能实现双向抓取、运动对中，并可安装无接触式位置检测元件，有较高的重复精度。

表5-10 常见气动手爪类型

种　类	工作原理与应用	图　例
平行气爪	平行气爪通过两个活塞工作 通常让一个活塞受压，另一个活塞排气实现手指移动，平行气爪的手指只能轴向对心移动，不能单独移动一个手指	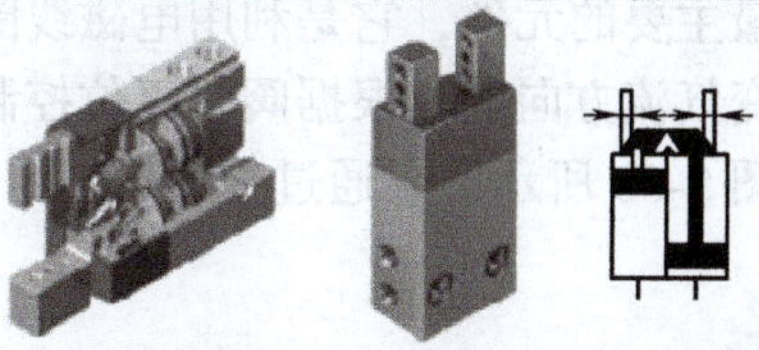
摆动气爪	摆动气爪通过一个带环形槽的活塞杆带动手指运动。由于气爪的手指耳环始终与环形槽相连，因此手指移动能实现自动对中，并保证抓取力矩的恒定	
旋转气爪	旋转气爪是通过齿轮齿条来进行手指运动的，齿轮齿条可使气爪手指同时移动并自动对中，并确保抓取力的恒定	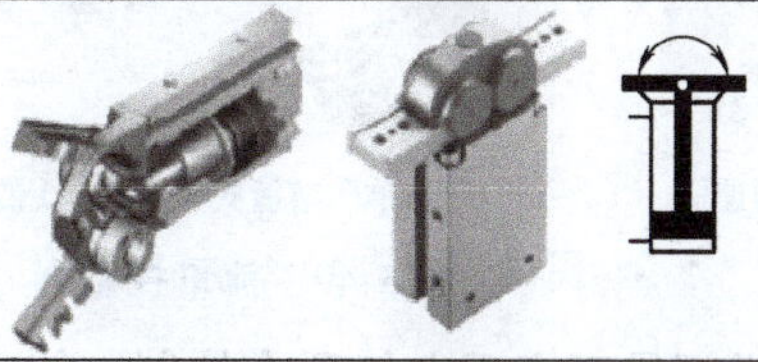
三点气爪	三点气爪通过一个带环形槽的活塞带动三个曲柄工作 每个曲柄与一个手指相连，从而使手指打开或闭合	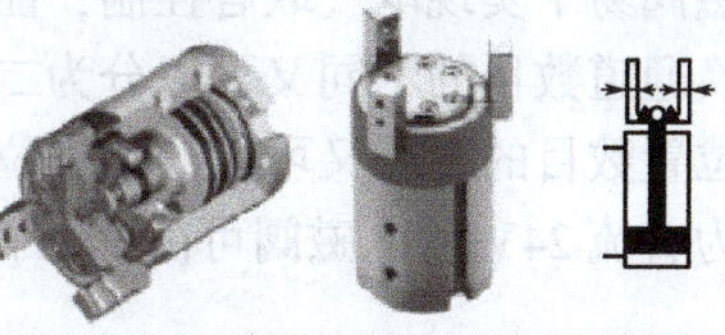

5.4.4 气动系统控制元件

在气动系统中，控制元件控制和调节压缩空气的压力、流量和流动方向，以保证执行元件具有一定的输出力和速度并按设计的程序工作。常用的控制元件有压力控制阀、流量控制阀和方向控制阀。

1. 压力控制阀

压力控制阀用来控制气动系统中压缩空气的压力，以满足各种压力需求或节能，将压力减到每台装置所需的压力，并使压力稳定保持在所需的压力值上。压力控制阀有减压阀、安全阀、顺序阀等。减压阀对来自供气气源的压力，进行二次压力调节，使压力减小到各气动装置需要的压力，并使压力值保持稳定。安全阀也称为溢流阀，在系统中起到安全保护作用，当系统的压力超过规定值时，安全阀打开，将系统中一部分气体排入大气，使得系统压力不超过允许值，从而保证系统不因压力过高而发生事故。顺序阀是依靠气路中压力的作用来控制执行元件按顺序动作的一种压力控制阀，顺序阀一般与单向阀配合在一起，构成单向顺序阀。

2. 流量控制阀

流量控制阀在气动系统中通过改变阀的流通截面面积来实现流量控制，以达到控制气缸运动速度或者控制换向阀的切换时间和气动信号的传递速度。流量控制阀包括调速阀、单向节流阀和带消声器的排气节流阀，如图 5-49 所示。出气节流式单向节流阀要通过调节出气流量来调节活塞的运动速度。

3. 方向控制阀

方向控制阀是气动系统中通过改变压缩空气的流动方向和气流通断，来控制执行元件起动、停止及运动方向的气动元件。最常用的是电磁控制换向阀，简称电磁阀。电磁阀是气动控制中最主要的元件，它是利用电磁线圈通电时，静铁心对动铁心产生电磁吸引力使阀芯切换以改变气流方向的，根据阀芯复位控制方式，又可以分为单电控和双电控两种。单电控电磁阀如图 5-50 所示，它通过交换进、出气的方向改变气缸的伸出、缩回运动。

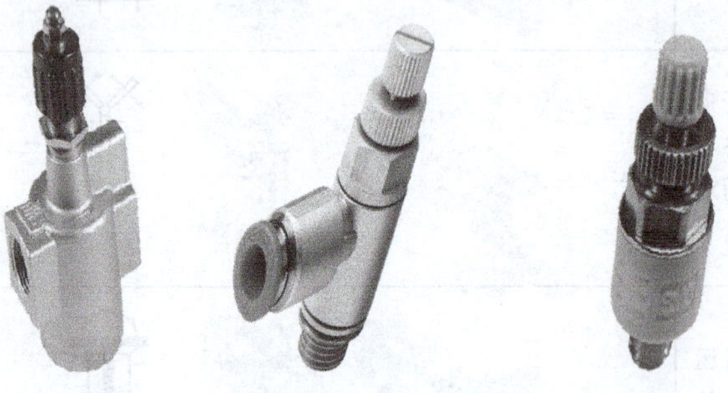

a) 调速阀　　b) 单向节流阀　　c) 带消声器的排气节流阀

图 5-49　流量控制阀

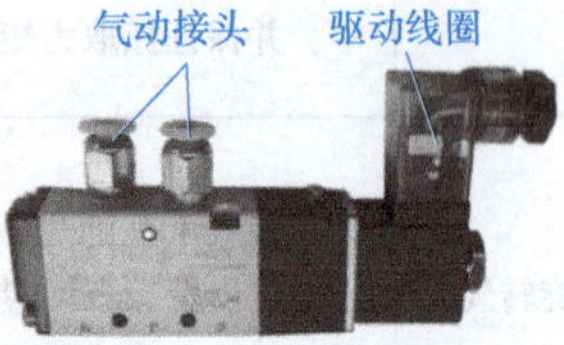

图 5-50　单电控电磁阀实物

电磁阀易于实现电气联合控制，能实现远距离操作，在气动控制中广泛使用。电磁阀按阀芯切换通道数目的不同又可以分为二通阀、三通阀、四通阀、五通阀；同时，按阀芯的切换工作位置数目的不同又可以分为二位阀和三位阀。电磁阀的图形符号如图 5-51 所示。额定电压为直流 24V 的电磁阀可由 PLC 的输出端直接控制。

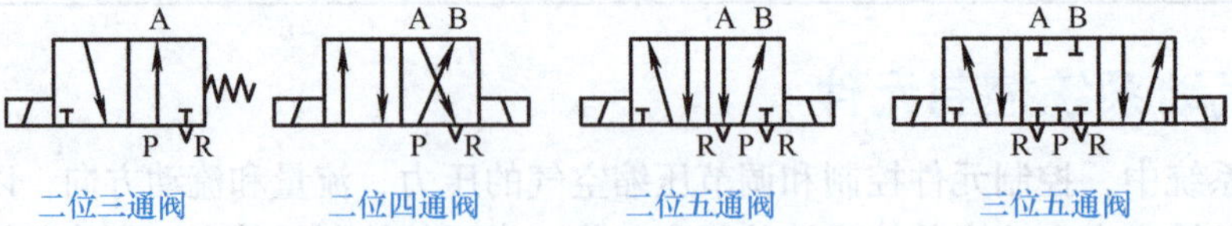

二位三通阀　　二位四通阀　　二位五通阀　　三位五通阀

图 5-51　电磁阀的图形符号

在工程实际应用中，为了简化控制阀的控制线路和气路的连接，以及优化控制系统结构，通常将多个电磁阀及相应的气控和电控信号接口、消声器和汇流板等集中在一起组成控制阀的集合体使用，此集合体称为阀岛，如图 5-52 所示。也将气源的压力指示和调试、过滤及干燥等组合成气源处理装置，它是气动系统中的基本组成器件，经常应用在实验设备、木工机械的小型设备的气源输入处，其作用是除去压缩空气中所含的杂质及凝结水，调节并保持恒定的工作压力。在使用

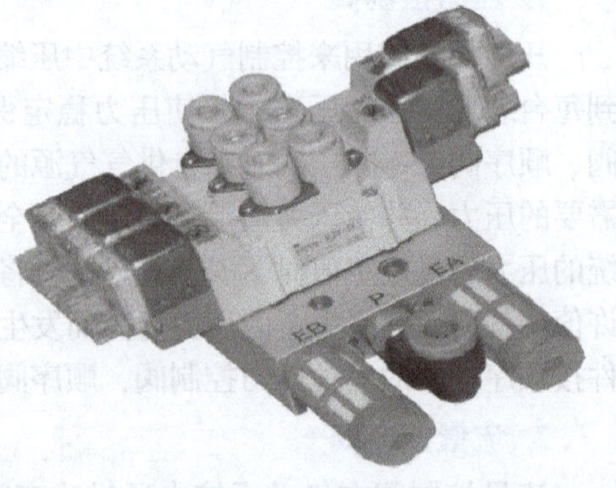

图 5-52　阀岛

时，应注意经常检查过滤器中凝结水的水位，在超过最高标线以前，必须排放，以免被重新吸入，如图5-53所示。气源处理装置的气路入口处安装一个快速气路开关，用于启/闭气源，当把气路开关向左拔出时气路接通气源，反之把气路开关向右推入时气路关闭。

气源处理装置

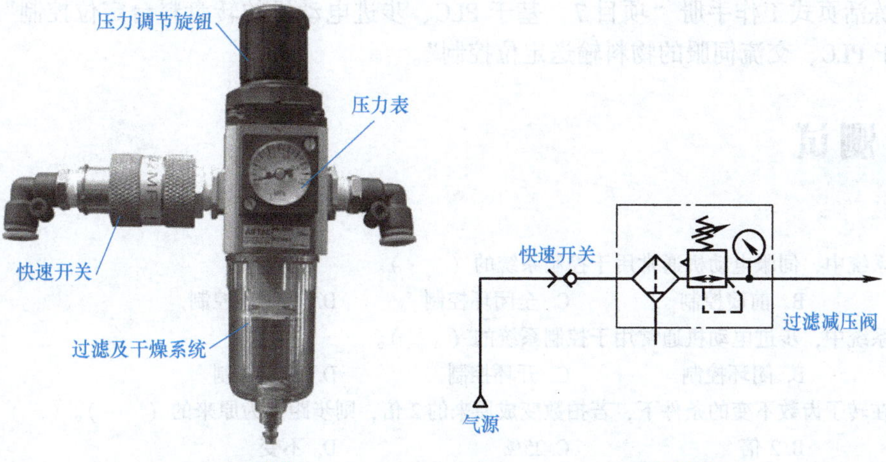

图5-53　气源处理装置

5.4.5　气动回路

单电控电磁阀未通电时，工作于右位复位状态，此时在气压力作用下，气缸活塞左移，气缸活塞杆缩回，如图5-54a所示。当电磁阀的电磁线圈通电时，阀工作于左位工作状态，此时在气压力作用下，气缸活塞右移，气缸活塞杆伸出，如图5-54b所示。

以YL-335B型自动化生产线安装与调试实训考核装备的供料单元气动系统为例，该气动系统执行机构的逻辑控制功能是由PLC实现的。供料单元气动控制回路的工作原理如图5-55所示。图中，1A和2A分别为推料气缸和顶料气缸；1B1和1B2为安装在推料气缸的两个极限工作位置的磁感应接近开关，2B1和2B2为安装在顶料气缸的两个极限工作位置的磁感应接近开关；1Y1和2Y1分别为控制推料气缸和顶料气缸的电磁阀的电磁控制端。通常，这两个气缸的初始位置均设定在缩回状态。

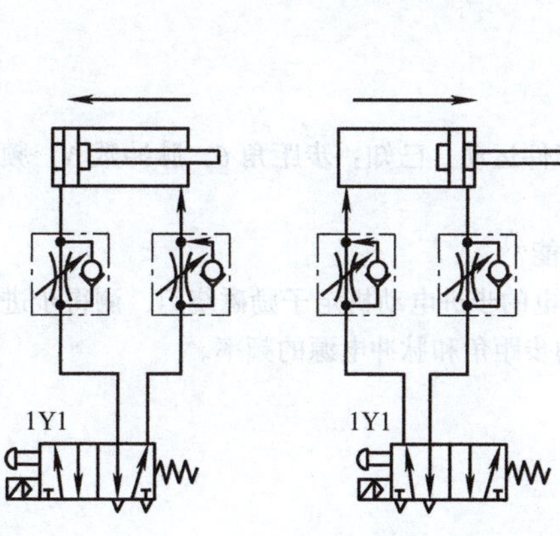

图5-54　气动控制回路运行图

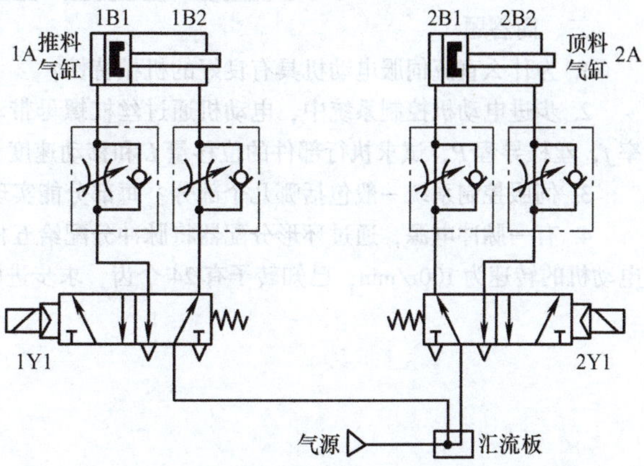

图5-55　供料单元气动控制回路的工作原理

项目实训

完成技能训练活页式工作手册“项目7　基于PLC、步进电动机的转盘料台定位控制”和“项目8　基于PLC、交流伺服的物料输送定位控制”。

能力测试

一、选择题

1. 在自动控制系统中，伺服电动机通常用于控制系统的（　　）。

A. 开环控制　　B. 前馈控制　　C. 全闭环控制　　D. 半闭环控制

2. 在自动控制系统中，步进电动机通常用于控制系统的（　　）。

A. 半闭环控制　　B. 闭环控制　　C. 开环控制　　D. 前馈控制

3. 步进电动机在转子齿数不变的条件下，若拍数变成原来的2倍，则步距角为原来的（　　）。

A. 50%　　B. 2倍　　C. 25%　　D. 不变

4. 步进电动机是通过（　　）决定转角位移的一种伺服电动机。

A. 脉冲的宽度　　B. 脉冲的数量　　C. 脉冲的频率　　D. 脉冲的占空比

5. 某反应式步进电动机，转子齿数为20，它以三相单双六拍通电方式工作时，步进电动机的步距角为（　　）。

A. 1.5°　　B. 3°　　C. 2.5°　　D. 6°

6. 直流伺服电动机的电磁转矩与输出转速之间的函数关系式称为其（　　）。

A. 机械特性　　B. 调节特性　　C. 力矩特性　　D. 转速特性

7. 一般情况下，步进电动机驱动细分设置为5000步/r，在程序设计时输出（　　）个脉冲电动机旋转一周。

A. 5000　　B. 2500　　C. 10000　　D. 500

二、填空题

1. 环形分配的两种常用方法是：①________；②________。

2. 典型的气动系统由________、________、________和________组成。

3. 三相步进电动机通电方式有________、________和________。

4. 常用的气动控制元件有________、________和________。

三、简答题

1. 为什么直流伺服电动机具有良好的机械特性？

2. 步进电动机控制系统中，电动机通过丝杠螺母带动执行部件运动。已知：步距角θ，脉冲数N，频率f，丝杠导程P，试求执行部件的位移量L和移动速度v。

3. 伺服控制系统一般包括哪几个部分？每部分能实现何种功能？

4. 有一脉冲电源，通过环形分配器将脉冲分配给五相十拍通电的步进电动机定子励磁绕组，测得步进电动机的转速为100r/min，已知转子有24个齿，求步进电动机的步距角和脉冲电源的频率。

学习项目6

典型机电一体化技术应用

项目导学

典型的机电一体化系统主要有自动化生产线、工业机器人技术、数控机床等。随着产业结构转型升级，以智能工厂为代表的智能工厂系统也应用了机电一体化技术。本项目学习自动化生产线、工业机器人技术及智能工厂的相关知识，并通过实训掌握复杂机电一体化系统装调、维修与维护技能。

思维导图

学习项目 6 的思维导图如图 6-1 所示。

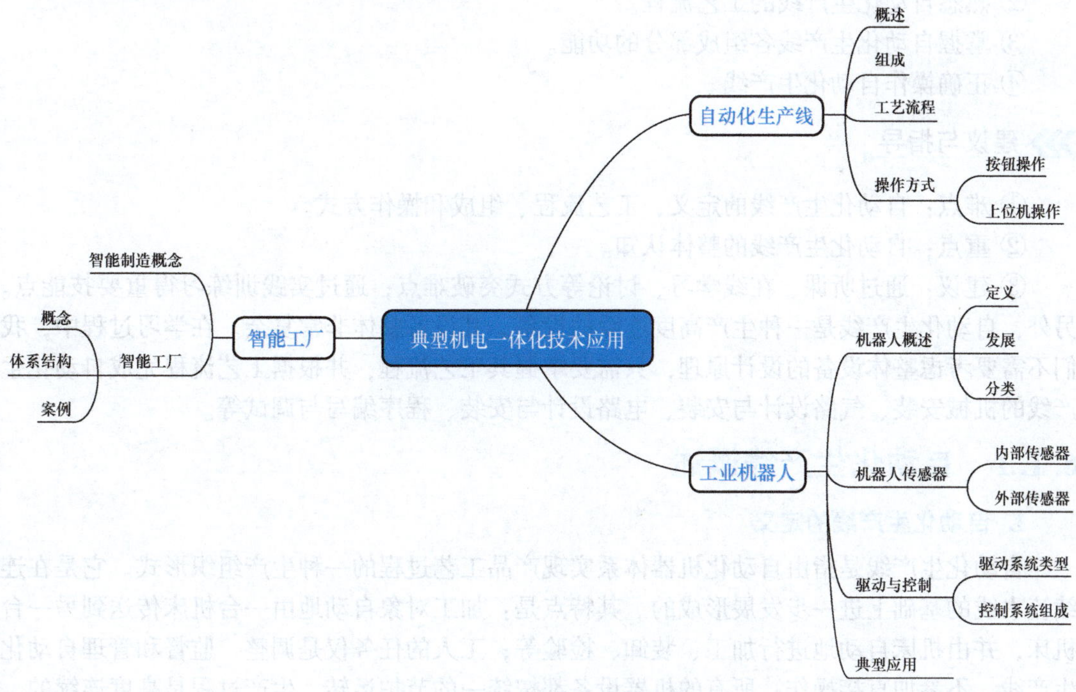

图 6-1　学习项目 6 思维导图

项目知识

6.1 自动化生产线

学习指南

知识点

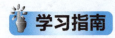

① 自动化生产线的功能。
② 自动化生产线的工艺流程。
③ 自动化生产线的组成。
④ 自动化生产线的操控方式。

技能点

① 掌握自动化生产线的定义。
② 熟悉自动化生产线的工艺流程。
③ 掌握自动化生产线各组成部分的功能。
④ 正确操作自动化生产线。

建议与指导

① 难点：自动化生产线的定义、工艺流程、组成和操作方式。
② 重点：自动化生产线的整体认知。
③ 建议：通过听课、在线学习、讨论等方式突破难点；通过实践训练习得重要技能点。另外，自动化生产线是一种生产高度连续的设备，其设备整体非常复杂。在学习过程中，我们不需要考虑整体设备的设计原理，只需要掌握其工艺流程，并根据工艺流程完成自动化生产线的机械安装、气路设计与安装、电路设计与安装、程序编写与调试等。

6.1.1 自动化生产线概述

1. 自动化生产线的定义

自动化生产线是指由自动化机器体系实现产品工艺过程的一种生产组织形式。它是在连续流水线的基础上进一步发展形成的。其特点是：加工对象自动地由一台机床传送到另一台机床，并由机床自动地进行加工、装卸、检验等；工人的任务仅是调整、监督和管理自动化生产线，不参加直接操作；所有的机器设备都按统一的节拍运转，生产过程是高度连续的。

2. 典型的自动化生产线

图 6-2 所示为 YL-335B 型自动化生产线实物。该生产线可以自动完成物料的加工、装配、输送与分拣功能。该生产线包含了自动化生产线中大部分的常用功能，下面以生产线为例来讲解相关知识点。

YL-335B 型自动化生产线

图 6-2　YL-335B 型自动化生产线实物

6.1.2　自动化生产线的组成

YL-335B 型自动化生产线由供料单元、输送单元、加工单元、装配单元和分拣单元五个单元组成，这些单元均安装在铝合金导轨式实训台上，如图 6-2 所示。每个工作单元均有一台 S7-200 SMART PLC 作为其控制器，各 PLC 之间通过网线、交换机实现数据交换，触摸屏通过 RS485 串行通信与主机 PLC 实现互联，如图 6-3 所示，同时触摸屏还具有设备监控与操作功能。

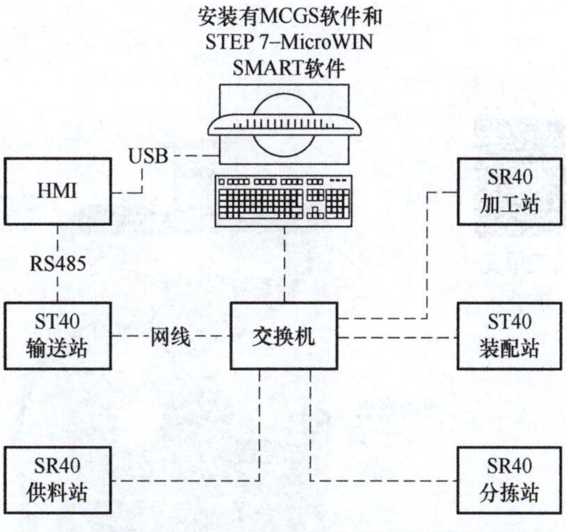

图 6-3　YL-335B 型自动化生产线电气设备结构图

YL-335B 型自动化生产线设备中执行机构以气缸和电动机为主，在该生产线中应用到了标准直线气缸、气动手爪、伺服系统、步进系统、三相异步电动机等设备。同时，该生产线还涉及 PLC 的模拟量扩展模块、行程开关、光电传感器、编码器、光纤传感器、磁性开关、电磁换向阀、断路器等。此类相关元件在各种自动化生产线中都会大量应用。

1. 供料单元简介

供料单元是 YL-335B 型自动化生产线的起始单元，向其他单元提供物料。其具体功能是：根据具体工艺流程将放置在料仓中的待加工件（原料）自动推出到物料台上，以便输送单元的机械手将其抓取到其他单元。供料单元如图 6-4 所示。

2. 加工单元简介

加工单元的具体功能是将该单元物料台上的工件送到冲压机构下方，完成冲压过程，然后送回到物料台上，等待输送单元机械手将其取出。加工单元如图 6-5 所示。

供料单元简介

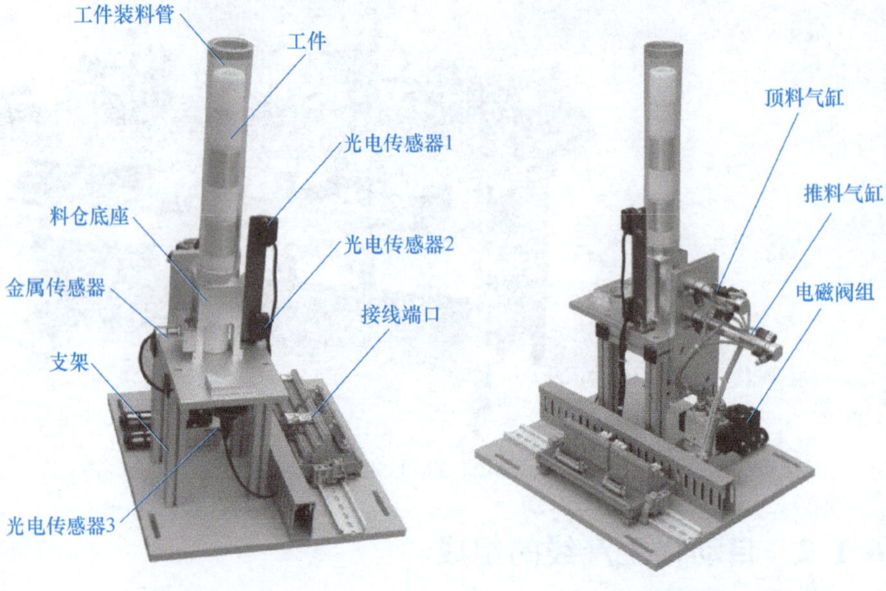

a) 主视图　　b) 侧视图

图 6-4　供料单元

加工单元简介

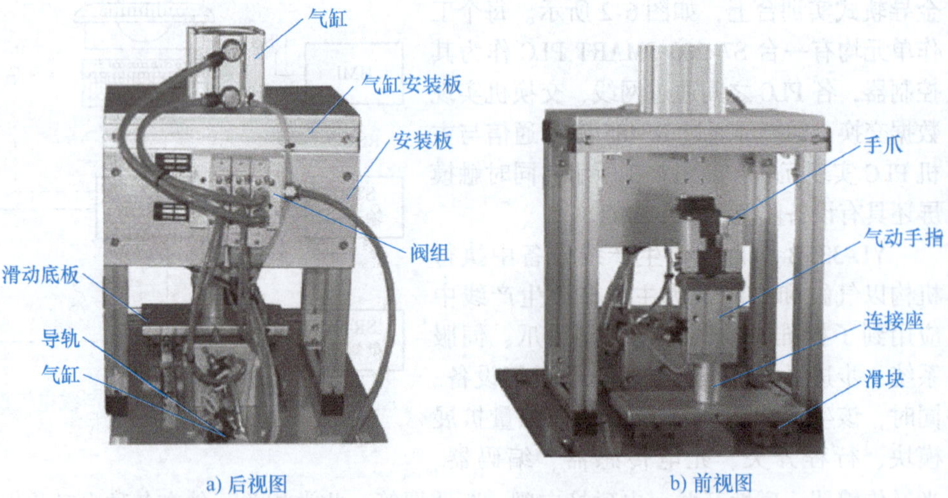

a) 后视图　　b) 前视图

图 6-5　加工单元

3. 装配单元简介

在装配单元中，转盘机构将输送单元运来的已冲压工件旋转到管形料仓下方，通过落料机构将白色或黑色小圆柱嵌入已冲压工件中，然后再次旋转到输送单元机械手抓取位置。装配单元如图 6-6 所示。

4. 分拣单元简介

输送单元将成品放入分拣单元传送带上，经分拣单元检测及 PLC 的逻辑运算后，成品在传送带上运行，当运行到指定出料仓后，由直线气缸将不同的成品推入不同的料仓中。分拣单元如图 6-7 所示。

装配单元简介

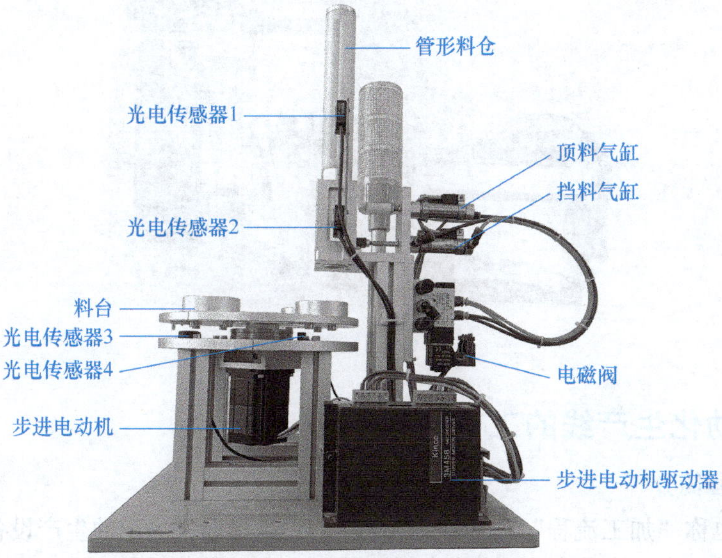

图 6-6　装配单元

分拣单元简介

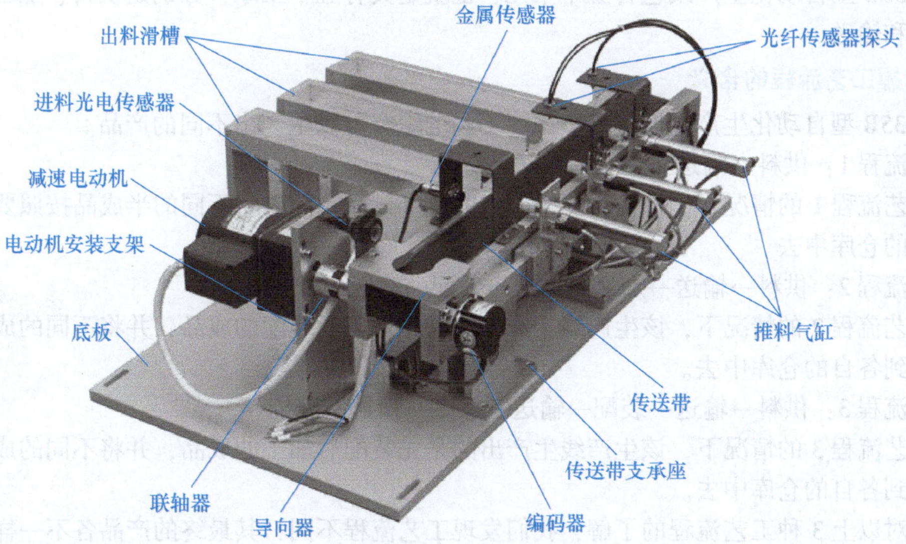

图 6-7　分拣单元

5. 输送单元简介

输送单元是 YL-335B 型自动化生产线中最主要的一个单元，它由传送机构和抓取机械手两个主要部分组成。抓取机械手负责从其他单元中抓取或放入工件；传送机构则带动抓取机械手运行到各个单元。输送单元如图 6-8 所示。

输送单元简介

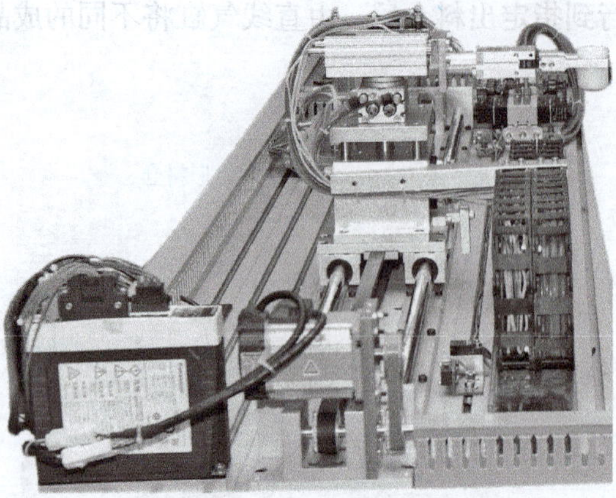
图 6-8　输送单元

6.1.3　自动化生产线的工艺流程

1. 工艺流程简介

工艺流程也称“加工流程”或“生产流程”。它是指通过一定的生产设备或管道，从原材料投入到成品产出，按顺序连续进行加工的全过程。工艺流程是由工业企业的生产技术条件和产品的生产技术特点决定的。一个完整的工艺流程，通常包括若干道工序。

YL-335B 型自动化生产线包含五个单元，也就是具有五个工序，分别是供料、加工、装配、分拣和输送。

2. 掌握工艺流程的含义

YL-335B 型自动化生产线通过五个工序不同的组合可以生产出不同的产品。

工艺流程 1：供料→输送→加工→输送→分拣

在工艺流程 1 的情况下，该生产线生产出的是半成品，同时将不同的半成品按照要求存放到各自的仓库中去。

工艺流程 2：供料→输送→加工→输送→装配→输送→分拣

在工艺流程 2 的情况下，该生产线生产出的是先加工后装配的成品，并将不同的成品按照要求放到各自的仓库中去。

工艺流程 3：供料→输送→装配→输送→加工→输送→分拣

在工艺流程 3 的情况下，该生产线生产出的是先装配后加工的成品，并将不同的成品按照要求放到各自的仓库中去。

通过对以上 3 种工艺流程的了解，我们发现工艺流程不同，其最终的产品各不一样。只有先掌握了自动化生产线的工艺流程，才能够设计出正确的程序，在维护设备时，才可以快速找到问题所在并解决。

6.1.4　自动化生产线的操控方式

目前常见的自动化生产线为了提高设备操作的容错率，大部分采用按钮操作和上位机操作两套操作系统并存的操作方式，上位机操作为主，按钮操作为辅。不论哪一种操作系统出现问题，都可以通过切换操作方式，实现自动化生产线的基本操作，进而提高系统的稳定性与安全性。

1. 按钮操作

YL-335B 型自动化生产线的每一个单元都有一个按钮指示灯模块，如图 6-9 所示。

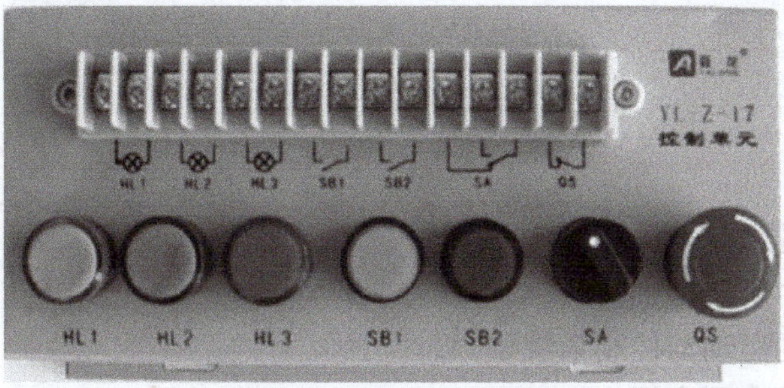

图 6-9　按钮指示灯模块

模块盒上的器件包括：

1）指示灯（DC 24V）：黄色（HL1）、绿色（HL2）、红色（HL3）各一个。

2）主令器件：绿色常开按钮 SB1 一个、红色常开按钮 SB2 一个、选择开关 SA（一对转换触点）、急停按钮 QS（一个常闭触点）。

该模块通过导线与各自单元 PLC 的 I/O 口相连，通过程序设计可以完成对本单元的按钮控制与指示灯显示。

2. 上位机操作

上位机是指可以直接发出操控命令的计算机，屏幕上显示各种信号变化（液压、水位、温度等）。装有组态软件的 PC、工作站、触摸屏都是常用的上位机。

在 YL-335B 型自动化生产线中，上位机采用的是昆仑通态研发的 TPC7062K 系列触摸屏（在学习项目 3 中已做讲解，此处不再做详细介绍）。根据下位机 PLC 程序，在 HMI（触摸屏）设备上组态相关控制控件和监控界面。

拓展阅读

中国北车女工创“10 万根接线无差错”行业记录

2014 年 8 月 14 日，中国北车唐车公司高速动车组生产线，女工李颖成为“连续 10 万根接线无差错”第一人，她和整个高速动车组接线“零缺陷”团队受到了隆重表彰。

时速 380 公里高速动车组好比陆地上的飞机，对生产工艺要求非常严格。以青年女工为主的唐车公司高速动车组接线工序，承担着高速动车组、城轨车、磁浮列车的电器线缆连接、插头制作和安装工作，是高速动车组生产线上一道非常关键的工序。在一列动车组上，需要接线工们连接的电器线路接点将近十万个，这些线最粗的像手腕，最细的像头发，要保证动车组在“陆地飞行”过程中安全可控，所有接线必须绝对可靠，不能出现丝毫差错。看似简单的工作，哪怕是微小的失误，都有可能在列车运行过程中造成难以想象的灾难性后果，可以说是整列动车组的“神经线”。

在 2007—2014 年七年中，唐车公司总装配一厂车电车间数百名接线工序员工从零开始，一丝不苟地精细操作，先后为 260 多列各型高速动车组接线，累计接线一次合格率达 99.995%，创造了同行业的世界之最。

6.2 工业机器人

学习指南

知识点

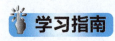

① 工业机器人的组成、分类。
② 工业机器人中所用传感器。
③ 工业机器人的驱动与控制系统认知。
④ 工业机器人的典型应用。

技能点

① 可以区分工业机器人的组成部分以及对不同的工业机器人进行分类。
② 了解传感器在工业机器人中的作用及安装。
③ 能够识别工业机器人中的驱动与控制系统。
④ 可以区分某个工业机器人的用途。

建议与指导

① 难点：工业机器人的分类。
② 重点：各种传感器在工业机器人中的应用。
③ 建议：通过听课、在线学习、讨论等方式突破难点；通过实践训练习得重要技能点。另外，工业机器人是一门系统的学科，在本项目中只对其进行简单的认知与了解，其中有很多专业的术语，需要同学们具备扎实的基础。当遇见不是很清楚的内容时，需多问、多查。

6.2.1 工业机器人概述

1. 工业机器人的定义和特点

虽然工业机器人是技术上最成熟、应用最广泛的一类机器人，但对其具体的定义，科学界尚未形成统一。目前大多数国家遵循的是国际标准化组织（ISO）的定义。

国际标准化组织（ISO）的定义为：工业机器人是一种能自动控制、可重复编程、多功能、多自由度的操作机，能够搬运材料、工件或者操持工具来完成各种作业。

工业机器人不同于机械手。工业机器人具有独立的控制系统，可以通过编程实现动作程序的变化；而机械手只能完成简单的搬运、抓取及上下料工作，它一般作为自动机或自动化生产线上的附属装置，工作程序固定不变。

工业机器人通常具有以下4个特点：

（1）拟人化　在机械结构上类似于人的手臂或者其他组织结构。

（2）通用性　可执行不同的作业任务，动作程序可按需求改变。

（3）独立性　完整的工业机器人系统在工作中可以不依赖于人的干预。

（4）智能性　具有不同程度的智能，如感知系统、记忆功能等可提高工业机器人对周围环境的自适应能力。

2. 工业机器人的发展历程

1）产生和初步发展阶段：1958—1970年。工业机器人领域的第一件专利由乔治·德沃尔在1958年申请，名为可编程的操作装置。约瑟夫·恩格尔伯格对此专利很感兴趣，联合德沃尔在1959年共同制造了世界上第一台工业机器人，称之为Robot，其含义是“人手把着机械手，把应当完成的任务做一遍，机器人再按照事先教给它们的程序进行重复工作”，并主要用于工业生产的铸造、锻造、冲压、焊接等生产领域，特称为工业机器人。

2）技术快速进步与商业化规模运用阶段：1970—1984年。这一时期的技术相较于此前有很大进步，工业机器人开始具有一定的感知功能和自适应能力的离线编程功能，可以根据作业对象的状况改变作业内容。伴随着技术的快速进步发展，这一时期的工业机器人还突出表现为商业化运用迅猛发展的特点，工业机器人的“四大家族”——库卡、ABB、安川、FANUC公司分别在1974年、1976年、1978年和1979年开始了全球专利的布局。

3）智能机器人阶段：1985年至今。智能机器人带有多种传感器，可以将传感器得到的信息进行融合，有效地适应变化的环境，因而具有很强的自适应能力、学习能力和自治功能。在2000年以后，美国、日本等国都开始了智能军用机器人研究，并在2002年由美国波士顿公司和日本公司共同申请了第一件“机械狗”（Boston Dynamics Big Dog）智能军用机器人专利，2004年在美国政府DARPA/SPAWAR计划支持下申请了智能军用机器人专利。

3. 工业机器人的分类

工业机器人的分类方法有很多，常见的有按结构运动形式分类、按运动控制方式分类、按机器人的性能指标分类、按程序输入方式分类和按发展程度分类等。在这里仅介绍按结构运动形式分类。

（1）直角坐标机器人　直角坐标机器人在空间上具有多个相互垂直的移动轴，常用的是3个轴，即X、Y、Z轴。如图6-10所示，直角坐标机器人的末端的空间位置是通过沿X、Y、Z轴来回移动形成的，其工作空间是一个长方体。此类机器人具有较高的强度和稳定性，负载能力大，位置精度高且编程操作简单。

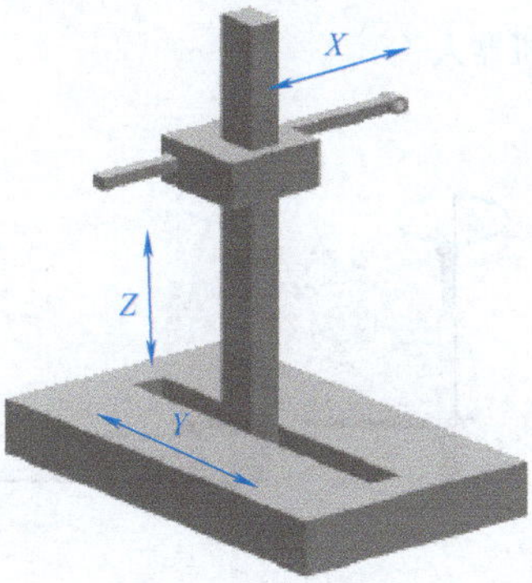

a) 示意图

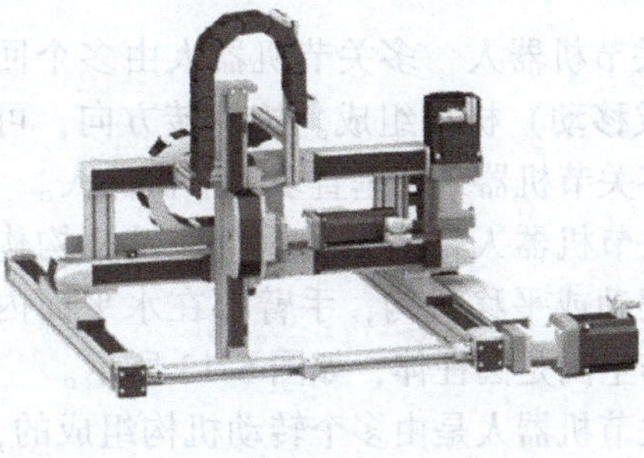
b) 直角坐标机器人

图6-10　直角坐标机器人

（2）圆柱坐标机器人　圆柱坐标机器人通过2个移动和1个转动运动来改变末端的空间位置，其工作空间是圆柱体，如图6-11所示。

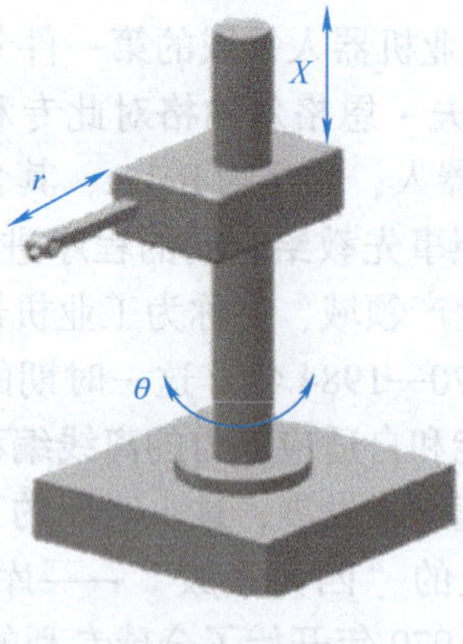

a) 示意图

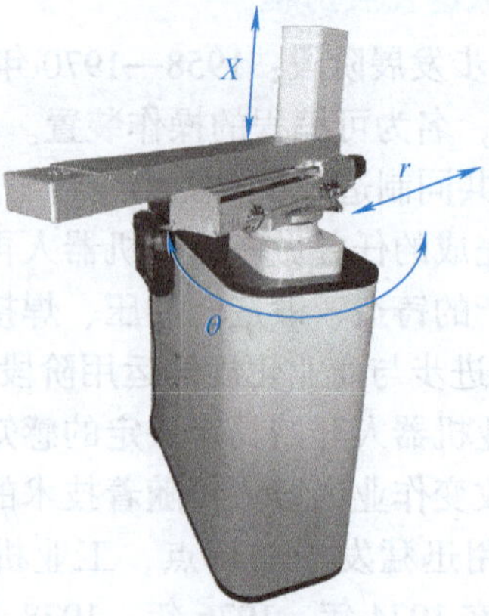

b) 圆柱坐标机器人

图 6-11 圆柱坐标机器人

（3）球坐标机器人 球坐标机器人的末端运动由 2 个转动和 1 个移动运动组成，其工作空间是球体，如图 6-12 所示。

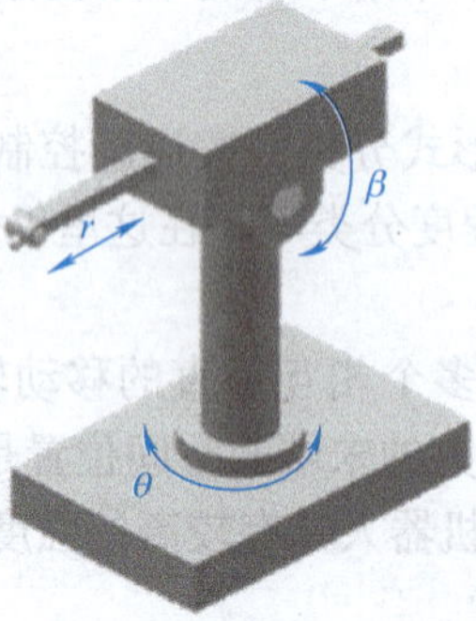

a) 示意图

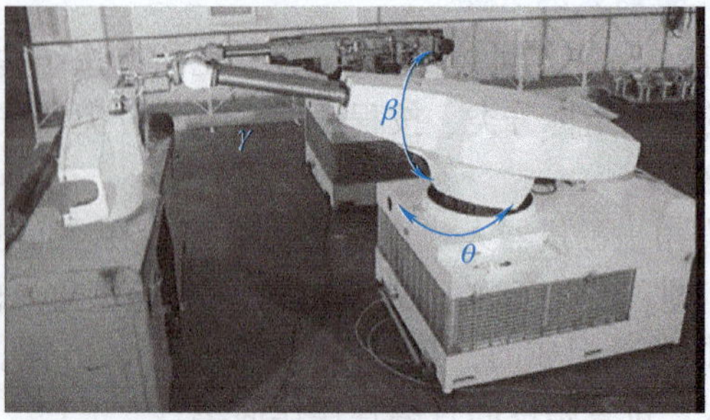

b) 球坐标机器人

图 6-12 球坐标机器人

（4）多关节机器人 多关节机器人由多个回转和摆动（或移动）机构组成。按旋转方向，可以分为水平多关节机器人和垂直多关节机器人。

水平多关节机器人是由多个垂直回转机构构成的，没有摆动或平移机构，手臂都在水平面内转动，其工作空间是圆柱体，如图 6-13 所示。

垂直多关节机器人是由多个转动机构组成的，其工作空间近似一个球体，如图 6-14 所示。

（5）并联机器人 并联机器人的基座和末端执行器之间由独立的运动链相连接。并联机构具有两个或两个以上的自由度，且是一种闭环机构，如图 6-15 所示。

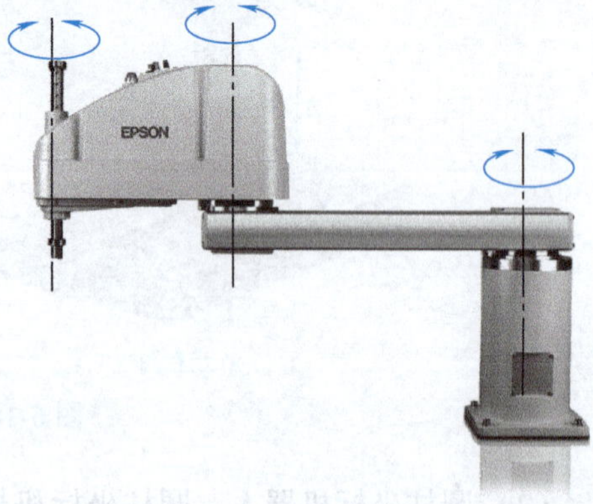

图 6-13 水平多关节机器人

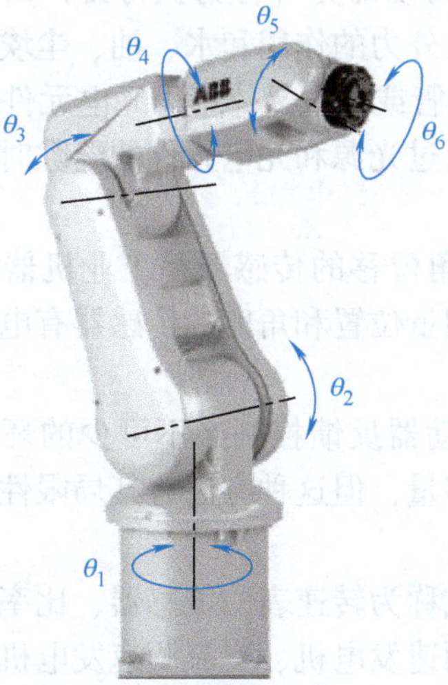

图 6-14　垂直多关节机器人

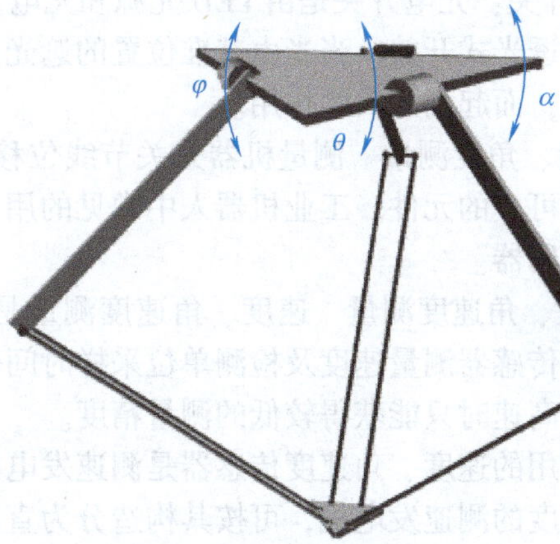

图 6-15　并联机器人示意图

相对于并联机器人而言，只有一条运动链的机器人称为串联机器人。

4. 工业机器人的应用

使用工业机器人可以降低废品率和产品成本，提高机床的利用率，降低工人误操作带来的残次零件风险等，其带来的一系列效益也十分明显，例如减少人工用量、减少机床损耗、加快技术创新速度、提高企业竞争力等。机器人具有执行各种任务特别是高危任务的能力，平均故障间隔期达 60000h 以上，比传统的自动化工艺更加先进。在发达国家中，工业机器人自动化生产线成套装备已成为自动化装备的主流及未来的发展方向。

目前工业机器人主要应用于医疗、食品、通用机械制造及加工等领域，主要完成搬运、焊接、喷漆、装配、码垛等动作。

6.2.2 工业机器人传感器

工业机器人的传感器主要分为工业机器人内部传感器和工业机器人外部传感器。

工业机器人内部传感器装在操作机上，包括位移传感器、速度传感器、加速度传感器，是为了检测工业机器人操作机的内部状态，在伺服控制系统中作为反馈信号。

工业机器人外部传感器，如视觉、触觉、力觉距离等传感器，是为了检测作业对象及环境与工业机器人的联系。

1. 工业机器人内部传感器

在工业机器人内部传感器中，位置传感器和速度传感器是当今工业机器人反馈控制不可缺少的元件。

现已有多种传感器大量生产，但倾斜角传感器、方位角传感器及振动传感器等用作机器人内部传感器的时间不长，其性能尚需进一步改进。

工业机器人内部传感器的功能包括规定位置、规定角度检测，位置、角度测量，速度、角速度测量，以及加速度测量。

（1）规定位置、规定角度检测　检测预先规定的位置或角度，有开/关两个状态值，用于检测机器人的起始原点、越限位置或确定位置。

1）微型开关：规定的位移或力作用到微型开关的可动部分（称为执行器）时，开关的电气触点断开或接通。限位开关通常装在盒子里，以防外力的作用和水、油、尘埃的侵蚀。

2）光电开关：光电开关是由 LED 光源和光电二极管或光电晶体管等光电元件相隔一定距离而构成的透光式开关。当光由基准位置的遮光片通过光源和光电元件的缝隙时，光射不到光电元件上，而起到开关的作用。

（2）位置、角度测量　测量机器人关节线位移和角位移的传感器是工业机器人位置反馈控制中必不可少的元件。工业机器人中常见的用于测量位置和角度的传感器有电位器、旋转变压器和编码器。

（3）速度、角速度测量　速度、角速度测量是驱动器反馈控制必不可少的环节。有时也利用测位移传感器测量速度及检测单位采样时间位移量，但这种方法有其局限性：低速时测量不稳定，高速时只能获得较低的测量精度。

目前最通用的速度、角速度传感器是测速发电机或称为转速表的传感器、比率发电机。

测量角速度的测速发电机，可按其构造分为直流测速发电机、交流测速发电机和感应式交流测速发电机。

（4）加速度测量　随着工业机器人的高速化、高精度化，工业机器人的振动问题提上日程。为了解决振动问题，有时在工业机器人的运动手臂等位置安装加速度传感器，测量振动加速度，并把它反馈到驱动器上。目前常用的加速度测量的传感器有应变片角速度传感器、伺服加速度传感器、压电感应角速度传感器等。

2. 工业机器人外部传感器

为了检测作业对象及环境，工业机器人与它们的关系，在工业机器人上安装了触觉传感器、视觉传感器、力觉传感器、距离传感器、超声波传感器和听觉传感器，大大改善了机器人的工作状况，使其能够更充分地完成复杂的工作。

（1）触觉传感器　触觉是接触、冲击、压迫等机械刺激感觉的综合，触觉可以用来进行工业机器人抓取，利用触觉可进一步感知物体的形状、软硬等物理性质。

一般把检测感知和外部直接接触而产生的接触觉、接近觉及滑觉的传感器称为机器人触觉传感器。

1）接触觉。接触觉是通过与对象物体彼此接触而产生的，因此最好使用手指表面高密度分布触觉传感器阵列，它柔软易于变形，可增大接触面积，并且有一定的强度，便于抓握。接触觉传感器可检测机器人是否接触目标或环境，用于寻找物体或感知碰撞，主要有机械式、弹性式和光纤式等。

2）接近觉。接近觉是一种粗略的距离感觉。接近觉传感器的主要作用是在接触对象之前获得必要的信息，用来探测在一定距离范围内是否有物体接近、物体的接近距离和对象的表面形状及倾斜等状态，一般用“1”和“0”两种状态表示。在机器人中主要用于对物体的抓取和躲避。接近觉一般用非接触式测量元件，如霍尔效应传感器、电磁式接近开关和光学接近传感器等。

3）滑觉。机器人在抓取不知属性的物体时，其自身应能确定最佳握紧力的给定值。当握紧力不够时，要检测被握紧物体的滑动，利用该检测信号，在不损害物体的前提下，考虑最可靠的夹持方法，实现此功能的传感器称为滑觉传感器。

滑觉传感器有滚动式和球式，还有一种通过振动检测滑觉的传感器。

（2）力觉传感器　力觉是指对机器人的指、肢和关节等运动中所受力的感知。它主要包括腕力觉、关节力觉和支座力觉等。根据被测对象的负载，可以把力觉传感器分为测力传感器（单轴力传感器）、力矩传感器（单轴力矩传感器）、手指传感器（检测机器人手指作用力的超小型单轴力传感器）和六轴力觉传感器。

力觉传感器根据力的检测方式不同，分为检测应变或应力的应变片式力觉传感器，利用压电效应的压电元件，以及用位移计测量负载产生的位移的差动变压器、电容位移计式力觉传感器。

（3）距离传感器　距离传感器可用于机器人导航和回避障碍物，也可用于对工业机器人空间内的物体进行定位及确定其一般形状特征。目前常用的测距法有两种：超声波测距法和激光测距法。

6.2.3　工业机器人的驱动系统与控制系统

1. 工业机器人驱动系统的分类

工业机器人的驱动系统，按动力源可分为液压驱动、气动驱动和电动驱动三种基本驱动类型，根据需要，可采用由这三种基本驱动类型的一种，或合成式驱动系统。这三种基本驱动系统的主要特点见表6-1。

表6-1　工业机器人三种基本驱动系统的主要特点

内容	驱动方式		
	液压驱动	气动驱动	电动驱动
输出功率	很大，压力范围为50～140N/cm^2	大，压力范围为48～60N/cm^2，最大可到达100N/cm^2	较大
控制性能	利用液体的不可压缩性，控制精度较高，输出功率大，可无级调速，反应灵敏，可实现连续轨迹控制	气体压缩性大，精度低，阻尼效果差，低速不易控制，难以实现高速、高精度的连续轨迹控制	控制精度高，功率较大，能精确定位，反应灵敏，可实现高速、高精度的连续轨迹控制，伺服特性好，控制系统复杂
响应速度	很高	较高	很高
结构性能及体积	结构适当，执行机构可标准化、模拟化，易实现直接驱动。功率/质量比大，体积小，结构紧凑，密封问题较大	结构适当，执行机构可标准化、模拟化，易实现直接驱动。功率/质量比小，体积小，结构紧凑，密封问题较小	伺服电动机易于标准化，结构性能好，噪声低，电动机一般需配置减速装置，除直流电动机外，难以直接驱动，结构紧凑，无密封问题
安全性	防爆性能较好，用液压油作为传动介质，在一定条件下有火灾危险	防爆性能好，高于1000kPa时应注意设备的抗压性	设备自身无爆炸和火灾危险，直流有刷电动机换向时有火花，对环境的抗防爆性能较差
对环境的影响	液压系统易漏油，对环境有污染	排气时有噪声	无
在工业机器人中的应用范围	适用于重载、低速驱动，电液伺服系统适用于喷涂机器人、电焊机器人和托运机器人	适用于中小负载驱动、精度要求较低的有限电位程序控制机器人，如冲压机器人本体的气动平衡及装配机器人气动夹具	适用于中小负载、要求具有较高的位置控制精度和轨迹控制精度、速度较高的机器人，如交流伺服喷涂机器人、电焊机器人、弧焊机器人、装配机器人等

（续）

内容	驱动方式		
	液压驱动	气动驱动	电动驱动
成本	液压元件成本较高	成本低	成本高
维修及使用	方便，但油液对环境温度有一定要求	方便	较复杂

2. 工业机器人控制系统的组成

（1）控制计算机　控制计算机是控制系统的调度指挥机构，一般使用微型计算机或微处理器。

（2）示教盒　示教盒的作用是完成示教机器人工作轨迹、参数设定和所有的人机交互操作，它拥有独立的CPU以及存储单元，以串行通信方式与主计算机实现信息交互。

（3）操作面板　操作面板由各种操作按键、状态指示灯构成，其功能是完成基本功能操作。

（4）磁盘存储器　磁盘存储器包括硬盘和软盘存储器等；用于存储机器人的工作程序。

（5）数字和模拟量输入/输出　该部分的作用是实现各种状态和控制命令的输入或输出功能。

（6）打印机接口　打印机接口的作用是记录需要输出的各种信息。

（7）传感器接口　传感器接口用于信息的自动检测，实现机器人柔顺控制，一般为力觉传感器、触觉传感器和视觉传感器。

（8）轴控制器　轴控制器的作用是完成机器人各关节位置、速度和加速度的控制。

（9）辅助设备　辅助设备是指用来控制与机器人配合的设备，如手爪变位器等。

（10）通信接口　通信接口用来实现机器人和其他设备的信息交换，一般有串行接口、并行接口等。

（11）网络接口　网络接口包括以太网接口和现场总线接口。

6.2.4　工业机器人的典型应用

工业机器人的典型应用有弧焊、点焊、搬运、涂胶、喷漆、去毛刺、切割、激光焊接、测量等。

1. 工业机器人弧焊应用

工业机器人弧焊工作站由示教盒、控制盘、机器人本体及自动送丝装置、焊接电源等部分组成，可以在计算机的控制下实现连续轨迹控制和点位控制。图6-16所示为工业机器人弧焊应用场景。工业机器人弧焊工作站主要有熔化极焊接作业和非熔化极焊接作业两种类型，具有可长期进行焊接作业、保证焊接作业的高生产率、高质量和高稳定性等特点。工业机器人弧焊主要应用于各类汽车零部件的焊接生产。

2. 工业机器人点焊应用

工业机器人点焊工作站由机器人本体、计算机控制系统、示教盒和电焊焊接系统几部分组成。电焊焊接系统包括电焊焊机和电焊焊钳两部分。操作者可以通过示教盒和计算机面板按键进行电焊机器人运动位置和动作程序的示教，设定运动速度、焊接参数等。工业机器人按照示教程序规定的动作、顺序和参数进行电焊作业，其过程是完全自动化的。工业机器人点焊主要应用于汽车车身的自动装配车间。图 6-17 所示为工业机器人点焊应用场景。

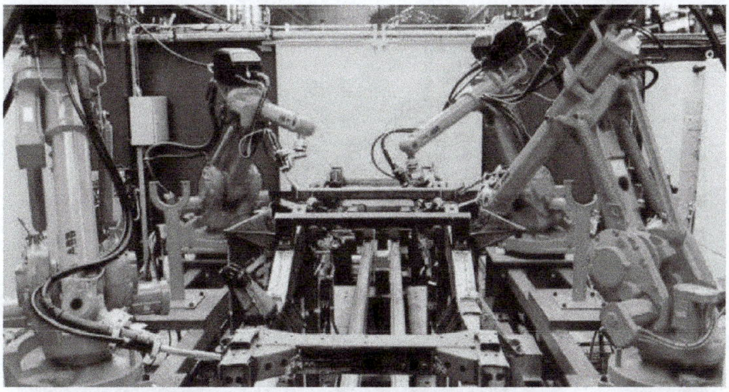

图 6-16　工业机器人弧焊应用场景

图 6-17　工业机器人点焊应用场景

3. 工业机器人搬运应用

工业机器人搬运工作站由工业机器人本体、控制器、末端执行器和传感系统组成。利用工业机器人可进行自动化搬运作业，也就是指从一个加工位置移到另一个加工位置。利用工业机器人安装不同的末端执行器可完成各种不同形状和状态的工件搬运工作。工业机器人搬运主要用于各种电器制造、小型电机、汽车及其部件、计算机、玩具、机电产品及其组件的搬运等方面。图 6-18 所示为工业机器人搬运应用场景。

4. 工业机器人喷涂应用

工业机器人喷涂工作站由喷涂工业机器人本体、控制器、系统操作控制台、工艺控制柜、检测系统、跟踪系统、电源分配柜等构成。图 6-19 所示为工业机器人喷涂应用场景。工业机器人喷涂适用于汽车工业的塑料部件、金属部件、木材工业等领域。工业机器人在喷涂环境的大量运用极大地解放了在危险环境下工作的劳动力，也极大提高了制造业的生产效率，并带来稳定的喷涂质量，降低成品返修率，同时提高了油漆利用率，减少废油、废溶剂的排放，有助于构建环保的绿色工厂。

图 6-18　工业机器人搬运应用场景

5. 工业机器人切割应用

工业机器人切割工作站一般由示教盒、控制柜、机器人本体、切割系统组件等组成。工业机器人可以在计算机的控制下实现连续轨迹控制和点位控制。图 6-20 所示为工业机器人切割应用场景。切割机器人主要有激光切割作业、等离子切割作业和火焰切割作业三种类型，具有可长期进行切割作业、保证切割作业的高生产率、高质量和高稳定性等特点。

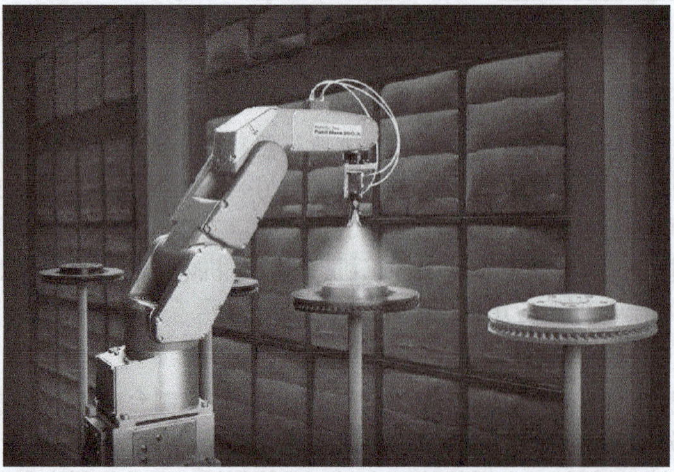
图 6-19　工业机器人喷涂应用场景

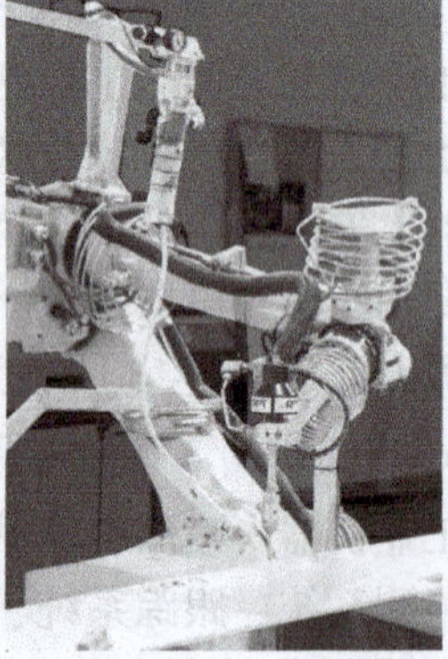
图 6-20　工业机器人切割应用场景

6.3 智能制造和智能工厂

学习指南

知识点

① 智能制造的概念。
② 智能工厂的概念。
③ 智能工厂的组成及作用。

技能点

① 能够操作智能激光雕刻礼品生产系统。
② 能够排除智能激光雕刻礼品生产系统的故障。

建议与指导

① 难点：智能工厂的组成及每部分的作用。
② 重点：智能工厂的组成及每部分的作用。
③ 建议：通过听课、在线学习、讨论等方式突破难点；通过实践训练习得重要技能点。另外，智能工厂属于新生事物，大家平时要多通过媒体关注其发展。

6.3.1 智能制造的概念

智能制造可以从制造和智能两方面进行理解。首先，制造是指对原材料进行加工或再加工，以及对零部件进行装配的过程。通常，按照生产方式的连续性不同，制造分为流程制造与离散制造（也有离散和流程混合的生产方式）。智能是由“智慧”和“能力”两个词语构成。从感觉到记忆到思维这一过程，称为“智慧”，智慧的结果产生了行为和语言，将行为和语言的表达过程称为“能力”，两者合称为“智能”。因此，将感觉、记忆、回忆、思维、语言、行为的整个过程称为智能过程，它是智慧和能力的表现。

目前，国际和国内尚且没有关于智能制造的准确定义，但工业和信息化部组织专家给出了一个比较全面的描述性定义：智能制造是基于新一代信息技术，贯穿设计、生产、管理、服务等制造活动各个环节，具有信息深度自感知、智慧优化自决策、精准控制自执行等功能的先进制造过程、系统与模式的总称。智能制造具有以智能工厂为载体，以关键制造环节智能化为核心，以端到端数据流为基础，以网络互联为支撑等特征，可有效缩短产品研制周期、降低运营成本、提高生产效率、提升产品质量、降低资源能源消耗。这实际上指出了智能制造的核心技术、管理要求、主要功能和经济目标，体现了智能制造对于我国工业转型升级和国民经济持续发展的重要作用。

6.3.2 智能工厂

1. 智能工厂的概念

智能工厂是实现智能制造的载体。目前，关于智能工厂的概念还没有统一的学术定义。“智慧工厂”概念最先是由 IBM 提出的。国内大多学者普遍认为，智能工厂是在自动化工厂的基础上，通过运用信息物理技术、大数据技术、虚拟仿真技术、网络通信技术等先进技术，建立一个能够实现智能排产、智能生产协同、设备互联智能、资源智能管控、质量智能控制、支持智能决策等功能的贯穿产品原料采购、设计、生产、销售、服务等全生命周期的高度灵活的个性化、数字化、智能化的产品与服务的生产系统。

在智能工厂中，借助于各种生产管理工具/软件/系统和智能设备，打通企业从设计、生产到销售、维护的各个环节，实现产品仿真设计、生产自动排程、信息上传下达、生产过程监控、质量在线监测、物料自动配送等智能化生产。下面介绍几个智能工厂中的典型“智能”生产场景。

场景1：设计/制造一体化。在智能化较好的航空航天制造领域，采用基于模型定义（MBD）技术实现产品开发，用一个集成的三维实体模型完整地表达产品的设计信息和制造信息（产品结构、三维尺寸、BOM等），所有的生产过程包括产品设计、工艺设计、工装设计、产品制造、检验检测等都基于该模型实现，这打破了设计与制造之间的壁垒，有效解决了产品设计与制造的一致性问题。制造过程的某些环节，甚至全部环节都可以在全国或全世界进行代工，使制造过程性价比最优化，实现协同制造。

场景2：供应链及库存管理。企业要生产的产品种类、数量等信息通过订单确认，这使得生产过程变得精确。例如：使用ERP（企业资源计划）或WMS（仓库管理系统）进行原材料库存管理，包括各种原材料及供应商信息等。当客户订单下达后，ERP自动计算所需的原材料，并且根据供应商信息即时计算原材料的采购时间，确保在满足交货时间的同时，库存成本最低甚至为零。

场景3：质量控制。车间内使用的传感器、设备和仪器能够自动在线采集质量控制所需的关键数据；生产管理系统基于实时采集的数据，提供质量判异和过程判稳等在线质量监测和预警方法，及时有效发现产品质量问题。此外，产品具有唯一标识（条形码、二维码、电子标签），可以以文字、图片和视频等方式追溯产品质量所涉及的数据，如用料批次、供应商、作业人员、作业地点、加工工艺、加工设备信息、作业时间、质量检测及判定、不良处理过程等。

场景4：能效优化。采集关键制造装备、生产过程、能源供给等环节的能效相关数据，使用MES（制造执行系统）或EMS（能源管理系统）对能效相关数据进行管理和分析，及时发现能效的波动和异常，在保证正常生产的前提下，相应地对生产过程、设备、能源供给及人员等进行调整，实现生产过程的能效提高。

2. 智能工厂的体系结构

在新技术革新的背景下，未来智能工厂逐渐转移到以大数据、物联网等新一代技术基础之上的全生命周期管理，强调生产系统“智能化”。智能工厂与传统工厂的比较见表6-2。

表6-2 智能工厂与传统工厂的比较

内　容	智能工厂	传统工厂
经营模式	产品+服务	产品
制造系统	各模块系统无缝连接，构建一个完整的智能化生产系统	各系统模块间连接程度较低，信息传递效率较低
制造车间	基于数字化+自动化+智能化实现设备与设备、设备与人、人与人互联互通	绝大部分设备不能实现互联互通；部分制造单元自动化程度低

（续）

内　容	智能工厂	传统工厂
过程分析	实现数据采集和分析、信息流动、产品和设备检测自动化	大部分统计、检测、分析等工作依旧靠人工完成
虚拟仿真	虚拟仿真技术的使用从产品设计到生产制造再到销售等一直扩展到整个产品生命周期，与实体工厂相互映射	仿真程度较低，侧重于产品研发阶段；仿真技术与实体工厂关联性较低
企业数据	数据来源多元化；数据量大；强调动态、静态数据的实时采集、分析、使用	数据多是静态数据；数据量较小；数据采集、分析、使用等响应较慢

智能工厂具有丰富的内涵，不同行业的智能工厂需要建立不同的智能工厂模型框架。目前，学术界对智能工厂框架引用较多、认可程度较高的智能工厂框架架构如图 6-21 所示。

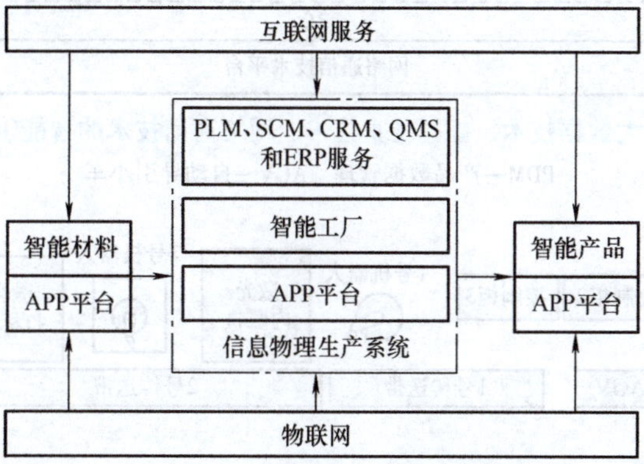

图 6-21　智能工厂框架架构

PLM—产品生命周期管理　SCM—软件配置管理　CRM—客户关系管理　QMS—质量管理体系

但是该框架更倾向于整个智能制造的框架。不少学者基于 PCS（过程控制系统）- MES-ERP 架构对智能工厂的框架结构进行了更细化的研究，出现了各具特色的解决方案。比如，基于大数据技术、虚拟仿真技术、网络通信技术的智能工厂的体系架构，如图 6-22 所示。

智能工厂可以分为实体工厂和虚拟工厂两层：实体工厂和虚拟工厂组成一个闭环系统，实体工厂为虚拟工厂提供基础数据，虚拟工厂通过数据分析、模拟仿真将信息反馈到实体工厂，对实体工厂做出命令、提出建议。大数据技术则贯穿于整个智能工厂和智能制造体系，大数据技术为各模块的数据采集、分析、使用等提供了解决方案。

6.3.3　智能工厂案例

智能激光雕刻礼品生产系统是根据智能工厂的基本功能形成的缩微版智能制造单元，主要包括立体仓库、AGV、搬运机器人、激光内雕机、激光打标机、包装机器人、输送带等设备，通过 APP 智能下单系统、智能立体仓库管理系统（WMS）、制造执行系统（MES）的组合，构成一套智能制造产品生产线，如图 6-23 所示。智能工厂的生产过程全部自动化，无须人工参与。整条生产线包含智能下单、下料、激光内雕、激光打标、协作组装等四大工位。

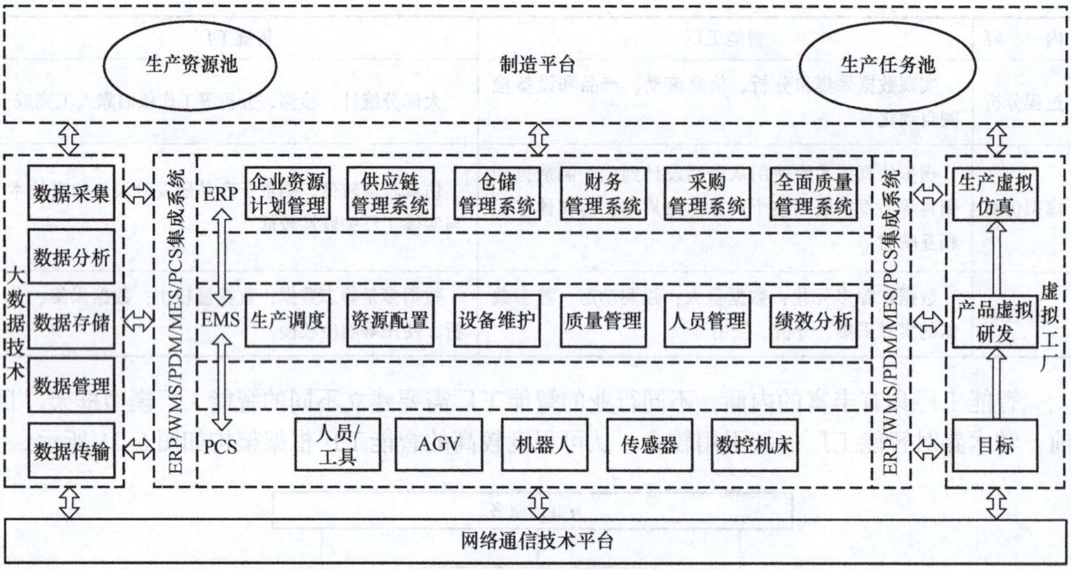

图 6-22 基于大数据技术、虚拟仿真技术、网络通信技术的智能工厂的体系架构

PDM—产品数据管理 AGV—自动导引小车

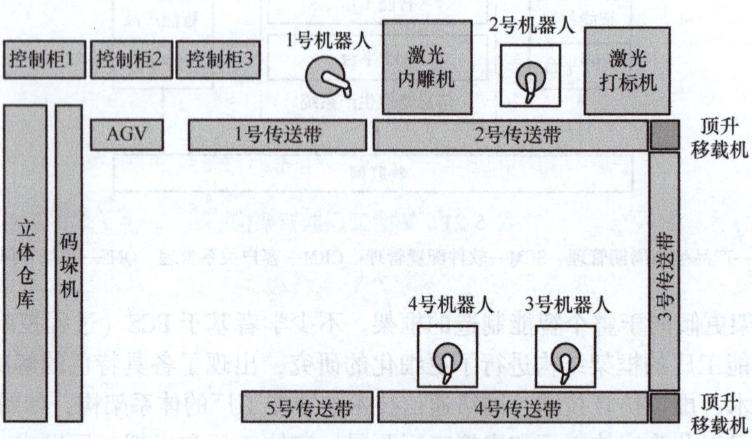

图 6-23 智能激光雕刻礼品生产系统

1. 智能终端 APP 下单系统

智能终端 APP 下单系统支持计算机端、手机端、平板端通过网络 APP 下单，具体的下单流程如图 6-24 所示。提交订单后，制造执行系统（MES）会自动收到订单信息。以工艺水晶礼品为例，打开 APP 后，单击“开始”按钮，随后出现三个界面，分别是水晶颜色选择、底座雕刻内容和水晶的内雕内容。单击完最后一个“下一步”按钮后，即可成功下单。

（1）下单操作 单击计算机桌面上的“MES 系统”图标，系统自动进入制造执行系统。输入账户和密码后，系统进入账户管理模块。

（2）订单管理 本系统可以管理来自手机或者平板 APP 端的订单。

1）新订单管理。打开系统菜单里的“生产管理”→“新订单管理”，即可进行订单管理。在新订单列表中，列出了有关订单的基本信息，可以单击“生成订单”按钮，一键生

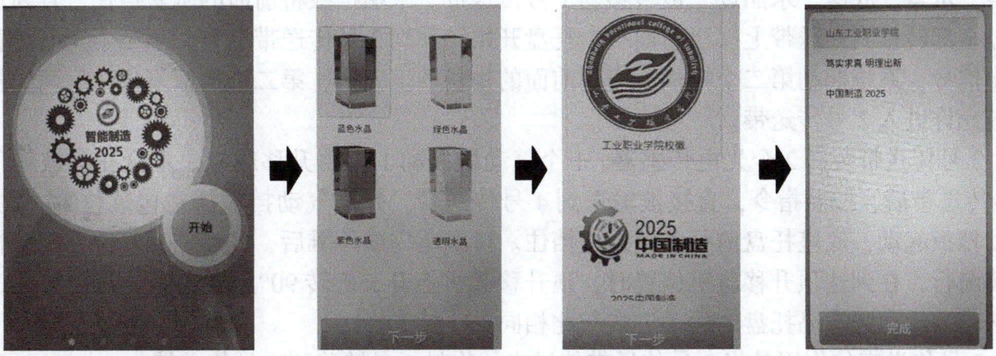

图 6-24　APP 下单流程

成工单，也可以单击“废弃订单”按钮将订单废弃。

2）生产流程控制。本模块可以自动起动、停止、分步起动生产线上的设备。

2. 智能立体仓库管理系统（WMS）

本系统可以对系统里的立体仓库进行配置操作。

（1）配置库位物料信息　在立体仓库管理列表页面下，单击“配置立体仓库”按钮，则弹出配置库位窗口。窗口中列出了该立体仓库的所有库位，在操作栏中单击“配置物料信息”按钮，或单击“手动入库”按钮，系统弹出配置物料信息窗口，应保证立体仓库中的物料与其位置有对应关系。单击“保存”按钮将立体仓库中的物料信息进行保存。

（2）启动生产

1）立体仓库取料模块。立体仓库取料模块由立体仓库（28 个库位）、码垛机、AGV 等组成，如图 6-25 所示。

立体仓库的每个库位装有传感器，用于 PLC 判断该库位是否放有物料。

码垛机的功能是根据物料信息到库位自动取料。码垛机由 3 个独立的变频电动机控制，实现在立体仓库的 X、Y、Z 方向上移动取料。

AGV 受内置的 PLC 控制，其功能是将码垛机取来的物料按顺序转移到传送带上。

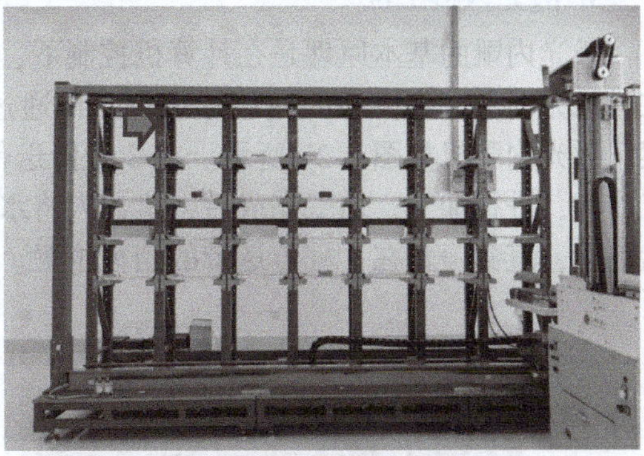

图 6-25　立体仓库取料模块

2）取料过程。MES 下达启动生产的命令后，WMS 首先检测库存，如果库存数量不满足生产要求，则会提醒库存不足，无法生产。如果库存数量充足，则会控制码垛机移动到有关库位，按照先后顺序取木盒、底座、水晶到转运台，并放置到 AGV 上。AGV 上的传感器检测到三个物料放置完毕后，自动起动前往传送带。到达停止位置后，AGV 将三个物料逐一送入传送带。

3. 运输系统

运输系统由 5 段传送带组成。

1 号传送带装有 2 个光电传感器和 2 个气缸挡板。在检测到木盒到达后，立即起动末端挡板，木盒、底座、水晶逐一被转移到 1 号传送带。末端挡板将前面的木盒挡住，直到水晶托盘全部转移到传送带上。当前面一个托盘开始转移到 2 号传送带上时，第二个光电传感器发出信号，系统起动第二个挡板，直到前面的物料加工完毕，第二个挡板复位，后面的托盘才被允许进入 2 号传送带。

2 号传送带装有 2 个光电传感器、1 个气动挡板和 1 个顶升移载机。木盒托盘被转移到 2 号传送带后，按照指令，直接被输送到 4 号传送带，并被气动挡板挡在包装位置。之后，气动挡板起动，底座托盘前行，被挡板挡住。待底座完成外雕后，气动挡板复位，底座托盘继续前行，在到达顶升移载机位置时，顶升移载机上升，旋转 90°后，底座托盘被转移 3 号传送带。后面的水晶托盘的运动方式与此相同。

3 号传送带的作用是将 2 号传送带传过来的物料托盘转移到 4 号传送带。

4 号传送带装有 3 个光电传感器、2 个气动挡板和 1 个顶升移载机。4 号传送带主要与包装有关。在包装位置，气动挡板起动，辅助包装机器人完成包装过程，然后，气动挡板复位，包装后的成品及托盘被转移到 5 号传送带。

5 号传送带的作用是将成品入库，将空的托盘转移到立体仓库。

4. 激光外雕工位

激光外雕的基本原理是利用高强度激光束烧灼木质底座的侧面，形成图案。本工位由一台机器人和外雕机系统组成。当底座托盘到达 2 号传送带的气动挡板前时，受挡板阻挡，停止前行。搬运机器人抓取木质底座并将其转移到雕刻位置，外雕机输出激光束进行烧灼雕刻。激光外雕机如图 6-26 所示。雕刻完毕后，机器人将底座移回到传送带的原来位置。气动挡板复位，底座托盘前行，直到停止在 4 号传送带的挡板位置。

5. 激光内雕工位

激光内雕的基本原理是在计算机控制下，高强度激光束将玻璃水晶内部结构瞬间破坏，在二维方向上产生极小的白色爆裂点，再通过二维叠加，在玻璃水晶内部形成三维立体图案。激光内雕机如图 6-27 所示。在 2 号传送带，搬运机器人将水晶抓取后转移到内雕机的工作台，进行加工。加工完成后，机器人将水晶搬运回 2 号传送带。气动挡板复位，水晶托盘前行，直到停止在 4 号传送带的挡板位置。

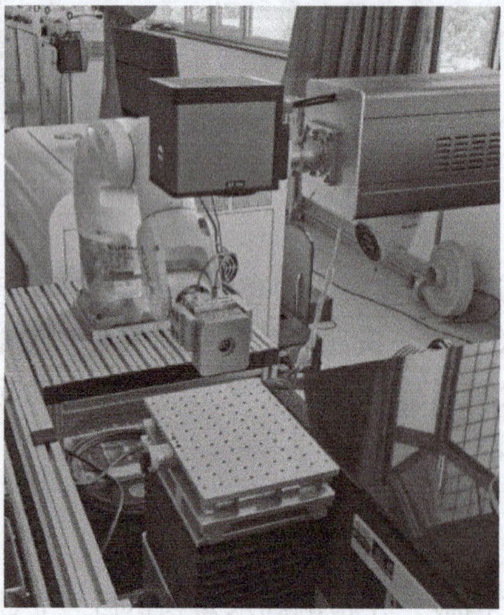

图 6-26 激光外雕机

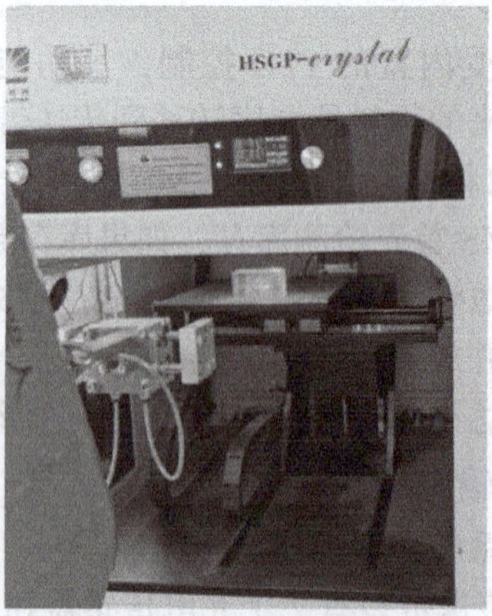

图 6-27 激光内雕机

6. 包装工位

包装工位包括2台包装机器人、1个转载升降机、2个气动挡板和3个光电传感器，如图6-28所示。

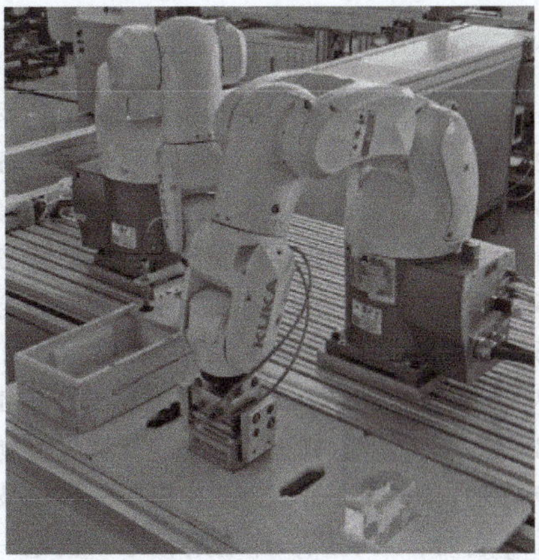

图6-28　包装工位

在水晶托盘被运送到包装工位后，系统控制2号包装机器人起动末端的真空吸附工具开启木盒盖。开启到位后，1号包装机器人分别抓取底座和水晶送入木盒后回原点，随后2号包装机器人释放盒盖回原点，关闭木盒盖。4号传送带上的气动挡板复位，成品及物料托盘被转移到5号传送带。

7. 入库工位

5号传送带将成品入库，将空的托盘转移到立体仓库。

项目实训

完成技能训练活页式工作手册“项目9　自动化生产线供料单元安装与调试”“项目10　自动化生产线加工单元安装与调试”“项目11　自动化生产线装配单元安装与调试”“项目12　自动化生产线分拣单元安装与调试”“项目13　自动化生产线输送单元安装与调试”“项目14　自动化生产线整机调试”。

能力测试

一、填空题

1. 自动化生产线操控方式一般有________和________两种。

2. 工业机器人按照结构运动形式可分为________、________、________、________和________。

3. 工业机器人内部传感器的功能可分为________、________、________和________。

4. 工业机器人驱动系统，按动力源可分为________、________和________。

5. 智能工厂是在自动化工厂的基础上，通过运用________、________、________和________等先进技术，建立一个能够实现智能排产、智能生产协同、设备互联智能、资源智能管控、质量智能控制、支持智能决策等功能的贯穿产品________、________、________、________、________和________等全生命周期的高度灵活的个性化、数字化、智能化的产品与服务的生产系统。

二、论述题

1. 查阅资料描述某自动化生产线的组成和工艺流程。

2. 查阅资料描述某工业机器人的组成和性能参数。

3. 查阅资料描述某智能工厂的体系结构组成。

参 考 文 献

[1] 吴晓苏，范超毅．机电一体化技术与系统［M］．北京：机械工业出版社，2009.
[2] 何振俊．机电一体化系统项目教程［M］．北京：电子工业出版社，2014.
[3] 宁宗奇．自动生产线装配、调试与维修［M］．北京：机械工业出版社，2011.
[4] 吕景泉．自动化生产线安装与调试［M］．2 版．北京：中国铁道出版社，2009.
[5] 张同苏，李志梅．自动化生产线安装与调试实训和备赛指导［M］．北京：高等教育出版社，2015.
[6] 廖常初．S7-300/400 PLC 应用技术［M］．4 版．北京：机械工业出版社，2016.
[7] 廖道争，施保华．计算机控制技术［M］．北京：机械工业出版社，2016.
[8] 顾德英，罗云林，马淑华．计算机控制技术［M］．2 版．北京：北京邮电大学出版社，2007.
[9] 观贵泉．工业智能制造中机电一体化技术的应用［J］．中国高新科技，2020（9）：76-78.
[10] 付盼，刘晓风，郭瑞娟，等．机电一体化在智能制造中的应用［J］．内燃机与配件，2020（13）：214-215.

智能制造领域高素质技术技能人才培养系列教材

机电一体化技术与实训

技能训练活页式工作手册

主　编　赵云伟　刘元永
副主编　王　震　刘　娜　郭金亮
参　编　张君慧　曲延昌　苑国强
主　审　侯志强

机械工业出版社

目 录

第1部分　基础项目

第2部分　综合项目

第1部分　基础项目

项目1　机电一体化产品介绍与分析

一、项目要求

亚龙 YL－335B 型自动化生产线实训考核装备是浙江亚龙智能装备集团股份有限公司的主打产品之一，其外观如图 1-1 所示。现需要制作一份销售宣传用海报，主要包括产品概述、产品特点、系统组成、技术性能、使用说明和使用注意事项等。为实现项目要求，需完成的任务清单见表 1-1。

图 1-1　亚龙 YL－335B 型自动化生产线实训考核装备的外观

表 1-1　任务清单

任务内容	任务要求	验收方式
学习“学习项目 1”内容	掌握机电一体化的定义；掌握机电一体化系统的要素与组成；掌握机电一体化的关键技术；了解机电一体化的特点以及在智能制造中的应用	材料提交
参观自动化生产线实训室	完成图片拍摄；掌握亚龙 YL－335B 型自动化生产线实训考核装备的组成、操作及注意事项	成果展示

二、项目分析与讨论

通过学习机电一体化系统的组成要素、关键技术，能够从机械本体、传感与检测部分、执行机构、控制与信息处理部分、动力部分五大组成要素，分析亚龙 YL－335B 型自动化生产线实训考核装备及每个单元组成，明确每一部分的功能。

请学员通过查阅教材、上网搜索、听课、讨论等获取表 1-2 中问题的答案，确保项目顺利实施。

表 1-2　资讯信息确认单

问题	答案	评价
1. 机电一体化的定义是什么？		
2. 机电一体化的基本组成要素有哪些？		
3. 机电一体化系统中机械本体、传感与检测部分、执行机构、控制与信息处理部分、动力部分的作用各是什么？		

三、制订计划

思考销售宣传海报内容设计方案，制订工作计划，在表 1-3 中用适当的方式予以表达。

表 1-3 设计方案工作单（成员使用）

1. 内容设计方案

建议从产品概述、产品特点、技术性能、系统组成、使用说明和使用注意事项分别介绍产品。

2. 项目涉及产品信息、使用工具、方法

销售的产品	
需要的工具、方法	

四、确定计划

小组检查、讨论后确定计划，并在表 1-4 中用适当的方式予以表达。

表 1-4 计划决策工作单（小组决策使用）

1. 小组讨论决策

负责人：________ 讨论发言人：________

决策结论及方案变更：

（续）

2. 人员分工与进度安排

内容	人员	时间安排	备注
产品概述、产品特点			
系统组成、技术性能			
使用说明、注意事项			

五、实施计划

按照确定的计划进行海报制作工作，并将实施的主要流程环节，每个流程中遇到的问题及完成时间填写至表1-5中。

表1-5　计划实施工作单

序号	主要内容	实施情况	完成时间

六、检查与记录

按照文字检查、图片检查和职业素养进行组间互查，并在表1-6中记录、评分。评分采用扣分制，每项扣完为止。

表1-6　检查记录工作单

检查项目	检查内容	评分标准	记录	评分
1. 文字检查（60分）	内容完备，包含产品概述、产品特点、系统组成、技术性能、使用说明，30分	每少一部分扣6分		
	内容准确，30分	内容描述与真实产品不一致，每处扣3分		
2. 图片检查（10分）	图片真实、完整，5分	酌情扣分		
	图片美观、合理，色彩、角度完美，5分	酌情扣分		
3. 职业素养（30分）	劳动纪律，10分	遵守纪律，尊重老师，爱惜实训设备和器材，违反上述情况一次酌情扣1~2分。若有特别严重违纪行为，则本次考核不合格，并按照相关制度进行处理		
	操作规范，10分	卫生没有清扫、浪费耗材，酌情扣1~2分；工作服、安全帽、绝缘鞋等不符合要求，酌情扣1~2分		
	安全意识，10分	危险用电等根据现场情况扣1~3分；损坏主要电气设备，本次考核不及格，并按照相关制度进行处理		

七、改进与提交

按照检查中存在的问题完善项目，在表1-7中记录改进要点，产品提交项目负责人签字。

表 1-7　改进提交工作单

<table>
<tr><td>改进要点记录</td><td colspan="2"></td></tr>
<tr><td rowspan="2">产品提交</td><td>项目</td><td>负责人（签字）</td></tr>
<tr><td>产品海报</td><td></td></tr>
</table>

项目2　物料传送分拣系统机械结构安装与调试

一、项目要求

亚龙 YL－335B 型自动化生产线实训考核装备的分拣单元由传送和分拣机构、传动带驱动机构、变频器模块、电磁阀组、接线端口、PLC 模块、按钮/指示灯模块及底板组成。其中，分拣单元机械部分的装配总成如图 2-1 所示。

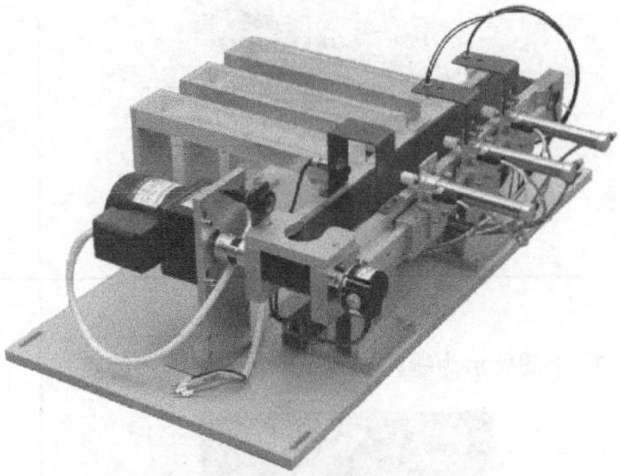

图 2-1　分拣单元实物图

分拣单元实现的工艺功能主要是对上一单元送来的已加工、装配的工件进行分拣，使不同的工件从不同的料槽分流。

本项目以分拣单元为实训载体，实现机械设备的安装、传动带张紧度的调整，确保运动可靠。具体要求如下：

1）制订分拣单元的安装方案，包括组件（传送机构、驱动电动机组件、分拣机构）安装方案和总装方案。

2）完成分拣单元组件安装和总装，要求安装误差不大于 1mm。

分析项目要求，得出任务清单，见表 2-1。

表 2-1　任务清单

任务内容	任务要求	验收方式
完成分拣单元安装方案设计	遵循先完成组件，再进行总装的原则	材料提交
完成分拣单元组件安装和总装	符合《国家职业标准：机械设备安装工》《国家职业标准：装配钳工》等相关标准，安装误差不大于 1mm	成果展示

二、项目分析与讨论

本项目机械结构安装主要涉及的机械零件有传送带、带轮、张紧螺钉、出料滑槽、电动机支架、联轴器、气缸等，项目实施前，先学习相关知识点。

请学员通过查阅教材、上网搜索、听课、讨论等获取表 2-2 中的答案或案例，并进行自我评价，确保项目顺利实施。

表 2-2　相关知识和技能信息确认单

相关知识和技能点	答案/案例	自我评价
1. 工具是否具备？请列出。		

（续）

相关知识和技能点	答案/案例	自我评价
2. 下图所示为哪种带传动？它有哪些特点？怎样调整传送带张紧度？ 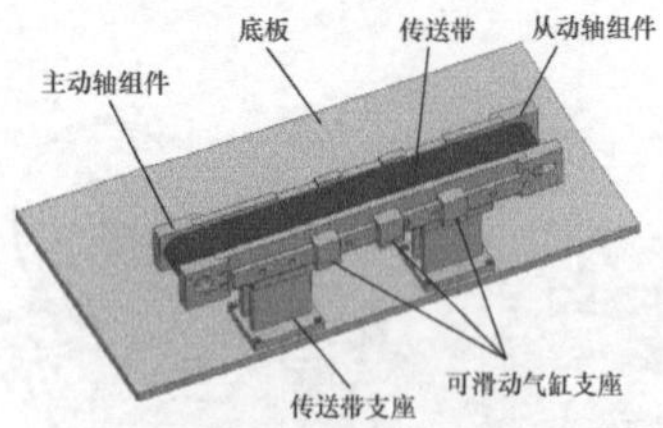 底板 传送带 从动轴组件 主动轴组件 传送带支座 可滑动气缸支座		
3. 下图所示为哪种机械零件？它有哪些特点？ 		
4. 下图是什么器件？其功能是什么？ 		
5. 下图是什么元件？其功能是什么？ 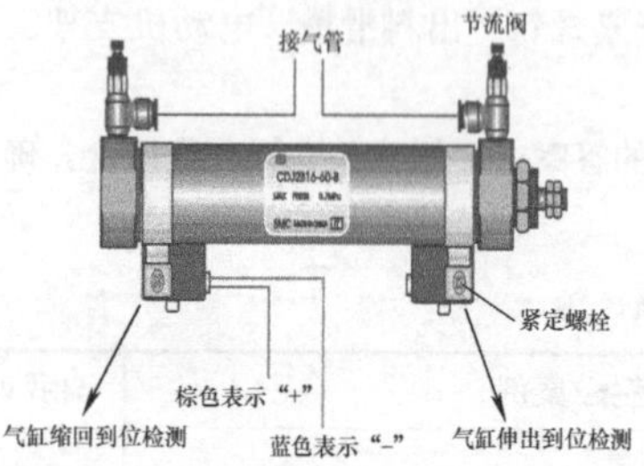 接气管 节流阀 紧定螺栓 棕色表示“+” 气缸缩回到位检测 蓝色表示“-” 气缸伸出到位检测		

三、制订计划

思考装配方案，制订工作计划，在表 2-3 中用适当的方式予以表达。

表 2-3 装配方案工作单（成员使用）

<table>
<tr><td colspan="2">1. 装配方案
建议从不同组件分别阐述组件装配方案和总装方案。

</td></tr>
<tr><td colspan="2">2. 项目涉及零部件信息、使用工具</td></tr>
<tr><td>待装配的零部件清单</td><td></td></tr>
<tr><td>需要的工具</td><td></td></tr>
</table>

四、确定计划

小组检查、讨论后确定计划，并在表 2-4 中用适当的方式予以表达。

表 2-4 计划决策工作单（小组决策使用）

<table>
<tr><td colspan="4">1. 小组讨论决策
负责人：________讨论发言人：____________________
决策结论及方案变更：

</td></tr>
<tr><td colspan="4">2. 人员分工与进度安排</td></tr>
<tr><td>内容</td><td>人员</td><td>时间安排</td><td>备注</td></tr>
<tr><td>传送机构</td><td></td><td></td><td></td></tr>
<tr><td>驱动电动机组件</td><td></td><td></td><td></td></tr>
<tr><td>分拣机构</td><td></td><td></td><td></td></tr>
<tr><td>安装</td><td></td><td></td><td></td></tr>
</table>

五、实施计划

按照确定的计划进行机械组件装配工作和总装，并将实施的主要流程环节、每个流程中遇到的问题及完成时间填写至表 2-5 中。

表 2-5　计划实施工作单

序号	主要内容	实施情况	完成时间

六、检查与记录

按照机械安装及其装配工艺和职业素养进行组间互查，在表 2-6 中记录、评分。评分采用扣分制，每项扣完为止。

表 2-6　检查记录工作单

检查项目	检查内容	评分标准	记录	评分
1. 机械安装及其装配工艺（70 分）	安装情况，20 分	分拣单元安装与要求不符，每处扣 2 分（最多扣 10 分）		
	紧固件固定情况，20 分	紧固件有松动现象，每处扣 2 分		
	实际运行效果，30 分	由于机械或气动等原因，不能将工件推入料仓，扣 5 分		
		传送带在运行过程跑偏，传送带张紧过松或过紧，每处扣 5 分		
2. 职业素养（30 分）	劳动纪律，10 分	遵守纪律，尊重老师，爱惜实训设备和器材，违反上述情况一次酌情扣 1 ~ 2 分。若有特别严重违纪行为，则本次考核不合格，并按照相关制度进行处理		
	操作规范，10 分	工具使用不合理、卫生没有清扫、浪费耗材，每处酌情扣 1 ~ 2 分；工作服、安全帽、绝缘鞋等不符合要求，每处酌情扣 1 ~ 2 分		
	安全意识，10 分	危险用电等根据现场情况扣 1 ~ 3 分；损坏主要电气设备，本次考核不及格，并按照相关制度进行处理		

七、改进与提交

按照检查中存在的问题完善项目，在表 2-7 中记录改进要点，产品提交项目负责人签字。

表2-7　改进提交工作单

<table>
<tr><td>改进要点记录</td><td colspan="2"></td></tr>
<tr><td rowspan="3">产品提交</td><td>项目</td><td>负责人（签字）</td></tr>
<tr><td>装配方案</td><td></td></tr>
<tr><td>装配后产品</td><td></td></tr>
</table>

项目3　分拣单元变频器控制人机界面设计

一、项目要求

亚龙 YL－335B 型自动化生产线实训考核装备选用了昆仑通态研发的 TPC7062TX 触摸屏作为人机界面。TPC7062TX 在实时多任务嵌入式操作系统 Windows CE 环境中运行，由 MCGS 嵌入式组态软件组态编程。

本项目以分拣单元为实训载体，用触摸屏作为人机界面，由人机界面提供主令信号并显示系统工作状态的工作任务，实现 PLC 控制变频器驱动电动机拖动传送带传送物料的控制。分拣单元触摸屏组态界面如图 3-1 所示，项目要求如下：

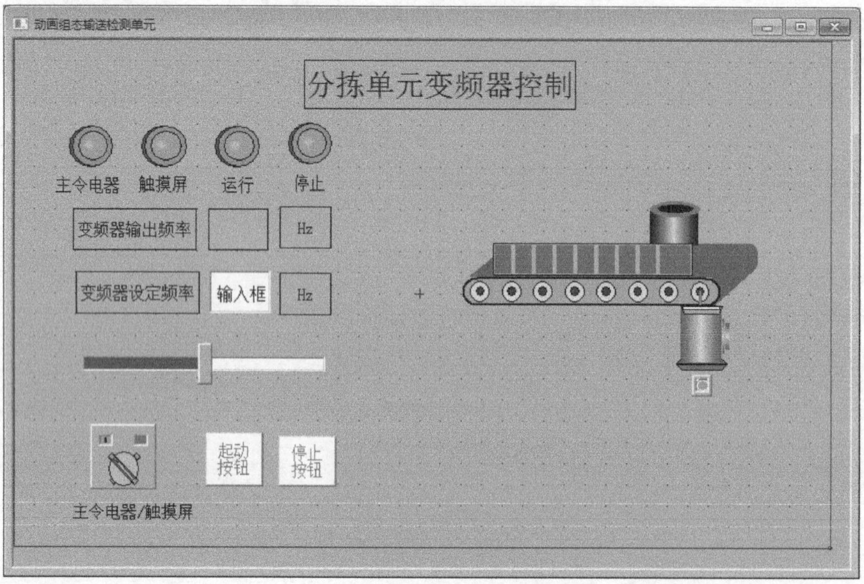

图 3-1　分拣单元触摸屏组态界面

1）触摸屏的“主令电器/触摸屏”切换按钮能够与按钮指示灯模块的开关 SA 同样实现按钮指示灯模块的主令电器或者触摸屏控制的切换，在触摸屏模式下触摸屏按钮和输入框有效。触摸屏的起动按钮和停止按钮通过 PLC 分别控制变频器的起停。变频器采用模拟量给定频率，可以通过“输入框”输入频率也可以通过“滑动输入器”输入。

2）主令电器、触摸屏、运行、停止、流动块、电动机的指示灯能够指示设备的运行状态。当采用触摸屏控制时，触摸屏指示灯显示绿色，主令电器指示灯显示红色，反之亦然。当设备运行时，运行和电动机指示灯显示绿色，流动块绿色流动，显示传送带在运行。变频器输出频率输出框显示变频器实际输出频率。学有余力的同学，可完成物料在传送带上的动画运行。

根据以上要求完成人机界面组态和 PLC 程序的编写。分析项目要求，任务清单见表 3-1。

表 3-1　任务清单

任务内容	任务要求	验收方式
用通信线（串口线）连接触摸屏和分拣站 PLC	符合 GB 50171—2012《电气装置安装工程　盘、柜及二次回路接线施工及验收规范》等相关标准，严禁带电操作	成果展示
完成触摸屏组态界面，下载调试	实现项目功能性要求	成果展示

（续）

任务内容	任务要求	验收方式
完成 PLC 程序设计及变频器参数设计与输入	实现项目功能性要求	成果展示
完成设计说明书、产品使用说明书	结构清晰，内容完整，文字简洁、规范，图片清楚、规范	材料提交

二、项目分析与讨论

亚龙 YL－335B 型自动化生产线实训考核装备的分拣单元通过 PLC 控制变频器驱动三相异步电动机拖动传送带传送物料，三相异步电动机速度的调整通过变频器外部模拟量端子多段速实现。

1）图 3-1 所示界面中包含了以下几方面的内容：

① 状态指示：主令电器、触摸屏、运行、停止、电动机指示灯。

② 切换旋钮：主令电器/触摸屏切换。

③ 按钮：起动、停止。

④ 数据输出显示：变频器输出频率输出框。

⑤ 输入框：设置变频器的给定频率。

⑥ 滑动输入器：调节变频器的给定频率。

⑦ 流动块：模拟传送带运动。

⑧ 传送带、电动机、物料块等元件。

2）实现实训项目的人机界面的组态步骤和方法：

① 创建工程。

② 定义数据对象。

③ 设备连接。

④ 界面和元件的制作。

⑤ 工程的下载调试。

请学员通过查阅教材、上网搜索、听课、讨论等获取表 3-2 中的答案或案例，并进行自我评价，确保项目顺利实施。

表 3-2　相关知识和技能信息确认单

相关知识和技能点	答案/案例	自我评价
1. 下图是 PLC 的什么扩展模块？分析其各接口，说明如何连接外部设备。分析其电压电流的范围及对应的数字量范围。 		

（续）

相关知识和技能点	答案/案例	自我评价
2. 下图是什么型号的触摸屏？分析其各硬件接口，说明如何连接外部设备。 		
3. 分析下图触摸屏组态软件中各窗口的内容和功能。  		
4. 分析下图所示西门子 MM420 变频器控制电路各端子的功能。 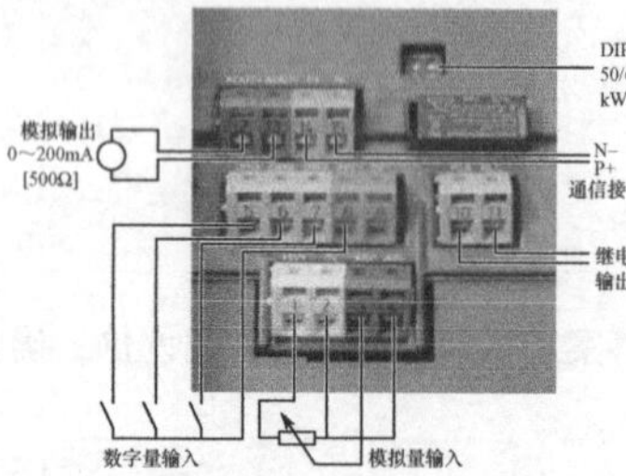 		

三、制订计划

思考项目方案，制订工作计划，在表 3-3 中用适当的方式予以表达。

表 3-3 解决方案工作单（成员使用）

1. 解决方案

建议从不同的功能要求分别描述解决方案。

（续）

2. 项目涉及设备信息、使用工具、材料列表

需要的电气装置、电气元件等	
需要的工具	
需要的材料	

四、确定计划

小组检查、讨论初步确定计划，小组互查、讨论最终确定计划方案，并在表3-4中用适当的方式予以表达。

表3-4　计划决策工作单（小组决策使用）

1. 小组讨论决策

负责人：________讨论发言人：________

决策结论及方案变更：

2. 小组互换决策

优点	缺点	综合评价（A、B、C、D、E）	签名

3. 人员分工与进度安排

内容	人员	时间安排	备注
触摸屏与PLC通信线连接			
触摸屏组态与调试			
PLC程序设计与调试			

五、实施计划

按照确定的计划进行配线、触摸屏组态、PLC 程序设计与调试等工作，并将实施的主要流程环节，每个流程中遇到的问题及完成时间填写至表 3-5 中，部分成果分别填写至表 3-6 ~ 表 3-8 中。

表 3-5 计划实施工作单

序号	主要内容	实施情况	完成时间

表 3-6 触摸屏组态界面各元件对应的 PLC 地址

元件类别	名称	读地址	写地址	备注
位状态切换开关	主令电器/触摸屏			
位状态开关	起动按钮			
	停止按钮			
	增按钮			
	减按钮			
位状态指示灯	主令电器指示灯			
	触摸屏指示灯			
	运行指示灯			
	停止指示灯			
	电动机			
数值输出元件	变频器输出频率输出框			
输入框	变频器输出频率输入框			
流动块	流动块			

表 3-7 PLC 程序清单

说明	梯形图

（续）

说明	梯形图

表 3-8　变频器主要参数设计清单（选择表中项目填，不选用的项目画斜杠）

序号	变频器参数	设定值	参数设定值功能说明
1	P0010		0：准备运行；1：快速调试；30：恢复出厂设置
2	P0970		与 P10 配合初始化恢复出厂设置
3	P0010		同序号 1
4	P0304		电动机额定电压（V）
5	P0305		电动机额定电流（A）
6	P0307		电动机额定功率（kW）
7	P0310		电动机额定频率（Hz）
8	P0311		电动机额定转速（r/min）
9	P0700		1：BOP 面板；2：端子；5：USS
10	P1000		1：面板；2：模拟量；3：多段速
11	P1080		电动机最小频率
12	P1082		电动机最大频率
13	P1120		斜坡上升时间（10s）
14	P1121		斜坡下降时间（10s）
15	P3900		结束快速调试
16	P0003		1：标准级；2：扩展级；3：专家级

六、检查与记录

按照功能、电路接线和职业素养进行检查，在表 3-9 中记录、评分。评分采用扣分制，每项扣完为止。

表 3-9　检查记录工作单

检查项目	检查内容	评分标准	记录	评分
1. 功能检查（60 分）	状态指示，15 分	主令电器、触摸屏、电动机、运行、停止，每个 3 分		
	切换旋钮，5 分	主令电器/触摸屏控制方式切换，5 分		
	按钮，20 分	起动、停止，每个 10 分。每个按钮只有控件没有功能扣 5 分		
	数据输出显示，15 分	变频器输出频率，变频器输入频率，流动块每个 5 分		
	矩形框，5 分	错误扣 5 分，不够美观扣 1 分		
2. 电路接线检查（10 分）	触摸屏与 PLC 通信线连接，10 分	正确连接，公头、母头分不清楚扣 5 分，带电连接扣 10 分		
3. 职业素养（30 分）	劳动纪律，10 分	遵守纪律，尊重老师，爱惜实训设备和器材，违反上述情况一次酌情扣 1～2 分。若有特别严重违纪行为，则本次考核不合格，并按照相关制度进行处理		
	操作规范，10 分	工具使用不合理、卫生没有清扫、浪费耗材，每处酌情扣 1～2 分；工作服、安全帽、绝缘鞋等不符合要求，每处酌情扣 1～2 分		
	安全意识，10 分	危险用电等根据现场情况扣 1～3 分；损坏主要电气设备，本次考核不及格，并按照相关制度进行处理		

七、改进与提交

按照检查中存在的问题完善项目，在表3-10中记录改进要点，产品提交项目负责人签字。

表3-10 改进提交工作单

<table>
<tr><td>改进要点记录</td><td colspan="2"></td></tr>
<tr><td rowspan="2">产品提交</td><td>项目</td><td>负责人（签字）</td></tr>
<tr><td>设计报告</td><td></td></tr>
</table>

项目4　自动化生产线工业以太网的搭建

一、项目要求

亚龙 YL－335B 型自动化生产线实训考核装备的控制方式为每一工作单元由一台 PLC 承担其控制任务，各 PLC 之间通过以太网通信实现互连的分布式控制方式。组建成网络后，系统中每一个工作单元也称为工作站，指定输送单元作为系统主站，其他单元为从站。

PLC 网络的具体通信模式，取决于所选厂家的 PLC 类型。YL－335B 的配置标准为：PLC 选用 S7－200 SMART 系列，通信方式则采用西门子专用 TCP/IP 通信。图 4-1 所示为 YL－335B 的以太网网络。

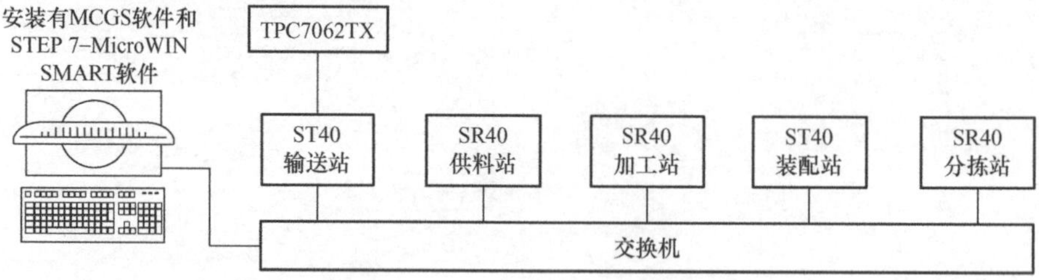

图 4-1　YL－335B 的以太网网络

系统的控制方式应采用 TCP/IP 通信，系统主令工作信号由输送单元的按钮/指示灯模块的选择开关提供。安装在装配单元的警示灯柱显示整个系统的主要工作状态，如复位、起动、停止、报警等。

本项目以 YL－335B 为实训载体，用触摸屏作为人机界面，实现网络控制。具体要求如下：

1）完成图 4-2 所示的系统控制人机界面主窗口，显示系统工作状态。

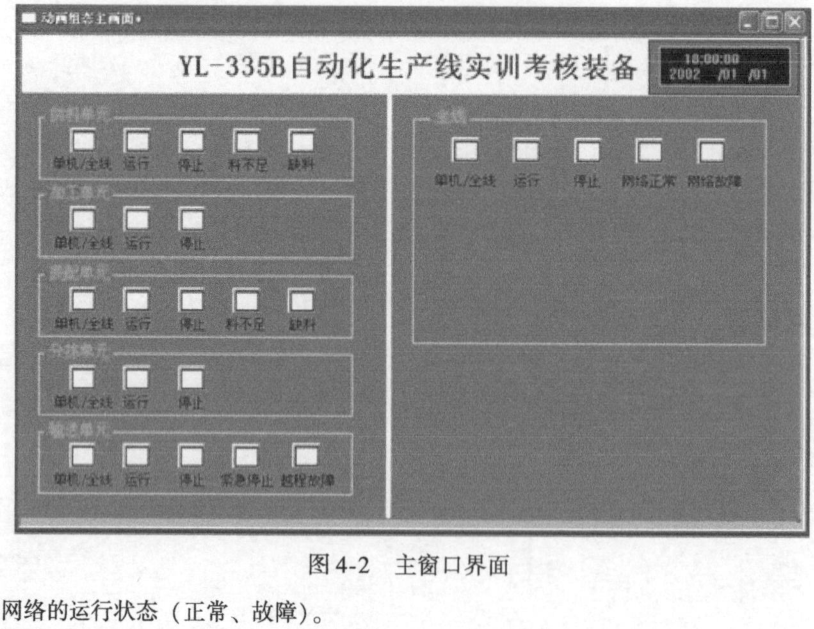

图 4-2　主窗口界面

2）指示网络的运行状态（正常、故障）。

3）指示各工作单元的运行、故障状态，包括：

① 供料单元的供料不足状态和缺料状态。

② 装配单元的供料不足状态和缺料状态。

③ 输送单元抓取机械手装置越程故障（左或右极限开关动作）。

4）指示单站/全线选择，及全线运行时系统的运行、停止状态。

分析项目要求，得出任务清单，见表4-1。

表4-1　任务清单

任务内容	任务要求	验收方式
用工业以太网线将PLC和计算机连接到交换机上，通过通信线连接触摸屏和输送站PLC	符合GB 50171—2012《电气装置安装工程　盘、柜及二次回路接线施工及验收规范》等相关标准，严禁带电操作	成果展示
完成触摸屏组态界面，下载调试	实现项目功能性要求	成果展示
完成PLC程序设计及变频器参数设计	实现项目功能性要求	成果展示
完成设计说明书、产品使用说明书	结构清晰，内容完整，文字简洁、规范，图片清楚、规范	材料提交

二、项目分析与讨论

在项目3中实现了以分拣单元为实训载体，用触摸屏作为人机界面，用PLC控制变频器驱动电动机拖动传送带传送物料。本项目用触摸屏作为人机界面，通过以太网通信将各个单元互通有无并协调配合。系统采用的TCP/IP传输控制协议，提供了数据流通信，但不将数据封装成消息块，该协议最大支持8KB的数据传输。如果在用户程序中使用TCP/IP主站模式，就可以在主站程序中使用网络读写指令来读写从站信息，而从站程序不使用网络读写指令。

先用交换机和网线把各台PLC和计算机的LAN连接，然后用STEP7 Micro WIN SMART软件搜索出TCP/IP网络的5个站的PLC。对网络上每一台PLC，设置其以太网端口参数，设置后下载到对应的PLC。在网络的主站（输送站）PLC中组态网络读写指令“NET_EXE”，在PLC程序中调用组态的“NET_EXE”指令。

请学员通过查阅教材、上网搜索、听课、讨论等获取表4-2中的答案或案例，并进行自我评价，确保项目顺利实施。

表4-2　相关知识和技能信息确认单

相关知识和技能点	答案/案例	自我评价
1. 简述在STEP7 SMART V2.0软件中用网络读写向导程序，生成子程序“NET_EXE”的方法和步骤。		
2. 分析下图子程序“NET_EXE”的功能和各参数的含义。 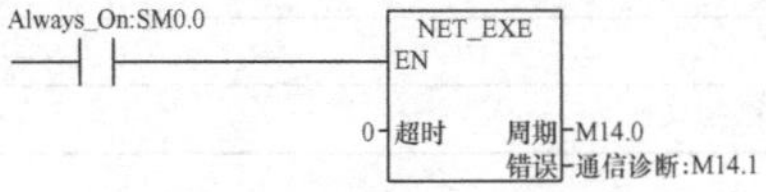Always_On:SM0.0 NET_EXE EN 0 超时 周期 M14.0 错误 通信诊断:M14.1		

三、制订计划

思考项目方案，制订工作计划，在表4-3中用适当的方式予以表达。

表4-3 计划制订工作单（成员使用）

1. 解决方案

建议从不同的功能要求分别描述解决方案。

2. 项目涉及设备信息、使用工具、材料列表

需要的电气装置、电气元件等	
需要的工具	
需要的材料	

四、确定计划

小组检查、讨论初步确定计划，小组互查、讨论最终确定计划方案，并在表4-4中用适当的方式予以表达。

表4-4 计划决策工作单（小组决策使用）

1. 小组讨论决策

负责人：________ 讨论发言人：________

决策结论及方案变更：

（续）

2. 小组互换决策

优点	缺点	综合评价（A、B、C、D、E）	签名

3. 人员分工与进度安排

内容	人员	时间安排	备注
触摸屏与PLC通信线连接			
触摸屏组态与调试			
PLC程序设计与调试			

五、实施计划

按照确定的计划进行通信线连接、触摸屏组态、PLC程序设计与调试等工作，并将实施的主要流程环节，每个流程中遇到的问题及完成时间填写至表4-5中，部分成果分别填写至表4-6和表4-7中。

表4-5　计划实施工作单

序号	主要内容	实施情况	完成时间

表4-6　网络读写数据规划实例

输送站	供料站	加工站	装配站	分拣站
1#站（主站）	2#站（从站）	3#站（从站）	4#站（从站）	5#站（从站）
发送数据的长度				
从主站何处发送				
发往从站何处				
接收数据的长度				
数据来自从站何处				
数据存到主站何处				

表 4-7 PLC 程序清单

说明	梯形图

（续）

说明	梯形图

六、检查与记录

按照功能、电路接线和职业素养进行检查，在表4-8中记录、评分。评分采用扣分制，每项扣完为止。

表4-8 检查记录工作单

检查项目	检查内容	评分标准	记录	评分
1. 功能检查（50分）	完成图4-2所示的系统控制人机界面主窗口，5分	错误一处扣2.5分，不够美观扣1分		
	指示网络的运行状态（正常、故障），5分	错误一个扣2.5分		
	指示各工作单元的运行、故障状态，30分	1. 供料单元的供料不足状态和缺料状态，10分；每个指示状态不对或没有扣5分 2. 装配单元的供料不足状态和缺料状态，10分；每个指示状态不对或没有扣5分 3. 输送单元抓取机械手装置越程故障（通过左或右极限开关动作），10分		
	指示全线运行时系统的紧急停止状态，10分	紧急停止能够指示，紧急情况消除相应指示，各5分，不能停止扣5分，不能消除指示状态扣5分		
2. 电路接线检查（20分）	通信网络搭建，20分	触摸屏与PLC通信线连接正确，公头、母头分不清楚扣5分，带电连接扣10分；PLC间，PLC和计算机间连接正确，无法实现正常通信扣10分		
3. 职业素养（30分）	劳动纪律，10分	遵守纪律，尊重老师，爱惜实训设备和器材，违反上述情况一次酌情扣1~2分。若有特别严重违纪行为，则本次考核不合格，并按照相关制度进行处理		
	操作规范，10分	工具使用不合理、卫生没有清扫、浪费耗材，每处酌情扣1~2分；工作服、安全帽、绝缘鞋等不符合要求，每处酌情扣1~2分		
	安全意识，10分	危险用电等根据现场情况扣1~3分；损坏主要电气设备，本次考核不及格，并按照相关制度进行处理		

七、改进与提交

按照检查中存在的问题完善项目，在表4-9中记录改进要点，产品提交项目负责人签字。

表4-9 改进提交工作单

改进要点记录		
产品提交	项目	负责人（签字）
	设计报告	
	使用说明	
	作品功能检查	
	作品技术规范检查	

项目5　基于PLC的物料分拣控制

一、项目要求

亚龙YL－335B型自动化生产线实训考核装备的分拣单元主要由传送和分拣机构、传送带驱动机构、变频器模块、电磁阀组、接线端口、PLC模块、按钮/指示灯模块及底板组成。物料传送分拣单元的装配总成如图5-1所示。

图5-1　物料传送分拣单元的装配总成

本项目以分拣单元为实训载体，实现物料的分拣。具体要求如下：

1）物料材质分为尼龙塑料、铝质金属、尼龙塑料。物料颜色分为黑色、白色。调整光纤传感器数值，使得第一个光纤可检测到传送带上的黑色和白色物料，第二个光纤只能检测到传送带上的黑色物料。调整漫射式光电开关和电感式光电开关位置，当物料放入物料口时，漫射式光电开关有动作；铝制金属物料通过电感式光电开关时，电感式光电开关有动作。

2）当传送带物料口光电传感器检测到有物料时，传送带将物料送至料仓口中心位置（具体哪个料仓口由料仓口上方传感器检测确定）后，由推料气缸送入相应料仓。调整变频器的频率使得运送物料的速度高效、最佳。

3）按下起动按钮后，如果有物料则完成物料分拣，如果没有物料则点亮报警灯并闪烁；按下停止按钮，完成当前物料分拣、入库后停止。

分析项目要求，得出任务清单，见表5-1。

表5-1　任务清单

任务内容	任务要求	验收方式
完成电气接线原理图	符合电气接线原理图绘图原则及标准规范	材料提交
根据电气接线原理图完成电路配线	符合GB 50171—2012《电气装置安装工程　盘、柜及二次回路接线施工及验收规范》等相关标准	成果展示
完成PLC程序设计，实现项目功能要求	实现项目功能性要求	成果展示
完成设计说明书、产品使用说明书	结构清晰，内容完整，文字简洁、规范，图片清楚、规范	材料提交

二、项目分析与讨论

项目实现的关键在于物料检测传感器的选型及检测程序的设计。光纤传感器等可以检测物料颜色，电感式接近开关可以检测物料是否为金属，光电式接近开关可以检测物料有无。

请学员通过查阅教材、上网搜索、听课、讨论等获取表5-2中的答案或案例，并进行自我评价，确保项目顺利实施。

表 5-2　相关知识和技能信息确认单

相关知识和技能点	答案/案例	自我评价
1. 下图是什么传感器？它与 PLC 如何接线？ 		
2. 下图是什么传感器？它与 PLC 如何接线？ 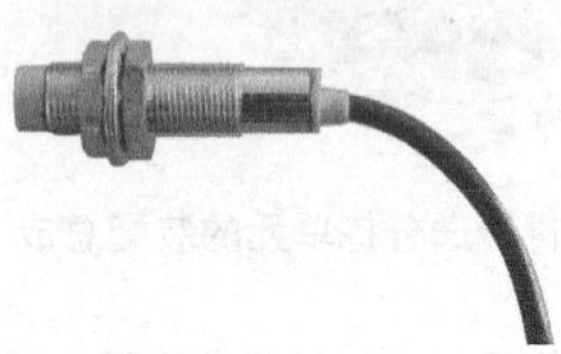		
3. 下图是什么传感器？它与 PLC 如何接线？ 		

三、制订计划

思考项目方案，制订工作计划，在表 5-3 中用适当的方式予以表达。

表 5-3　计划制订工作单（成员使用）

1. 解决方案

建议从不同的功能要求分别描述解决方案。

2. 项目涉及设备信息、使用工具、材料列表

需要的电气装置、电气元件等	
需要的工具	
需要的材料	

四、确定计划

小组检查、讨论后确定计划，并在表5-4中用适当的方式予以表达。

表5-4　计划决策工作单（小组决策使用）

1. 小组讨论决策

负责人：__________讨论发言人：__________

决策结论及方案变更：

2. 小组互换决策

优点	缺点	综合评价（A、B、C、D、E）	签名

3. 人员分工与进度安排

内容	人员	时间安排	备注
电路设计与配线			
传感器参数设计与调试			
PLC程序设计与调试			

五、实施计划

按照确定的计划进行电路设计、配线、PLC程序设计与调试等工作，并将实施的主要流程内容，每个流程中遇到的问题等实施情况及完成时间填写至表5-5中，部分成果分别填写至图5-2和表5-6中。

表5-5　计划实施工作单

序号	主要内容	实施情况	完成时间

			图号	比例
设计				
制图				

图 5-2　电气接线原理图

表 5-6 PLC 程序清单

说明	梯形图

（续）

说明	梯形图

六、检查与记录

按照功能、电路接线和职业素养进行检查，在表5-7中记录、评分。评分采用扣分制，每项扣完为止。

表5-7　检查记录工作单

检查项目	检查内容	评分标准	记录	评分
1. 功能检查（30分）	当传送带物料口光电传感器检测到有物料时，传送带运行，10分	实现功能要求得满分；无物料仍运行扣5分		
	传送带运行位移准确，误差±2mm，10分	实现功能满足误差要求得满分；可以实现位置控制误差在±2～±3mm内扣5分；误差大于±3mm或没有实现定位控制不得分		
	传送带运行速度可以调整，10分	未按要求实现速度调整不得分		
2. 电路接线检查（40分）	电路原理图设计，10分	布局不合理扣5分；电路图错误或不完整，一处扣2分；电路图符号不规范，每处扣1分		
	接线与号码管工艺，10分	所有导线必须压接接线端子，每少一个扣1分；同一接线端子超过两个线头，接线端子露铜超2mm，每处扣1分；所有导线两端必须套上写有编号的号码管，每少一处扣2分		
	线槽工艺，4分	所有连接线垂直进入线槽，盖上线槽盖，不合要求每处扣0.5分		
	导线颜色工艺，4分	合理选用导线颜色，不合理每处扣1分		
	整体接线美观度，2分	根据整体接线美观度酌情给分		
	系统初步调试，10分	正常安全上电得2分；各电气设备、传感器等指示灯正常，指示异常每处扣2分；将物料放到传送带物料口，PLC输入指示灯正常得2分		

（续）

检查项目	检查内容	评分标准	记录	评分
3. 职业素养（30分）	劳动纪律，10分	遵守纪律，尊重老师，爱惜实训设备和器材，违反上述情况一次酌情扣1～2分。若有特别严重违纪行为，则本次考核不合格，并按照相关制度进行处理		
	操作规范，10分	工具使用不合理、卫生没有清扫、浪费耗材，每处酌情扣1～2分；工作服、安全帽、绝缘鞋等不符合要求，每处酌情扣1～2分		
	安全意识，10分	危险用电等根据现场情况扣1～3分；损坏主要电气设备，本次考核不及格，并按照相关制度进行处理		

七、改进与提交

按照检查中存在的问题完善项目，在表5-8中记录改进要点，产品提交项目负责人签字。

表5-8　改进提交工作单

改进要点记录		
产品提交	项目	负责人（签字）
	设计报告	
	使用说明	
	作品功能检查	
	作品技术规范检查	

项目6 基于PLC、变频器和编码器的传送带运行位置控制

一、项目要求

亚龙 YL－335B 型自动化生产线实训考核装备的分拣单元主要由传送和分拣机构、传送带驱动机构、变频器模块、电磁阀组、接线端口、PLC 模块、按钮/指示灯模块及底板组成。其中，机械部分的装配总成如图 6-1 所示。

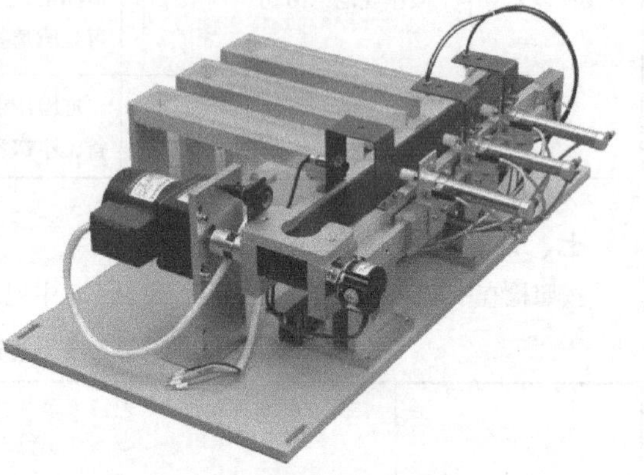

图 6-1 机械部分的装配总成

本项目以分拣单元为实训载体，实现传送带传送的定位控制。具体要求如下：

1）当传送带物料口光电传感器检测到有物料时，传送带将物料送至料仓口中心位置（具体哪个料仓口由程序控制）停止。PLC 输入连接的旋钮开关 SA 控制传送带正反转，传送带可将物料从料舱口返回到物料口自动停止。

2）传送带可以以三种不同的速度运行，速度的切换由外部按钮控制，每按下一次按钮改变一次变频器的频率。

3）通过调试确定变频器最佳的加减速时间和频率（准确高效）。

分析项目要求，得出任务清单，见表 6-1。

表 6-1 任务清单

任务内容	任务要求	验收方式
完成电气接线原理图	符合电气接线原理图绘图原则及标准规范	材料提交
根据电气接线原理图完成电路配线	符合 GB 50171—2012《电气装置安装工程　盘、柜及二次回路接线施工及验收规范》等相关标准	成果展示
完成 PLC 程序设计及变频器参数设计，实现项目功能要求	实现项目功能性要求	成果展示
完成设计说明书、产品使用说明书	结构清晰，内容完整，文字简洁、规范，图片清楚、规范	材料提交

二、项目分析与讨论

亚龙 YL－335B 型自动化生产线实训考核装备的分拣单元通过三相异步电动机拖动传送带运动，与其同轴连接的编码器与电动机的位移存在准确的数学关系；通过 PLC 读取编码器输出的高速脉冲，并计算出传送带的行走位移。三相异步电动机速度的调整通过变频器实现，变频器的频率给定可以是面板、外部开关

量端子、外部模拟端子和通信，考虑操作方便和调速范围平滑，使用外部模拟量端子和通信方式。根据项目要求，采用外部模拟量端子实现多段速控制。

请学员通过查阅教材、上网搜索、听课、讨论等获取表6-2中的答案或案例，并进行自我评价，确保项目顺利实施。

表6-2　相关知识和技能信息确认单

相关知识和技能点	答案/案例	自我评价
1. 下图是什么传感器？实验室用此传感器旋转一圈能发出多少脉冲？它与PLC如何接线？ 		
2. 分析下图所示西门子PLC高速计数器定义指令的功能，简述西门子PLC编程软件STEP 7－MicroWIN SMART向导组态高速计数器的步骤。 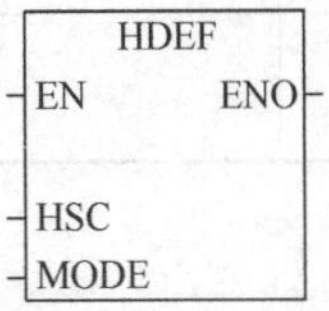		

三、制订计划

思考项目方案，制订工作计划，在表6-3中用适当的方式予以表达。

表6-3　计划制订工作单（成员使用）

1. 解决方案 建议从不同的功能要求分别描述解决方案。	
2. 项目涉及设备信息、使用工具、材料列表	
需要的电气装置、电气元件等	
需要的工具	
需要的材料	

四、确定计划

小组检查、讨论初步确定计划，小组互查、讨论最终确定计划方案，并在表 6-4 中用适当的方式予以表达。

表 6-4 计划决策工作单（小组决策使用）

1. 小组讨论决策

负责人：__________讨论发言人：________________________________

决策结论及方案变更：

____

____

____

____

____

____

____

2. 小组互换决策

优点	缺点	综合评价 （A、B、C、D、E）	签名

3. 人员分工与进度安排

内容	人员	时间安排	备注
电路设计与配线			
变频器参数设计与调试			
PLC 程序设计与调试			

五、实施计划

按照确定的计划进行电路设计、配线、变频器参数设计与调试、PLC 程序设计与调试等工作，并将实施的主要流程环节，每个流程中遇到的问题及完成时间填写至表 6-5 中，部分成果分别填写至图 6-2、表 6-6 和表 6-7 中。

表 6-5 计划实施工作单

序号	主要内容	实施情况	完成时间

		图号	比例
设计			
制图			

图 6-2　电气接线原理图

表 6-6　变频器主要参数设计清单

序号	变频器参数	设定值	参数设定值功能说明
1	P0010		0：准备运行；1：快速调试；30：恢复出厂设置
2	P0970		与 P10 配合初始化恢复出厂设置
3	P0010		同序号 1
4	P0304		电动机额定电压（V）
5	P0305		电动机额定电流（A）
6	P0307		电动机额定功率（kW）
7	P0310		电动机额定频率（Hz）
8	P0311		电动机额定转速（r/min）
9	P0700		1：BOP 面板；2：端子；5：USS
10	P1000		1：面板；2：模拟量；3：多段速
11	P1080		电动机最小频率
12	P1082		电动机最大频率
13	P1120		斜坡上升时间（10s）
14	P1121		斜坡下降时间（10s）
15	P3900		结束快速调试
16	P0003		1：标准级；2：扩展级；3：专家级

表 6-7　PLC 程序清单

说明	梯形图

（续）

说明	梯形图

六、检查与记录

按照功能、电路接线和职业素养进行检查，在表6-8中记录、评分。评分采用扣分制，每项扣完为止。

表6-8 检查记录工作单

检查项目	检查内容	评分标准	记录	评分
1. 功能检查（30分）	当传送带物料口光电传感器检测到有物料时，传送带运行，10分	实现功能要求得满分；无物料仍运行扣5分		
	传送带运行位移准确，误差±2mm，10分	实现功能满足误差要求得满分；可以实现位置控制误差在±2~±3mm内扣5分；误差大于±3mm或没有实现定位控制不得分		
	传送带运行速度可以调整，10分	未按要求实现速度调整不得分		
2. 电路接线检查（40分）	电路原理图设计，10分	布局不合理扣5分；电路图不完整，少一个电气元件扣2分；电路图符号不规范，每处扣1分		
	接线头与号码管工艺，10分	所有导线必须压接冷压端子，每少压接1个扣1分；同一接线端子超过两个线头，露铜超2mm，每处扣1分；所有导线两端必须套上写有编号的号码管，每少一个扣1分		
	线槽工艺，4分	所有连接线垂直进入线槽，盖上线槽盖，不合要求每处扣0.5分		
	导线颜色工艺，4分	合理选用导线颜色，不合理每处扣1分		
	整体接线美观度，2分	根据整体接线美观度酌情给分		
	系统初步调试，10分	正常安全上电得2分；各电气设备、传感器等指示灯正常，指示异常每处扣2分；将物料放到传送带物料口，PLC输入指示灯正常得2分		
3. 职业素养（30分）	劳动纪律，10分	遵守纪律，尊重老师，爱惜实训设备和器材，违反上述情况一次酌情扣1~2分。若有特别严重违纪行为，则本次考核不合格，并按照相关制度进行处理		
	操作规范，10分	工具使用不合理、卫生没有清扫、浪费耗材，每处酌情扣1~2分；工作服、安全帽、绝缘鞋等不符合要求，每处酌情扣1~2分		
	安全意识，10分	危险用电等根据现场情况扣1~3分；损坏主要电气设备，本次考核不及格，并按照相关制度进行处理		

七、改进与提交

按照检查中存在的问题完善项目，在表6-9中记录改进要点，产品提交项目负责人签字。

表 6-9　改进提交工作单

改进要点记录		
产品提交	项目	负责人（签字）
	设计报告	
	使用说明	
	作品功能检查	
	作品技术规范检查	

项目 7　基于 PLC、步进电动机的转盘料台定位控制

一、项目要求

亚龙 YL－335B 型自动化生产线实训考核装备新的装配单元的结构组成包括：管形料仓、供料机构、转盘机构、步进系统、待装配工件的定位机构、气动系统及其阀组、信号采集及其自动控制系统、按钮/指示灯模块及底板，以及用于电器连接的端子排组件、整条生产线状态指示的信号灯和用于其他机构安装的铝型材支架及底板和传感器安装支架等其他附件。装配单元机械装配图如图 7-1所示。

如图 7-2 所示，转盘机构原点传感器为对射式光电传感器 PM－L25，由它确定原点位置。待装配工件直接放置在该机构的料台定位孔中，光电传感器（进料检测传感器 GRTE18S－N1317）检测到料台中有工件，步进电动机驱动转盘旋转至供料机构下方，供料机构供出小工件，从而准确地完成装配动作和高精度的定位控制。

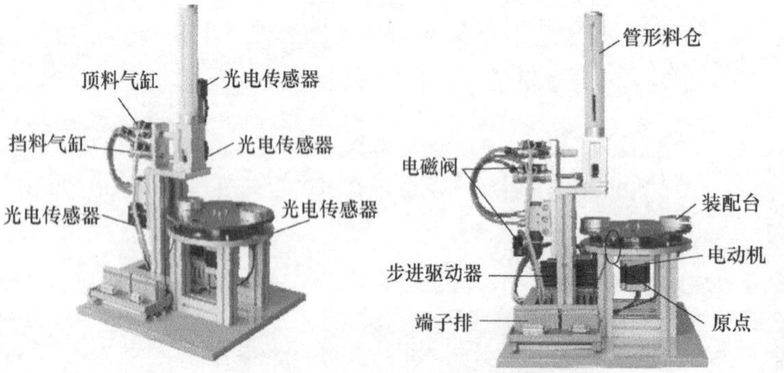

图 7-1　装配单元机械装配图

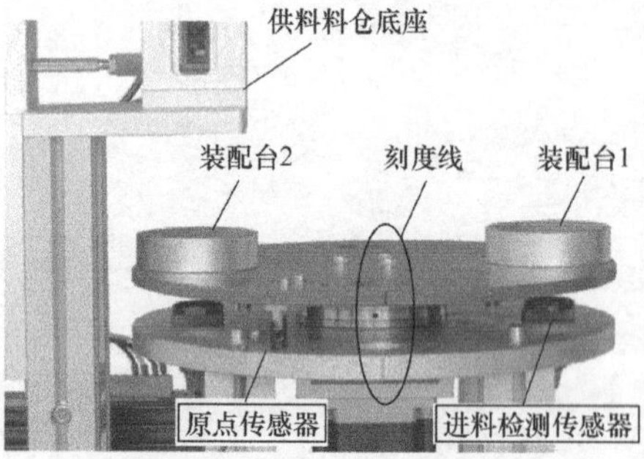

图 7-2　回转物料台

本项目以装配单元为实训载体，实现转盘料台的定位控制。具体要求如下：

1）系统上电，PLC 由 STOP 到 RUN 状态，转盘料台自动搜索原点，当挡块转动到原点传感器位置，挡住了对射式光电传感器到达原点。此时，装配台 2 恰好位于供料仓下方。

2）当转盘料台处于原点后，按下按钮指示灯模块上的绿色按钮，转盘料台顺时针转动 90°，装配台 1 恰好到达供料料仓下方。每按下一次按钮，回转物料台顺时针转动 90°。

3）通过调试确定步进电动机最佳的加减速时间和转速（准确高效）。

分析项目要求，得出任务清单，见表 7-1。

表 7-1　任务清单

任务内容	任务要求	验收方式
完成电气接线原理图	符合电气接线原理图绘图原则及标准规范	材料提交
根据电气接线原理图完成电路配线	符合 GB 50171—2012《电气装置安装工程　盘、柜及二次回路接线施工及验收规范》等相关标准	成果展示
完成步进驱动器细分和电流设计，编程调试 PLC 程序，实现项目功能要求	实现项目功能性要求	成果展示
完成设计说明书	结构清晰，内容完整，文字简洁、规范，图片清楚、规范	材料提交

二、项目分析与讨论

亚龙 YL－335B 型自动化生产线实训考核装备的装配单元通过步进电动机同轴拖动圆形转盘料台转动，PLC 输出的脉冲数、步进驱动器的细分与电动机的转动角度存在准确的数学关系；通过 PLC 输出高速脉冲数量与步进驱动器的细分关系，计算出转盘转动的角度。步进驱动器的细分一般取中间档位，步进电动机的转速通过 PLC 发出脉冲的频率来控制。步进驱动器的输出转矩通过电流控制，通过调试在能够拖动负载的情况下电流选择小档位。

请学员通过查阅教材、上网搜索、听课、讨论等获取表 7-2 中的答案或案例，并进行自我评价，确保项目顺利实施。

表 7-2　相关知识和技能信息确认单

相关知识和技能点	答案/案例	自我评价
1. 下图所示为步科 3S57Q－04079 步进电动机，分析其固有步距角，画出其三相绕组的六根引出线与步进驱动器的连接示意图。		
2. 下图所示为步科 3M458 步进驱动器，查阅资料画出其与电源、步进电动机、PLC 的电气接线原理图，要使得步进电动机的“细分”为 1000 步/转，拨码开关应该怎样设置？		

三、制订计划

思考项目方案，制订工作计划，在表 7-3 中用适当的方式予以表达。

表 7-3　计划制订工作单（成员使用）

1. 解决方案

建议从不同的功能要求分别描述解决方案。

2. 项目涉及设备信息、使用工具、材料列表

需要的电气装置、电气元件等	
需要的工具	
需要的材料	

四、确定计划

小组检查、讨论初步确定计划，小组互查、讨论最终确定计划方案，并在表 7-4 中用适当的方式予以表达。

表 7-4 计划决策工作单（小组决策使用）

1. 小组讨论决策

负责人：________讨论发言人：________________________________

决策结论及方案变更：

2. 小组互换决策

优点	缺点	综合评价（A、B、C、D、E）	签名

3. 人员分工与进度安排

内容	人员	时间安排	备注
电路设计与配线			
步进驱动器细分和电流设计与调试			
PLC 程序设计与调试			

五、实施计划

按照确定的计划进行电路设计、配线、PLC 程序设计与调试等工作，并将实施的主要流程环节，每个流程中遇到的问题及完成时间填写至表 7-5 中，部分成果分别填写至图 7-3、表 7-6 和表 7-7 中。

表 7-5 计划实施工作单

序号	主要内容	实施情况	完成时间

		图号	比例
设计			
制图			

图7-3 电气接线原理图

表 7-6 步进驱动器主要参数设计清单

序号	步进驱动器参数	设定值	拨码开关位置说明
1	细分		
2	电流		

表 7-7 PLC 程序清单

说明	梯形图

（续）

说明	梯形图

六、检查与记录

按照功能、电路接线和职业素养进行检查，在表7-8中记录、评分。评分采用扣分制，每项扣完为止。

表 7-8　检查记录工作单

检查项目	检查内容	评分标准	记录	评分
1. 功能检查（30 分）	系统上电，转盘料台自动搜索到原点，10 分	实现功能要求得满分；通过其他方式使转盘料台转动到原点，扣 5 分		
	按下按钮，转盘转动准确，误差 ±2mm，10 分	实现功能满足误差要求得满分；可以实现位置控制误差在 ±2 ~ ±3mm 内扣 5 分；误差大于 ±3mm 或没有实现定位控制不得分		
	每按一次按钮，转盘转动 90°，10 分	未按要求实现，不得分		
2. 电路接线检查（40 分）	电路原理图设计，10 分	布局不合理扣 5 分；电路图不完整，少一个电气元件扣 2 分；电路图符号不规范，每处扣 1 分		
	接线头与号码管工艺，10 分	所有导线必须压接冷压端子，每少压接 1 个扣 1 分；同一接线端子超过两个线头，露铜超 2mm，每处扣 1 分；所有导线两端必须套上写有编号的号码管，每少一个扣 1 分		
	线槽工艺，4 分	所有连接线垂直进入线槽，盖上线槽盖，不合要求每处扣 0.5 分		
	导线颜色工艺，4 分	合理选用导线颜色，不合理每处扣 1 分		
	整体接线美观度，2 分	根据整体接线美观度酌情给分		
	系统初步调试，10 分	正常安全上电得 2 分；各电气设备、传感器等指示灯正常，指示异常每处扣 2 分		
3. 职业素养（30 分）	劳动纪律，10 分	遵守纪律，尊重老师，爱惜实训设备和器材，违反上述情况一次酌情扣 1 ~ 2 分。若有特别严重违纪行为，则本次考核不合格，并按照相关制度进行处理		
	操作规范，10 分	工具使用不合理、卫生没有清扫、浪费耗材，每处酌情扣 1 ~ 2 分；工作服、安全帽、绝缘鞋等不符合要求，每年酌情扣 1 ~ 2 分		
	安全意识，10 分	危险用电等根据现场情况扣 1 ~ 3 分；损坏主要电气设备，本次考核不及格，并按照相关制度进行处理		

七、改进与提交

按照检查中存在的问题完善项目，在表 7-9 中记录改进要点，产品提交项目负责人签字。

表 7-9　改进提交工作单

改进要点记录		
产品提交	项目	负责人（签字）
	设计报告	
	使用说明	
	作品功能检查	
	作品技术规范检查	

项目8　基于PLC、交流伺服的物料输送定位控制

一、项目要求

亚龙 YL-335B 型自动化生产线实训考核装备的输送单元驱动其抓取机械手装置精确定位到指定单元的物料台，在物料台上抓取工件，把抓取到的工件输送到指定地点然后放下。输送单元由抓取机械手装置、直线运动传动组件、拖链装置、PLC 模块和接线端口以及按钮/指示灯模块等部件组成。图 8-1 所示为安装在工作台面上的输送单元装置侧部分。

直线运动传动组件用以拖动抓取机械手装置做往复直线运动，完成精确定位的功能。图 8-2 所示为直线运动传动组件的俯视图。

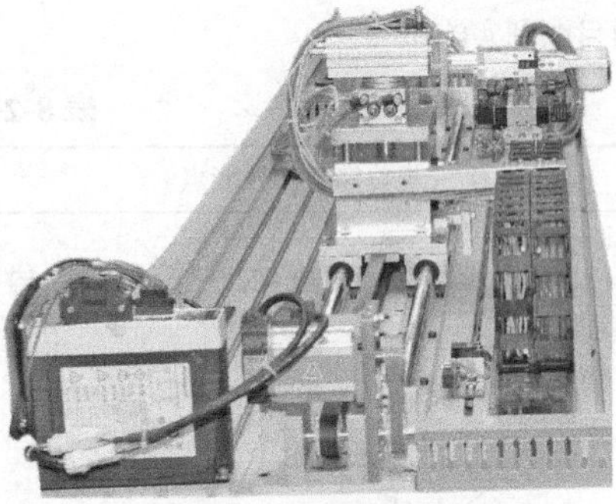

图 8-1　输送单元装置侧部分

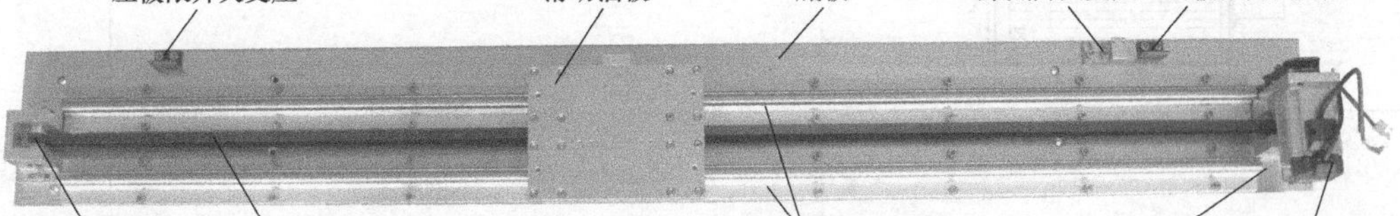

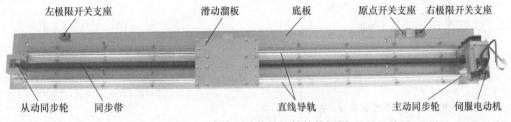

图 8-2　直线运动传动组件的俯视图

本项目以输送单元为实训载体，通过直线运动传动组件，实现抓取机械手装置的运动定位控制。具体要求如下：

1）系统上电或点动黄色复位按钮，直线运动传动组件拖动抓取机械手装置自动搜索原点。当挡块运动到原点传感器位置，原点电感传感器检测到挡块，停止运动。此时，抓取机械手伸出后正对供料单元物料台。

2）当抓取机械手装置处于原点后，按下按钮指示灯模块上的绿色按钮，抓取机械手装置从供料单元运动到加工单元。抓取机械手伸出后正对加工单元气动手爪。

3）通过调试确定伺服电动机最佳的加减速时间和转速（准确高效）。

分析项目要求，得出任务清单，见表 8-1。

表 8-1　任务清单

任务内容	任务要求	验收方式
完成电气接线原理图	符合电气接线原理图绘图原则及标准规范	材料提交
根据电气接线原理图完成电路配线	符合 GB 50171—2012《电气装置安装工程　盘、柜及二次回路接线施工及验收规范》等相关标准	成果展示
完成伺服驱动器参数设计，编程调试 PLC 程序，实现项目功能要求	实现项目功能性要求	成果展示
完成设计说明书	结构清晰，内容完整，文字简洁、规范，图片清楚、规范	材料提交

二、项目分析与讨论

亚龙 YL－335B 型自动化生产线实训考核装备的输送单元通过伺服电动机、同步带拖动抓取机械手装置运动，PLC 输出的脉冲数、伺服驱动器的参数与抓取机械手装置运动的距离存在准确的数学关系；通过 PLC 输出高速脉冲数量和频率与伺服驱动器的参数关系，分别计算出抓取机械手装置运动的距离（或位置）和速度。通过调试在能够拖动负载的情况下计算合适的运动速度。

请同学们通过查阅教材、上网搜索、听课、讨论等获取表 8-2 中的答案或案例，并进行自我评价，确保项目顺利实施。

表 8-2　相关知识和技能信息确认单

相关知识和技能点	答案/案例	自我评价
1. 下图所示为伺服电动机，分析其结构和原理。 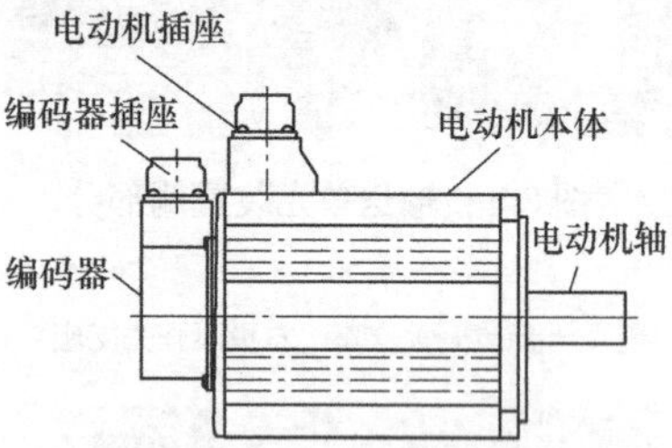		
2. 下图所示为松下 A5 系列伺服驱动器，查阅资料分析其结构和原理，设计伺服驱动器参数，画出其与电源、电动机的电气接线原理图。 		

三、制订计划

思考项目方案，制订工作计划，在表 8-3 中用适当的方式予以表达。

表 8-3 计划制订工作单（成员使用）

1. 解决方案

建议从不同的功能要求分别描述解决方案。

2. 项目涉及设备信息、使用工具、材料列表

需要的电气装置、电气元件等	
需要的工具	
需要的材料	

四、确定计划

小组检查、讨论初步确定计划，小组互查、讨论最终确定计划方案，并在表 8-4 中用适当的方式予以表达。

表 8-4 计划决策工作单（小组决策使用）

1. 小组讨论决策

负责人：________讨论发言人：________________________________

决策结论及方案变更：

2. 小组互换决策

优点	缺点	综合评价（A、B、C、D、E）	签名

（续）

3. 人员分工与进度安排

内容	人员	时间安排	备注
测量伺服电动机旋转一周抓取机械手装置运动的距离			
电路设计与配线			
伺服驱动器参数设计与调试			
PLC 程序设计与调试			

五、实施计划

按照确定的计划进行测量、电路设计、配线、PLC 程序设计与调试等工作，并将实施的主要流程环节，每个流程中遇到的问题及完成时间填写至表 8-5 中，部分成果分别填写至图 8-3、表 8-6～表 8-8 中。

表 8-5 计划实施工作单

序号	主要内容	实施情况	完成时间

表 8-6 直线运动传动测量（伺服电动机转一周抓取机械手运动距离）

测量次数	1	2	3	4	5	6	7	8	平均值
测量数据/mm									

表 8-7 伺服驱动器主要参数设计清单

序号	参数		设置数值	功能和含义
	参数编号	参数名称		
1	Pr5. 28	LED 初始状态		显示电动机转速
2	Pr0. 01	控制模式		位置控制（相关代码 P）
3	Pr5. 04	驱动禁止输入设定		当左或右（POT 或 NOT）限位动作，则会发生 Err38 行程限位禁止输入信号出错报警。此参数值必须在控制电源断电重启之后才能修改、写入成功
4	Pr0. 04	惯量比		
5	Pr0. 02	实时自动增益设置		实时自动调整为标准模式，运行时负载惯量的变化情况很小
6	Pr0. 03	实时自动增益的机械刚性选择		此参数值设得越大，响应越快
7	Pr0. 06	指令脉冲旋转方向设置		
8	Pr0. 07	指令脉冲输入方式		
9	Pr0. 08	电动机每旋转一转的脉冲数		

		图号	比例
设计			
制图			

图 8-3　电气接线原理图

表 8-8 PLC 程序清单

说明	梯形图

（续）

说明	梯形图

六、检查与记录

按照功能、电路接线和职业素养进行检查，在表8-9中记录、评分。评分采用扣分制，每项扣完为止。

表8-9　检查记录工作单

检查项目	检查内容	评分标准	记录	评分
1. 功能检查（30分）	系统上电，抓取机械手装置自动搜索到原点，10分	实现功能要求得满分；通过其他方式使转盘料台转动到原点，扣5分		
	按下按钮，抓取机械手装置从供料单元运动到加工单元，误差±2mm，10分	实现功能满足误差要求得满分；可以实现位置控制误差在±2～±3mm内扣5分；误差大于±3mm或没有实现定位控制不得分		
	按下复位按钮，抓取机械手装置回到到原点，10分	未按要求实现，不得分		
2. 电路接线检查（40分）	电路原理图设计，10分	布局不合理扣5分；电路图不完整，少一个电气元件扣2分；电路图符号不规范，每处扣1分		
	接线头与号码管工艺，10分	所有导线必须压接冷压端子，每少压接1个扣1分；同一接线端子超过两个线头，露铜超2mm，每处扣1分；所有导线两端必须套上写有编号的号码管，每少一个扣1分		
	线槽工艺，4分	所有连接线垂直进入线槽，盖上线槽盖，不合要求每处扣0.5分		
	导线颜色工艺，4分	合理选用导线颜色，不合理每处扣1分		
	整体接线美观度，2分	根据整体接线美观度酌情给分		
	系统初步调试，10分	正常安全上电得2分；各电气设备、传感器等指示灯正常，指示异常每处扣2分		

（续）

检查项目	检查内容	评分标准	记录	评分
3. 职业素养（30分）	劳动纪律，10分	遵守纪律，尊重老师，爱惜实训设备和器材，违反上述情况一次酌情扣1~2分。若有特别严重违纪行为，则本次考核不合格，并按照相关制度进行处理		
	操作规范，10分	工具使用不合理、卫生没有清扫、浪费耗材，每处酌情扣1~2分；工作服、安全帽、绝缘鞋等不符合要求，每处酌情每项扣1~2分		
	安全意识，10分	危险用电等根据现场情况扣1~3分；损坏主要电气设备，本次考核不及格，并按照相关制度进行处理		

七、改进与提交

按照检查中存在的问题完善项目，在表8-10中记录改进要点，产品提交项目负责人签字。

表8-10　改进提交工作单

改进要点记录		
产品提交	项目	负责人（签字）
	设计报告	
	使用说明	
	作品功能检查	
	作品技术规范检查	

第 2 部分　综合项目

项目 9　自动化生产线供料单元安装与调试

一、项目要求

亚龙 YL－335B 型自动化生产线实训考核装备的供料单元的主要结构组成为：工件装料管、工件推出装置、支撑架、阀组、端子排组件、PLC、急停按钮和起动/停止按钮、线槽、底板等。其中，装置侧机械部分结构组成如图 9-1 所示。

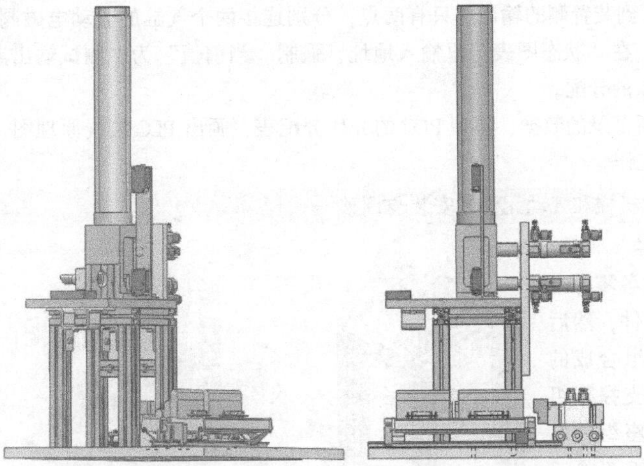

图 9-1　供料单元装置侧机械部分结构组成示意图

本项目实现供料单元的安装与调试。具体任务见表 9-1。

表 9-1　任务清单

任务内容	任务要求	验收方式
测绘 PLC 控制电路的 I/O 接线	安全规范使用电工工具和仪表	（1）供料单元 PLC 的 I/O 分配表 （2）供料单元 PLC 接线原理图
供料单元机械和气动元件的安装与调整	符合机械安装规范、气路安装规范和钳工操作规范	（1）供料单元机械和气动安装计划表 （2）供料单元机械和气动材料清单 （3）供料单元机械和气动元件图片 （4）供料单元拆装视频
供料单元电气接线	符合 GB 50171—2012《电气装置安装工程　盘、柜及二次回路接线施工及验收规范》等相关标准	（1）供料单元电气安装计划表 （2）供料单元电气材料清单 （3）供料单元安装完毕图片 （4）供料单元电气安装视频
供料单元 PLC 控制程序编制与调试	实现项目功能性要求	成果展示
完成设计说明书、产品使用说明书	结构清晰，内容完整，文字简洁、规范，图片清楚、规范	材料提交

二、项目分析与讨论

请学员通过查阅教材、上网搜索、听课、讨论等获取以下问题答案，确保项目顺利实施。

任务1 测绘PLC控制电路的I/O接线

1）断开供料单元的电源和气源，用万用表校核PLC的输入、输出端子和PLC侧接线端口的连接关系；然后用万用表逐点测试按钮/指示灯模块中各按钮、开关等与PLC输入端子的连接关系，以及各指示灯与PLC输出端子的连接关系，完成后做好记录。

2）清空料仓内的工件，接通电源，确保PLC在STOP状态。

3）在计算机上运行PLC编程软件，创建一个新工程，检查软件和PLC的通信状态。

4）打开“状态图表”，根据前面测试的记录将PLC已接线的端子的I/O地址输入表中，然后持续监视状态图表中的I/O变量。

5）用手扳动气缸活塞杆使检测活塞位置的磁性开关动作；人工遮挡使各光电开关动作，各传感器对应的PLC输入点相应输入高低电平（ON或OFF）状态，“状态图表”中的“当前值”也相应发生变化，该传感器与对应输入点的连接关系就能确定。注意做好记录，填写I/O分配表。

6）供料单元PLC到装置侧的输出点只有两点，分别连接两个气缸的驱动电磁阀。测试时请接通气源，再次确认料仓中无料。在“状态图表”里输入地址，强制“当前值”为1测试输出点，找出对应动作的电磁阀，从而确定输出点的分配。

综合前述各步骤所记录的数据，整理PLC的I/O分配表，画出PLC接线原理图，从而完成了供料单元PLC接线原理图测绘工作。

任务2 供料单元机械和气动元件的安装与调整

（1）机械部分安装

1）首先把供料站各零件组合成整体安装时的组件，然后把组件进行组装。所组合成的组件包括铝合金型材支撑架组件、出料台及料仓底座组件以及推料机构组件，如图9-2所示。

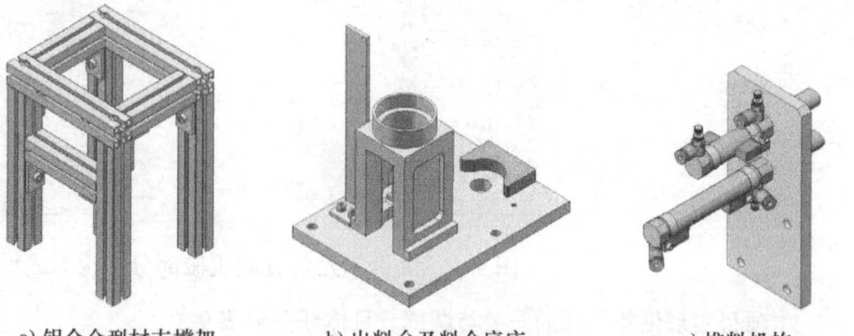

a) 铝合金型材支撑架　b) 出料台及料仓底座　c) 推料机构

图9-2 供料单元组件

各组件装配好后，用螺栓把它们连接为总体，再用橡胶锤把装料管敲入料仓底座。然后将连接好的供料站机械部分以及电磁阀组和接线端子排固定在底板上，最后固定底板完成供料站的安装。

2）安装过程中的注意事项：

① 装配铝合金型材支撑架时，注意调整好各条边的平行度及垂直度，锁紧螺栓。

② 气缸安装板和铝合金型材支撑架的连接，靠的是预先在特定位置的铝型材“T”形槽中放置预留与之相配的螺母，因此在对该部分的铝合金型材进行连接时，一定要先在相应的位置放置相应的螺母。如果没有放置螺母或没有放置足够多的螺母，将造成无法安装或安装不可靠。

③ 机械机构固定在底板上的时候，需要将底板移动到操作台的边缘，螺栓从底板的反面拧入，将底板和机械机构部分的支撑型材连接起来。

（2）气路连接和调试

1）连接步骤：从汇流排开始，按气动控制回路原理图连接电磁阀、气缸。连接时注意气管走向应按序排布，均匀美观，不能交叉、打折；气管要在快换接头中插紧，不能有漏气现象。

2）气路调试内容：用电磁阀上的手动换向加锁钮验证顶料气缸和推料气缸的初始位置和动作位置是否正确；调整气缸节流阀以控制活塞杆的往复运动速度，伸出速度以不推倒工件为准。

任务3 供料单元电气接线

电气接线包括：在工作单元装置侧完成各传感器、电磁阀等引线到装置侧接线端口之间的接线；在PLC侧进行电源连接、I/O点接线等。

供料单元装置侧的接线端口上各传感器和电磁阀的引线分配见表9-2。

表 9-2　供料单元装置侧的接线端口信号端子的分配

输入端口中间层			输出端口中间层		
端子	设备符号	信号	端子	设备符号	信号
2	1B1	顶料到位	2	1Y	顶料电磁阀
3	1B2	顶料复位	3	2Y	推料电磁阀
4	2B1	推料到位			
5	2B2	推料复位			
6	SC1	出料台物料检测			
7	SC2	物料不足检测			
8	SC3	物料有无检测			
9	SC4	金属材料检测			
10～17 端子没有连接			4～14 端子没有连接		

接线时应注意，装置侧接线端口中，输入信号端子的上层端子（+24V）只能作为传感器的电源正端，切勿用于电磁阀等执行元件的负载电源正端。电磁阀等执行元件的电源正端和 0V 端应连接到接线端口下层端子排的相应端子上。装置侧接线完成后，应用扎带绑扎，力求整齐美观。

PLC 侧的接线，包括电源接线、PLC 的 I/O 点和 PLC 侧接线端口之间的接线，以及 PLC 的 I/O 点与按钮指示灯模块的端子之间的连线。具体接线要求与工作任务有关。

电气接线的工艺应符合国家职业标准的规定，例如，导线连接到端子时，采用冷压端子压接方法；连接线须有符合规定的标号；每一端子连接的导线不超过 2 根；等。

任务 4　供料单元 PLC 控制程序编制与调试

本项目只考虑供料单元作为独立设备运行时的情况，单元工作的主令信号和工作状态显示信号来自 PLC 旁边的按钮/指示灯模块；并且按钮/指示灯模块上的工作方式选择开关 SA 应置于“单站方式”位置。具体的控制要求为：

1）设备上电和气源接通后，若工作单元的两个气缸均处于缩回位置，且料仓内有足够的待加工工件，则“正常工作”指示灯 HL1 常亮，表示设备准备好。否则，该指示灯以 1Hz 的频率闪烁。

2）若设备准备好，按下起动按钮，工作单元起动，“设备运行”指示灯 HL2 常亮。起动后，若出料台上没有工件，则应把工件推到出料台上。出料台上的工件被人工取出后，若没有停止信号，则进行下一次推出工件操作。

3）若在运行中按下停止按钮，则在完成本工作周期任务后，工作单元停止工作，HL2 指示灯熄灭。

4）若在运行中料仓内工件不足，则工作单元继续工作，但“正常工作”指示灯 HL1 以 1Hz 的频率闪烁，“设备运行”指示灯 HL2 保持常亮。若料仓内没有工件，则 HL1 指示灯和 HL2 指示灯均以 2Hz 的频率闪烁。工作站在完成本周期任务后停止。除非向料仓补充足够的工件，工作站不能再起动。

三、制订计划

思考项目方案，制订工作计划，在表 9-3 中用适当的方式予以表达。

表 9-3　计划制订工作单（成员使用）

1. 解决方案 建议从不同的功能要求分别描述解决方案。 __________ __________ __________ __________ __________

（续）

2. 项目涉及设备信息、使用工具、材料列表

需要的电气装置、电气元件等	
需要的工具	
需要的材料	

四、确定计划

小组检查、讨论初步确定计划方案，小组互查、讨论最终确定计划方案，并在表9-4中用适当的方式予以表达。

表9-4 计划决策工作单（小组决策使用）

1. 小组讨论决策

负责人：________讨论发言人：________

决策结论及方案变更：

2. 小组互换决策

优点	缺点	综合评价（A、B、C、D、E）	签名

3. 人员分工与进度安排

内容	人员	时间安排	备注
测绘PLC控制电路的I/O接线			
供料单元机械和气动元件的安装与调整			
供料单元电气接线			
供料单元PLC控制程序编制与调度			
完成设计说明书、产品使用说明书			

五、实施计划

按照确定的计划实施，并将实施的主要流程环节，每个流程中遇到的问题及完成时间填写至表9-5中，部分成果分别填写至表9-6、图9-3和表9-7中。

表9-5　计划实施工作单

序号	主要内容	实施情况	完成时间

表9-6　供料单元PLC的I/O分配表

<table>
<tr><th colspan="4">输入信号</th><th colspan="4">输出信号</th></tr>
<tr><th>序号</th><th>PLC 输入点</th><th>信号名称</th><th>信号来源</th><th>序号</th><th>PLC 输出点</th><th>信号名称</th><th>信号来源</th></tr>
<tr><td>1</td><td></td><td>顶料气缸伸出</td><td rowspan="10">装置侧</td><td>1</td><td></td><td>顶料电磁</td><td rowspan="2">装置侧</td></tr>
<tr><td>2</td><td></td><td>顶料气缸缩回</td><td>2</td><td></td><td>推料电磁</td></tr>
<tr><td>3</td><td></td><td>推料气缸伸出</td><td>3</td><td></td><td></td><td></td></tr>
<tr><td>4</td><td></td><td>推料气缸缩回</td><td>4</td><td></td><td></td><td></td></tr>
<tr><td>5</td><td></td><td>出料台物料检测</td><td>5</td><td></td><td></td><td></td></tr>
<tr><td>6</td><td></td><td>供料不足检测</td><td>6</td><td></td><td></td><td></td></tr>
<tr><td>7</td><td></td><td>缺料检测</td><td>7</td><td></td><td></td><td></td></tr>
<tr><td>8</td><td></td><td>金属工件检测</td><td>8</td><td></td><td></td><td></td></tr>
<tr><td>9</td><td></td><td></td><td>9</td><td></td><td>正常工作</td><td rowspan="2">按钮/指示灯模块</td></tr>
<tr><td>10</td><td></td><td></td><td>10</td><td></td><td>运行指示</td></tr>
<tr><td>11</td><td></td><td>停止按钮</td><td rowspan="4">按钮/指示灯模块</td><td></td><td></td><td></td><td></td></tr>
<tr><td>12</td><td></td><td>起动按钮</td><td></td><td></td><td></td><td></td></tr>
<tr><td>13</td><td></td><td>工作方式选择</td><td></td><td></td><td></td><td></td></tr>
<tr><td>14</td><td></td><td></td><td></td><td></td><td></td><td></td></tr>
</table>

			图号	比例
设计				
制图				

图 9-3　电气接线原理图

表 9-7　PLC 程序清单

说明	梯形图

（续）

说明	梯形图

六、检查与记录

按照功能、电路接线和职业素养进行检查，在表9-8中记录、评分。评分采用扣分制，每项扣完为止。

表9-8　检查记录工作单

检查项目	检查内容	评分标准	记录	评分
1. 功能检查（30分）	设备上电和气源接通后，若工作单元的两个气缸均处于缩回位置，且料仓内有足够的待加工工件，则“正常工作”指示灯HL1常亮，表示设备准备好。否则，该指示灯以1Hz的频率闪烁	实现功能要求得5分；指示灯闪烁频率不对扣2分		
	当设备准备好时，按下起动按钮，工作单元起动，“设备运行”指示灯HL2常亮。起动后，若出料台上没有工件，则应把工件推到出料台上。出料台上的工件被人工取出后，若没有停止信号，则进行下一次推出工件操作	实现功能要求得10分；推料不到位或将料推倒扣5分；指示灯不对扣5分		
	若在运行中按下停止按钮，则在完成本工作周期任务后，各工作单元停止工作，HL2指示灯熄灭	实现功能要求得5分；指示灯不对扣3分		
	若在运行中料仓内工件不足，则工作单元继续工作，但“正常工作”指示灯HL1以1Hz的频率闪烁，“设备运行”指示灯HL2保持常亮。若料仓内没有工件，则HL1指示灯和HL2指示灯均以2Hz的频率闪烁。工作站在完成本周期任务后停止。除非向料仓补充足够的工件，否则工作站不能再起动	实现功能要求得10分；每错一处扣1分，本项扣完为止		
2. 电路接线检查（40分）	电路原理图设计，10分	布局不合理扣5分；电路图不完整，少一个电气元件扣2分；电路图符号不规范，每处扣1分		
	接线头与号码管工艺，10分	所有导线必须压接冷压端子，每少压接1个扣1分；同一接线端子超过两个线头，露铜超2mm，每处扣1分；所有导线两端必须套上写有编号的号码管，每少一个扣1分		
	线槽工艺，4分	所有连接线垂直进入线槽，盖上线槽盖，不合要求每处扣0.5分		
	导线颜色工艺，4分	合理选用导线颜色，选用不合理每根扣1分		
	整体接线美观度，2分	根据整体接线美观度酌情给分		
	系统初步调试，10分	正常安全上电得2分；各电气设备、传感器等指示灯正常，指示异常每处扣2分；PLC输入异常一处扣2分		

（续）

检查项目	检查内容	评分标准	记录	评分
3. 职业素养（30分）	劳动纪律，10分	遵守纪律，尊重老师，爱惜实训设备和器材，违反上述情况一次酌情扣1~2分。若有特别严重违纪行为，则本次考核不合格，并按照相关制度进行处理		
	操作规范，10分	工具使用不合理、卫生没有清扫、浪费耗材，每处酌情扣1~2分；工作服、安全帽、绝缘鞋等不符合要求，每处酌情扣1~2分		
	安全意识，10分	危险用电等根据现场情况扣1~3分；损坏主要电气设备，本次考核不及格，并按照相关制度进行处理		

七、改进与提交

按照检查中存在的问题完善项目，在表9-9中记录改进要点，产品提交项目负责人签字。

表9-9　改进提交工作单

改进要点记录		
产品提交	项目	负责人（签字）
	设计报告	
	使用说明	
	作品功能检查	
	作品技术规范检查	

项目10　自动化生产线加工单元安装与调试

一、项目要求

亚龙 YL－335B 型自动化生产线实训考核装备的加工单元的功能是把待加工工件通过加工台移送到加工区域冲压气缸的正下方，完成对工件的冲压加工，然后把加工好的工件送出。

加工单元装置侧主要结构组成为：加工台及滑动机构、加工（冲压）机构、电磁阀组、接线端口、底板等。加工该单元机械结构总成如图 10-1 所示。

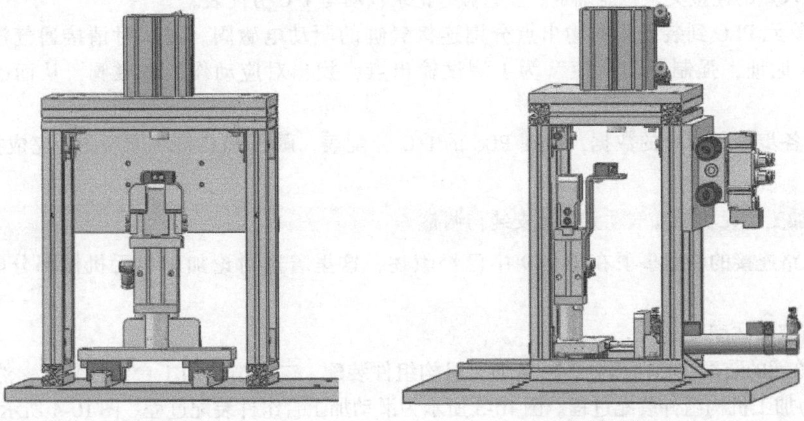

a) 前视图　　b) 右视图

图 10-1　加工单元机械结构总成

本项目实现加工单元的安装与调试。具体任务见表 10-1。

表 10-1　任务清单

任务内容	任务要求	验收方式
测绘 PLC 控制电路的 I/O 接线	安全规范使用电工工具和仪表	(1) 加工单元 PLC 的 I/O 分配表 (2) 加工单元 PLC 接线原理图
加工单元机械和气动元件的安装与调整	符合机械安装规范、气路安装规范、钳工操作规范	(1) 加工单元安装计划表 (2) 加工单元材料清单 (3) 加工单元机械和气动元件图片 (4) 加工单元拆装视频
加工单元电气接线	符合 GB 50171—2012《电气装置安装工程　盘、柜及二次回路接线施工及验收规范》等相关标准	(1) 加工单元电气安装计划表 (2) 加工单元电气材料清单 (3) 加工单元安装完毕图片 (4) 加工单元电气安装视频
加工单元 PLC 控制程序编制与调试	实现项目功能性要求	成果展示
完成设计说明书、产品使用说明书	结构清晰，内容完整，文字简洁、规范，图片清楚、规范	材料提交

二、项目分析与讨论

请学员通过查阅教材、上网搜索、听课、讨论等获取以下问题答案，确保项目顺利实施。

任务1 测绘PLC控制电路的I/O接线

1）断开加工单元的电源和气源，用万用表校核PLC的输入、输出端子和PLC侧接线端口的连接关系；然后用万用表逐点测试按钮/指示灯模块中各按钮、开关等与PLC输入端子的连接关系，以及各指示灯与PLC输出端子的连接关系，完成后做好记录。

2）接通电源，确保PLC在STOP状态。

3）在计算机上运行PLC编程软件，创建一个新工程，检查软件和PLC的通信状态。

4）下载一个空程序到PLC中，设置PLC为RUN状态。打开“状态图表”，根据前面测试的记录将PLC已接线的端子的I/O地址输入表中，然后持续监视状态图表中的I/O变量。

5）用手扳动气缸活塞杆使检测活塞位置的磁性开关动作；人工遮挡使各光电开关动作，各传感器对应的PLC输入点相应输入高低电平（ON或OFF）状态，“状态图表”中的“当前值”也相应发生变化，该传感器与对应输入点的连接关系就能确定。注意做好记录，填写I/O分配表。

6）加工单元PLC到装置侧的输出点分别连接气缸的驱动电磁阀。测试时请接通气源，在“状态图表”里输入地址，强制“当前值”为1测试输出点，找出对应动作的电磁阀，从而确定输出点的分配。

综合前述各步骤所记录的数据，整理PLC的I/O分配表，画出PLC接线原理图，完成控制电路测绘工作。

任务2 加工单元机械和气动元件的安装与调整

气路和电路连接的注意事项在项目9中已经叙述，这里着重讨论加工单元机械部分的安装、调整方法。

（1）机械部分装配

1）加工单元的装配包括两部分，一是加工机构组件装配，二是滑动加工台组件装配，然后进行总装。图10-2所示为加工机构组件装配过程。图10-3所示为滑动加工台组件装配过程。图10-4所示为整个加工单元的总装。

在完成以上各组件的装配后，首先将物料夹紧及运动送料部分和整个安装底板连接固定，再将铝合金支撑架安装在大底板上，最后将加工组件部分固定在铝合金支撑架上，完成加工单元的装配。

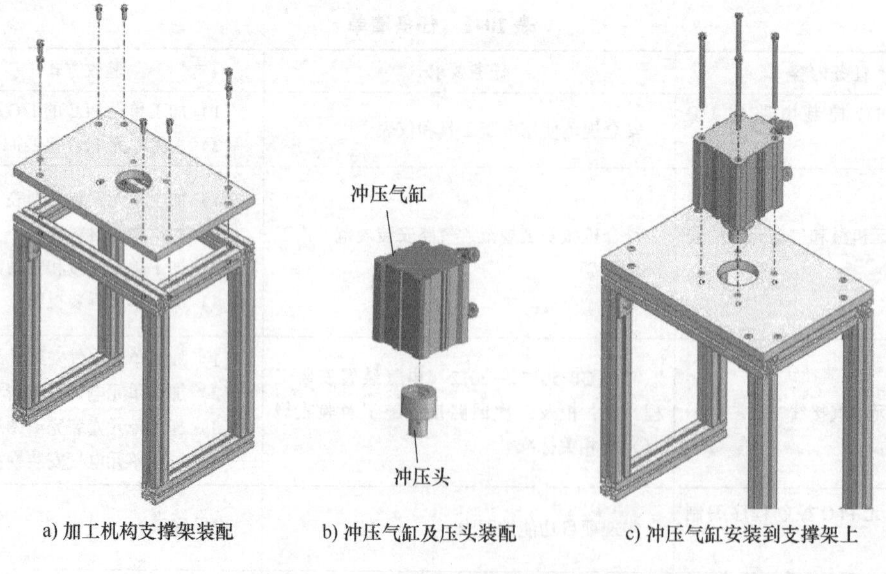

图10-2 加工机构组件装配过程

2）安装时的注意事项：

① 调整两直线导轨的平行度时，要一边移动安装在两导轨上的安装板，一边拧紧固定导轨的螺栓。

② 如果加工组件部分的压头和加工台上的工件的中心没有对正，可以通过调整推料气缸旋入两导轨连接板的深度来进行对正。

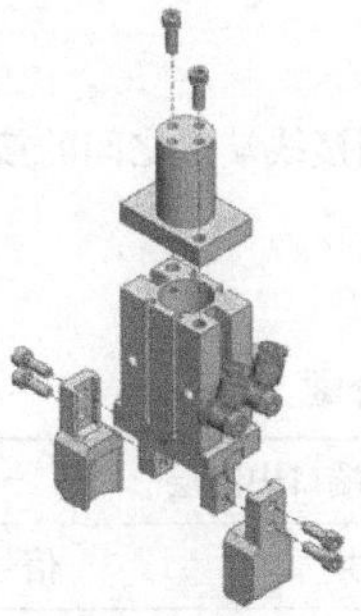

a) 夹紧机构组装

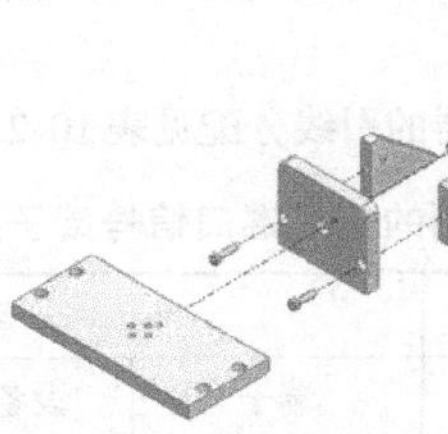

b) 伸缩台组装

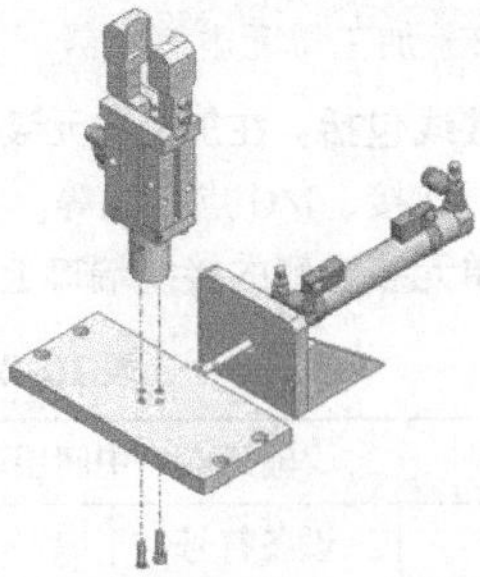

c) 夹紧机构安装到伸缩台上

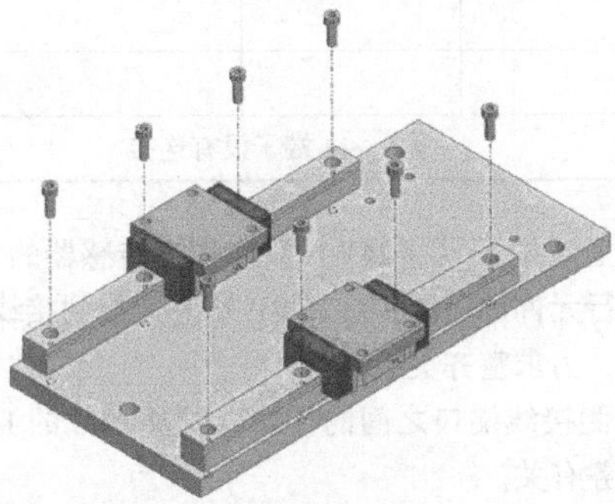

d) 直线导轨组装

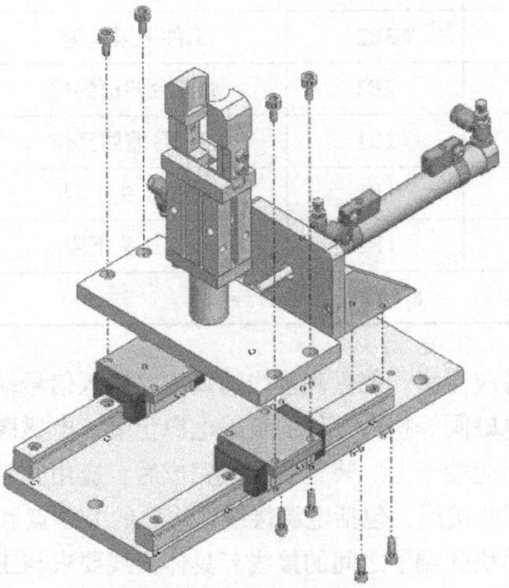

e) 加工机构安装到直线导轨上

图 10-3　滑动加工台组件装配过程

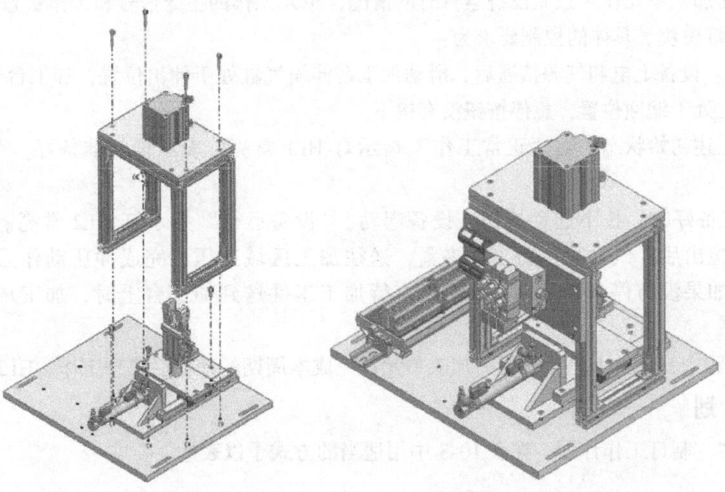

图 10-4　加工单元的总装

（2）气路连接和调试

1）连接步骤：从汇流排开始，按气动控制回路原理图连接电磁阀、气缸、手抓。连接时注意气管走向应按序排布，均匀美观，不能交叉、打折；气管要在快换接头中插紧，不能有漏气现象。

2）气路调试内容：用电磁阀上的手动换向加锁钮验证冲压气缸和伸缩气缸的初始位置和动作位置是否正确；调整气缸节流阀以控制活塞杆的往复运动速度。

任务3　加工单元电气接线

电气接线包括：在加工单元装置侧完成各传感器、电磁阀的引线到装置侧接线端口之间的接线；在PLC侧进行电源连接、I/O点接线等。

加工单元装置侧的接线端口上各电磁阀和传感器的引线分配见表10-2。

表10-2　加工单元装置侧的接线端口信号端子的分配

输入端口中间层			输出端口中间层		
端子	设备符号	信号	端子	设备符号	信号
2	SC1	加工台物料检测	2	3Y	夹紧电磁阀
3	3B2	工件夹紧检测	3		
4	2B2	加工台伸出到位	4	2Y	伸缩电磁阀
5	2B1	加工台缩回到位	5	1Y	冲压电磁阀
6	1B1	加工压头上限			
7	1B2	加工压头下限			
8~17端子没有连接			6~14端子没有连接		

接线时应注意，装置侧接线端口中，输入信号端子的上层端子（+24V）只能作为传感器的电源正端，切勿用于电磁阀等执行元件的负载电源正端。电磁阀等执行元件的电源正端和0V端应连接到接线端口下层端子排的相应端子上。装置侧接线完成后，应用扎带绑扎，力求整齐美观。

PLC侧的接线，包括电源接线、PLC的I/O点和PLC侧接线端口之间的接线，以及PLC的I/O点与按钮指示灯模块的端子之间的接线。具体接线要求与工作任务有关。

电气接线的工艺应符合国家职业标准的规定，例如，导线连接到端子时，采用冷压端子压接方法；连接线须有符合规定的标号；每一端子连接的导线不超过2根；等。

任务4　加工单元PLC控制程序编制与调试

本项目只考虑加工单元作为独立设备运行时的情况，单元工作的主令信号和工作状态显示信号来自PLC旁边的按钮/指示灯模块。具体的控制要求为：

1）初始状态：设备上电和气源接通后，滑动加工台伸缩气缸处于伸出位置，加工台气动手爪处于松开的状态，冲压气缸处于缩回位置，急停按钮没有按下。

若设备处于上述初始状态，则“正常工作”指示灯HL1常亮，表示设备准备好。否则，该指示灯以1Hz的频率闪烁。

2）当设备准备好时，按下起动按钮，设备起动，“设备运行”指示灯HL2常亮。当待加工工件送到加工台上并被检出后，气动手爪将工件夹紧，送往加工区域冲压，完成冲压动作后返回待料位置的工件加工工序。如果没有停止信号输入，当再有待加工工件送到加工台上时，加工单元又开始下一周期工作。

3）在工作过程中，若按下停止按钮，加工单元在完成本周期的动作后停止工作。HL2指示灯熄灭。

三、制订计划

思考项目方案，制订工作计划，在表10-3中用适当的方式予以表达。

表 10-3　计划制订工作单（成员使用）

1. 解决方案

建议从不同的功能要求分别描述解决方案。

2. 项目涉及设备信息、使用工具、材料列表

需要的电气装置、电气元件等	
需要的工具	
需要的材料	

四、确定计划

小组检查、讨论初步确定计划方案，小组互查、讨论最终确定计划方案，并在表 10-4 中用适当的方式予以表达。

表 10-4 计划决策工作单（小组决策使用）

1. 小组讨论决策

负责人：__________讨论发言人：____________________

决策结论及方案变更：

2. 小组互换决策

优点	缺点	综合评价 （A、B、C、D、E）	签名

3. 人员分工与进度安排

内容	人员	时间安排	备注
测绘 PLC 控制电路的 I/O 接线			
加工单元机械和气动元件的安装与调整			
加工单元电气接线			
加工单元 PLC 控制程序编制与调试			
完成设计说明书、产品使用说明书			

五、实施计划

按照确定的计划实施，并将实施的主要流程环节，每个流程中遇到的问题及完成时间填写至表 10-5 中，部分成果分别填写至表 10-6、图 10-5 和表 10-7 中。

表 10-5　计划实施工作单

序号	主要内容	实施情况	完成时间

表 10-6　加工单元 PLC 的 I/O 分配表

<table>
<tr><th colspan="4">输入信号</th><th colspan="4">输出信号</th></tr>
<tr><th>序号</th><th>PLC 输入点</th><th>信号名称</th><th>信号来源</th><th>序号</th><th>PLC 输出点</th><th>信号名称</th><th>信号来源</th></tr>
<tr><td>1</td><td></td><td>加工台物料检测</td><td rowspan="6">装置侧</td><td>1</td><td></td><td>夹紧电磁阀</td><td rowspan="6">装置侧</td></tr>
<tr><td>2</td><td></td><td>工件夹紧检测</td><td>2</td><td></td><td></td></tr>
<tr><td>3</td><td></td><td>加工台伸出到位</td><td>3</td><td></td><td>料台伸缩电磁阀</td></tr>
<tr><td>4</td><td></td><td>加工台缩回到位</td><td>4</td><td></td><td>加工压头电磁阀</td></tr>
<tr><td>5</td><td></td><td>加工压头上限</td><td>5</td><td></td><td></td></tr>
<tr><td>6</td><td></td><td>加工压头下限</td><td>6</td><td></td><td></td></tr>
<tr><td>7</td><td></td><td>停止按钮</td><td rowspan="5">按钮/指示灯模块</td><td>7</td><td></td><td></td><td rowspan="5">按钮/指示灯模块</td></tr>
<tr><td>8</td><td></td><td>起动按钮</td><td>8</td><td></td><td></td></tr>
<tr><td>9</td><td></td><td>急停按钮</td><td>9</td><td></td><td>正常工作指示</td></tr>
<tr><td>10</td><td></td><td>单站/全线</td><td>10</td><td></td><td>运行指示</td></tr>
<tr><td>11</td><td></td><td></td><td>11</td><td></td><td></td></tr>
</table>

			图号	比例
设计				
制图				

图 10-5　电气接线原理图

表 10-7　PLC 程序清单

说明	梯形图

（续）

说明	梯形图

六、检查与记录

按照功能、电路接线和职业素养进行检查，在表 10-8 中记录、评分。评分采用扣分制，每项扣完为止。

表 10-8 检查记录工作单

检查项目	检查内容	评分标准	记录	评分
1. 功能检查（30 分）	若设备处于上述初始状态，则“正常工作”指示灯 HL1 常亮，表示设备准备好。否则，该指示灯以 1Hz 的频率闪烁	实现功能要求得 5 分；指示灯闪烁频率不对扣 2 分		
	当设备准备好时，按下起动按钮，设备起动，“设备运行”指示灯 HL2 常亮。当待加工工件送到加工台上并被检出后，气动手爪将工件夹紧，送往加工区域冲压，完成冲压动作后返回待料位置的工件加工工序。如果没有停止信号输入，当再有待加工工件送到加工台上时，加工单元又开始下一周期工作	实现功能要求得 15 分；无法完成加工工序扣 10 分；不能够循环加工扣 5 分；指示灯不对扣 5 分		
	在工作过程中，若按下停止按钮，加工单元在完成本周期的动作后停止工作。HL2 指示灯熄灭	实现功能要求得 10 分；指示灯不对扣 3 分		
2. 电路接线检查（40 分）	PLC 接线原理图设计，10 分	布局不合理扣 5 分；电路图错误，一处扣 3 分；电路图不完整，少一个电气元件扣 2 分；电路图符号不规范，每处扣 1 分		
	接线头与号码管工艺，10 分	所有导线必须压接冷压端子，每少压接 1 个扣 1 分；同一接线端子超过两个线头，露铜超 2mm，每处扣 1 分；所有导线两端必须套上写有编号的号码管，每少一个扣 1 分		
	线槽工艺，4 分	所有连接线垂直进入线槽，盖上线槽盖，不合要求每处扣 0.5 分		
	导线颜色工艺，4 分	合理选用导线颜色，选用不合理每根扣 1 分		
	整体接线美观度，2 分	根据整体接线美观度酌情给分		
	系统初步调试，10 分	正常安全上电得 2 分；各电气设备、传感器等指示灯正常，指示异常每处扣 2 分；PLC 输入异常一处扣 2 分		
3. 职业素养（30 分）	劳动纪律，10 分	遵守纪律，尊重老师，爱惜实训设备和器材，违反上述情况一次酌情扣 1 ~2 分。若有特别严重违纪行为，则本次考核不合格，并按照相关制度进行处理		
	操作规范，10 分	工具使用不合理、卫生没有清扫、浪费耗材，每处酌情扣 1 ~2 分；工作服、安全帽、绝缘鞋等不符合要求，酌情扣 1 ~2 分		
	安全意识，10 分	危险用电等根据现场情况扣 1 ~3 分；损坏主要电气设备，本次考核不及格，并按照相关制度进行处理		

七、改进与提交

按照检查中存在的问题完善项目，在表 10-9 中记录改进要点，产品提交项目负责人签字。

表 10-9　改进提交工作单

<table>
<tr><td>改进要点记录</td><td colspan="2"></td></tr>
<tr><td rowspan="5">产品提交</td><td>项目</td><td>负责人（签字）</td></tr>
<tr><td>设计报告</td><td></td></tr>
<tr><td>使用说明</td><td></td></tr>
<tr><td>作品功能检查</td><td></td></tr>
<tr><td>作品技术规范检查</td><td></td></tr>
</table>

项目 11　自动化生产线装配单元安装与调试

一、项目要求

亚龙 YL－335B 型自动化生产线实训考核装备的装配单元主要配置有：直线气缸、转盘、步进电动机、步进驱动器、光电传感器、磁感应接近开关、阀组等，如图 11-1 所示。整体可分为落料机构和转盘机构，分别如图 11-2 和图 11-3 所示。

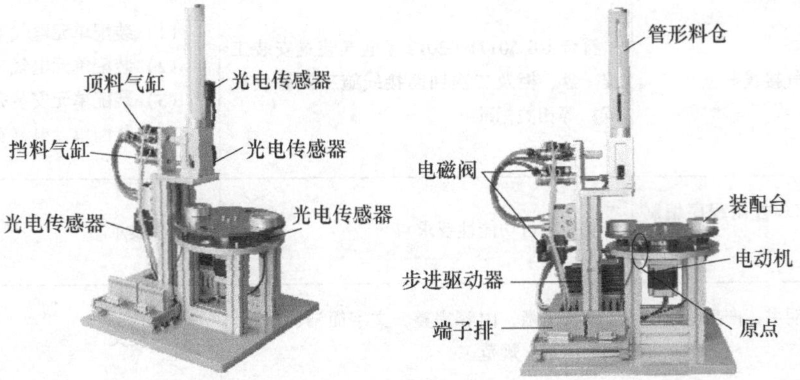

图 11-1　装配单元机械结构总成

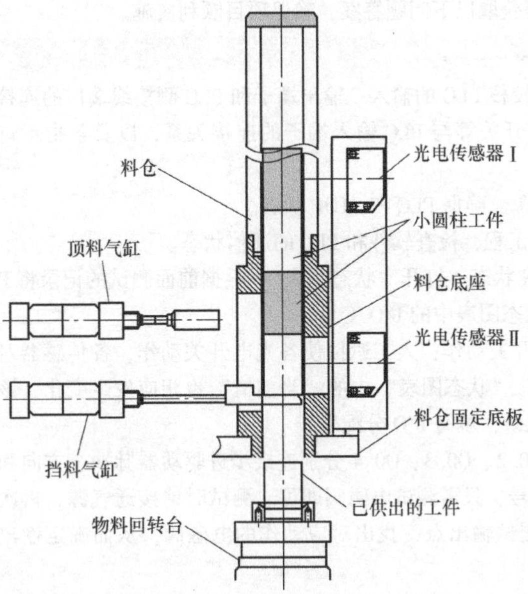

图 11-2　装配单元落料机构

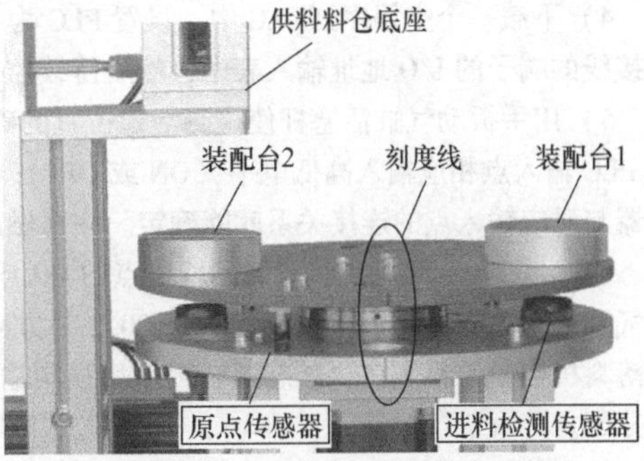

图 11-3　装配单元转盘机构

本项目实现装配单元的安装与调试。具体任务清单见表 11-1。

表 11-1 任务清单

任务内容	任务要求	验收方式
测绘 PLC 控制电路的 I/O 接线	安全规范使用电工工具和仪表	(1) 装配单元 PLC 的 I/O 分配表 (2) 装配单元 PLC 接线原理图
装配单元机械和气动元件的安装与调整	符合机械安装规范、气路安装规范、钳工操作规范	(1) 装配单元安装计划表 (2) 装配单元材料清单 (3) 装配单元元件图片 (4) 装配单元拆装视频
装配单元电气接线	符合 GB 50171—2012《电气装置安装工程 盘、柜及二次回路接线施工及验收规范》等相关标准	(1) 装配单元电气安装计划表 (2) 装配单元电气材料清单 (3) 装配单元安装完毕图片 (4) 装配单元电气安装视频
装配单元 PLC 控制程序编制与调试	实现项目功能性要求	成果展示
完成设计说明书、产品使用说明书	结构清晰，内容完整，文字简洁、规范，图片清楚、规范	材料提交

二、项目分析与讨论

请学员通过查阅教材、上网搜索、听课、讨论等获取以下问题答案，确保项目顺利实施。

任务 1 测绘 PLC 控制电路的 I/O 接线

1）断开装配单元的电源和气源，用万用表逐点校核 PLC 的输入、输出端子和 PLC 侧接线端口的连接关系；用万用表逐点校核按钮/指示灯模块中各按钮、开关等与 PLC 输入端子的连接关系，以及各指示灯与 PLC 输出端子的连接关系，完成后做好记录。

2）清空落料机构和转盘机构上的工件，接通电源，确保 PLC 在 STOP 状态。

3）在计算机上运行 PLC 编程软件，创建一个新工程，检查软件和 PLC 的通信状态。

4）下载一个空程序到 PLC 中，设置 PLC 为 RUN 状态。打开“状态图表”，根据前面测试的记录将 PLC 已接线的端子的 I/O 地址输入表中，然后持续监视状态图表中的 I/O 变量。

5）用手扳动气缸活塞杆使检测活塞位置的磁性开关动作；人工遮挡使各光电开关动作，各传感器对应的 PLC 输入点相应输入高低电平（ON 或 OFF）状态，“状态图表”中的“当前值”也相应发生变化，该传感器与对应输入点的连接关系就能确定。注意做好记录，填写 I/O 分配表。

6）装配单元 PLC 到装置侧的输出点的 Q0.0、Q0.2、Q0.3、Q0.4 分别连接步进驱动器脉冲、方向和两个气缸的驱动电磁阀。Q0.0 为脉冲，Q0.2 为方向信号，只需测试电磁阀即可。测试时请接通气源，再次确认落料机构中无料。在“状态图表”中用强制输出测试输出点，找出对应动作的电磁阀，从而确定输出点的分配。

综合前述各步骤所记录的数据，整理 PLC 的 I/O 分配表，画出 PLC 接线原理图，完成控制电路测绘工作。

任务 2 装配单元机械和气动元件的安装与调整

(1) 机械机构安装

1）首先安装转盘机构，如图 11-4 所示；然后安装落料机构，如图 11-5 所示。

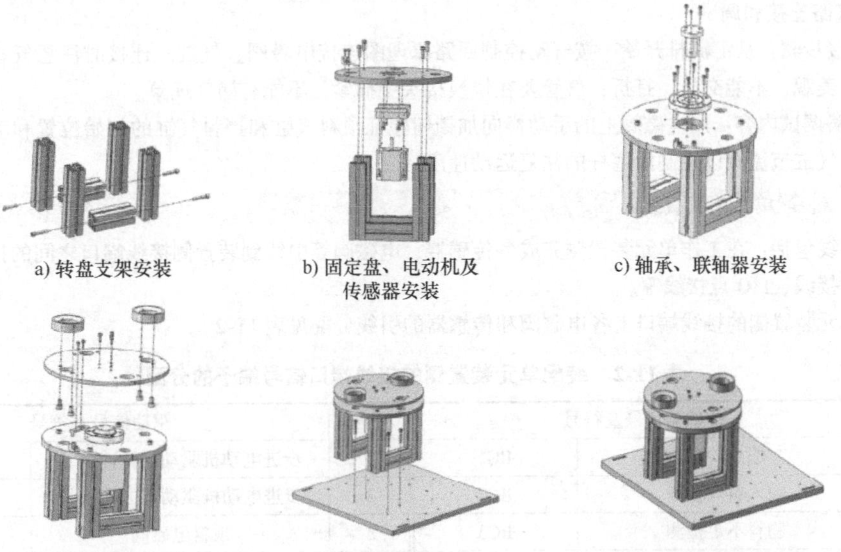

a) 转盘支架安装　b) 固定盘、电动机及传感器安装　c) 轴承、联轴器安装

d) 传感器支架、转盘及料盘安装　e) 转盘机构与底板的安装　f) 转盘机构安装完成效果图

图 11-4　转盘机构安装

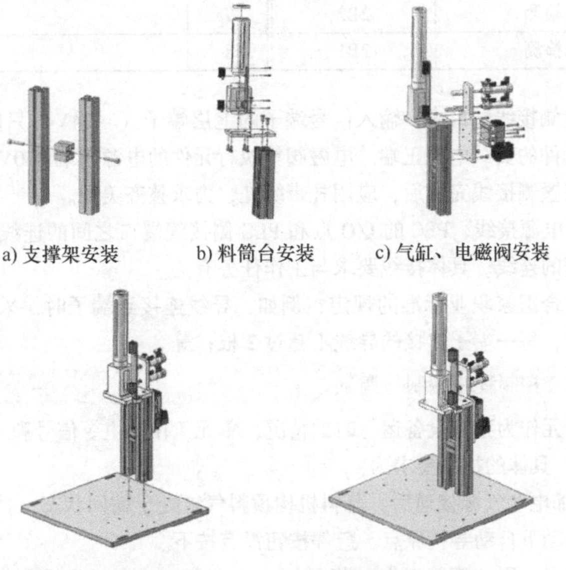

a) 支撑架安装　b) 料筒台安装　c) 气缸、电磁阀安装

d) 供料机构与底板安装　e) 供料机构安装完成效果图

图 11-5　落料机构安装

2）在完成转盘机构和落料机构的安装后，需进行总体装配后的调整。首先需进行供料机构与转盘机构的定位，如图 11-6 所示。供料机构与转盘机构安装时与底板固定的 6 个螺钉先进行预紧，将定位棒从料仓底座中插入至转盘料台的装配台中，再进行供料机构、转盘机构与底板的紧固。

图 11-6　定位调整

3）安装过程中的注意事项：

① 装配时要注意顶块和挡块的初始位置，以免装配完成后气缸动作不到位。

② 预留螺栓的放置一定要足够，以免造成组件之间不能完成安装。

③ 先进行装配，但不要一次拧紧各固定螺栓，待相互位置基本确定后，再依次进行调整固定。

（2）气路连接和调试

1）连接步骤：从汇流排开始，按气动控制回路原理图连接电磁阀、气缸。连接时注意气管走向应按序排布，均匀美观，不能交叉、打折；气管要在快换接头中插紧，不能有漏气现象。

2）气路调试内容：用电磁阀上的手动换向加锁钮验证顶料气缸和挡料气缸的初始位置和动作位置是否正确；调整气缸节流阀以控制活塞杆的往复运动速度。

任务 3 装配单元电气接线

电气接线包括：在工作单元装置侧完成各传感器、电磁阀等引线到装置侧接线端口之间的接线；在 PLC 侧进行电源接线、I/O 点接线等。

装配单元装置侧的接线端口上各电磁阀和传感器的引线分配见表 11-2。

表 11-2 装配单元装置侧的接线端口信号端子的分配

序号	传感器信号及符号		序号	驱动信号及符号	
1	原点检测	BG1	1	步进电动机驱动器脉冲信号	PULS
2	前入料口检测	BG2	2	步进电动机驱动器方向信号	SIGN
3	物料不足检测	BG3	3	顶料电磁阀	1Y
4	物料有无检测	BG4	4	挡料电磁阀	2Y
5	顶料到位检测	1B2	5		
6	顶料复位检测	1B1	6		
7	挡料伸出检测	2B2	7		
8	挡料缩回检测	2B1	8		

接线时应注意，装置侧接线端口中，输入信号端子的上层端子（+24V）只能作为传感器的电源正端，切勿用于电磁阀等执行元件的负载电源正端。电磁阀等执行元件的电源正端和 0V 端应连接到接线端口下层端子排的相应端子上。装置侧接线完成后，应用扎带绑扎，力求整齐美观。

PLC 侧的接线，包括电源接线、PLC 的 I/O 点和 PLC 侧接线端口之间的连线，以及 PLC 的 I/O 点与按钮指示灯模块的端子之间的连线。具体接线要求与工作任务有关。

电气接线的工艺应符合国家职业标准的规定，例如，导线连接到端子时，采用冷压端子压接方法；连接线须有符合规定的标号；每一端子连接的导线不超过 2 根；等。

任务 4 装配单元 PLC 控制程序编制与调试

本项目只考虑装配单元作为独立设备运行时的情况，单元工作的主令信号和工作状态显示信号来自 PLC 旁边的按钮/指示灯模块。具体的控制要求为：

1）初始状态：设备加电和气源接通后，落料机构顶料气缸处于缩回状态，挡料气缸处于伸出状态，转盘机构在步进电动机的拖动下自动寻找原点，急停按钮没有按下。

若设备在上述初始状态，则“正常工作”指示灯 HL1 常亮，表示设备准备好；否则，该指示灯以 1Hz 的频率闪烁。

2）若设备准备好，按下起动按钮，系统起动，“设备运行”指示灯 HL2 常亮。当待装配工件被送到转盘机构的装配台上，入料口光电传感器检测到工件后，PLC 控制步进电动机驱动器驱动步进电动机旋转 180°，使得待装配件处于落料机构正下方→顶料气缸伸出将次底层物料顶紧到料筒内壁→挡料气缸缩回，物料下落到待装配件小圆柱中→挡料气缸伸出→顶料气缸缩回，物料下落到挡料气缸挡板处→转盘机构旋转 180°至初始位置，工件装配工序完成。如果没有停止信号输入，当再有待装配工件送到转盘机构上时，装配单元又开始下一周期工作。

3）在工作过程中，若按下停止按钮，装配单元在完成本工作周期的动作后停止工作。指示灯 HL2 熄灭。

4）当急停按钮被按下时，本单元所有机构应立即停止运行，指示灯 HL2 以 1Hz 的频率闪烁。急停按钮复位后，设备从急停前的断点开始继续运行。

三、制订计划

思考项目方案，制订工作计划，在表11-3中用适当的方式予以表达。

表11-3 计划制订工作单（成员使用）

1. 解决方案 建议从不同的功能要求分别描述解决方案。	
2. 项目涉及设备信息、使用工具、材料列表	
需要的电气装置、电气元件等	
需要的工具	
需要的材料	

四、确定计划

小组检查、讨论初步确定计划方案，小组互查、讨论最终确定计划方案，并在表11-4中用适当的方式予以表达。

表11-4 计划决策工作单（小组决策使用）

1. 小组讨论决策

负责人：________ 讨论发言人：________

决策结论及方案变更：

2. 小组互换决策

优点	缺点	综合评价 （A、B、C、D、E）	签名

（续）

3. 人员分工与进度安排

内容	人员	时间安排	备注
测绘 PLC 控制电路的 I/O 接线			
装配单元机械和气动元件的安装与调整			
装配单元电气接线			
装配单元 PLC 控制程序编制与调试			
完成设计说明书、产品使用说明书			

五、实施计划

按照确定的计划实施，并将实施的主要流程环节，每个流程中遇到的问题及完成时间填写至表 11-5 中，部分成果分别填写至表 11-6、图 11-7 和表 11-7 中。

表 11-5　计划实施工作单

序号	主要内容	实施情况	完成时间

表 11-6　装配单元 PLC 的 I/O 分配表

输入信号			输出信号		
序号	PLC 输入点	信号名称	序号	PLC 输出点	信号名称
1		原点检测	1		脉冲信号
2		入料口检测	2		
3		物料不足检测	3		方向信号
4		物料有无检测	4		顶料电磁阀
5		顶料到位检测	5		挡料电磁阀
6		顶料复位检测	6		
7		挡料到位检测	7		
8		挡料复位检测	8		黄色指示灯
9		停止按钮	9		绿色指示灯
10		起动按钮	10		红色指示灯
11		急停按钮	11		
12		工作方式切换	12		

		图号	比例
设计			
制图			

图 11-7　电气接线原理图

表 11-7 PLC 程序清单

说明	梯形图

（续）

说明	梯形图

（续）

说明	梯形图

六、检查与记录

按照功能、电路接线和职业素养进行检查，在表11-8中记录、评分。

表11-8 检查记录工作单

检查项目	检查内容	评分标准	记录	评分
1. 功能检查（30分）	设备加电和气源接通后，落料机构顶料气缸处于缩回状态，挡料气缸处于伸出状态，转盘机构在步进电动机的拖动下自动寻找原点，急停按钮没有按下。若设备在上述初始状态，则“正常工作”指示灯HL1常亮，表示设备准备好；否则，该指示灯以1Hz的频率闪烁	实现功能要求得5分；指示灯闪烁频率不对扣2.5分		
	当设备准备好时，按下起动按钮，工作单元起动，“设备运行”指示灯HL2常亮。起动后，入料口检测到工件后，完成一个装配流程。若没有停止信号，则进行下一次装配操作	实现功能要求得10分；落料不到位扣5分；指示灯不对扣5分		
	若在运行中按下停止按钮，则在完成本工作周期任务后，各工作单元停止工作，HL2指示灯熄灭	实现功能要求得10分；指示灯不对扣5分		
	当急停按钮被按下时，本单元所有机构应立即停止运行，指示灯HL2以1Hz的频率闪烁。急停按钮复位后，设备从急停前的断点开始继续运行	实现功能要求得5分；指示灯不对扣3分		
2. 电路接线检查（40分）	PLC接线原理图设计，10分	布局不合理扣5分；电路图不完整，少一个电气元件扣2分；电路图符号不规范，每处扣1分		
	接线头与号码管工艺，10分	所有导线必须压接冷压端子，每少压接1个扣1分；同一接线端子超过两个线头，露铜超2mm，每处扣1分；所有导线两端必须套上写有编号的号码管，每少一个扣1分		
	线槽工艺，4分	所有连接线垂直进入线槽，盖上线槽盖，不合要求每处扣0.5分		
	导线颜色工艺，4分	合理选用导线颜色，选用不合理每根扣1分		
	整体接线美观度，2分	根据整体接线美观度酌情给分		
	系统初步调试，10分	正常安全上电得2分；各电气设备、传感器等指示灯正常，指示异常每处扣2分；PLC输入异常一处扣2分		

（续）

检查项目	检查内容	评分标准	记录	评分
3. 职业素养（30分）	劳动纪律，10分	遵守纪律，尊重老师，爱惜实训设备和器材，违反上述情况一次酌情扣1~2分。若有特别严重违纪行为，则本次考核不合格，并按照相关制度进行处理		
	操作规范，10分	工具使用不合理、卫生没有清扫、浪费耗材，每处酌情扣1~2分；工作服、安全帽、绝缘鞋等不符合要求，每处酌情扣1~2分		
	安全意识，10分	危险用电等根据现场情况扣1~3分；损坏主要电气设备，本次考核不及格，并按照相关制度进行处理		

七、改进与提交

按照检查中存在的问题完善项目，在表11-9中记录改进要点，产品提交项目负责人签字。

表11-9 改进提交工作单

改进要点记录		
产品提交	项目	负责人（签字）
	设计报告	
	使用说明	
	作品功能检查	
	作品技术规范检查	

项目12　自动化生产线分拣单元安装与调试

一、项目要求

亚龙 YL－335B 型自动化生产线实训考核装备的分拣单元主要由传送机构和分拣机构组成。其主要配置有：直线气缸、变频器、三相异步电动机、旋转编码器、光纤传感器、金属传感器、磁感应接近开关、阀组等，如图 12-1 所示 。分拣单元传动机构如图 12-2 所示。

图 12-1　分拣单元机械结构总成

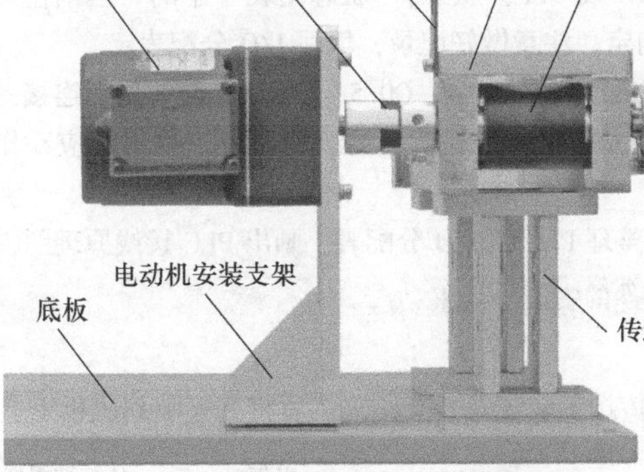

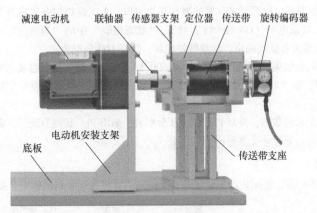

图 12-2　分拣单元传动机构

本项目实现分拣配单元的安装与调试。具体任务清单见表 12-1。

表 12-1　任务清单

任务内容	任务要求	验收方式
测绘 PLC 控制电路的 I/O 接线	安全规范使用电工工具和仪表	(1) 分拣单元 PLC 的 I/O 分配表 (2) 分拣单元 PLC 接线原理图
分拣单元机械和气动元件的安装与调整	符合机械安装规范、气路安装规范、钳工操作规范	(1) 分拣单元安装计划表 (2) 分拣单元材料清单 (3) 分拣单元元件图片 (4) 分拣单元拆装视频

（续）

任务内容	任务要求	验收方式
分拣单元电气接线	符合 GB 50171—2012《电气装置安装工程　盘、柜及二次回路接线施工及验收规范》等相关标准	(1) 分拣单元电气安装计划表 (2) 分拣单元电气材料清单 (3) 分拣单元安装完毕图片 (4) 分拣单元电气安装视频
分拣单元 PLC 控制程序编制与调试	实现项目功能性要求	成果展示
完成设计说明书、产品使用说明书	结构清晰，内容完整，文字简洁、规范，图片清楚、规范	材料提交

二、项目分析与讨论

请学员通过查阅教材、上网搜索、听课、讨论等获取以下问题答案，确保项目顺利实施。

任务1　测绘 PLC 控制电路的 I/O 接线

1）断开分拣单元的电源和气源，用万用表逐点校核 PLC 的输入、输出端子和 PLC 侧接线端口的连接关系；用万用表逐点校核按钮/指示灯模块中各按钮、开关等与 PLC 输入端子的连接关系，以及各指示灯与 PLC 输出端子的连接关系，完成后做好记录。

2）清空入料口上的工件，接通电源，确保 PLC 在 STOP 状态。

3）在计算机上运行 PLC 编程软件，创建一个新工程，检查软件和 PLC 的通信状态。

4）下载一个空程序到 PLC，设置 PLC 为 RUN 状态。打开“状态图表”，根据前面测试的记录将 PLC 已接线的端子的 I/O 地址输入表中，然后持续监视状态图表中的 I/O 变量。

5）用手扳动气缸活塞杆使检测活塞位置的磁性开关动作；人工遮挡使各光电开关动作，各传感器对应的 PLC 输入点相应输入高低电平（ON 或 OFF）状态，“状态图表”中的“当前值”也相应发生变化，该传感器与对应输入点的连接关系就能确定。注意做好记录，填写 I/O 分配表。

6）分拣单元 PLC 到装置侧的输出点只有 Q0.4、Q0.5、Q0.6 三点，分别连接三个分拣气缸的驱动电磁阀。测试时请接通气源，在“状态图表”中用强制输出测试输出点，找出对应动作的电磁阀，从而确定输出点的分配。

综合前述各步骤所记录的数据，整理 PLC 的 I/O 分配表，画出 PLC 接线原理图，完成控制电路测绘工作。

任务2　分拣单元机械和气动元件的安装与调整

（1）机械机构安装

1）完成传送机构的组装，装配传送带装置及其支座，然后将其安装到底板上，如图 12-3 所示。

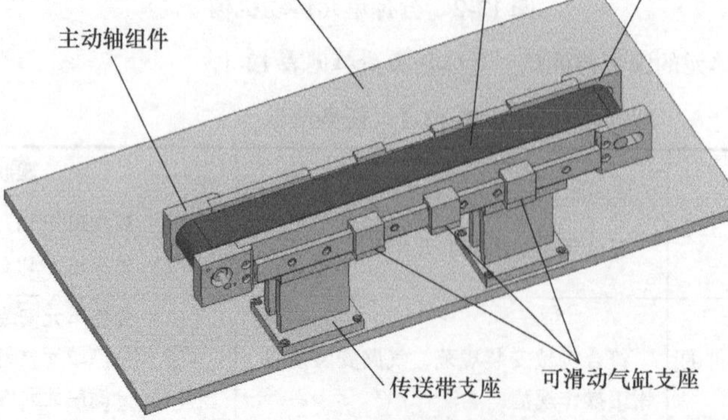

图 12-3　传送机构组件安装

完成驱动电动机组件装配，进一步装配联轴器，把驱动电动机组件与传送机构相连接并固定在底板上，如图 12-4 所示。

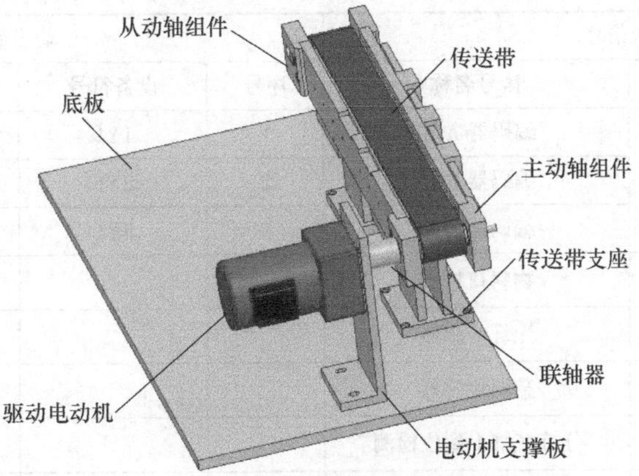

图 12-4　驱动电动机组件安装

继续完成推料气缸支架、推料气缸、传感器支架、出料槽及支撑板等装配，如图 12-5 所示。

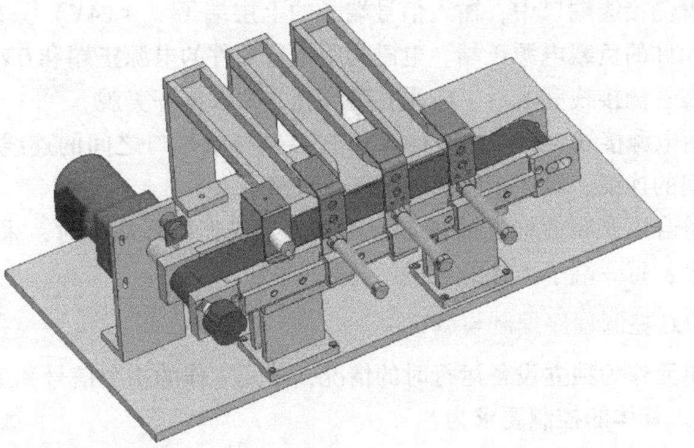

图 12-5　机械部件安装完毕效果图

最后完成各传感器、电磁阀组件、装置侧接线端口等装配。

2）安装过程中的注意事项：

① 传送带托板与传送带两侧板的固定位置应调整好，以免传送带安装后凹入侧板表面，造成推料被卡住的现象。

② 主动轴和从动轴的安装位置不能错，主动轴和从动轴的安装板的位置不能相互调换。

③ 传送带的张紧度应调整适中。

④ 要保证主动轴和从动轴的平行。

⑤ 为了使传动部分平稳可靠、噪声减小，特使用滚动轴承为动力回转件，但滚动轴承及其安装配合零件均为精密结构件，对其拆装需要一定的技能和专用的工具，建议不要自行拆卸。

（2）气路连接和调试

1）连接步骤：从汇流排开始，按气动控制回路原理图连接电磁阀、气缸。连接时注意气管走向应按序排布，均匀美观，不能交叉、打折；气管要在快换接头中插紧，不能有漏气现象。

2）气路调试内容：用电磁阀上的手动换向加锁钮验证三个分拣气缸的初始位置和动作位置是否正确；调整气缸节流阀以控制活塞杆的往复运动速度，伸出速度以不推倒工件为准。

任务 3　分拣单元电气接线

电气接线包括：在工作单元装置侧完成各传感器、电磁阀等引线到装置侧接线端口之间的接线；在 PLC

侧进行电源接线、I/O 点接线、变频器接线等。

分拣单元装置侧的接线端口上各电磁阀和传感器的引线分配见表 12-2。

表 12-2 分拣单元装置侧的接线端口信号端子的分配

输入信号			输出信号		
序号	设备符号	信号名称	序号	设备符号	信号名称
1	—	编码器 A 相	1	1Y1	分拣气缸 1
2		编码器 B 相	2	2Y1	分拣气缸 2
3		编码器 Z 相	3	3Y1	分拣气缸 3
4	SC1	物料口检测			
5	SC2	光纤传感器			
6	SC3	金属传感器			
7	1B1	分拣气缸 1 到位检测			
8	2B1	分拣气缸 2 到位检测			
9	3B1	分拣气缸 3 到位检测			

接线时应注意，装置侧接线端口中，输入信号端子的上层端子（+24V）只能作为传感器的电源正端，切勿用于电磁阀等执行元件的负载电源正端。电磁阀等执行元件的电源正端和 0V 端应连接到接线端口下层端子排的相应端子上。装置侧接线完成后，应用扎带绑扎，力求整齐美观。

PLC 侧的接线，包括电源接线、PLC 的 I/O 点和 PLC 侧接线端口之间的连线，以及 PLC 的 I/O 点与按钮指示灯模块的端子之间的连线。具体接线要求与工作任务有关。

电气接线的工艺应符合国家职业标准的规定，例如，导线连接到端子时，采用冷压端子压接方法；连接线须有符合规定的标号；每一端子连接的导线不超过两根；等。

任务 4 分拣单元 PLC 控制程序编制与调试

本项目只考虑分拣单元作为独立设备运行时的情况，单元工作的主令信号和工作状态显示信号来自 PLC 旁边的按钮/指示灯模块。具体的控制要求为：

1）初始状态：设备加电和气源接通后，3 个分拣气缸处于缩回位置，急停按钮没有按下。

若设备在上述初始状态，则“正常工作”指示灯 HL1 常亮，表示设备准备好；否则，该指示灯以 1Hz 的频率闪烁。

2）若设备准备好，按下起动按钮，系统起动，“设备运行”指示灯 HL2 常亮。当已装配工件被送传到入料口处时，入料口光电传感器检测到工件后，PLC 控制变频器起动，驱动传动电动机以指定频率把工件运往分拣区。

3）如果为金属工件，则该工件到达 1 号料仓；如果为白色塑料工件，则该工件到达 2 号料仓；如果为黑色塑料工件，则该工件到达 3 号料仓。

4）在工作过程中，若按下停止按钮，分拣单元在完成本工作周期的动作后停止工作。指示灯 HL2 熄灭。

5）当急停按钮被按下时，本单元所有机构应立即停止运行，指示灯 HL2 以 1Hz 的频率闪烁。急停按钮复位后，设备从急停前的断点开始继续运行。

三、制订计划

思考项目方案，制订工作计划，在表 12-3 中用适当的方式予以表达。

表 12-3　计划制订工作单（成员使用）

1. 解决方案

建议从不同的功能要求分别描述解决方案。

2. 项目涉及设备信息、使用工具、材料列表

需要的电气装置、电气元件等	
需要的工具	
需要的材料	

四、确定计划

小组检查、讨论初步确定计划方案，小组互查、讨论最终确定计划方案，并在表 12-4 中用适当的方式予以表达。

表 12-4　计划决策工作单（小组决策使用）

1. 小组讨论决策

负责人：________讨论发言人：________

决策结论及方案变更：

2. 小组互换决策

优点	缺点	综合评价（A、B、C、D、E）	签名

3. 人员分工与进度安排

内容	人员	时间安排	备注
测绘 PLC 控制电路的 I/O 接线			
分拣单元机械和气动元件的安装与调整			
分拣单元电气接线			
分拣单元 PLC 控制程序编制与调试			
完成设计说明书、产品使用说明书			

五、实施计划

按照确定的计划实施，并将实施的主要流程环节，每个流程中遇到的问题及完成时间填写至表 12-5 中，部分成果分别填写至表 12-6、图 12-6 和表 12-7 中。

表 12-5　计划实施工作单

序号	主要内容	实施情况	完成时间

表 12-6　分拣单元 PLC 的 I/O 分配表

输入信号			输出信号		
序号	PLC 输入点	信号名称	序号	PLC 输出点	信号名称
1		编码器 A 相	1		变频器 5 号端子（多转速）
2		编码器 B 相	2		变频器 6 号端子（多转速）
3		编码器 Z 相	3		变频器 7 号端子（多转速）
4		物料口检测	4		
5		光纤传感器	5		分拣气缸 1
6		金属传感器	6		分拣气缸 2
7			7		分拣气缸 3
8		分拣气缸 1 到位检测	8		黄色指示灯
9		分拣气缸 2 到位检测	9		绿色指示灯
10		分拣气缸 3 到位检测	10		红色指示灯
11		停止按钮	11		
12		起动按钮	12		
13		急停按钮			
14		工作方式切换			

		图号	比例
设计			
制图			

图12-6　电气接线原理图

表 12-7　PLC 程序清单

说明	梯形图

（续）

说明	梯形图

（续）

说明	梯形图

六、检查与记录

按照功能、电路接线和职业素养进行检查，在表12-8中记录、评分。评分采用扣分制，每项扣完为止。

表12-8　检查记录工作单

检查项目	检查内容	评分标准	记录	评分
1. 功能检查（30分）	设备加电和气源接通后，3个分拣气缸处于缩回位置，急停按钮没有按下。若设备在上述初始状态，则“正常工作”指示灯HL1常亮，表示设备准备好；否则，该指示灯以1Hz的频率闪烁	实现功能要求得5分；指示灯闪烁频率不对扣2.5分		
	当设备准备好时，按下起动按钮，系统起动，“设备运行”指示灯HL2常亮。当已装配工件被送传到入料口处时，入料口光电传感器检测到工件后，PLC控制变频器起动，驱动传动电动机以指定频率把工件运往分拣区。如果为金属工件，则该工件到达1号料仓；如果为白色塑料工件，则该工件到达2号料仓；如果为黑色塑料工件，则该工件到达3号料仓	实现功能要求得10分；不能到指定位置扣5分；指示灯不对扣5分		
	在工作过程中，若按下停止按钮，分拣单元在完成本工作周期的动作后停止工作。指示灯HL2熄灭	实现功能要求得10分；指示灯不对扣5分		
	当急停按钮被按下时，本单元所有机构应立即停止运行，指示灯HL2以1Hz的频率闪烁。急停按钮复位后，设备从急停前的断点开始继续运行	实现功能要求得5分；指示灯不对扣3分		
2. 电路接线检查（40分）	PLC接线原理图设计，10分	布局不合理扣5分；电路图不完整，少一个电气元件扣2分；电路图符号不规范，每处扣1分		
	接线头与号码管工艺，10分	所有导线必须压接冷压端子，每少压接1个扣1分；同一接线端子超过两个线头，露铜超2mm，每处扣1分；所有导线两端必须套上写有编号的号码管，每少一个扣1分		
	线槽工艺，4分	所有连接线垂直进入线槽，盖上线槽盖，不合要求每处扣0.5分		
	导线颜色工艺，4分	合理选用导线颜色，选用不合理每根扣1分		
	整体接线美观度，2分	根据整体接线美观度酌情给分		
	系统初步调试，10分	正常安全上电得2分；各电气设备、传感器等指示灯正常，指示异常每处扣2分；PLC输入异常一处扣2分		

（续）

检查项目	检查内容	评分标准	记录	评分
3. 职业素养（30分）	劳动纪律，10分	遵守纪律，尊重老师，爱惜实训设备和器材，违反上述情况一次酌情扣1～2分。若有特别严重违纪行为，则本次考核不合格，并按照相关制度进行处理		
	操作规范，10分	工具使用不合理、卫生没有清扫、浪费耗材，每处酌情扣1～2分；工作服、安全帽、绝缘鞋等不符合要求，每处酌情扣1～2分		
	安全意识，10分	危险用电等根据现场情况扣1～3分；损坏主要电气设备，本次考核不及格，并按照相关制度进行处理		

七、改进与提交

按照检查中存在的问题完善项目，在表12-9中记录改进要点，产品提交项目负责人签字。

表12-9 改进提交工作单

改进要点记录		
产品提交	项目	负责人（签字）
	设计报告	
	使用说明	
	作品功能检查	
	作品技术规范检查	

项目 13　自动化生产线输送单元安装与调试

一、项目要求

亚龙 YL－335B 型自动化生产线实训考核装备的输送单元主要配置有：直线气缸、气动手爪、气动摆台、伺服驱动器、伺服电动机、光电传感器、磁感应接近开关、阀组等，如图 13-1 所示输送单元主要由抓取机械手装置和伺服传动装置组成，如图 13-2 和图 13-3 所示。

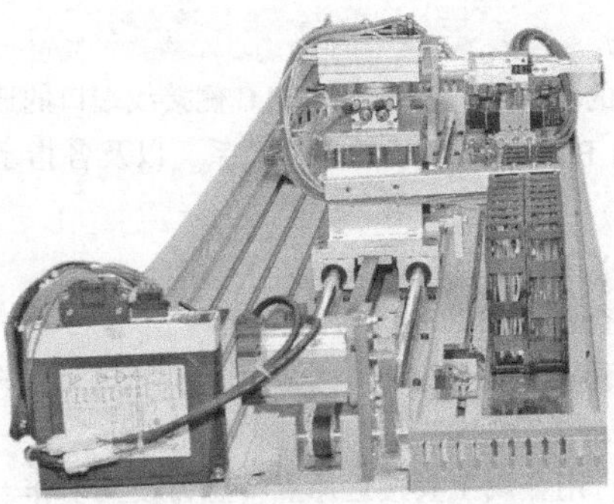

图 13-1　输送单元机械结构总成

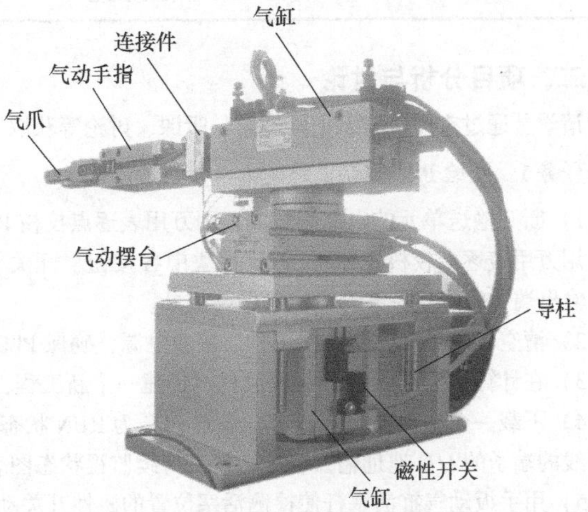

图 13-2　输送单元抓取机械手装置

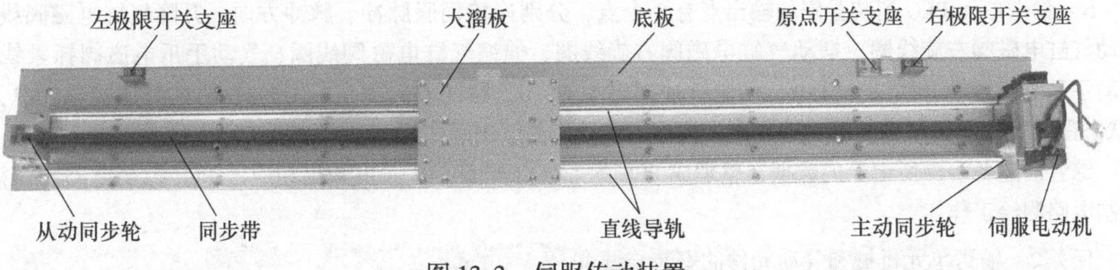

图 13-3　伺服传动装置

本项目实现输送单元的安装与调试。具体任务清单见表 13-1。

表 13-1　任务清单

任务内容	任务要求	验收方式
测绘 PLC 控制电路的 I/O 接线	安全规范使用电工工具和仪表	（1）输送单元 PLC 的 I/O 分配表 （2）输送单元 PLC 接线原理图
输送单元机械和气动元件的安装与调整	符合机械安装规范、气路安装规范、钳工操作规范	（1）输送单元安装计划表 （2）输送单元材料清单 （3）输送单元元件图片 （4）输送单元拆装视频

（续）

任务内容	任务要求	验收方式
输送单元电气接线	符合 GB 50171—2012《电气装置安装工程　盘、柜及二次回路接线施工及验收规范》等相关标准	（1）输送电气安装计划表 （2）输送单元电气材料清单 （3）输送单元安装完毕图片 （4）输送单元电气安装视频
输送单元 PLC 控制程序编制与调试	实现项目功能性要求	成果展示
完成设计说明书、产品使用说明书	结构清晰，内容完整，文字简洁、规范，图片清楚、规范	材料提交

二、项目分析与讨论

请学员通过查阅教材、上网搜索、听课、讨论等获取以下问题答案，确保项目顺利实施。

任务 1　测绘 PLC 控制电路的 I/O 接线

1）断开输送单元的电源和气源，用万用表逐点校核 PLC 的输入、输出端子和 PLC 侧接线端口的连接关系；用万用表逐点校核按钮/指示灯模块中各按钮、开关等与 PLC 输入端子的连接关系，以及各指示灯与 PLC 输出端子的连接关系，完成后做好记录。

2）清空输送单元轨道上的工件，接通电源，确保 PLC 在 STOP 状态。

3）在计算机上运行 PLC 编程软件，创建一个新工程，检查软件和 PLC 的通信状态。

4）下载一个空程序到 PLC 中，设置 PLC 为 RUN 状态。打开“状态图表”，根据前面测试的记录将 PLC 已接线的端子的 I/O 地址输入表中，然后持续监视状态图表中的 I/O 变量。

5）用手扳动气缸活塞杆使检测活塞位置的磁性开关动作；用金属工具接近原点传感器使其动作，各传感器对应的 PLC 输入点相应输入高低电平（ON 或 OFF）状态，“状态图表”中的“当前值”也相应发生变化，该传感器与对应输入点的连接关系就能确定。注意做好记录，填写 I/O 分配表。

6）输送单元 PLC 到装置侧的输出点有 8 个点，分别连接伺服脉冲、脉冲方向、升降气缸电磁阀线圈、摆动气缸电磁阀左旋线圈、摆动气缸电磁阀右旋线圈、伸缩气缸电磁阀线圈、气动手爪电磁阀抓紧线圈、气动手爪电磁阀松开线圈。其中，伺服脉冲固定为 Q0.0，脉冲方向固定为 Q0.2。测试时请接通气源，在“状态图表”中用强制输出测试输出点，找出对应动作的电磁阀，从而确定输出点的分配。

综合前述各步骤所记录的数据，整理成 PLC 的 I/O 分配表，从而可画出相应的 PLC 控制电路图，完成控制电路测绘工作。

任务 2　输送单元机械和气动元件的安装与调整

（1）机械机构安装　为了提高安装的速度和准确性，对本单元的安装同样遵循先装配组件，再进行总装的原则。

1）安装直线运动组件：

① 在底板上装配直线导轨。直线导轨是精密机械运动部件，其安装、调整都要遵循一定的方法和步骤，而且该单元中使用的导轨的长度较长，要快速准确地调整好两导轨的相互位置，使其运动平稳、受力均匀、运动噪声小。

② 装配大溜板、四个滑块组件。将大溜板与两直线导轨上的四个滑块的位置找准并进行固定，在拧紧固定螺栓的时候，应一边推动大溜板左右运动一边拧紧螺栓，直到滑动顺畅为止。

③ 连接同步带。将连接了四个滑块的大溜板从导轨的一端取出。由于用于滚动的钢球嵌在滑块的橡胶套内，一定要避免橡胶套受到破坏或用力太大致使钢球掉落。将两个同步带固定座安装在大溜板的反面，用于固定同步带的两端。

接下来分别将调整端同步轮安装支架组件、电动机侧同步轮安装支架组件上的同步轮，套入同步带的两端，在此过程中应注意电动机侧同步轮安装支架组件的安装方向、两组件的相对位置，并将同步带两端分别固定在各自的同步带固定座内，同时也要注意保持连接安装好后的同步带平顺一致。完成以上安装任务后，再将滑块套在柱形导轨上，套入时，一定不能损坏滑块内的滑动滚珠以及滚珠的保持架。

④ 装配同步轮安装支架组件。先将电动机侧同步轮安装支架组件用螺栓固定在导轨安装底板上，再将调整端同步轮安装支架组件与底板连接，然后调整好同步带的张紧度，锁紧螺栓。

⑤ 安装伺服电动机。将电动机安装板固定在电动机侧同步轮支架组件的相应位置，将电动机与电动机安装板活动连接，并在主动轴、电动机轴上分别套接同步轮，安装好同步带，调整电动机位置，锁紧连接螺栓。最后安装左右限位以及原点传感器支架。

2）安装机械手装置：

① 提升机构组装如图 13-4 所示。

② 把气动摆台固定在组装好的提升机构上，然后在气动摆台上固定导杆气缸安装板，安装时注意要先找好导杆气缸安装板与气动摆台连接的原始位置，以便有足够的回转角度。

③ 连接气动手指和导杆气缸，然后把导杆气缸固定到导杆气缸安装板上，完成抓取机械手装置的装配。最后把抓取机械手装置固定到直线运动组件的大溜板上，如图 13-5 所示。检查摆台上的导杆气缸、气动手指组件的回转位置是否满足在其余各工作站上抓取和放下工件的要求，进行适当的调整。

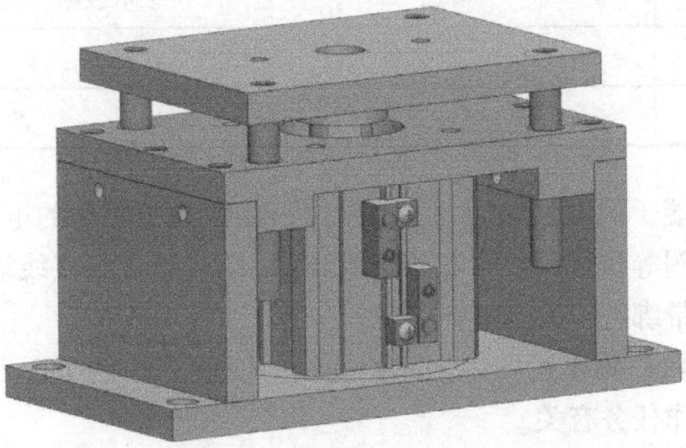

图 13-4　提升机构组装

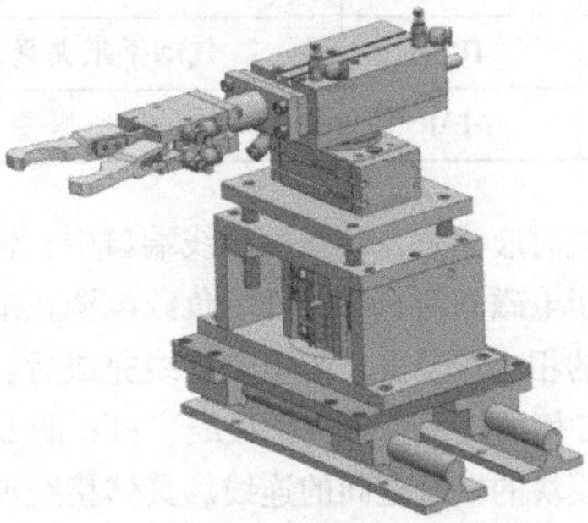

图 13-5　抓取机械手装置安装

（2）气路连接和调试

1）从汇流排开始，按气动控制回路原理图连接电磁阀、气缸。当抓取机械手装置做往复运动时，连接到机械手装置上的气管和电气连接线也随之运动。确保这些气管和电气连接线运动顺畅，不致在移动过程拉伤或脱落是安装过程中重要的一环。

2）连接到机械手装置上的管线首先绑扎在拖链安装支架上，然后沿拖链敷设，进入管线线槽中。绑扎管线时要注意管线引出端到绑扎处保持足够长度，以免机构运动时被拉紧造成脱落。沿拖链敷设时注意管线间不要相互交叉。输送单元气路连接如图 13-6 所示。

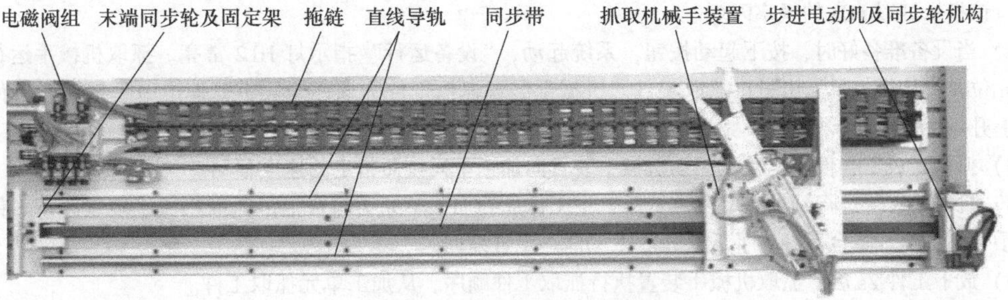

图 13-6　输送单元气路连接

任务 3　输送单元电气接线

电气接线包括：在工作单元装置侧完成各传感器、电磁阀、电源端子等引线到装置侧接线端口之间的接线；在 PLC 侧进行电源连接、I/O 点接线等。

输送单元装置侧的接线端口上各电磁阀和传感器的引线分配见表 13-2。

表 13-2 输送单元装置侧的接线端口信号端子的分配

输入信号			输出信号		
序号	设备符号	信号名称	序号	设备符号	信号名称
1	SC1	原点传感器检测	1	OPC1	伺服脉冲
2	LK1	右限位保护	2		
3	LK2	左限位保护	3	OPC2	脉冲方向
4	1B1	升降气缸下限检测	4	1Y1	升降气缸上升电磁阀
5	1B2	升降气缸上限检测	5	3Y2	摆动气缸左旋
6	3B1	摆动气缸左旋限检测	6	3Y1	摆动气缸右旋
7	3B2	摆动气缸右旋限检测	7	2Y1	伸缩气缸伸出
8	2B2	伸缩气缸伸出检测	8	4Y2	手爪夹紧
9	2B1	伸缩气缸缩回检测	9	4Y1	手爪放松
10	4B1	气动手爪夹紧检测			
11	ALM	伺服报警			

接线时应注意，装置侧接线端口中，输入信号端子的上层端子（+24V）只能作为传感器的电源正端，切勿用于电磁阀等执行元件的负载电源正端。电磁阀等执行元件的电源正端和 0V 端应连接到接线端口下层端子排的相应端子上。装置侧接线完成后，应用扎带绑扎，力求整齐美观。

PLC 侧的接线包括电源接线、PLC 的 I/O 点和 PLC 侧接线端口之间的连线，以及 PLC 的 I/O 点与按钮指示灯模块的端子之间的连线。具体接线要求与工作任务有关。

电气接线的工艺应符合国家职业标准的规定，例如，导线连接到端子时，采用冷压端子压接方法；连接线须有符合规定的标号；每一端子连接的导线不超过两根；等。

任务 4 输送单元 PLC 控制程序编制与调试

本项目只考虑输送单元作为独立设备运行时的情况，单元工作的主令信号和工作状态显示信号来自 PLC 旁边的按钮/指示灯模块，并且按钮/指示灯模块上的工作方式选择开关 SA 应置于“单站方式”位置。具体的控制要求为：

1）输送单元在通电后，按下复位按钮 SB1，执行复位操作，使机械手装置回到原点位置。气缸初始状态：升降气缸处于下限位，伸缩气缸处于缩回位置，气动手爪张开，摆动气缸处于右旋位置。

若输送单元回到原点位置且气缸在上述初始状态，则“正常工作”指示灯 HL1 常亮，表示设备准备好；否则，该指示灯以 1Hz 的频率闪烁。

2）当设备准备好时，按下起动按钮，系统起动，“设备运行”指示灯 HL2 常亮。抓取机械手运行到供料单元位置，从供料单元出料口抓取工件。机械手装置抓取工件的顺序为：手臂伸出→手爪夹紧工件→提升台上升→手臂缩回。

3）抓取完成后，伺服电动机驱动机械手装置向加工单元按照指定的速度移动。

4）机械手装置运行到加工单元位置后，把工件放到加工单元物料台上。抓取机械手装置放下工件的顺序：手臂伸出→升降台下降→手爪松开放下工件→手臂缩回。

5）放下工件 2s 后，抓取机械手装置执行抓取工件顺序，从加工单元抓取工件。

6）抓取完毕后，伺服电动机驱动机械手装置移动到配装单元正前方，完成机械手装置放下工件操作。

7）放下工件 2s 后，抓取机械手装置执行抓取工件顺序，从装配单元抓取工件。

8）机械手手臂缩回后，左旋 90°，伺服电动机驱动抓取机械手装置运动到分拣单元位置，执行放下工件操作。

9）放下工件后，机械手臂缩回，执行返回原点操作。伺服电动机驱动机械手装置按指定速度返回，到达原点后，控制摆台右旋90°。

三、制订计划

思考项目方案，制订工作计划，在表13-3中用适当的方式予以表达。

表13-3 计划制订工作单（成员使用）

1. 解决方案

建议从不同的功能要求分别描述解决方案。

2. 项目涉及设备信息、使用工具、材料列表

需要的电气装置、电气元件等	
需要的工具	
需要的材料	

四、确定计划

小组检查、讨论初步确定计划方案，小组互查、讨论最终确定计划方案，并在表13-4中用适当的方式予以表达。

表13-4 计划决策工作单（小组决策使用）

1. 小组讨论决策

负责人：________讨论发言人：________

决策结论及方案变更：

2. 小组互换决策

优点	缺点	综合评价（A、B、C、D、E）	签名

（续）

3. 人员分工与进度安排

内容	人员	时间安排	备注
测绘 PLC 控制电路的 I/O 接线			
输送单元机械和气动元件的安装与调整			
输送单元电气接线			
输送单元 PLC 控制程序编制与调试			
完成设计说明书、产品使用说明书			

五、实施计划

按照确定的计划实施，并将实施的主要流程环节，每个流程中遇到的问题及完成时间填写至表 13-5 中，部分成果分别填写至表 13-6、图 13-7 和表 13-7 中。

表 13-5 计划实施工作单

序号	主要内容	实施情况	完成时间

表 13-6 输送单元 PLC 的 I/O 分配表

输入信号			输出信号		
序号	PLC 输入点	信号名称	序号	PLC 输出点	信号名称
1		原点传感器检测	1		伺服脉冲
2		右限位保护	2		
3		左限位保护	3		脉冲方向
4		升降气缸下限检测	4		升降气缸上升电磁阀
5		升降气缸上限检测	5		摆动气缸左旋
6		摆动气缸左限检测	6		摆动气缸右旋
7		摆动气缸右限检测	7		伸缩气缸伸出
8		伸缩气缸伸出检测	8		手爪夹紧
9		伸缩气缸缩回检测	9		手爪放松
10		气动手爪夹紧检测	10		
11		伺服报警	11		黄色指示灯
12			12		绿色指示灯
13		起动按钮	13		红色指示灯
14		复位按钮			
15		急停按钮			
16		工作方式切换			

		图号	比例
设计			
制图			

图 13-7 电气接线原理图

表 13-7 PLC 程序清单

说明	梯形图

（续）

说明	梯形图

（续）

说明	梯形图

（续）

说明	梯形图

六、检查与记录

按照功能、电路接线和职业素养进行检查，在表13-8中记录、评分。评分采用扣分制，每项扣完为止。

表13-8 检查记录工作单

检查项目	检查内容	评分标准	记录	评分
1. 功能检查（30分）	输送单元在通电后，按下复位按钮SB1，执行复位操作，使机械手装置回到原点位置。气缸初始状态：升降气缸处于下限位，伸缩气缸处于缩回位置，气动手爪张开，摆动气缸处于右旋位置。若输送单元回到原点位置且气缸在上述初始状态，则“正常工作”指示灯HL1常亮，表示设备准备好；否则，该指示灯以1Hz的频率闪烁	实现功能要求得5分；指示灯闪烁频率不对扣2.5分		
	依次输送到供料、加工、装配和分拣单元。可以完成抓料、放料操作	实现功能要求得20分，每实现输送到一个单元并完成抓料和放料操作得5分		
	放下工件后，机械手臂缩回，执行返回原点操作。伺服电动机驱动机械手装置按指定速度返回，到达原点后，控制摆台右旋90°	实现功能要求得5分；无法返回原点扣2.5分，摆台不能右旋扣2.5分		
2. 电路接线检查（40分）	电路原理图设计，10分	布局不合理扣5分；电路图不完整，少一个电气元件扣2分；电路图符号不规范，每处扣1分		
	接线头与号码管工艺，10分	所有导线必须压接冷压端子，每少压接1个扣1分；同一接线端子超过两个线头，露铜超2mm，每处扣1分；所有导线两端必须套上写有编号的号码管，每少一个扣1分		
	线槽工艺，4分	所有连接线垂直进入线槽，盖上线槽盖，不合要求每处扣0.5分		
	导线颜色工艺，4分	合理选用导线颜色，选用不合理每根扣1分		
	整体接线美观度，2分	根据整体接线美观度酌情给分		
	系统初步调试，10分	正常安全上电得2分；各电气设备、传感器等指示灯正常，指示异常每处扣2分；PLC输入异常一处扣2分		
3. 职业素养（30分）	劳动纪律，10分	遵守纪律，尊重老师，爱惜实训设备和器材，违反上述情况一次酌情扣1~2分。若有特别严重违纪行为，则本次考核不合格，并按照相关制度进行处理		
	操作规范，10分	工具使用不合理、卫生没有清扫、浪费耗材，每处情扣1~2分；工作服、安全帽、绝缘鞋等不符合要求，每处酌情扣1~2分		

（续）

检查项目	检查内容	评分标准	记录	评分
3. 职业素养（30分）	安全意识，10分	危险用电等根据现场情况扣1~3分；损坏主要电气设备，本次考核不及格，并按照相关制度进行处理		

七、改进与提交

按照检查中存在的问题完善项目，在表13-9中记录改进要点，产品提交项目负责人签字。

表13-9　改进提交工作单

改进要点记录		
产品提交	项目	负责人（签字）
	设计报告	
	使用说明	
	作品功能检查	
	作品技术规范检查	

项目 14　自动化生产线整机调试

一、项目要求

亚龙 YL－335B 型自动化生产线实训考核装备由供料单元、加工单元、装配单元、分拣单元和输送单元共五个单元组成，均安装在铝合金导轨式实训台上，每个工作单元均有一台 S7－200 SMART PLC 作为其控制器，各 PLC 之间通过网线、交换机实现数据交换，触摸屏通过 RS485 串行通信与主机 PLC 实现互联，如图 14-1 所示，同时触摸屏还具有设备监控与操作功能。

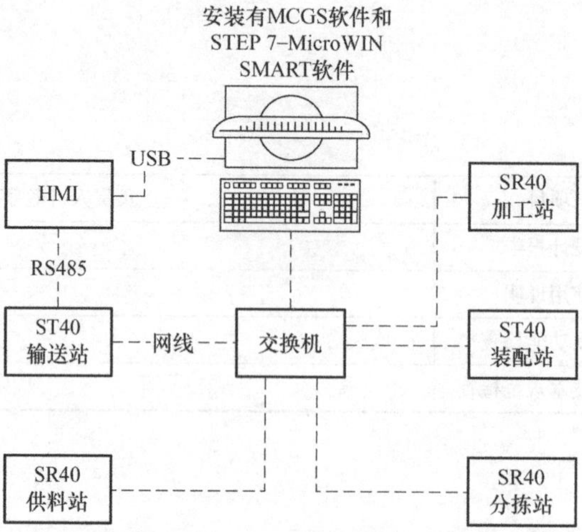

图 14-1　自动化生产线电气设备结构

本项目实现自动化生产线的调试。具体任务清单见表 14-1。

表 14-1　任务清单

任务内容	任务要求	验收方式
按照图 14-1 完成自动化生产线各单元之间的通信线连接，并完成 IP 地址分配	正确使用各种通信线，正确分配 IP 地址	（1）通信线使用是否正确 （2）能否通信
分配通信数据地址	按照要求正确分配通信数据地址	监测通信地址内数据是否正确
供料单元程序编写	符合供料单元工艺流程	供料单元能否正确运行
加工单元程序编写	符合加工单元工艺流程	加工单元能否正确运行
装配单元程序编写	符合装配单元工艺流程	装配单元能否正确运行
分拣单元程序编写	符合分拣单元工艺流程	分拣单元能否正确运行
输送单元程序编写	符合输送单元工艺流程	输送单元能否正确运行
触摸屏程序编写	符合参数显示要求	显示的参数与实际的参数是否相同

二、项目分析与讨论

请学员通过查阅教材、上网搜索、听课、讨论等获取以下问题答案，确保项目顺利实施。

任务1　完成YL-335B型自动化生产线各单元之间通信线的连接。

1）计算机与HMI之间通过USB连接。

2）依次设置IP地址为：

编程计算机IP地址：192.168.0.10

供料单元IP地址：192.168.0.1

加工单元IP地址：192.168.0.2

装配单元IP地址：192.168.0.3

分拣单元IP地址：192.168.0.4

输送单元IP地址：192.168.0.5

3）计算机、供料单元PLC、加工单元PLC、装配单元PLC、分拣单元PLC、输送单元PLC分别通过网线连接到交换机上。

4）输送单元PLC（ST40）通过RS485串口线与HMI相连。

任务2　分配通信数据地址

编写主站的网络读/写程序前，应先规划好网络通信读/写数据，见表14-2。

表14-2　网络通信读/写数据规划

输送单元（主站）192.168.0.5	供料单元（从站）192.168.0.1	加工单元（从站）192.168.0.2	装配单元（从站）192.168.0.3	分拣单元（从站）192.168.0.4
发送数据的长度	2B	2B	2B	2B
从主站何处发送	VB1000	VB1000	VB1000	VB1000
发往从站何处	VB1000	VB1000	VB1000	VB1000
接收数据的长度	2B	2B	2B	2B
数据来自从站何处	VB1010	VB1010	VB1010	VB1010
数据存到主站何处	VB1200	VB1204	VB1208	VB1212

根据表14-3和表14-4确定通信数据。

表14-3　主站发送数据

主站发送数据区	数据含义	供料站接收区	加工站接收区	装配站接收区	分拣站接收区
地址		地址	地址	地址	地址
V1000.0	连接模式	V1000.0	V1000.0	V1000.0	V1000.0
V1000.1	系统运行	V1000.1	V1000.1	V1000.1	V1000.1
V1000.2	系统急停	V1000.2	V1000.2	V1000.2	V1000.2
V1000.3	从站复位	V1000.3	V1000.3	V1000.3	V1000.3
V1000.4	系统复位完成	V1000.4	V1000.4	V1000.4	V1000.4
V1000.5	供料允许	V1000.5	×	×	×
V1000.6	加工允许	×	V1000.6	×	×
V1000.7	装配允许	×	×	V1000.7	×
V1001.0	分拣允许	×	×	×	V1000.8

表 14-4　主站接收数据

主站接收数据区	数据含义	供料站发送区	加工站发送区	装配站发送区	分拣站发送区
地址		地址	地址	地址	地址
V1200.0	供料单元初始化完毕	V1010.0	×	×	×
V1200.1	供料单元物料不足	V1010.1	×	×	×
V1200.2	供料单元无物料	V1010.2	×	×	×
V1200.3	供料完毕	V1010.3	×	×	×
V1204.0	加工单元初始化完毕	×	V1010.0	×	×
V1204.1	加工完毕	×	V1010.1	×	×
V1208.0	装配单元初始化完毕	×	×	V1010.0	×
V1208.1	装配单元物料不足	×	×	V1010.1	×
V1208.2	装配单元无物料	×	×	V1010.2	×
V1208.3	装配完毕	×	×	V1010.3	×
V1212.0	分拣单元初始化完毕	×	×	×	V1010.0
V1212.1	分拣完毕	×	×	×	V1010.1

任务 3　供料单元程序设计

根据供料单元工艺流程图来设计供料单元的 PLC 程序，其工艺流程图如图 14-2 所示。

任务 4　加工单元程序设计

根据加工单元工艺流程图来设计加工单元的 PLC 程序，其工艺流程图如图 14-3 所示。

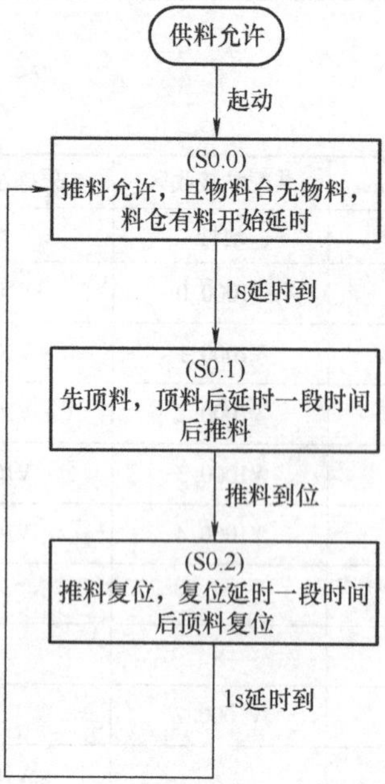

图 14-2　供料单元工艺流程图

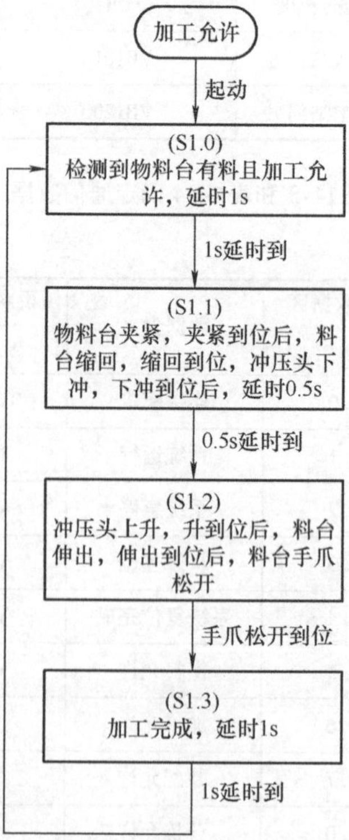

图 14-3　加工单元工艺流程图

任务5　装配单元程序设计

根据装配单元工艺流程图来设计装配单元的PLC程序，其工艺流程图如图14-4所示。

任务6　分拣单元程序设计

根据分拣单元工艺流程图来设计分拣单元的PLC程序，其工艺流程图如图14-5所示。

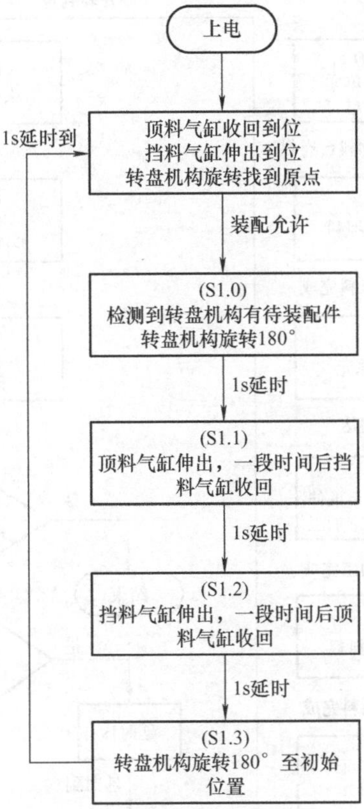

图14-4　装配单元工艺流程图

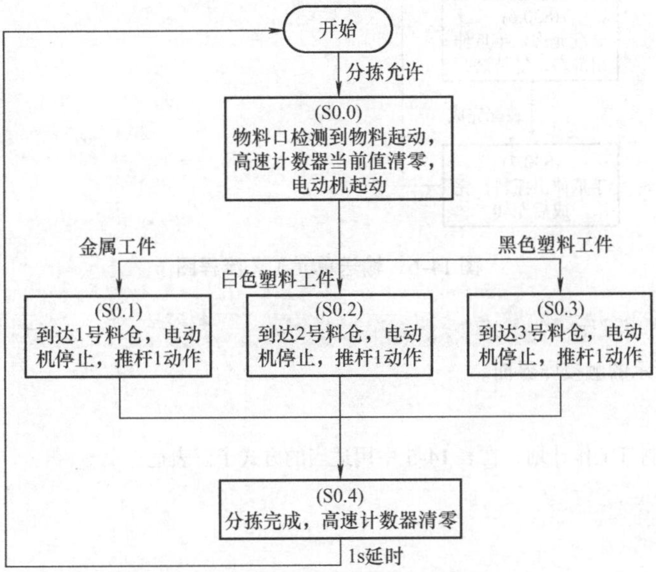

图14-5　分拣单元工艺流程图

任务 7　输送单元程序设计

根据输送单元工艺流程图来设计输送单元的 PLC 程序，其工艺流程图如图 14-6 所示。

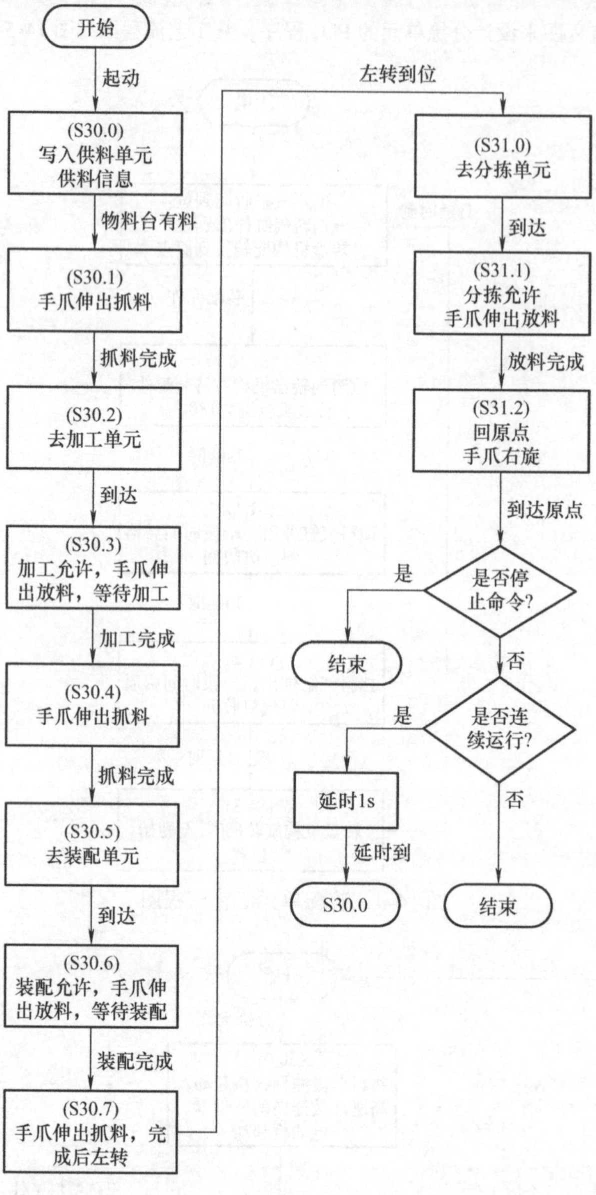

图 14-6　输送单元工艺流程图

任务 8　触摸屏程序设计

设计如图 14-7 所示的触摸屏界面。

三、制订计划

思考项目方案，制订工作计划，在表 14-5 中用适当的方式予以表达。

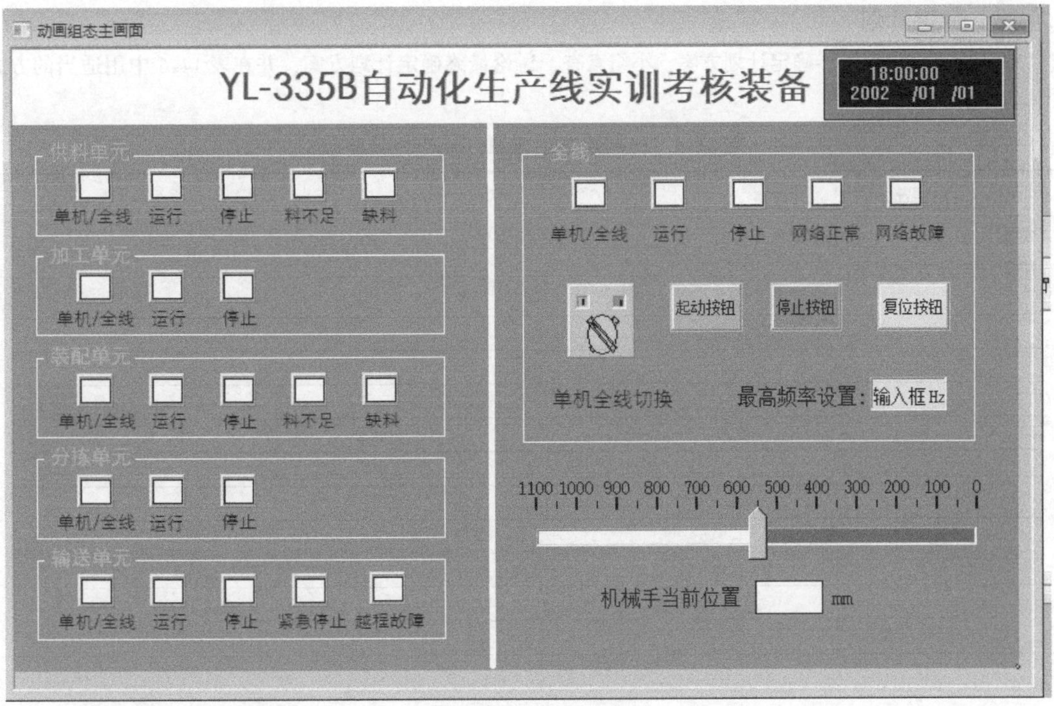

图 14-7　触摸屏界面

表 14-5　计划制订工作单（成员使用）

1. 解决方案

建议从不同的功能要求分别描述解决方案。

2. 项目涉及设备信息、使用工具、材料列表

需要的电气装置、电气元件等	
需要的工具	
需要的材料	

四、确定计划

小组检查、讨论初步确定计划方案，小组互查、讨论最终确定计划方案，并在表 14-6 中用适当的方式予以表达。

表 14-6 计划决策工作单（小组决策使用）

1. 小组讨论决策

负责人：________讨论发言人：________________________________

决策结论及方案变更：

____

____

____

____

____

____

____

____

____

____

____

____

____

____

____

____

2. 小组互换决策

优点	缺点	综合评价（A、B、C、D、E）	签名

3. 人员分工与进度安排

内容	人员	时间安排	备注
IP 地址分配			
通信数据分配			
程序设计			

五、实施计划

按照确定的计划实施，并将实施的主要流程环节，每个流程中遇到的问题及完成时间填写至表 14-7 中。

表 14-7　计划实施工作单

序号	主要内容	实施情况	完成时间

六、检查与记录

按照功能和职业素养进行检查，在表 14-8 中记录、评分。评分采用扣分制，每项扣完为止。

表 14-8　检查记录工作单

检查项目	检查内容	评分标准	记录	评分
1. 功能检查（70 分）	整机运行，50 分	自动化生产线运行，每经过 1 站得 10 分，全程运行下来得 50 分。停止到哪个站，得分到该站停止		
	触摸屏程序设计，20 分	对比图 14-6 检查是否有所缺失，每缺少一项扣 1 分		
2. 职业素养（30 分）	劳动纪律，10 分	遵守纪律，尊重老师，爱惜实训设备和器材，违反上述情况一次酌情扣 1 ~ 2 分。若有特别严重违纪行为，则本次考核不合格，并按照相关制度进行处理		
	操作规范，10 分	工具使用不合理、卫生没有清扫、浪费耗材，每处酌情扣 1 ~ 2 分；工作服、安全帽、绝缘鞋等不符合要求，每处酌情扣 1 ~ 2 分		
	安全意识，10 分	危险用电等根据现场情况扣 1 ~ 3 分；损坏主要电气设备，本次考核不及格，并按照相关制度进行处理		

七、改进与提交

按照检查中存在的问题完善项目，在表 14-9 中记录改进要点，产品提交项目负责人签字。

表 14-9　改进提交工作单

<table>
<tr><td>改进要点记录</td><td colspan="2"></td></tr>
<tr><td rowspan="5">产品提交</td><td>项目</td><td>负责人（签字）</td></tr>
<tr><td>设计报告</td><td></td></tr>
<tr><td>使用说明</td><td></td></tr>
<tr><td>作品功能检查</td><td></td></tr>
<tr><td>作品技术规范检查</td><td></td></tr>
</table>